高等职业教育机电类专业"互联网+"创新教材

工程力学与机械设计基础

第 2 版

主　　编　柴鹏飞　张立萍

副主编　王　望

参　　编　赵　娅　郭山国

主　　审　陈廷雨

机 械 工 业 出 版 社

本书共有 13 章,主要内容包括绪论,构件的受力分析,杆件的基本变形形式,平面机构运动简图与自由度,平面连杆机构,凸轮机构及其他常用机构,齿轮机构及传动,其他齿轮机构及传动,轮系,带传动和链传动,联接,轴系部件的选择及设计,联轴器、离合器及制动器。

本书在内容选取上突出工程实用性,结合工程实际和日常生活中的实例进行分析,配有大量介绍机构与零件的动画和视频,增强了工程实景效果,学生用手机扫描二维码即可观看,有助于培养学生的工程实践能力。为提高阅读效果,本书采用双色印刷,并配有独立的习题集随本书封装发行。为便于指导学生进行课程设计,本书配套有《机械设计课程设计指导书》。

本书可作为高等职业院校机械、机电及近机类各专业的教材,也可作为成人高等教育学校的教学用书及有关工程技术人员的参考用书。

本书配有教学课件、电子教案、扩展资源等教学资源包,使用本书作为教材的教师可登录机械工业出版社教育服务网(http://www.cmpedu.com),注册后免费下载,咨询电话:010-88379375。

图书在版编目(CIP)数据

工程力学与机械设计基础/柴鹏飞,张立萍主编.
2 版. --北京:机械工业出版社,2024.9. --(高等职业教育机电类专业"互联网+"创新教材). -- ISBN
978-7-111-76310-9

Ⅰ. TB12;TH122

中国国家版本馆 CIP 数据核字第 20243K7G78 号

机械工业出版社(北京市百万庄大街 22 号 邮政编码 100037)
策划编辑:刘良超 责任编辑:刘良超
责任校对:郑 婕 陈 越 封面设计:王 旭
责任印制:张 博
天津光之彩印刷有限公司印刷
2024 年 11 月第 2 版第 1 次印刷
184mm×260mm·28 印张·693 千字
标准书号:ISBN 978-7-111-76310-9
定价:65.00 元(含习题集)

电话服务 网络服务
客服电话:010-88361066 机 工 官 网:www.cmpbook.com
         010-88379833 机 工 官 博:weibo.com/cmp1952
         010-68326294 金 书 网:www.golden-book.com
封底无防伪标均为盗版 机工教育服务网:www.cmpedu.com

前　言

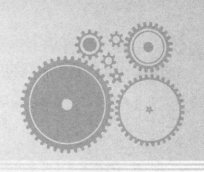

随着我国高等职业教育的发展，企业用人标准不断提高，学校生源状况有所变化，高等职业教育正面临新的情况。《国家职业教育改革实施方案》中提出"在职业院校、应用型本科高校启动'学历证书+若干职业技能等级证书'制度试点（1+X证书制度试点）工作"。为更好地适应现阶段高等职业教育教学的需要，在全国机械职业教育教学指导委员会的指导下，编者认真分析了当前我国高等职业教育发展的实际情况，结合工程实践对人才的知识需求，兼顾职业技能鉴定的需要，同时参考相关工种国家职业标准对机械设计基础知识的要求，在总结第1版教材教学实践经验的基础上，进行了此次修订工作。此次修订主要体现了以下特色：

1）融入素养拓展内容，包括我国科技领域创新成就、大国工匠事迹等。

2）鉴于现在的高等职业教育强调学生工学结合和"1+X证书制度"的执行，各专业的教学学时都有所调整。作为装备制造大类专业基础课程，本书基于90学时左右组织内容，各院校可根据实际需要安排教学。

3）因受学时的限制，本次修订将内容分为必学内容、选学内容和扩展内容，选学内容在节号上注有＊号。为保证教材内容的完整性，也为满足学生参加升学考试的需要，扩展内容以二维码形式附在书上，学生可扫描二维码进行学习。

4）为贯彻党的二十大报告提出的"推进教育数字化，建设全民终身学习的学习型社会、学习型大国"的精神，本次修订对大量的机构和一些零件实物制作了动画和视频，以二维码的形式置于相关知识点处，学生用手机扫描二维码即可观看动画或视频，以加深对知识点的理解。这既丰富了教学手段，又有利于信息化教学。

5）本次修订对习题部分做了梳理和丰富，并单独装订成册，随本书封装发行，便于学生演练和教师批阅。学生通过练习大量的不同类型的习题，可更好地分析、理解与掌握知识点，也有助于提高其工程实践能力。

6）本次修订在内容编排上增加了一些小栏目，补充了一些新的知识点，如"开阔眼界""关键知识点""小常识""小启发""小资料"等，以拓宽学生的视野、增加学生学习的兴趣。

7）本次修订采用双色印刷，突出了核心内容，也便于学生总结和归纳知识点。

8）本次修订对部分专业名词加注了英语单词，以配合学生学习专业英语和日后工作的需要。

本书由上海工商职业技术学院柴鹏飞、新疆大学机械工程学院张立萍任主编，山西机电职业技术学院王望任副主编，参编人员还有河北机电职业技术学院郭山国、河南开放大学赵娅。具体编写分工：柴鹏飞编写第 1 章、第 4 章、张立萍编写第 2 章、第 3 章、郭山国编写第 5 章、第 10 章、第 13 章、赵娅编写第 6 章、第 7 章、第 8 章、王望编写第 9 章、第 11 章、第 12 章。

上海工商职业技术学院陈廷雨教授认真细致地审阅了本书，并提出了宝贵意见和建议，在此致以诚挚的谢意。

为方便读者完成课程设计，本书配套有《机械设计课程设计指导书》（第 3 版），柴鹏飞、王晨光主编，书号为 ISBN 978-7-111-65872-6。

在本书的编写过程中，编者参阅了国内外有关教材和大量的文献资料，并得到了洛阳轴承研究所技术人员、山西平遥减速器有限责任公司李文坚副总经理等社会有关人士的大力帮助，本书动画资源由资深品牌及动效设计师李日鹏设计，全书英语专业名词由上海工商职业技术学院李全福老师提供，在此一并表示衷心的感谢。

由于编者水平有限，书中错误之处在所难免，恳请广大读者批评指正，编者邮箱 sxc-zcpf517@ 163. com 或 403475605@ qq. com。

编　者

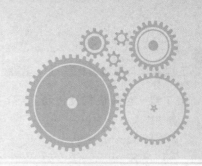

目 录

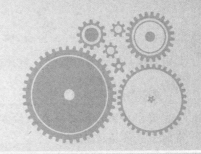

第 1 章

绪论（Introduction）

教学要求

★ **知识要素**

1）我国机械发展简史。

2）机械设计的基本要求。

3）机械零件的失效形式和设计准则。

4）机械、机器、机构、零件、构件、部件的基本概念及其相互之间的联系与区别。

5）本课程的性质和研究对象，本课程的内容、任务及学习方法。

★ **学习重点与难点**

1）了解机械设计的基本要求、机械零件的失效形式和设计准则。

2）了解机器、机构等机械相关概念。

3）了解机械、机器、机构、零件、构件、部件之间的联系与区别。

★ **价值情感目标**

1）了解我国古代在机械方面的重大科技成就，激发民族自豪感和自信心，培养新时代的爱国主义。

2）理解中国未来工业领域的发展方向和"中国式现代化"的重要意义，激发学生学习机械结构的设计与创造发明的兴趣，培养学生的创新精神和实践能力。

1.1 我国机械发展简史

我国是世界上机械发展最早的国家之一。我国的机械工程技术不但历史悠久，而且成就十分辉煌，不仅对我国的物质文化和社会经济的发展起到了重要的促进作用，而且为世界技术文明的进步做出了重大贡献。

从发展和形成的过程，我国机械发展史可分为六个时期：

1）形成和积累时期，从远古到西周时期。

2）迅速发展和成熟时期，从春秋时期到东汉末年。

3）全面发展和鼎盛时期，从三国时期到元代中期。

4）缓慢发展时期，从元代后期到清代中期。

5）转变时期，从清代中后期到新中国成立前的发展时期。

6）复兴时期，新中国成立后的发展时期。

小提示

关于我国机械发展史，读者可自行上网查询相关内容。也可进入"中国古代科技"网，了解古代机械概况。

我国古代不仅有举世闻名的四大发明，在机械发明和制造方面也有着光辉的成就，并且在动力的利用和机械结构的设计上各具特色。早在商代我国劳动人民就利用杠杆原理制成了取水工具——桔槔（图1-1），至今在一些地区仍被使用，人们还利用这一原理向上吊起重物；汉朝张衡在天文仪器——候风地动仪（图1-2）中也利用了杠杆的原理；西汉时期的指南车（图1-3）和记里鼓车（图1-4）则采用了连杆机构和轮系机构；元朝黄道婆发明织布机（图1-5）等纺织机械，推动了当时纺织技术和纺织业的发展；苏颂和韩公廉于宋元祐元年（公元1086年）开始设计，到元祐七年才完成的水运仪象台（图1-6），台高约12m，宽约7m；1980年冬，我国考古工作者在陕西临潼区东的秦始皇陵发掘出土了两乘大型彩绘铜车马，二号铜车马如图1-7所示。

新中国成立后，由于经济建设发展迅速，电力、冶金、重型机械和国防工业都需要大型锻件，但当时国内只有几台中小型水压机，根本无法锻造大型锻件，所需的大型锻件只得依

桔槔

图1-1　桔槔

候风地动仪

图1-2　候风地动仪

指南车

图1-3　指南车

记里鼓车

图1-4　记里鼓车

织布机

织布机

织布机

图 1-5 织布机

水运仪
象台

图 1-6 水运仪象台

赖进口。为从根本上解决这个问题，第一机械工业部提出自己设计制造大型水压机，1961年 12 月，江南造船厂成功地建成国内第一台 12000 吨水压机，如图 1-8 所示，为中国重型机械工业填补了一项空白。

据有关资料介绍，这台能产生万吨压力的水压机总高 23.65 米，总长 33.6 米，最宽处 8.58 米，机体全重 2213 吨，其中最大的部件下横梁重 260 吨，工作液体的压力有 350 个大气压，能够锻造 250 吨重的钢锭。

万吨水压机建成后，为国家电力、冶金、化学、机械和国防工业等部门锻造了大批特大型锻件，为社会主义建设做出了重大的贡献。

铜车马

图 1-7 铜车马

图 1-8 万吨水压机

1.2 机械设计概述

机械设计是设计者根据社会需要和人民群众生活需求所提出的机械设计任务，综合应用各种先进技术成果，灵活运用各种适宜的设计方法，设计出满足使用要求、安全可靠、经济合理、外形美观、综合性能好，并能集中反映先进生产力产品的过程。机械设计也可能是在原有的机械设备基础上做局部改进，以优化结构，实现机械的工作能力提升、效率提高、能耗降低和污染减少等目标，这些都是机械设计范畴应考虑的问题。机械设计是一门综合的工程技术，是一项复杂、细致和科学性很强的工作，其过程涉及许多方面，要设计出合格的产品，必须兼顾众多因素。

下面简述几个与机械设计有关的基本问题。

1.2.1 机械设计的一般程序

机械设计没有固定的或通用的设计程序，不同的行业和不同的产品可能有着完全不同的设计程序与设计方法，设计时应根据所设计产品的具体情况选择合适的设计方法。图 1-9 所示为机械设计的一般程序，下面对程序中的各个阶段进行简单的介绍。

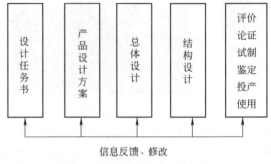

图 1-9　机械设计的一般程序

1. 设计任务书

根据社会需要或人民群众生活需求提出机械设计的计划，首先需要进行广泛的市场调查，以了解具体的需求情况；其次要对计划做详细的评价、论证，验证所提出的机械设计的必要性和实用性；最后完善机械设计的设计参数及设计要求等内容，形成设计任务书。

小提示

制订设计任务书时，评价和论证阶段是非常重要的，设计任何一个项目，都应对其社会效益、经济效益及生产制造的难易程度等方面做充分的评价、论证。如 1993 年 5 月 18 日《中国青年报》第 6 版《三峡在移民》一文中提到：1992 年 11 月 13 日三峡水库开始施工时，"三峡工程论证了整整 73 个春秋"。七届全国人大五次会议（1992 年 3 月 20 日至 4 月 3 日在北京召开）对关于兴建长江三峡工程议案表决的结果为 "1767 票赞成、177 票反对、664 票弃权、25 位代表未按表决器"。三峡工程的实例说明了工程论证的必要性和重要性。一个项目的确定、一个工厂的建设、一个产品的设计以及创业项目的选择也都需要 "评价、论证"。

三峡水库
论证资料

2. 产品设计方案

根据设计任务书，专业设计团队可以提出多个能够实现预期功能的产品设计方案，最终由相关专家和有关部门综合考虑各项因素确定一种最佳设计方案。

3. 总体设计

根据产品设计方案，专业设计人员将对产品进行总体的规划性设计。该阶段进行的是全方位的、能满足主要功能的宏观设计，结合对产品设计方案的分析和论证，最终形成技术文件。同样，设计人员可提出多个总体设计方案，最终需选出最佳的方案。

4. 结构设计

结构设计是在总体设计方案基础上进行的实施性、能用于生产的详尽设计，是连接设计和制造的重要环节。结构设计结合了各个生产实体的具体情况，综合考虑了多方面的因素，最终以用于指导生产的工程技术文件表示。

5. 评价、论证、试制、鉴定、投产、使用

评价和论证在设计计划提出阶段就开始进行了，是设计程序中非常重要的环节。一个项目最终社会效益和经济效益的好坏，在很大程度上取决于评价和论证过程是否严谨、科学和实事求是。

试制、鉴定、投产和使用对于不同类型的产品设计具有不同的内涵，并且会采取不同的处理方式。

6. 信息反馈、修改

从提出设计计划到之后的各个设计阶段，都要注重信息的收集和处理，并根据收集到的信息对设计做出及时的、积极的修改，使设计更加完美和实用。

1.2.2　机械设计的基本要求

使用要求——机械产品应具有可靠、稳定的工作性能，达到设计要求。使用要求包括功能性要求和可靠性要求。

经济要求——力求机器本身成本低，使用该机器生产的产品成本也要低。

安全要求——保证人身安全，操作方便、省力。

外观要求——产品造型应美观、协调。

此外，机械设计还应满足噪声、起重、运输、卫生、防腐蚀、防冻等方面的要求。

1.2.3　机械零件的失效形式和设计准则

1. 机械零件的失效形式

失效——零件失去设计时指定的工作效能称为零件失效（failure）。失效和破坏并不是一回事，失效不等于破坏，也就是有些零件理论上失效了，并不代表零件破坏不能用了。如齿轮的齿面点蚀、胶合、磨损等失效形式出现后，零件还可以工作，只不过工作状况不如原来好，甚至会出现传动不平稳或噪声等现象。一般情况下，零件破坏后就不能再工作了，也可以说破坏是绝对的失效，如齿轮的轮齿折断是破坏，也是失效。

常见的零件失效形式如图 1-10 所示。

- 失效
  - 强度失效
    - 整体破坏（拉、压、弯、扭、剪）
    - 表面破坏
      - 挤压（面接触）
      - 接触（点、线接触）
  - 刚度失效：弹性变形过大
  - 磨损
    - 磨料磨损
    - 胶合磨损
  - 失稳
    - 压杆失稳（侧弯）
    - 振动失稳（共振）
  - 其他
    - 不自锁（斜面、螺旋）
    - 打滑（摩擦传动）
    - 松脱（如螺钉）
    - 过热
    - 噪声过大
    - 腐蚀等

图 1-10　零件的失效形式

具体的失效形式有：①整体断裂；②过大的残余变形；③零件的表面破坏（腐蚀、磨损、接触疲劳）。尤以腐蚀、磨损、疲劳破坏为主（有资料显示，在 1378 项机械零件失效案例中，腐蚀、磨损、疲劳破坏占 73.88%，断裂仅占 4.79%）。

2. 机械零件的工作能力准则

设计中，衡量机械零件工作能力的指标即为机械零件的工作能力准则，包括以下内容：

（1）强度　零件抵抗破坏的能力。强度可分为体积强度和表面强度两种。表面强度又可分为表面挤压强度与表面接触强度。

（2）刚度　零件抵抗弹性变形的能力。

（3）耐磨性　零件抵抗磨损的能力。

（4）耐热性　零件承受热量的能力。

（5）可靠性　零件能持久可靠地工作的能力。

（6）振动稳定性　机器工作时不能发生超过允许范围的振动。

3. 机械零件的设计准则

强度判别公式为

$$\sigma \leq \frac{\sigma_{\lim}}{[s]} \tag{1-1}$$

式中　σ——零件危险截面上的最大应力；

　　　$\sigma_{\lim}$——极限正应力；

　　　$[s]$——正应力许用安全系数。

刚度判别公式为

$$y \leq [y] \tag{1-2}$$

式中　y——零件的变形量；

　　　$[y]$——许用变形量。

耐磨性、耐热性没有单独的计算公式，设计时只考虑其对强度影响的程度。

可靠性的衡量指标是可靠度，不同的设备有不同的要求。可靠度与安全系数的选取有关系；因此，可根据零件影响设备安全的程度选取对应的安全系数。

振动稳定性，应保证工作频率与零件的固有频率相错开。

不同的零件，在不同的条件下工作，出现各种失效形式的概率不同。一般优先按最常见的失效形式进行设计，然后为避免其他次常见的失效形式，再进行相应的校核，即不同条件下的零件设计需制定不同的设计准则。

4. 机械零件的设计步骤

机械设计方法很多，既有传统的设计方法，也有现代的设计方法，这里不详细论述。简单介绍常用的机械零件设计步骤：

1）根据使用要求，选择零件的类型和结构。

2）根据工作要求，计算零件载荷。

3）根据工作条件，选择零件材料。

4）确定计算准则，计算出零件的基本尺寸。

5）结构设计。

6）校核计算。

7）写说明书。

在机械设计和制造的过程中，有些零件，如螺栓、滚动轴承等应用范围广，用量大，为便于专业化制造，这些零件都制作成标准件，由专门生产厂生产。对于同一产品，通常进行若干同类型不同尺寸或不同规格的系列产品生产以满足不同用户的使用需求。不同规格的产品使用相同类型的零件，以使零件的互换更为方便，也是机械设计应考虑的事情。因此，在机械零件设计中，还应注意标准化、系列化、通用化。

1.3 本课程的研究对象

本课程的研究对象是机械（mechanical engineering）。机械是机器（machine）与机构（mechanism）的总称。

1.3.1 机器

传统意义上讲，机器是执行机械运动的装置。机器的种类繁多，其用途和结构形式也不尽相同，但机器的组成却有一些共同的特征。

1. 机器的特征

传统意义的机器具有以下三个共同特征：

1）人为的实物组合体。

2）各运动单元间具有确定的相对运动。

3）能代替人类做有用的机械功或进行能量转换。

图 1-11 所示为卷扬机，电动机通过减速器带动卷筒缓慢转动，使绕在卷筒上的钢索完成悬吊装置的升降任务。电动机与减速器之间设有制动器，在需要停止运动时起制动作用，使卷扬机停止运动。

图 1-12 所示为小型轿车的组成示意图，可以看出汽车的运动系统由原动部分、传动部分、执行部分、控制部分与辅助部分五部分组成。

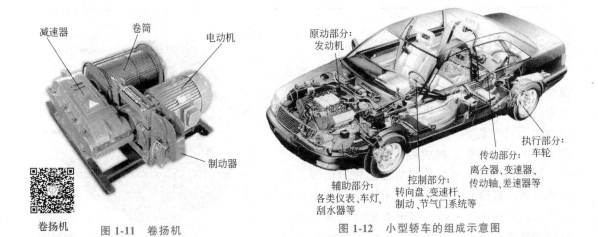

图 1-11　卷扬机

图 1-12　小型轿车的组成示意图

从广义上讲，随着社会的进步和发展，现代机器的内涵还应包括机器能进行信息处理、影像处理等功能，如临床医学中广泛应用的检查身体用的 CT 机，如图 1-13 所示。

2. 机器的类型

根据用途的不同，机器可分为动力机器、工作机器和信息机器。

1）动力机器——实现机械能与其他形式能量之间的转换，如电动机、发电机和内燃机等。

2）工作机器——利用机械能做机械功或运输物品，如机床、汽车、带式运输机等。

3）信息机器——传递或变换信息，如计算机、复印机、照相机等。

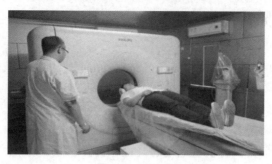

图 1-13 CT 机

由图 1-11、图 1-12 两个实例分析可知，传统机器一般都包括原动部分、传动部分和执行部分三大部分，有的机器还需要配备控制部分和辅助部分等。

机器的组成与功能见表 1-1。

表 1-1 机器的组成与功能

组 成	功 能
原动部分	给机器提供动力,如电动机
传动部分	通常用于实现运动形式的转换,或速度及动力的变换,包括一些机构(连杆机构、凸轮机构等)和传动(带传动、齿轮传动等)装置
执行部分	完成工作任务
辅助部分	指机器的润滑、控制、检测、照明等部分

1.3.2 机构

机构是具有确定的相对运动，能实现一定运动形式转换或动力传递的实物组合体。图 1-14 所示为机车上常用的内燃机，是将燃气燃烧时的热能转化为机械能的机器。它包含由活塞、连杆、曲轴和缸体（机架）组成的曲柄滑块机构，由凸轮、顶杆和缸体（机架）组成的凸轮机构等。从功能上看，机构和机器的根本区别是，机构只能传递运动或动力，不能直接做有用的机械功或进行能量转换。因此，一般说来，机构是机器的重要组成部分，机器是由单个或多个机构，再加辅助设备组成的。工程上将机器和机构统称为"机械"。

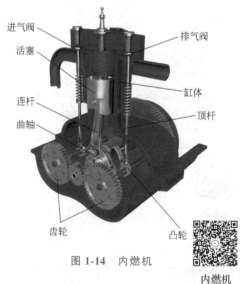

图 1-14 内燃机

内燃机

关键知识点

机器具有三个特征，能做有用的机械功或进行能量转换。机构是机器的重要组成部分，但不能做有用的机械功或进行能量转换。

1.3.3 零件（parts）、构件（structures）与部件（components）

机械制造中不可拆的最小单元称为零件，零件是组成构件的基本单元。组成机构的具有确定运动的实物（组合）体称为构件，构件是机构运动的最小单元。一个构件可以只由一个零件组成，也可由多个零件组成。

图1-15所示为由齿轮、键和轴组成的传动构件，其中单一的最小单元为零件，把三个零件按要求装配到一起便组成构件。

为实现一定的运动转换或完成某一工作要求，把若干构件组装到一起形成的组合体称为部件。

零件按用途可分为两类。一类是通用零件（**common parts**），指在各种机械中广泛使用的零件，如齿轮、轴承、轴、螺栓、螺母等，实物模型如图1-16所示。另一类是专用零件（**appropriative parts**），指仅在一些特定机械中使用的零件，如曲轴、叶片等，图1-17所示为发动机曲轴。

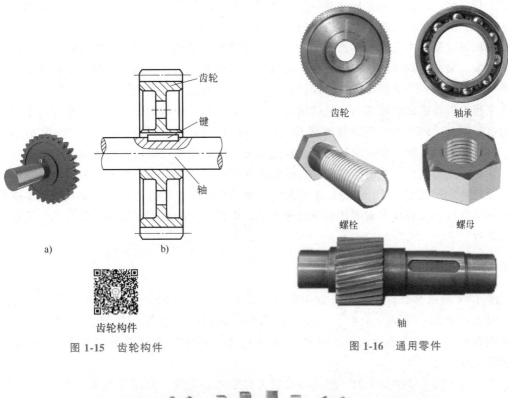

齿轮 轴承

螺栓 螺母

轴

a) b)

齿轮构件

图1-15 齿轮构件

图1-16 通用零件

图1-17 专用零件——曲轴

关键知识点

零件是机械制造的最小单元；构件是机构运动的最小单元；部件是将若干构件组装到一起形成的能实现一定功能的组合体。

1.4 本课程的性质与内容

1.4.1 本课程的性质

工程力学与机械设计基础是一门技术基础课。本课程所涉及的知识与技能不但是机械工程相关工作技术人员所必备的，而且是对人们现代化日常生活有极大帮助的。随着社会现代化水平的提高，人们在日常生活中广泛使用着各种机械装置，通过学习本课程内容，首先可掌握一些力学常识和机械常识，以更好地使用和维护生活中的各种机械装置；其次，学习本课程内容，还可以培养创新思维，激发创新欲望；再者，学习机械设计基础课程，将有助于建立工程思想；有助于培养科学精神；有助于树立严谨规范的工作作风；有助于形成良好的职业道德；有助于增强解决实际工程问题的能力。

机械设计基础由理论和实践两部分组成。机械设计基础理论是人们对机构运动与机械设计最基本、最普遍规律的认识和概括；机械设计基础实践则是人们掌握机械设计知识，形成工程技术能力的一个重要环节，是进行机械工程实践的基本技术能力。

工程力学与机械设计基础课程的学习通常是处在从一般基础知识学习向专业技术知识学习的过渡阶段，因此本课程既具有普及机械工程知识的功能，同时也是一门具有实用价值的，可以独立设置的专业技术基础课。通过学习基本的力学知识和机械方面基本的知识与技能，学生可经历工程实践的探究过程，感受科学态度和科学精神的熏陶，为分析、理解机械工作原理和进行机械设计，进行设备安装、调整及维修等工作打下基础。本课程是以提高学生的科学素养、工程技术素质和职业道德修养，促进学生的全面发展为主要目标的工程技术基础课程。

1.4.2 本课程的内容

图 1-18 所示是日常生活中人们用来健身的划船器。划船器是一种模拟划船运动的器材，对人的腿部、腰部、上肢、胸部、背部的肌肉增强有较好的作用。运动时，人的双手紧握划船器上部的手柄，随着双臂的前后划动，划船器便模拟船在水中行进的运动，做前后摆动。

为什么人的手臂摆动手柄，划船器就能模拟船的行走呢？原因是当人的双臂摆动手柄，便驱动了支持划船器运动的机构开始运动，故划船器前后摆动起来。那么，为什么人的手臂能驱动划船器机构运动起来？这是由划船器组成机构的特性所决定的。在本教材第 5 章将深入讨论有关机构运动的问题。

图 1-19 所示是小型建筑工程或修路工程中使用的打夯机。使用时接通电源，打夯机上的摆块就会绕定轴转动，同时打夯机会持续向前移动，完成夯实地基或路面等工作。

为什么接通电源，打夯机上的摆块就会绕轴转动呢？这是因为 V 带传动装置将电动机的转动转变成了摆块的转动，故打夯机上的摆块能够绕定轴转动，且摆块在转动过程中产生的惯性力使得打夯机不断向前移动。那么，生产实践中应如何选择 V 带？在本教材第 10 章将进一步讨论有关 V 带选择的问题。

图 1-18　划船器

划船器

图 1-19　打夯机

打夯机

　　结合实例探究，本课程的内容基本可分为工程力学、常用机构、常用传动装置和通用机械零部件四大部分。其中，常用机构和常用传动装置部分综合应用各先修课程的基础理论知识，结合生产实践，研究机械中常用机构和常用传动装置的工作原理、构成原理、基本设计理论和基本计算方法。通用机械零部件部分研究一般工作条件下，常用参数范围内通用零部件的工作原理、特点、应用、结构，以及机械设计的一般原则和设计步骤，同时研究常用零部件的选用和维护等共性问题。因此，本课程是工科类各专业中一门重要的技术基础课。

1.4.3　本课程的任务

　　本课程的设置旨在培养学生的工程技术素质，促进其全面发展。因此，通过本课程的学习和实践性实训，学生应达到如下要求：

1）掌握常用机构的特性、应用场合和使用维护等基础知识。

2）掌握机械设备中各种常用传动装置和零部件使用、维护、管理的基础知识。

3）初步具备分析机构工作原理、零件失效形式和运用手册选用基本零件的能力。

4）掌握正确选择常用机械零件类型、代号等基础知识。

5）初步具备设计机械传动和运用手册设计简单机械的能力。

6）为学习相关专业机械设备和直接参与工程实践奠定必要的基础。

1.5　本课程的特点与学习方法

1.5.1　本课程的特点

　　本课程是学生从理论性、系统性较强的基础课学习向实践性较强的专业课学习过渡的转折课程，这一定位使得本课程与先修课程相比有如下特点：

1. 实践性强

本课程是一门实践性很强的技术基础课，其研究对象是在生产实践中广泛应用的机械装置，所要解决的问题也是工程中的实际问题。因此本课程要求学生要加强基本技能的训练，要培养工程素养，要重视实验、实践课，增强工程实践能力。

2. 独立性强

由于机械机构和零部件的种类繁多，且各具特色，故本教材各章内容彼此相对独立。学生需经常复习已学内容，在比较中学习，探寻思考知识点之间的共同点及相关性，形成完整的机械设计知识体系。

3. 综合性强

本课程的学习要综合运用先修课中已学的知识，先修课程的知识点是本课程学习的重要基础。且除理论知识外，学生还应具备一定的生产实践经验，要多观察日常生活和生产实践中的各类机械设备。

4. 涉及面广

关系多——本课程与机械制图、公差配合、金属材料、机械制造基础等诸多先修课关系密切。

要求多——本课程中机械设计要满足强度、刚度、寿命、工艺、重量、安全、经济性等要求。

门类多——本课程中的各类机构和零件，各有特点。

图表多——本课程涉及结构图、原理图、示意图、曲线图、标准表等图表。

1.5.2　本课程的学习方法

本课程是一门介于基础课和专业课之间的重要的设计性的技术基础课，起着"从理论过渡到实践、从基础过渡到专业"的承先启后的桥梁作用。学习本课程的内容，有助于学生成长为掌握高等职业专业知识和技能的职业人或创业者。本教材中大多数机构和实物都配有二维码，扫描二维码即可观看动画或视频，了解对应机构的运动情况和实物展示。本教材希望通过直观的动画、视频展示，辅助培养学生的工程实践能力，为未来从事机械工业生产或直接创业奠定一定的基础。本课程还专门配有多类型的练习题，通过演练习题，便于学生多角度学习、理解和掌握机械设计的基本知识，提高自己的分析能力和综合能力。通过本课程的学习，学生可培养必要的实践能力和创新能力，全面提高自身素质和综合职业能力，培养科学严谨、一丝不苟的工作作风。

为了学好本课程，实现预期培养目标，学生应掌握以下学习方法：

1）扫描二维码，观看机构运动并分析其原理。着重理解基本概念和基本原理，掌握机构分析与综合的基本方法。

2）练习教材配套习题。通过演练习题，加深对课程内容的理解，形成完整的机械设计基础知识体系，并注重培养工程实践能力。

3）理论联系实际。基于所学知识多看、多想、多分析日常生活与生产实践中的各种机械，总结规律，培养运用基本理论与方法分析和解决工程实际问题的能力。

4）培养综合分析、全面考虑问题的能力。解决同一实际问题，往往有多种方法和结果，要通过分析、对比、判断和决策，做到优中选优。

知 识 小 结

1. 机械设计概述 {
    机械设计基本要求
    机械零件的失效形式与设计准则 {
        失效形式
        工作能力准则
        设计准则
        设计步骤
    }
}

2. 机械 {
    机器
    机构
}

3. 机构的组成 {
    零件 {
        通用零件
        专用零件
    }
    构件
    部件
}

4. 本课程的特点 {
    实践性强
    独立性强
    综合性强
    涉及面广
}

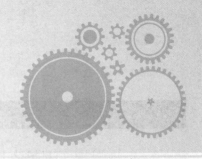

构件的受力分析（Stress Analysis of Components）

工程力学简介

工程力学（engineering mechanics）是研究物体机械运动的一般规律与构件的承载能力

的一门科学。我们学习工程力学的目的是研究构件的受力、平衡、变形和失效规律，为既安全可靠、又经济合理的机械设计提供必要的理论基础。机械运动是物体在空间的位置随时间变化的综合表述，是自然界中最普遍和最基本的运动形式。平衡是机械运动的一种特殊情况，工程力学是在物体处于平衡状态时解决工程实际问题的。构件的承载能力是研究构件在外力作用下的强度、刚度和稳定性等问题，为机械设计提供必要的设计准则和计算方法。

通过学习与掌握工程力学的基本知识，运用"问题—抽象—推理—结论—解决问题"的方法，不仅可以解决工程实际中的力学问题，还可以培养学生的逻辑思维能力、培养观察问题的能力和建立辩证唯物主义的世界观，有利于培养学生的创新思维和创新精神，提高分析和解决工程实际问题的能力，为学习后续专业课程提供必要的理论基础和分析方法。

本章导读

图 2-1 所示为悬臂起重机，用来起吊各种产品或其他重物。图中横梁 AB 的一端固定在墙体或其他柱体上，另一端由 CB 杆拉着。当吊起重物时，在重物自身重力的作用下，下面的横梁 AB 主要受弯曲作用，同时还受到压缩作用，上面的 CB 杆受拉伸作用。在生产实践中要设计或校核悬臂起重机，就要对悬臂起重机进行受力分析和强度计算。强度计算的前提是要对各杆件进行受力分析，只有分析清楚各杆件的受力情况，才能计算出各杆件的受力大小，然后再进行强度计算，设计各杆件的合理截面尺寸。

本章主要介绍力的概念、力的基本性质与受力分析等内容。

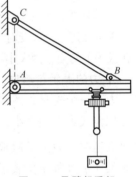

图 2-1 悬臂起重机

基本内容

2.1 静力学的基本概念

（1）静力学 静力学（statics）研究的是刚体在力系作用下的平衡（balance）规律。它包括确定研究对象、进行受力分析、简化力系、建立平衡条件求解未知量等内容。

（2）刚体 刚体（rigid-body）是一个理想化的力学模型，即在力的作用下不会变形的物体。为使物体简化，静力分析中通常将物体视为刚体。事实上，并不存在绝对的刚体，而是微小变形对研究平衡问题不起主要作用，将其略去，不仅不会影响问题的研究结果，反而可使问题的研究得到简化。

（3）力系与等效力系 力系是作用于被研究物体上的一组力。若一个力系与另一个力系对物体的作用效应相同，则这两个力系互为等效力系。

（4）平衡与平衡力系 工程中的平衡是指物体相对于地球处于静止状态或匀速直线运动状态，是物体机械运动中的一种特殊状态。若一力系可以使物体平衡，则称该力系为平衡力系。

静力分析在工程中有十分重要的意义，是设计构件尺寸、选择构件材料的基础。

2. 1. 1 力的概念

1. 力的定义

力的概念是人们在长期的生产实践中建立起来的。力是物体间的相互机械作用，这种作用使物体的运动状态发生改变或使物体产生变形。

力对物体产生的作用有外效应和内效应。使物体的运动状态发生改变的效应称为力的运动效应或外效应。如人推小车，小车由静止变为运动；人用扳手拧螺栓会把螺栓拧紧等。使物体产生变形的效应称为力的变形效应或内效应。如受拉构件在拉力的作用下会伸长；桥式起重机的横梁在起吊重物时会发生弯曲变形等。

力的运动效应和变形效应总是同时产生的，在一般情况下，工程上用的构件大多是用金属材料制成的，它们都具有足够的抵抗变形的能力，即在外力的作用下，它们产生的变形是微小的，对研究力的运动效应影响不大，故在静力分析中，可以将其变形忽略不计。本章就以刚体为研究对象，只讨论力的运动效应。

2. 力的三要素

实践证明，力对物体的作用效应取决于三个要素：力的大小、力的方向、力的作用点。这三个要素中任何一个改变时，力的作用效果就会改变。例如，用扳手拧螺母时，如图 2-2 所示，作用在扳手上的力，因大小不同，或方向不同，或作用点位置不同，产生的效果就不一样。

3. 力的表示与单位

力是一个矢量，图示时，常用一个带箭头的线段表示，如图 2-3 所示，线段长度 AB 按一定比例代表力的大小，线段的方位和箭头表示力的方向，其起点或终点表示力的作用点。书面表达时，力矢量通常用黑体字 $\boldsymbol{F}$ 或字母上加一横线（如 $\vec{F}$）表示，力的大小用同一字母非黑体字（如 F）表示。

在国际单位制中，力的单位采用"牛顿"（N）或"千牛顿"（kN）。目前工程应用中，也有用工程单位制，以公斤力（kgf）作为力的单位。公斤力和牛顿的换算关系为

$$1\ 公斤力(kgf) = 9.8\ 牛顿(N)$$

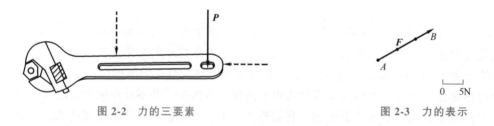

图 2-2 力的三要素　　　　　　　　　　图 2-3 力的表示

小常识

普通力学中有两类量，即标量和矢量。标量只考虑大小，如质量、长度等；矢量既考虑大小，又要考虑方向。

4. 力系的分类

通常根据力系中各力作用线的分布情况将力系进行分类：平面力系，指各力的作用线都

在同一平面内的力系；空间力系，指各力作用线不在同一平面内的力系。在这两类力系中又可分为：汇交力系，指各力的作用线相交于一点的力系；平行力系，指各力的作用线互相平行的力系；一般力系，指各力的作用线既不全交于一点，也不全平行的力系；力偶系，指作用线平行而不重合的两个力大小相等、方向相反，对物体产生转动效应的力系。本章主要介绍平面力系。

关键知识点

刚体是一个理想化的力学模型，即在力的作用下不会变形的物体。力是物体间的相互机械作用，可使物体的运动状态发生改变或使物体产生变形。力的大小、力的方向和力的作用点称为力的三要素。力是一个具有大小和方向的矢量。力系分为平面力系、空间力系两大类，还可分为汇交力系、平行力系、一般力系和力偶系。

2.1.2　力的基本性质

力的基本性质由静力学公理来说明。静力学公理是人类经过长期的经验积累和实践验证总结出来的最基本的力学规律。它概括了力的一些基本性质，反映了力所遵循的客观规律，它们是进行构件受力分析、研究力系的简化和力系平衡的理论依据。

1. 公理一——二力平衡公理

（1）二力平衡公理　刚体若仅受两力作用而平衡，其必要与充分条件为：这两个力大小相等，方向相反，且作用在同一直线上，简述为等值、反向、共线，如图 2-4a 所示。

该公理指出了刚体平衡时最简单的性质，是推证各种力系平衡条件的依据。

（2）二力构件　在机械或结构中凡只受两力作用而处于平衡状态的构件，称为二力构件。二力构件的自重一般不计，形状可以是任意的，因其只有两个受力点，根据二力

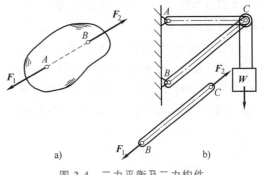

图 2-4　二力平衡及二力构件
a）二力平衡　b）二力构件

平衡公理，二力构件所受的两力必在两个受力点的连线上，且等值、反向，如图 2-4b 所示的 BC 杆。

小提示

在进行结构的受力分析时，准确快速地找出二力构件，对物体的受力分析至关重要。

2. 公理二——加减平衡力系公理

（1）加减平衡力系公理　在已知力系上加上或减去任意一个平衡力系，不会改变原力系对刚体的作用效应。

平衡力系对于刚体的作用效应等于零，所以在原力系上加上或减去平衡力系，也不会影响原力系对刚体的作用。这个公理是力学等效变换（简化）的重要依据。

（2）力的可传性原理（加减平衡力系推论）　作用在刚体上的力，可沿其作用线移到刚

体上任一点，不会改变对刚体的作用效应，如图2-5所示。这一推论对研究力系的简化问题很重要。由力的可传性原理可看出，作用于刚体上的力的三要素为：力的大小、方向和力的作用线，不再强调力的作用点。

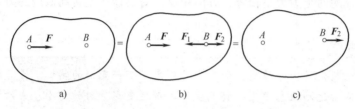

图 2-5 力的可传性

3. 公理三——力的平行四边形公理

（1）力的平行四边形公理 作用在物体上同一点的两个力的合力，作用点也在该点上，大小和方向由以这两个力为邻边所作的平行四边形的对角线确定。如图2-6所示，作用在物体 A 点上的两已知力 F_1、F_2 的合力为 F_R，力的合成可写成矢量式

$$F_R = F_1 + F_2$$

力的平行四边形公理是力系合成与分解的依据。上述公理说明，两个相交力的合成不是简单地将其数值大小相加，而必须按平行四边形法则相加。上述表达式为矢量加法，合力等于两个分力的矢量和。

（2）力的平行四边形公理应用 力的平行四边形公理还可用于力的分解，在实际工程计算中经常用到，如图2-7所示的斜面上有一滑块，滑块重力为 G，在计算过程中常需将重力 G 分解为一对正交分力 F 和 F_N。其中分力 F 使滑块沿斜面下滑，大小为 $F = G\sin\alpha$；分力 F_N 垂直斜面对斜面产生压力，大小为 $F = G\cos\alpha$。

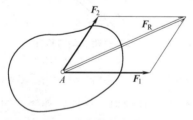

图 2-6 力的合成法则

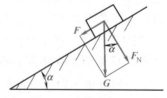

图 2-7 力的分解法则

4. 公理四——作用力与反作用力公理

当甲物体给乙物体一作用力（acting force）时，甲物体也同时受到乙物体的反作用力（reactive force），且两个力大小相等、方向相反、作用在同一直线上，如图2-8所示。

这一公理表明，力总是成对出现的，有作用力，必有反作用力，二者总是同时存在，同时消失。一般习惯上将作用力与反作用力用同一字母（F）表示，其中一个加撇（F'）以示区别。

小思考

二力构件的受力情况和作用力与反作用力有什么区别？

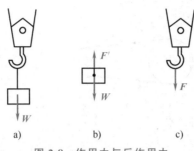

图 2-8　作用力与反作用力

力的静力学公理概括了力的一些基本性质。二力平衡公理是最简单的力系平衡条件。加减平衡力系公理是力学等效变换（简化）的重要依据。力的平行四边形公理是力系合成和分解的依据。作用力与反作用力公理揭示了力的存在和传递方式。

2.1.3　约束和约束力

1. 约束和约束力的概念

（1）约束　凡是对一个物体的运动或运动趋势起限制作用的其他物体，都称为这个物体的约束（restraint）。如火车车轮受到钢轨的限制只能沿轨道行驶，钢轨对车轮来说就是约束。

（2）约束力　约束限制着物体的运动，阻挡了物体本来可能产生的某种运动，从而实际上改变了物体可能的运动状态，这种约束对物体的作用力称为约束力。约束力的方向总是与该约束所限制的运动趋势方向相反，其作用点就在约束与被约束体的接触处。

能使物体运动或有运动趋势的力称为主动力，主动力一般是已知的，而约束力往往是未知的。一般情况下根据约束的性质只能判断约束力的作用点位置或作用力方向，约束力的大小要根据平衡条件来确定。然而，不同类型的约束，其约束力也不同。下面介绍几种工程中常见的约束类型及其约束力。

小思考

约束与约束力的关联与区别是什么？

2. 常见约束类型

（1）柔性约束　绳索、链条、胶带等柔性物体形成的约束即为柔性约束。柔性物体只能承受拉力，而不能承受压力。作为约束，它只能限制被约束物体沿其中心线伸长方向的运动，所以柔性约束产生的约束力，通过接触点沿着柔体的中心线背离被约束物体（使被约束物体受拉）。如图 2-9 所示的带传动，带的约束力沿着轮缘的切向离开轮子向外指。

（2）光滑面约束　当两物体直接接触，并忽略接触处的摩擦时就可视为光滑面约束。这种约束只能限制物体沿着接触点公法线方向的运动，因此，光滑面约束的约束力必过接触点，沿接触面的公法线并指向被约束的物体，称为法向约束力或正压力，如图 2-10 所示。

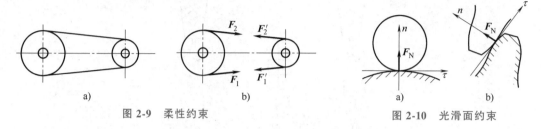

图 2-9　柔性约束　　　　　　　图 2-10　光滑面约束

（3）铰链约束　铰链（hinge）约束是工程上连接两个构件的常见约束方式，是由两个端部带圆孔的杆件，用一个销钉连接而成的。根据被连接物体的形状、位置及作用，光滑铰链约束又可分为以下几种形式：

1）中间铰链约束。如图 2-11a 所示，1、2 分别是两个带圆孔的构件，将圆柱形销钉穿入构件 1 和 2 的圆孔中，便构成中间铰链，通常用简图 2-11b 表示。

中间铰链对物体的约束特点：力的作用线通过销钉中心，方向不定。通常用通过铰链中心的两个正交分力来表示，如图 2-11c 所示。

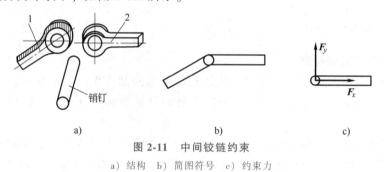

图 2-11　中间铰链约束

a）结构　b）简图符号　c）约束力

2）固定铰链支座约束。如图 2-12a 所示，将中间铰链（图 2-11）中的构件 1 换成支座，且与基础固定在一起，则构成固定铰链支座约束，简图如图 2-12b 所示。

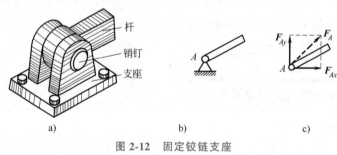

图 2-12　固定铰链支座

a）结构　b）简图符号　c）约束力

固定铰链支座对物体的约束力特点与中间铰链相同，如图 2-12c 所示。

3）活动铰链支座约束。如图 2-13a 所示，将固定铰链支座底部安装若干滚子，并与支承面接触，则构成活动铰链支座，又称为滚轴支座。这类支座常见于桥梁、屋架等结构中，简图如图 2-13b 所示。

活动铰链支座对物体的约束特点：只能限制构件沿支承面垂直方向的移动，不能阻止物体沿支承面的运动或绕销钉轴线的转动。因此活动铰链支座的约束力通过销钉中心，垂直于

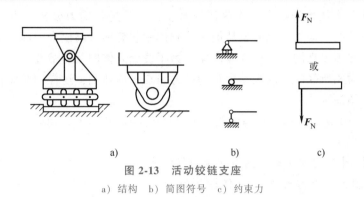

图 2-13 活动铰链支座

a) 结构　b) 简图符号　c) 约束力

支承面，指向不定，如图 2-13c 所示。

（4）固定端约束　物体的一部分固嵌于另一物体中所构成的约束，称为固定端约束，如图 2-14 所示。

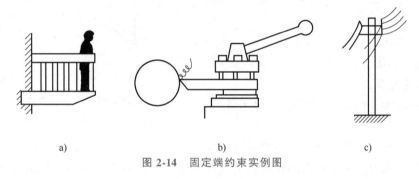

图 2-14 固定端约束实例图

建筑物上的阳台、车床上的刀具、立与路旁的电线杆等都可视为固定端约束。平面问题中一般用图 2-15a 所示简图符号表示，约束作用如图 2-15b 所示，两个正交分力表示限制构件移动的约束作用，一个约束力偶表示限制构件转动的约束作用。

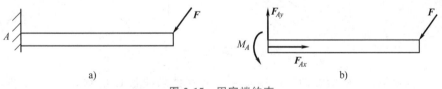

图 2-15 固定端约束

a) 简图符号　b) 约束力

关键知识点

　　对物体的运动或运动趋势起限制作用的其他物体称为约束，约束对物体的作用力称为约束力。约束分为柔性约束、光滑面约束、铰链约束和固定端约束，铰链约束又可分为中间铰链约束、固定铰链支座约束和活动铰链支座约束三种。

2.1.4　受力图

　　在求解力学问题时，必须根据已知条件和待求量，从与问题有关的许多物体中，选择其中一个物体（或几个物体的组合）作为研究对象，对其进行受力分析。为了清楚地表示所研究物体的受力情况，需将研究对象从周围的物体中假想地分离出来，即解除全部约束，单独画出。这种被分离出来的物体称为分离体。为了使分离体的受力情况与原来的受力情况一致，必须将研究对象所受的全部主动力和约束力画在分离体上，这样的简图称为受力图。下面举例说明受力图的画法。

例 2-1　重力为 G 的圆球，用绳索拴住并置于光滑的斜面上，如图 2-16a 所示。试画出圆球的受力图。

解　1）取圆球为研究对象，画出圆球的分离体。

2）画出主动力。重力 G 向下并作用于球心上。

3）画出约束力。根据约束的性质确定约束力的方位，解除绳索约束，画上约束力 F_B，解除斜面约束，画上约束力 F_{NA}，如图 2-16b 所示。

例 2-2　梁 AB 两端为铰链支座，在 C 处受载荷 F 作用，如图 2-17a 所示，不计梁的自重，试画出梁的受力图。

解　1）取梁 AB 为研究对象，画出梁的分离体。

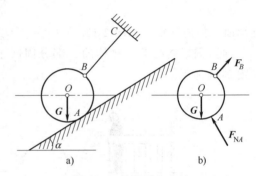

图 2-16　斜面受力分析

2）画出主动力。载荷 F 向下并作用于 C 处。

3）画出约束力。根据约束的性质确定约束力的方位，解除 A 处固定铰链约束，画上约束力 F_{Ax}、F_{Ay}，解除 B 处活动铰链支座约束，画上约束力 F_{RB}，如图 2-17b 所示。

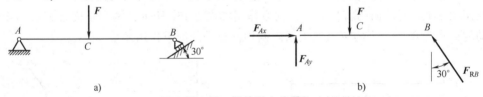

图 2-17　梁的受力分析

例 2-3　三角架由 AB、BC 两杆连接而成。销 B 处悬挂重 G 的物体，A、C 两处用铰链与墙固连，如图 2-18 所示。不计杆的自重，试画 B 点处受力图。

解　以 B 点为研究对象，将 B 点从整个结构中分离出来，以便画该处的受力图。

B 点除受主动力 G 作用外，还受到杆 AB 和 BC 的约束力作用。由于两杆都是两端铰接而自重不计的二力杆，所以它们的反力 F_{AB}、F_{BC} 分别沿着两铰链中心的连线。又根据两杆对销 B 所起的拉、支承作用，即可定出反力 F_{AB}、F_{BC} 的方向，如图 2-18 所示。

通过以上分析，可以把受力图的画法归纳如下：

1）明确研究对象，解除约束，画出分离体简图。

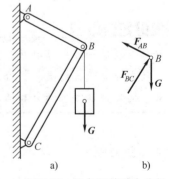

图 2-18　三角架的受力分析

2）在分离体上画出全部的主动力。

3）在分离体解除约束处，画出相应的约束力。

2.2　平面汇交力系（plane intercrossing forces system）

工程上，许多力学问题，由于结构和受力具有平面对称性，都可以简化成平面力系来处理。若各力的作用线分布在同一平面内的，该力系称为平面力系。平面力系是工程中常见的一种力系。另外许多工程结构和构件受力作用时，虽然力的作用线不都在同一平面内，但其作用力系往往具有一对称平面，可将其简化为作用在对称平面内的力系。根据平面力系中各力的作用线分布不同，平面力系又可分为平面汇交力系、平面任意力系、平面力偶系和平面平行力系。

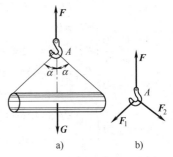

图 2-19　平面汇交力系实例

平面汇交力系是指各力的作用线都在同一平面内，且汇交于同一点的力系。如图 2-19 所示的起重机的吊钩的受力就是一平面汇交力系。

2.2.1　力在坐标轴上的投影

力在坐标轴上的投影定义为：从力 F 的两端分别向坐标轴 x、y 作垂线，其垂足间的距离就是力 F 在该轴上的投影，如图 2-20 所示。图中 ab 和 a_1b_1 分别为力 F 在 x 轴和 y 轴上的投影，即 F 在 xOy 直角坐标系 x 轴和 y 轴上的分力分别是 F_x、F_y，称为力的分解。力的投影是代数量，其正负号规定如下：由投影的起点 a（a_1）到终点 b（b_1）的方向与坐标轴的正向一致时，则力的投影为正，反之为负。

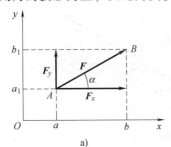
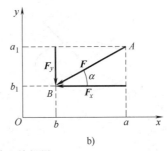

图 2-20　力在轴上的投影

若已知力 F 的大小和它与 x 轴的夹角 α，则力在轴上的投影可按下式计算：

$$\begin{cases} F_x = \pm F\cos\alpha \\ F_y = \pm F\sin\alpha \end{cases} \tag{2-1}$$

反之，若已知力 F 在 x、y 轴上的投影 F_x 与 F_y，则由图 2-20 中的几何关系，可得

$$\begin{cases} F = \sqrt{F_x^2 + F_y^2} \\ \tan\alpha = \left| \dfrac{F_y}{F_x} \right| \end{cases} \tag{2-2}$$

式中，α 是力 F 与 x 轴间所夹的锐角。力 F 的指向由 F_x 与 F_y 的正负确定。

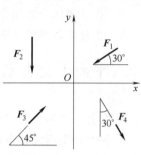

图 2-21 力在轴上的投影

例 2-4 已知 $F_1 = 100N$，$F_2 = 200N$，$F_3 = 250N$，$F_4 = 150N$，各力的方向如图 2-21 所示，其中力 F_2 的方向平行于 y 轴，试求上述四个力在 x、y 轴上的投影。

解 1) F_1 力 $\begin{cases} F_{1x} = -F\cos30° = -100N \times \cos30° = -86.6N \\ F_{1y} = -F\sin30° = -100N \times \sin30° = -50N \end{cases}$

2) F_2 力 $\begin{cases} F_{2x} = 0 \\ F_{2y} = -F = -200N \end{cases}$

3) F_3 力 $\begin{cases} F_{3x} = F\cos45° = 250N \times \cos45° = 176.8N \\ F_{3y} = F\sin45° = 250N \times \sin45° = 176.8N \end{cases}$

4) F_4 力 $\begin{cases} F_{4x} = F\sin30° = 150N \times \sin30° = 75N \\ F_{4y} = -F\cos30° = -150N \times \cos30° = -129.9N \end{cases}$

2.2.2 合力投影定理

平面汇交力系由力 F_1、F_2、F_i、F_n 组成，如图 2-22 所示，应用力的可传性原理将各力分别沿其作用线平移到四个力的汇交点，然后运用力的平行四边形公理（力的分解），将四个力分别向 x、y 轴分解，即可得到 F_{1x}、F_{2x}、F_{ix}、F_{nx} 和 F_{1y}、F_{2y}、F_{iy}、F_{ny} 各个分力，然后再分别将 x、y 轴上各分力求代数和，即是原各力在投影轴上投影的分力 F_{Rx}、F_{Ry}，将 x、y 轴上的分力用力的平行四边形公理（力的合成）即可得到原四个力的总的合力 F_R。

合力投影定理：合力在任意轴上的投影等于各分力在同一轴上投影的代数和。

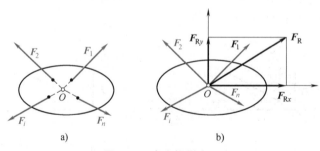

a)   b)

图 2-22 合力投影定理

例 2-5 如图 2-23 所示，已知 $F_1 = 3kN$、$F_2 = 6kN$ 和 $F_3 = 15kN$，固定环受这三个力的作用，试求这三个力合力的大小。

解 1) 建立直角坐系 xOy，如图 2-23 所示。

2) 各力在 x 轴上的投影分别为

$F_{1x} = 0$

$F_{2x} = F_2\sin60° = 6kN \times \dfrac{\sqrt{3}}{2} = 5.2kN$

$F_{3x} = F_3\cos45° = 15kN \times \dfrac{\sqrt{2}}{2} = 10.6kN$

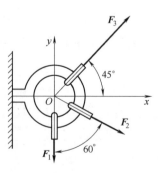

图 2-23 力在轴上的投影

3）各力在 y 轴上的投影分别为

$F_{1y} = -3\text{kN}$

$F_{2y} = -F_2\cos60° = -6\text{kN}×0.5 = -3\text{kN}$

$F_{3y} = F_3\sin45° = 15\text{kN}×\dfrac{\sqrt{2}}{2} = 10.6\text{kN}$

4）由合力投影定理得

$F_{Rx} = F_{1x}+F_{2x}+F_{3x} = 0+5.2\text{kN}+10.6\text{kN} = 15.8\text{kN}$

$F_{Ry} = F_{1y}+F_{2y}+F_{3y} = -3\text{kN}+(-3\text{kN})+10.6\text{kN} = 4.6\text{kN}$

$F_R = \sqrt{F_{Rx}^2+F_{Ry}^2} = \sqrt{15.8^2+4.6^2}\,\text{kN} = 16.5\text{kN}$

2.2.3　平面汇交力系的平衡条件

由于平面汇交力系合成的结果是一合力，因此，平面汇交力系平衡的必要与充分条件为：该力系的合力等于零，即 $F_R = 0$。可得平面汇交力系的平衡条件为

$$\begin{cases} \sum F_x = 0 \\ \sum F_y = 0 \end{cases} \tag{2-3}$$

即平面汇交力系的平衡条件是：力系中所有各力在两个坐标轴上投影的代数和分别等于零。式（2-3）称为平面汇交力系的平衡方程。平面汇交力系能够列出两个独立的平衡方程式，因此，只能求解两个未知量。

关键知识点

各力的作用线都在同一平面内且汇交于同一点力系称为平面汇交力系。一个任意力在直角坐标系中可在 x、y 轴上进行分解（投影），合力在坐标轴上的投影等于各分力在同一轴上投影的代数和。

例 2-6　图 2-24a 所示为一简易起重机。利用绞车和绕过滑轮的绳索吊起重物，其重力 $G = 20\text{kN}$，各杆件与滑轮的重量不计，并略去滑轮的大小和各接触处的摩擦。试求杆 AB 和 BC 所受的力。

解　1）取滑轮 B 为研究对象，画其受力图，如图 2-24b 所示。杆 AB 和 BC 均为二力构件，滑轮两边绳索的拉力相等，即 $F = G$。

2）建立坐标系 Bxy。

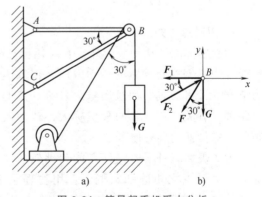

图 2-24　简易起重机受力分析

3）列平衡方程式求解未知力：

$$\sum F_x = 0, \qquad F_2\cos30°-F_1-F\sin30° = 0 \tag{a}$$

$$\sum F_y = 0, \qquad F_2\sin30°-F\cos30°-G = 0 \tag{b}$$

由式（b）得　　　　　　　　　$F_2 = 74.6\text{kN}$

代入式（a）得　　　　　　　　$F_1 = 54.6\text{kN}$

由于此两力均为正值，说明 F_1 与 F_2 的方向与图示方向一致。杆件作用力与反作用力

公理，可知 AB 杆受拉力，BC 杆受压力。如果求出的力为负值，则表明这个力的实际方向与假设方向相反。

例 2-7 图 2-25 所示为曲柄冲压机机构，冲压工件时，B 点处冲头受到的工作阻力 $Q = 25kN$。试求 $\alpha = 14°$ 时连杆 AB 所受的力与导轨的约束力。

解 1）取 B 为研究对象，其受力图如图 2-25b 所示。冲头受工作阻力和连杆 AB 传给冲头的工作主动力 F_{AB} 作用处于平衡，由于连杆为二力构件，故 F_{AB} 必沿 A、B 两点的连线，根据工作情况分析画出受力方向；左侧导轨在 F_{AB} 的作用下产生约束力 N，三力组成一个平面汇交力系。

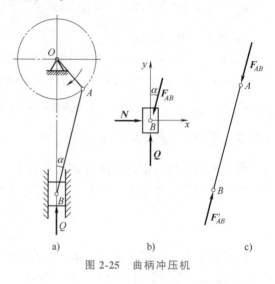

2）选取如图 2-25b 所示的直角坐标系 Bxy，列出平衡方程，求解未知量，即

$$\sum F_y = 0 \quad -F_{AB}\cos\alpha + Q = 0$$

解得

$$F_{AB} = \frac{Q}{\cos\alpha} = \frac{25}{\cos14°}kN = 25.8kN$$

$$\sum F_x = 0 \quad N - F_{AB}\sin\alpha = 0$$

解得

$$N = F_{AB}\sin\alpha = 25kN \times \sin14° = 6.24kN$$

图 2-25 曲柄冲压机

计算结果 F_{AB} 的值为正值，表明判断的指向与实际指向相同。此时连杆 AB 所受的冲头约束力 F'_{AB} 与 F_{AB} 等值反向，机连杆承受压力，如图 2-25c 所示。

2.3 力矩与力偶

2.3.1 力矩（torque）

1. 力对点之矩

力对物体除了移动效应外，有时还会产生转动效应。如图 2-26 所示，当用扳手拧紧螺母时，力 F 对螺母拧紧的转动效应不仅取决于力 F 的大小和方向，而且还与该力到 O 点的垂直距离 d 有关。F 与 d 的乘积越大，转动效应越强，螺母就越容易拧紧。

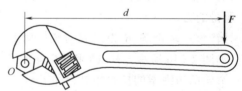

为了表达力对刚体绕某点的转动效应，建立以下力对点之矩的抽象概念：用物理量 Fd 及其转向来度量力 F 使刚体绕 O 点转动的效应，称为力对 O 点之矩，简称力矩，以符号 $M_O(F)$ 表示。即

图 2-26 力对点之矩

$$M_O(F) = \pm Fd \tag{2-4}$$

式（2-4）中，O 点称为力矩的中心，简称矩心；O 点到力 F 作用线的垂直距离 d 称为力臂。式中正负号表示两种不同的转向。通常规定：使物体产生逆时针方向旋转的力矩为正，反之为负。

力矩的单位是 N·m 或 kN·m。

2. 力矩的性质

1）力矩的大小不仅取决于力的大小，同时还与矩心的位置即力臂长度有关。

2）力矩不因该力的作用点沿其作用线移动而改变。

3）力的大小等于零或力的作用线通过矩心，力矩等于零。

3. 合力矩定理

一铰接杆受力如图 2-27 所示，力 F 可以分解为 F_x、F_y 两个分力，若按力对点之矩的定义计算 F 对 A 点的矩时，可以分别计算 F_x 对 A 点的矩和 F_y 对 A 点的矩，将两个力矩合在一起即可等效代替 F 对 A 点的矩，即

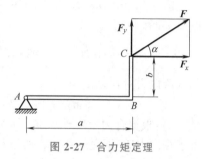

图 2-27　合力矩定理

$$M_O(F) = -F_x b + F_y a = M_O(F_x) + M_O(F_y)$$

上式表明，合力对平面内任一点之矩，等于所有各分力对该点之矩的代数和，此即合力矩定理。应用合力矩定理求力矩的方法为工程实用计算法。该定理适用于有合力的任何力系。对由多个力构成的力系，合力矩定理的表达式为

$$M_O(F_R) = M_O(F_1) + M_O(F_2) + \cdots + M_O(F_n) = \sum M_O(F) \tag{2-5}$$

关键知识点

① 用物理量 Fd 及其转向来度量力 F 使刚体绕 O 点转动的效应，称为力对 O 点的力矩。

② 力矩的大小不仅取决于力的大小，同时还与矩心的位置即力臂长度有关。

③ 合力对平面内任一点之矩，等于所有各分力对该点之矩的代数和。

例 2-8　图 2-28a 所示为制动踏板，已知 $F = 300\mathrm{N}$，$a = 250\mathrm{mm}$，$b = 50\mathrm{mm}$，F 与水平线的夹角 $\alpha = 30°$，试求力 F 对点 O 之矩。

解　1）为方便计算，将力 F 分解为平行于 x 轴的水平分力 F_x 和平行于 y 轴的垂直分力 F_y，如图 2-28b 所示。

$$F_x = F\cos\alpha = 300\mathrm{N} \times \cos30° = 259.8\mathrm{N}$$

$$F_y = F\sin\alpha = 300\mathrm{N} \times \sin30° = 150\mathrm{N}$$

2）由式（2-5）可得

$$M_O(F) = M_O(F_x) + M_O(F_y) = F_x a - F_y b = (259.8 \times 250 - 150 \times 50)\mathrm{N·mm} = 57450\mathrm{N·mm}$$

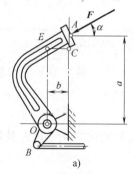
a)

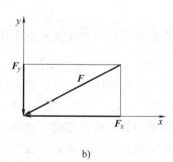
b)

图 2-28　制动踏板

例 2-9 如图 2-29 所示，直齿圆柱齿轮的压力角 $\alpha = 20°$，法向压力 $F_n = 1400\text{N}$，圆柱齿轮的分度圆直径 $d = 100\text{mm}$，试求法向压力对齿轮轴心产生的转动力矩。

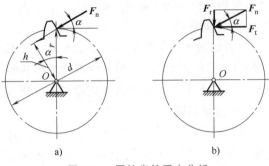

图 2-29 圆柱齿轮受力分析

解 1）用力对点之矩的定义求解。由图 2-29a 可得

$$h = r\cos\alpha = \frac{d}{2}\cos20° = 46.98\times10^{-3}\text{m}$$

所以力对点之矩为

$$M_O(F) = F_n h = 1400\times46.98\times10^{-3}\text{N}\cdot\text{m} = 65.78\text{N}\cdot\text{m}$$

2）根据合力矩定理求解。先将力 F_n 分解为圆周力 F_t 和径向力 F_r，如图 2-29b 所示。由于径向力 F_r 通过矩心 O，所以径向力 F_r 对 O 之矩为零，则

$$M_O(F_n) = M_O(F_t) + M_O(F_r) = M_O(F_t) = F_n\cos\alpha\frac{d}{2} = 1400\times\cos20°\times\frac{100}{2}\text{N}\cdot\text{mm} = 65.78\text{N}\cdot\text{m}$$

由此可见，以上两种方法所得计算结果相同。

2.3.2 力偶（couple）

1. 力偶的概念

（1）力偶的概念 大小相等、方向相反、作用线平行而不重合的两个平行力所组成的力系，称为力偶，记作 (F, F')。实际生活中，常见到钳工用手动丝锥攻螺纹（图 2-30a）、汽车驾驶人用双手转动转向盘（图 2-30b）等都是力偶的应用实例。这时在丝锥、转向盘上都作用着一对等值、反向、作用线不在一条直线上的平行力，它们能使物体发生单纯的转动。力偶中的两个力之间的距离 d 称为力偶臂（图 2-30c），力偶所在的平面称为力偶的作用面。

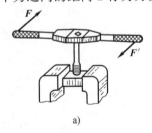

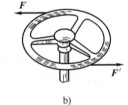

图 2-30 力偶和力偶矩

> **小思考**
>
> 驾驶车辆时用一只手转动方向盘是否合适？

（2）力偶的大小 力学中用力偶中的 F 与力偶臂 d 的乘积，加上适当的正负号作为度量力偶在其作用平面内对物体转动效应的物理量，称为力偶矩。并用符号 M 表示。即

$$M = \pm Fd \tag{2-6}$$

式中正负号表示力偶的转动方向，通常规定：逆时针转向为正，顺时针转向为负。与力矩一样，力偶矩的单位是 N·m 或 kN·m。

力偶对物体的转动效应取决于力偶矩的大小、力偶矩的转向以及力偶作用平面在空间的

方位，这三者称为力偶的三要素。三要素中有任何一个要素发生改变，力偶的作用效应就会发生改变。

2. 力偶的性质

1）一个力偶作用在物体上只能使物体转动。力偶在任一轴上投影的代数和为零，力偶无合力，因此，力偶不能用一个力来代替，即力偶必须用力偶来平衡。力偶和力是组成力系的两个基本物理量。

由于力偶中的两力等值、反向，所以力偶在任一轴上投影的代数和等于零，如图 2-31 所示。

2）力偶对其作用面内任意一点之矩恒等于力偶矩，而与矩心的位置无关。

如图 2-32 所示，已知力偶（F，F'）的力偶矩 $M = Fh$。在力偶的作用面内任取一点 O 为矩心，经过推导，可以证明力偶（F，F'）对 O 点之矩仍为原力偶矩 M。

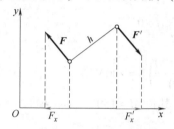
图 2-31 力偶在轴上的投影

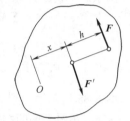
图 2-32 力偶中力对任一点的矩

该性质说明力偶使物体对其作用面内任一点的转动效应是相同的。由此可以得到：

只要保持力偶矩的大小和转向不变，力偶可以在其平面内任意移动，且可以同时改变力偶中力的大小和力偶臂的长短，而不会改变力偶对物体的作用效应。因此，力偶也可以用一带箭头的弧线表示如图 2-33 所示。

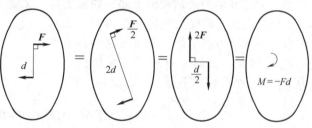
图 2-33 力偶的等效性和不同表示

3. 平面力偶系的合成和平衡条件

（1）平面力偶系 在同一平面内，由若干个力偶组成的力偶系称为平面力偶系。

根据力偶的性质可以证明，平面力偶系合成的结果为一合力偶，其合力偶矩等于各分力偶矩的代数和。即

$$M = M_1 + M_2 + \cdots + M_n = \sum M_i \tag{2-7}$$

（2）平面力偶系的平衡 若物体在平面力偶系作用下处于平衡状态，则合力偶矩必定为零。即平面力偶系平衡的必要和充分条件是力偶系中所有力偶的力偶矩的代数和等于零，即

$$M = \sum M_i = 0 \tag{2-8}$$

式（2-8）称为平面力偶系的平衡方程。利用这个平衡方程，可以求出一个未知量。

关键知识点

① 大小相等、方向相反、作用线平行而不重合的两个平行力组成力偶。

② 力偶矩的大小、力偶矩的转向以及力偶作用平面在空间的方位称为力偶的三要素。

③ 力偶不能用一个力来代替，力偶必须用力偶来平衡。

④ 合力偶矩等于各分力偶矩的代数和。

例 2-10 用多轴钻床在水平工件上钻孔时，如图 2-34 所示，三个钻头对工件施加的力偶的力偶矩分别为 $M_1 = M_2 = 10\text{N}\cdot\text{m}$，$M_3 = 20\text{N}\cdot\text{m}$，固定螺栓 A 和 B 之间的距离 $l = 200\text{mm}$，试求两螺栓所受的水平约束力。

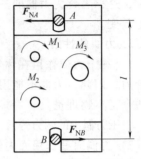

图 2-34 工件钻孔的受力分析

解 选取工件为研究对象。工件在水平面内受三个力偶和两个螺栓的水平约束力的作用而平衡，三个力偶合成后仍为一力偶，根据力偶的性质，力偶只能和力偶相平衡，故两个螺栓的水平约束力 F_{NA} 和 F_{NB} 必然组成一个力偶，且 F_{NA}、F_{NB} 大小相等，方向相反。工件的受力图如图 2-34 所示。

由平面力偶系的平衡条件知

$$\sum M_i = 0, \quad -M_1 - M_2 - M_3 + F_{NA}l = 0$$

得

$$F_{NA} = F_{NB} = \frac{M_1 + M_2 + M_3}{l} = \left(\frac{10 + 10 + 20}{200 \times 10^{-3}}\right)\text{N} = 200\text{N}$$

例 2-11 图 2-35 所示简支梁 AB 上作用一力偶 M，其值 $M = 150\text{N}\cdot\text{m}$，梁长 $l = 4\text{m}$，不计梁的自重，求 A、B 两支座的约束力。

解 1) 取梁 AB 为研究对象，分析并画出受力图（图 2-35b）。

简支梁的 B 端为活动铰链支座，约束力应沿支承面公法线指向受力物体。由力偶性质可知，力偶只能用力偶平衡，故两支座的约束力 F_A、F_B 必组成一力偶与 M 平衡，所以两个约束力 F_A、F_B 必等值、平行、反向。

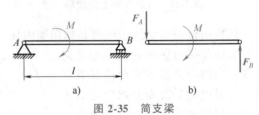

图 2-35 简支梁

2) 力平衡方程式求解

$$\sum M = 0, \quad F_B l - M = 0$$

解得

$$F_A = F_B = \frac{M}{l} = \frac{150}{4}\text{N} = 37.5\text{N}$$

2.4 平面任意力系

2.4.1 平面任意力系的简化

1. 力的平移定理

定理：可以把作用在物体上某点的力 F 平行移到物体上任一点，但必须同时附加一个力偶，其力偶矩等于原来的力对新作用点之矩。

证明：图 2-36a 中：力 F 作用于刚体的 A 点，在刚体上任取一点 O，根据加减平衡力系公理，可以在 O 点加上一对平衡力 F' 和 F''，使它们与力 F 平行，且 $F' = F'' = F$。显然这个新力系与原力系等效，如图 2-36b 所示。这样，原来作用在 A 点的力 F，被一个作用在 O 点的力 F' 和一个力偶 (F, F'') 等效替换。这表明，可以把作用在 A 点力 F 平移到另一点 O，但必须同时附加一个力偶，如图 2-36c 所示。显然，附加力偶的力偶矩为

$$M = Fd = M_O(F) \tag{2-9}$$

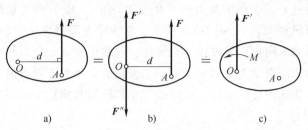

图 2-36　力的平移

利用力的平移定理可以解决一些实际问题，例如，钳工攻螺纹时，必须用双手同时动作而且用力要相等，以产生力偶，如图 2-37b 所示。若只用一只手扳动扳手，根据力的平移定理，作用在扳手 AB 一端的力 F 与作用在 O 点的一个力 F' 和一个附加力偶矩 M 等效，如图 2-37a 所示，这个附加力偶使丝锥转动，而力 F' 却易使丝锥折断。

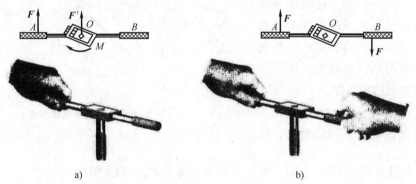

图 2-37　丝锥功螺纹
a）错误　b）正确

小提示

驾驶车辆时用两只手转动转向盘是正确的。

2. 平面任意力系向平面内一点简化

设在刚体上作用着平面任意力系 F_1，F_2，$\cdots$，F_n，使刚体处于平衡状态，如图 2-38a 所示。在力系所在平面内任取一点 O，将作用在刚体上的各力 F_1，F_2，$\cdots$，F_n 平移到 O 点。于是得到汇交于 O 点的平面汇交力系（F'_1，F'_2，$\cdots$，F'_n）和与各力相对应的附加力偶所组成的平面力偶系（M_1，M_2，$\cdots$，M_n），如图 2-38b 所示。

对平面汇交力系（F'_1，F'_2，$\cdots$，F'_n），可以进一步合成为一个合力 F'_R，F'_R 称为力系的

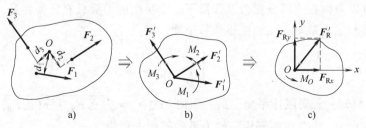

图 2-38　平面一般力系的简化

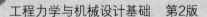

主矢量，其作用线通过 O 点；该附加力偶（M_1，M_2，$\cdots$，M_n）所组成的平面力偶系可以进一步合成为一个合力偶矩 M_O，如图 2-38c 所示，称为原力系对简化中心的主矩。

结论：平面任意力系向作用面内任一点简化，一般可得到一个力和一个力偶，该力通过简化中心，其大小和方向等于力系的主矢量，主矢量的大小和方向与简化中心无关；该力偶的力偶矩等于力系对简化中心的主矩，主矩的大小和转向与简化中心相关。

3. 简化结果的讨论

平面任意力系向简化中心 O 点简化后，得到一个主矢量 F_R' 和主矩 M_O，简化结果有四种可能。

1）$F_R' = 0$，$M_O = 0$。这表示原力系是平面平衡力系。

2）$F_R' = 0$，$M_O \neq 0$。这表示平面力系简化为一合力偶，原力系对物体产生在力偶作用面的转动效应，力偶矩的大小和转向由主矩决定，与简化中心无关。

3）$F_R' \neq 0$，$M_O = 0$。这表示平面力系简化为一合力 $F_R = F_R'$，此合力过简化中心，大小和方向由主矢量确定。当简化中心刚好选取在平面力系作用线上时出现这种情况。

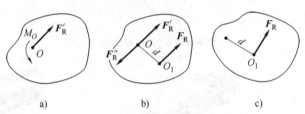

图 2-39 平面力系简化结果

4）$F_R' \neq 0$，$M_O \neq 0$，如图 2-39 所示。此种情况还可以进一步简化，将

主矩 M_O 用力偶（F_R、F_R''）表示，并使力的大小等于 F_R'，则力臂为 $d = \dfrac{|M_O|}{F_R}$

小提示

第四种情况的主矢量 $F_R' \neq 0$ 和主矩 $M_O \neq 0$ 不等于零的进一步简化，实际上是力的平移定理的反应用。

令此力偶中一力 F_R'' 作用在简化中心 O 并与主矢量 F_R' 取相反方向，如图 2-39b 所示，于是 F_R'' 与 F_R' 作为一对平衡力，可以从力系中减去。这样，就剩下作用线通过 O_1 点的力 F_R，F_R 为原力系的合力。

2.4.2 平面力系的平衡及其应用

若平面任意力系向作用面一点简化的结果是主矢量 $F_R' = 0$，主矩 $M_O = 0$，则该力系是一个平衡力系。所以物体在平面任意力系作用下处于平衡的必要且充分条件是：作用于该物体上力系的主矢量和该力系对一点的主矩都等于零。即

$$\begin{cases} F_R' = 0 \\ M_O = 0 \end{cases} \tag{2-10}$$

由图 2-38c 可知，若要刚体平衡，则必须使合力 $F_R' = \sqrt{(\sum F_{Rx})^2 + (\sum F_{Ry})^2} = 0$，合力偶矩 $M_O = \sum M_O(F) = 0$，由此可得平面一般力系的平衡方程为

$$\begin{cases} \sum F_x = 0 \\ \sum F_y = 0 \\ \sum M_O(\boldsymbol{F}) = 0 \end{cases} \tag{2-11}$$

其中第三式常写为 $\sum M_O = 0$。

式（2-11）即为平面任意力系的平衡方程的一般形式，前两式为投影方程，表示所有力对任选的直角坐标系中每一轴上投影的代数和等于零；第三式为力矩方程，表示所有力对任一点力矩的代数和等于零。由于这三个方程相互独立，故可用来求解三个未知量。

除式（2-11）外，平面力系的平衡方程还可采用其他形式，如

二矩式

$$\begin{cases} \sum F_x = 0 \\ \sum M_A(\boldsymbol{F}) = 0 \\ \sum M_B(\boldsymbol{F}) = 0 \end{cases} \tag{2-12}$$

其中矩心 A、B 的连线不与 x 轴垂直。

三矩式

$$\begin{cases} \sum M_A(\boldsymbol{F}) = 0 \\ \sum M_B(\boldsymbol{F}) = 0 \\ \sum M_C(\boldsymbol{F}) = 0 \end{cases} \tag{2-13}$$

其中矩心 A、B、C 三点不位于同一直线上。

2.4.3　平面特殊力系的平衡方程

由平面任意力系的平衡方程（2-11），可以推出几个平面特殊力系的平衡方程。

（1）平面汇交力系　平面力系中所有力的作用线汇交于一点，称为平面汇交力系。平面汇交力系的简化结果为一合力，若取各力汇交点位于简化中心，则式（2-11）中第三式自然满足，故前两式平面汇交力系的平衡方程，即

$$\begin{cases} \sum F_x = 0 \\ \sum F_y = 0 \end{cases} \tag{2-14}$$

（2）平面力偶系　若平面力系中各力学量均为力偶，称该力系为平面力偶系。因为力偶不能简化为合力，则式（2-11）中前两式自然满足，故第三式即为平面力偶系的平衡方程，即

$$\sum M_O(\boldsymbol{F}) = 0 \tag{2-15}$$

（3）平面平行力系　若平面力系中所有力的作用线互相平行，则称该力系为平面平行力系。如果选择直角坐标轴时使其中一个坐标轴（如 y 轴）与各力平行，因各个力在 x 轴上的投影为零，则式（2-11）中第一式自然满足，故后两式为平面平行力系的平衡方程，即

$$\begin{cases} \sum F_y = 0 \\ \sum M_O(\boldsymbol{F}) = 0 \end{cases} \tag{2-16}$$

从式（2-16）可以看出，平面汇交力系独立的平衡方程只有两个，只能求解两个未知量；同理，平面力偶系的平衡方程只可求解一个未知量；而平面平行力系的平衡方程可求两个未知量。

物系平衡时，组成系统的每一个物体也都保持平衡。若物系由 n 个物体组成，对每个受平面一般力系作用的物体至多只能列出 3 个独立的平衡方程，对整个物系至多只能列出 $3n$ 个独立的平衡方程。若问题中未知量的数目不超过独立的平衡方程的总数，即用平衡方程可以解出全部未知量，这类问题称为静定问题。反之，若问题中未知量的数目超过了独立的平衡方程的总数，则单靠平衡方程不能解出全部未知量，这类问题称为超静定问题或静不定问题。在工程实际中为了提高刚度和稳固性，常对物体增加一些支承或约束，因而使问题由静定变为超静定。

2.4.4 平面力系的解题步骤与方法

1. 确定研究对象，取分离体，画出受力图

应选取有已知力和未知力作用的物体，画出其分离体的受力图。这里注意刚体之间作用力与反作用力的关系。

2. 选取合适的坐标轴，列静力平衡方程

适当选取坐标轴和矩心。若受力图上有两个未知力互相平行，可选垂直于此二力的坐标轴，列出投影方程。如不存在两未知力平行，则选任意两未知力的交点为矩心列出力矩方程，先行求解。一般水平和垂直的坐标轴可画可不画，但倾斜的坐标轴必须画。

3. 解平衡方程，求出未知量

一般应先解含有未知量少的方程式，再将已求出的量代入其他方程，即可求解全部未知量。

关键知识点

① 力的平移定理：可以把作用在物体上某点的力 F 平行移到物体上任一点，但必须同时附加一个力偶，其力偶矩等于原来的力对新作用点之矩。

② 平面任意力系向作用面内任一点简化，一般可得到一个力和一个力偶。

③ 平面任意力系作用下处于平衡的必要且充分条件：作用于该物体上力系的主矢量和该力系对一点的主矩都等于零。

④ 平面一般力系的平衡方程：$\sum F_x = 0$，$\sum F_y = 0$，$\sum M_O(F) = 0$。

例 2-12 绞车通过钢丝牵引小车沿斜面轨道匀速上升，如图 2-40a 所示。已知小车重 $P = 10\text{kN}$，绳与斜面平行，$\alpha = 30°$，$a = 0.75\text{m}$，$b = 0.3\text{m}$，不计摩擦。求钢丝绳的拉力及轨道对车轮的约束力。

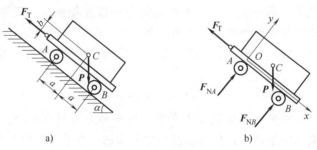

a)   b)

图 2-40 小车受力分析

解　1）取小车为研究对象，画受力图（图 2-40b）。小车上作用有重力 P，钢丝绳的拉力 F_T，轨道在 A、B 处的约束力 F_{NA} 和 F_{NB}。

2）取图示坐标系，列平衡方程

$$\sum F_x = 0,\quad -F_T + P\sin\alpha = 0$$

$$\sum F_y = 0,\quad F_{NA} + F_{NB} - P\cos\alpha = 0$$

$$\sum M_O(F) = 0,\quad F_{NB}2a - Pb\sin\alpha - Pa\cos\alpha = 0$$

解得　　　　　$F_T = 5\text{kN}$，$F_{NB} = 5.33\text{kN}$，$F_{NA} = 3.33\text{kN}$

例 2-13　悬臂梁如图 2-41 所示，梁上作用有均布载荷 q，在 B 端作用有集中力 $F = ql$ 和力偶为 $M = ql^2$，梁长度为 $2l$，已知 q 和 ql（力的单位为 N，长度单位为 m）。求固定端 A 处的约束力。

在解题时应注意以下几点：

1）固定端 A 处的约束力，除了 F_{Ax}、F_{Ay} 之外，还有约束力偶 M_A。

2）力偶对任意一轴的投影代数和均为零；力偶对作用面内任一点的矩等于力偶矩。

3）均布载荷 q 是单位长度上受的力，其单位为（N/m）或（kN/m），均布载荷的简化结果为一合力，通常用 F_Q 表示。合力 F_Q 的大小等于均布载荷 q 与其作用线长度 l 的乘积，即 $F_Q = ql$；合力 F_Q 的方向与均布载荷 q 的方向相同；由于是均布载荷，显然，合力 F_Q 的作用线通过均布载荷作用段的中点，即 l 处。

解　1）取 AB 梁为研究对象，画受力图（图 2-41b），均布载荷 q 可简化为作用于梁中点的一个合力 $F_Q = 2ql$。

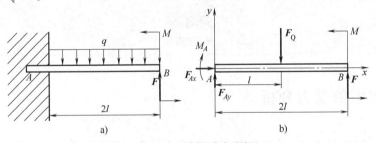

图 2-41　悬臂梁受力分析

2）列平衡方程

$$\sum F_x = 0,\quad F_{Ax} = 0$$

$$\sum F_y = 0,\quad F_{Ay} + F - F_Q = 0$$

故　　　　　$F_{Ay} = F_Q - F = 2ql - ql = ql$

$$\sum M_A(F) = 0,\quad M - M_A + F(2l) - F_Q\, l = 0,$$

故　　　$M_A = M + 2Fl - F_Q\, l = ql^2 + 2ql^2 - 2ql^2 = ql^2$

例 2-14　起重机的总重量 $G_1 = 12\text{kN}$，吊起重物的重量 $G_2 = 15\text{kN}$，如图 2-42 所示，平衡块的重量 $G_3 = 15\text{kN}$。若 $a = 2\text{m}$，$b = 0.5\text{m}$，$c = 1.8\text{m}$，$d = 2.2\text{m}$，求两轮的约束力 F_{RA}、F_{RB} 在起重机不翻倒的情况下，最大起重量 G_{max} 为多少？

解　取起重机整体为研究对象，图中地面约束画以虚线，表示约束已被解除，约束力为 F_{RA}、F_{RB}。由受力图

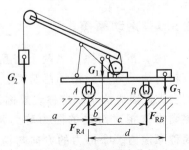

图 2-42　起重机受力分析

知，作用于起重机上的各力组成一平面平行力系，由式（2-16），有

$$\sum F_y = 0 \quad F_{RA} + F_{RB} - G_1 - G_2 - G_3 = 0 \tag{a}$$

$$\sum M_A = 0 \quad F_{RB}c + G_2a - G_1b - G_3d = 0 \tag{b}$$

由式（b）得

$$F_{RB} = \frac{G_1b + G_3d - G_2a}{c} = \frac{12 \times 0.5 + 15 \times 2.2 - 15 \times 2}{1.8}kN = 5kN$$

将 F_{RB} 的值代入（a），得

$$F_{RA} = G_1 + G_2 + G_3 - F_{RB} = (12 + 15 + 15 - 5)kN = 37kN$$

为求最大起重量 G_{max}，考虑起重机不绕 A 点翻倒，约束力必须满足 $F_{RB} \geqslant 0$。

由式（b）解得（此时起重量 G_2 为 G）

$$F_{RB} = \frac{G_1b + G_3d - Ga}{c} \geqslant 0$$

$$G \leqslant \frac{G_1b + G_3d}{a} = \frac{12 \times 0.5 + 15 \times 2.2}{2}kN = 19.5kN$$

当取等号时，即得最大起重量 $G_{max} = 19.5kN$。

小提醒

要注意起重量和配重之间的关系，若配重不合适，容易造成起重机倾翻。

起重机翻倒

2.5* 摩擦中的受力分析

在进行分析物体受力时，都把物体的接触表面看作是绝对光滑的，忽略了物体之间的摩擦。其实，摩擦是普遍存在的，两物体的接触表面之间一定有摩擦，只不过当摩擦很小或者在所研究的问题中不起主要作用时，可以将其忽略。在工程上，有些摩擦起到决定性的作用，例如汽车的制动器就是依靠制动钳或摩擦片的摩擦力来制动。

按照两接触物体之间的运动或运动趋势是相互滑动还是相对滚动，摩擦分为滑动摩擦（sliding friction）和滚动摩擦（rolling friction）。

2.5.1 滑动摩擦

（1）滑动摩擦　当两个相互接触的物体有相对滑动或相对滑动趋势时，接触表面之间会彼此阻碍滑动，这种现象称为滑动摩擦。阻碍物体相对滑动的阻力称为滑动摩擦力，简称摩擦力。摩擦力的方向与滑动或滑动趋势的方向相反，如图2-43所示。

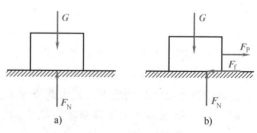

图 2-43　滑动摩擦

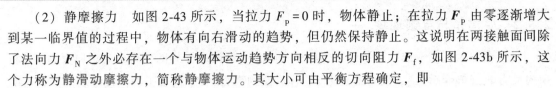

（2）静摩擦力　如图 2-43 所示，当拉力 $F_p=0$ 时，物体静止；在拉力 F_p 由零逐渐增大到某一临界值的过程中，物体有向右滑动的趋势，但仍然保持静止。这说明在两接触面间除了法向力 F_N 之外必存在一个与物体运动趋势方向相反的切向阻力 F_f，如图 2-43b 所示，这个力称为静滑动摩擦力，简称静摩擦力。其大小可由平衡方程确定，即

$$\sum F=0, 得\ F_f=F_p。$$

上式说明，当物体静止时，静摩擦力 F 的大小随主动力 F_p 的变化而变化。这是静摩擦力与一般的约束力的共同性质。但静摩擦力还有它自己的特征，当静摩擦力 F_f 随 F_p 逐渐增大到某一临界值时，就不会再增加，这时物体处于即将滑动而尚未滑动的临界状态，即 F_p 再增大一点，物体即开始滑动。这说明，当物体处于临界平衡状态时，静摩擦力达到最大值，称为最大静摩擦力，以 F_{fmax} 表示。可见，静摩擦力的大小随主动力的变化范围是

$$0 \leqslant F_f \leqslant F_{fmax}$$

实验证明，最大静摩擦力的大小与两物体间的正压力（法向反力）成正比，即

$$F_{fmax}=f_s F_N \tag{2-17}$$

式（2-17）中，F_N 为接触面间的正压力；f_s 为静滑动摩擦系数，简称静摩擦系数，它的大小与两物体接触面间的材料及表面情况（表面粗糙度、干湿度、温度等）有关。常用材料的静摩擦系数 f_s 可查表 2-1。式（2-17）称为库仑定律或静摩擦定律。

该定律给我们指出了利用和减小摩擦的途径，即可从影响摩擦力的摩擦系数与正压力入手。例如，一般车辆以后轮为驱动轮，故设计时应使重心靠近后轮，以增加后轮的正压力。车胎压制出各种纹路，是为了增加摩擦系数，提高车轮与路面的附着能力。

（3）动摩擦力　在图 2-43 中，拉力 F_p 增大到大于最大静摩擦 F_{fmax} 时，这时的最大静摩擦力已不足以阻碍物体向前滑动，物体相对滑动时产生的摩擦力，称为动滑动摩擦力（简称动摩擦力），用 F' 表示，它的方向与两物体间的相对速度的方向相反。通过实验也可得出与静滑动摩擦定律相似的动滑动摩擦定律，即

$$F'=f F_N$$

其中，F_N 同式（2-17）；f 为动滑动摩擦系数，简称动摩擦系数，它的大小与两物体接触面间的材料及表面情况（表面粗糙度、干湿度、温度等）有关，还与物体的运动速度有关。常用材料的动摩擦系数 f 可查表 2-1。一般工程中，动摩擦系数小于静摩擦系数，在精度要求不高的情况下，可近似认为动摩擦系数与静摩擦系数相等。

表 2-1　常用材料动摩擦系数

材料名称	摩擦系数			
	静摩擦系数 f_s		动摩擦系数 f	
	无润滑剂	有润滑剂	无润滑剂	有润滑剂
钢—钢	0.15	0.1~0.12	0.1	0.05~0.1
钢—铸铁	0.2~0.3		0.16~0.18	0.05~0.15
钢—青铜	0.15~0.18	0.1~0.15		0.07
钢—轴承合金			0.2	0.04
铸铁—橡胶			0.8	0.05

2.5.2　摩擦角与自锁现象

（1）摩擦角　在考虑摩擦研究物体的平衡时，平衡问题受到的约束力为法向反力 F_N 和切向反力 F_f（静摩擦力），两者的合力 F_R 称为全约束力，F_R 代表了物体接触表面对物体的全部约束作用。

如图 2-44 所示，全约束力 F_R 与接触面法线之间的夹角为 φ，φ 随静摩擦力的变化而变化，当静摩擦力达到最大值时，夹角 φ 也达到最大值 φ_m，φ_m 称为摩擦角，如图 2-44b 所示，此时有

$$\tan\varphi_m = \frac{F_{fmax}}{F_N} = \frac{f_s F_N}{F_N} = f_s \tag{2-18}$$

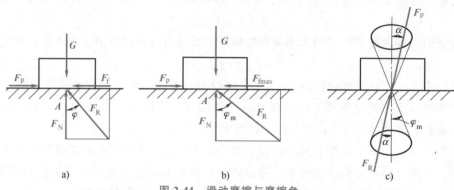

图 2-44　滑动摩擦与摩擦角

（2）自锁（self-locking）　式（2-18）表示摩擦角的正切等于静摩擦系数。摩擦角表示全约束力与法线间的最大夹角。若物体与支承面的静摩擦系数在各个方向都相同，则这个范围在空间就形成一个锥体，称为摩擦锥，如图 2-44c 所示。若主动力的合力 F_p 作用在锥体范围内，则约束面必产生一个与之等值、反向且共线的全约束力 F_R 与之平衡。这时无论怎样增加力 F_p，物体总能保持平衡。主动力的合力作用在摩擦锥内而物体保持平衡不动的现象称为自锁。由上述可见，自锁的条件应为

$$\alpha \leqslant \varphi_m \tag{2-19}$$

工程实践中，常利用自锁原理设计某些机构和夹具。例如，电工用的脚套钩、输送物料的传送带、千斤顶等都是利用自锁原理使物体保持平衡的。

在日常生活中自锁被广泛地应用，堆放松散物质时，如砂土、粮食等，能堆起的最大坡角（也称为休止角）就是松散物质的摩擦角，利用这一原理可以计算场地最多可以堆放多少物质；另外，铁路路基侧面的最大倾角也应小于摩擦角，以防滑坡。自动卸货汽车的翻斗在车身上抬起的角度应大于摩擦角，以保证卸车时能将翻斗内的货物倾卸干净。

而在另外一些情况下，则要设法避免自锁现象的发生，如升降机、变速机构中的滑移齿轮等运动机械则要避免自锁。

小提示

通过摩擦角的概念，应该明白在推行重物前进时，为什么尽可能在水平方向使力，而不能在垂直地面方向使力。

2.5.3　滚动摩擦

在生产生活中，为了减轻劳动强度，常常用滚动来代替滑动。例如汽车的前后车轮和轴的支承处都安装滚动轴承；搬运重物时，在重物底下垫上钢管，靠钢管的滚动带动重物要比不用钢管省力得多；穿上旱冰鞋在地面上滚动要比步行快得多。其原因都是滚动摩擦阻力比滑动摩擦阻力小。

如图 2-45 所示，地面上重力为 G 的圆柱滚子，受到水平拉力 F 的作用滚动，滚子半径为 r，滚子与地面的接触处会产生一个摩擦力 F_f，阻止圆柱滚子向前滚动，拉力 F 与摩擦力 F_f 组成使圆柱滚子滚动的力偶。由于圆柱滚子与地面都不是刚体，受力后会产生变形，当圆柱滚子滚动时，法向反力 F_N 的作用线会向前移动一段距离 e。G 与 F_N 组成一个滚动摩擦力偶来阻止圆柱滚子向前滚动，滚动摩擦力偶矩 $M_{max} = e_{max}F_N = KF_N$，$K$ 称为滚动摩擦系数，相当于滚动阻力偶的最大力偶臂 e_{max}，单位为 mm。常见的滚动摩擦系数见表 2-2。

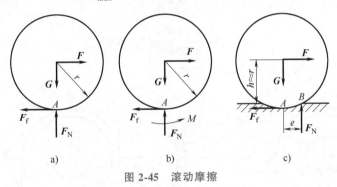

a)　　　　　　　　　b)　　　　　　　　　c)

图 2-45　滚动摩擦

表 2-2　滚动摩擦系数

材料名称	K/mm	材料名称	K/mm
软钢—软钢	0.5	圆柱车轮	0.5～0.7
钢轮—钢轨	0.5	橡胶轮胎—沥青路面	2.5
淬火车轮—钢轨	0.1	橡胶轮胎—土路面	10～15

材料的硬度大，受载后接触面的变形小，滚动摩擦系数 K 也会小，所以车轮气足时省力省油。

车轮滚动为什么比滑动省力？如图 2-45 所示，若拉动轮子滚动所需要的最小拉力为 F_G，轮子滚动时有 $F_G r = KG$，即 $F_G = \dfrac{K}{r}G$。

若拉动轮子滑动所需要的最小拉力为 F_H，轮子滑动时有 $F_H = f_s F_N = f_s G$，即 $F_H = f_s G$。

> **小提示**
>
> 日常生活中骑自行车也要注意车胎的气压变化。

比较得到 K/r 远远小于 f_s，所以 F_G 远远小于 F_H，即轮子滚动要比滑动省力。当汽车轮胎瘪气不足时，e 值变大，所以滚动摩擦的阻力矩也增大，$M_{max} = e_{max}F_N$，需要增大牵引力。

因此，必须注意汽车轮胎的压力，保持轮胎处于最佳的状态，才能做到节能、快速。

例 2-15 如图 2-46 所示，起重设备常用双块式电磁制动器制动。制动轮直径 $D = 50\text{cm}$，受一主动力偶矩 $M = 100\text{N} \cdot \text{m}$ 作用，若制动轮与制动块间的摩擦系数 $f = 0.25$。试问要使制动轮停止，所需施加于制动块的压力 P 至少应有多大？

解： 取制动轮为研究对象。作用于轮上的已知力偶有 M（顺时针方向）；未知力有两侧制动块对制动轮的正压力 N（$N = P$），其作用线沿接触点的公法线，二力位置对称。当轮处于临界平衡状态时，在正压力 N 的作用下，制动块与轮之间产生摩擦力 $F_{\max}$，两个摩擦力形成力偶，其方向与制动轮的方向相反。此外还有支点 O 的约束力，受力如图 2-46b 所示。列平衡方程

$$\sum M_O(\boldsymbol{F}) = 0, \quad F_{\max}D - M = 0$$
$$因 F_{\max} = Nf, 故 \quad NfD = M$$

可得

$$N = \frac{M}{fD}$$

$$P = N = \frac{100}{0.25 \times 0.5}\text{N} = 800\text{N}$$

所以施加于制动块上的压力 P 至少应有 800N。

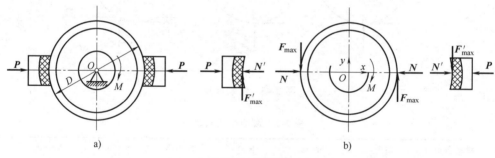

图 2-46 制动器

2.5.4 机械效率

机械运转时，机械所做的功可以分为三种：①作用在机械上的驱动力所做的功 W_d，称为驱动功（或称输入功）；②克服生产阻力所消耗的功 W_r，称为有效功（或称输出功）；③克服有害阻力所做的功 W_f，称为损失功。机械正常运转时，输入功等于输出功与损失功之和，即

$$W_d = W_r + W_f$$

机械效率（mechanical efficiency）是指机械在稳定运转时，机械的输出功（有效功）与输入功（驱动功）之比，以 η 表示。机械效率反映了输入功在机械中的有效利用的程度，即

$$\eta = \frac{W_r}{W_d} = \frac{W_d - W_f}{W_d} = 1 - \frac{W_f}{W_d} \tag{2-20}$$

机械效率也可以用功率来表示，即

$$\eta = \frac{P_r}{P_d} = \frac{P_d - P_f}{P_d} = 1 - \frac{P_f}{P_d} \qquad (2-21)$$

式中　　P_d——输入功率；

　　　　P_r——输出功率；

　　　　P_f——损失功率。

　　机械效率永远是一个小于 **1** 的数据，其失去的功率部分一般是被摩擦、发热等现象消耗，工程实践中应尽量采取一切有效措施，提高机械效率。

关键知识点

　　① 摩擦分为滑动摩擦和滚动摩擦。当两个相互接触的物体有相对滑动或相对滑动趋势时，接触表面之间会彼此阻碍滑动，这种现象称为滑动摩擦。

　　② 全约束力 F_R 与接触面法线的夹角为称为摩擦角，摩擦角绕接触面法线在空间转动形成的锥体称为摩擦锥，主动力的作用线作用在摩擦锥里的现象称为自锁。

　　③ 机械效率是指机械在稳定运转时，机械的输出功（有用功量）与输入功（动力功量）之比，效率反映了输入功在机械中的有效利用的程度。

2.6* 空间力系

　　工程实践中，图 2-47 所示的斜齿轮轮齿的受力不在同一平面内，而是在一个空间中。若力系中各力的作用线不在同一平面内，则称该力系为空间力系。

2.6.1 力在空间直角坐标轴上的投影

1. 力在空间直角坐标轴上的投影

　　（1）一次投影法　为了分析空间力对物体的作用，需要将力沿空间直角坐标轴分解。如图 2-48a 所示，在空间直角坐标系中，力 F 与 x、y、z 三个坐标轴所夹的锐角分别为 α、β、γ，从力 F 的始点和终

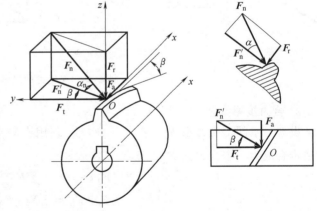

图 2-47　斜齿轮轮齿受力分析

点分别向三个坐标轴引垂线，其垂线在三个坐标轴上所截取的长度并冠以适当的正负号，即为力 F 在 x、y、z 轴上的投影 F_x、F_y 与 F_z，各投影等于原力 F 的大小乘以与该轴夹角的余弦，即

$$\begin{cases} F_x = F\cos\alpha \\ F_y = F\cos\beta \\ F_z = F\cos\gamma \end{cases} \qquad (2-22)$$

　　其投影正负的规定为：若投影从起点到终点的走向与投影轴正向一致为正，反之为负。

（2）二次投影法　在图 2-48a 中，F_z 力在 F 力作用的铅垂面上，可以直接计算出，而 F_x、F_y 两个力不在 F 力作用的铅垂面上，不便计算。为方便计算 F_x、F_y 两个力，过其作用点建立空间直角坐标系如图 2-48b 所示，力 F 与 z 轴的夹角为 γ，力 F 与 z 轴所决定的平面与 x 轴的夹角为 φ，则可将力 F 直接投影到 z 轴得 F_z 及在 xOy 平面内的力 F_{xy}（平面力），再将 F_{xy} 分解为沿 x 轴和 y 轴方向的分力 F_x、F_y，则 F_x、F_y、F_z 就是空间力 F 沿空间直角坐标轴的三个相互垂直的分力。其大小就是力 F 在三个坐标轴上的投影，即

$$\begin{cases} F_z = F\cos\gamma \\ F_{xy} = F\sin\gamma \\ F_x = F_{xy}\cos\varphi = F\sin\gamma\cos\varphi \\ F_y = F_{xy}\sin\varphi = F\sin\gamma\sin\varphi \end{cases} \quad (2\text{-}23)$$

若已知力在三个坐标轴上的投影 F_x、F_y、F_z，也可求出力的大小和方向，即

$$\begin{cases} F = \sqrt{F_x^2 + F_y^2 + F_z^2} \\ \cos\alpha = \dfrac{F_x}{F},\ \cos\beta = \dfrac{F_y}{F},\ \cos\gamma = \dfrac{F_z}{F} \end{cases} \quad (2\text{-}24)$$

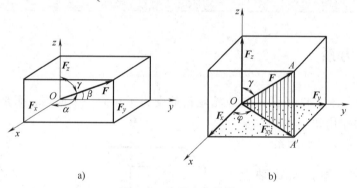

a)   b)

图 2-48　空间力的投影

2. 合力投影定理

设有一空间汇交力系 F_1，F_2，$\cdots$，F_n，利用力的平行四边形公理（证明从略），可将其逐步合成为一个合力矢 F_R，且有

$$\begin{cases} F = F_1 + F_2 + \cdots + F_n = \sum F \\ F_{Rx} = \sum F_x,\ F_{Ry} = \sum F_y,\ F_{Rz} = \sum F_z \end{cases} \quad (2\text{-}25)$$

上式表明，合力在某一轴上的投影等于其各分力在同一轴上投影的代数和，此即为合力投影定理。

例 2-16　在图 2-47 中，若 $F_n = 1410\mathrm{N}$，齿轮压力角 $\alpha = 20°$，螺旋角 $\beta = 15°$，求轴向力 F_x、圆周力 F_t 和径向力 F_r 的大小。

解　过力 F_n 的作用点 O 取空间直角坐标系，使齿轮的轴向、圆周的切线方向和径向分别为 x、y 和 z 轴。式（2-23）中，$\gamma = 90°-\alpha$，$\varphi = 90°-\beta$，可得

$$F_x = F_n\sin(90°-\alpha)\cos(90°-\beta) = 1410\mathrm{N}\times\cos20°\times\sin15° \approx 343\mathrm{N}$$

$$F_t = F_n\sin(90°-\alpha)\sin(90°-\beta) = 1410\mathrm{N}\times\cos20°\times\cos15° \approx 1280\mathrm{N}$$

$$F_r = F_n\cos(90°-\alpha) = 1410\mathrm{N}\times\sin20° \approx 482\mathrm{N}$$

小提示

正确理解轴向力 F_x、圆周力 F_t 和径向力 F_r 的方向。

2.6.2 力对刚体的转动作用效应

在工程实践中，经常遇到绕固定轴转动的情况。如图 2-49 所示，以推门为例，讨论力对轴的矩。实践证明，力使门转动的效应，不仅取决于力的大小和方向，而且与力作用的位置有关。如图 2-49a、b 所示推门时，沿 F_1、F_2 方向施加外力，力的作用线与门的转轴平行或相交，则力无论多大，都不能推开门；如图 2-49c 所示，力垂直于门的方向，且不通过门轴时，门就能推开，并且力越大或其作用线与门的垂直距离越大，则转动效果越显著。为了研究力对刚体的转动作用效应，需要引入力对轴之矩的概念。

1. 力对轴之矩

从图 2-50 可以看出，门边上作用一个力 F，为研究该力对 z 轴的转动效应，应将 F 分解为互相垂直的两个分力：与轴平行的分力 F_z 和在与轴相垂直平面上的分力 F_{xy}。可以看出，F_z 不能使门绕 z 轴转动，只有分力 F_{xy} 对门绕 z 轴有转动效应。从图 2-50 可知，若以 d 表示 z 轴与 xOy 平面的交点 O 到 F_{xy} 作用线间的距离，则力 F 对门绕 z 轴转动效应可用 F_{xy} 对 O 点之矩来表示，记作 $M_z(F)$，则

$$M_z(F) = M_O(F_{xy}) = \pm F_{xy} d \tag{2-26}$$

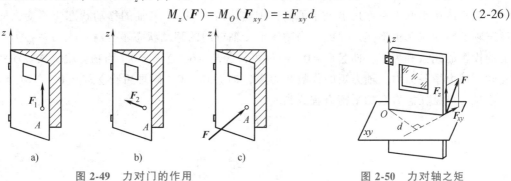

图 2-49 力对门的作用　　　　　　　　　图 2-50 力对轴之矩

式（2-26）中的正负号表示力矩的转向，如图 2-51 所示，规定：从 z 轴正端看向负端，若力 F_{xy} 使门逆时针方向转动，则力矩为正，反之为负。或者用右手螺旋法则确定力对轴之矩的正负号，即用右手四指弯曲的方向表示力 F_{xy} 绕 z 轴转动方向，则拇指的指向与 z 轴一致时力矩为正，反之为负。

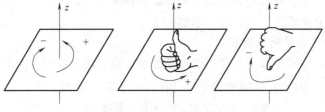

图 2-51 力矩正负的判断

2. 合力矩定理

由力对点之矩的合力矩定理可推广到力对轴之矩的合力矩定理为：如一空间力系由 F_1、

F_2、…、F_n 组成，其合力为 F_R，则合力 F_R 对某轴之矩等于各分力对同一轴之矩的代数和。

$$M_z(F_R) = \sum M_z(F) \qquad (2-27)$$

例 2-17　计算图 2-52 所示手摇曲柄上力 F 对 x、y、z 轴之矩。已知 $F=100\mathrm{N}$，且力 F 平行于 xAz 平面，$\alpha=60°$，$AB=20\mathrm{cm}$，$BC=40\mathrm{cm}$，$CD=15\mathrm{cm}$，A、B、C、D 处于同一水平面上。

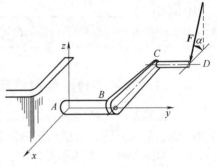

图 2-52　手摇曲柄

解　力 F 为平行于 xAz 平面的平面力，在 x 和 z 轴上有投影，其值为

$$F_x = F\cos\alpha,\ F_y = 0,\ F_z = -\sin\alpha$$

力 F 对 x、y、z 各轴之矩为

$$M_x(F) = -F_z(AB+CD) = -100\times\sin60°\times0.35\mathrm{N\cdot cm} = -30.31\mathrm{N\cdot m}$$

$$M_y(F) = -F_z BC = -100\times\sin60°\times0.4\mathrm{N\cdot cm} = -34.64\mathrm{N\cdot m}$$

$$M_z(F) = -F_x(AB+CD) = -100\times\cos60°\times0.35\mathrm{N\cdot cm} = -17.5\mathrm{N\cdot m}$$

2.6.3　空间力系的平衡方程式

1. 空间任意力系的平衡条件与平衡方程式

若物体在空间力系作用下处于平衡，则物体沿 x、y、z 三轴的移动状态应不变，同时绕该三轴的转动状态也不变。因此，当物体沿 x 轴方向的移动状态不变时，该力系各力在 x 轴上的投影的代数和为零，即 $\sum F_x = 0$；同理可得 $\sum F_y = 0$、$\sum F_z = 0$。当物体绕 x 轴转动状态不变时，该力系各力对 x 轴力矩的代数和为零，即 $\sum M_x = 0$；同理可得 $\sum M_y = 0$、$\sum M_z = 0$。由此可见，可见任意力系的平衡方程式为

$$\begin{cases} \sum F_x = 0 \\ \sum F_y = 0 \\ \sum F_z = 0 \\ \sum M_x(F) = 0 \\ \sum M_y(F) = 0 \\ \sum M_z(F) = 0 \end{cases} \qquad (2-28)$$

式（2-28）表达了空间任意力系平衡的必要和充分条件为：各力在三个坐标轴上投影的代数和以及各力对三个坐标轴之矩的代数和都必须同时为零。

利用该六个独立平衡方程式，可以求解六个未知量。

2. 空间平行力系的平衡方程式

设某一物体受一空间平行力系作用而平衡，令 z 轴与该力系的各力平行，则有 $\sum F_x \equiv 0$、$\sum F_y \equiv 0$ 和 $\sum M_z \equiv 0$。因此，空间平行力系只有三个平衡方程式，即

$$\sum F_z = 0 \quad \sum M_x(F) = 0 \quad \sum M_y(F) = 0$$

因为只有三个独立的平衡方程式，故它只能解三个未知量。

例 2-18　图 2-53 所示为一脚踏拉杆装置。若已知 $F_p = 500\mathrm{N}$，$AB=400\mathrm{mm}$，$AC=CD=200\mathrm{mm}$，CH 垂直于 CD，$HC=EH=100\mathrm{mm}$，拉杆垂直于 EH 且与水平面成 30°。求拉杆的拉

力和 A、B 两轴承的约束力。

解　脚踏拉杆的受力如图 2-53 所示，取 $Bxyz$ 坐标系，列平衡方程式求解，计算过程中长度单位用 m，即

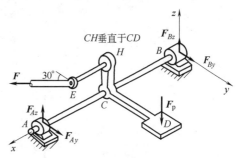

图 2-53　脚踏拉杆受力分析

$$\sum M_x(\boldsymbol{F}) = 0 \quad 0.1F\cos30° - 0.2F_p = 0$$

得 $F = 0.2F_p/0.1\cos30° = \dfrac{500\text{N}\times0.2}{0.1\cos30°} = 1155\text{N}$

$$\sum M_y(\boldsymbol{F}) = 0 \quad 0.3F\sin30° + 0.2F_p - 0.4F_{Az} = 0$$

得 $F_{Az} = \dfrac{(0.3F\sin30° + 0.2F_p)}{0.4} = 683\text{N}$

$$\sum F_z(\boldsymbol{F}) = 0 \quad F_{Az} + F_{Bz} - F\sin30° - F_p = 0$$

得

$$F_{Bz} = F\sin30° + F_p - F_{Az} = 394.5\text{N}$$

$$\sum M_z(\boldsymbol{F}) = 0 \quad 0.4F_{Ay} - 0.3F\cos30° = 0$$

得

$$F_{Ay} = \dfrac{0.3F\cos30°}{0.4} = 750\text{N}$$

$$\sum F_y = 0 \quad F_{Ay} + F_{By} - F\cos30° = 0$$

得

$$F_{By} = F\cos30° - F_{Ay} = 250\text{N}$$

2.6.4　轮轴类构件平衡问题的平面解法

当空间任意力系平衡时，它在任意平面上的投影所组成的平面任意力系也是平衡的。在机械工程中，常把空间的受力投影到三个坐标平面，分别列出它们的平衡方程，同样可解出所求的未知量。这种将空间问题转化成三个平面问题的讨论方法，称为空间问题的平面解法。这种方法特别适合于解决轮轴类构件的空间受力平衡问题。

例 2-19　某传动轴上装有一个齿轮和一个带轮，如图 2-54 所示。齿轮的分度圆直径 $d = 94.5\text{mm}$，带轮直径 $D = 320\text{mm}$，工作时带的拉力 $F_1 = 800\text{N}$，$F_2 = 300\text{N}$，试求齿轮上的圆周力 F_t、径向力 F_r 和支座 A、B 两处的约束力的大小。图中尺寸的单位为 mm。

解　1）选取齿轮、带轮和轴为研究对象，画出受力图，如图 2-54a 所示。

2）将空间的受力图投影到三个坐标平面上，运用平面一般力系的平衡方程求解未知量。

① 在 Axz 平面内（图 2-54d）

$$\sum M_A(\boldsymbol{F}) = 0, \quad F_2\frac{D}{2} - F_1\frac{D}{2} + F_t\frac{d}{2} = 0$$

$$F_t = \frac{D}{d}(F_1 - F_2) = \frac{320}{94.5}\times(800 - 300)\text{N} = 1693\text{N}$$

径向力 F_r 与圆周力 F_t 有关，由齿轮的压力角 α（标准 $\alpha = 20°$）决定，即

$$F_r = F_t\tan\alpha = 1693\text{N}\times\tan20° = 616.2\text{N}$$

② 在垂直平面（Ayz）内（图 2-54b）

$$\sum M_A(\boldsymbol{F}) = 0, \quad F_r120 + F_2\sin30°\times530 - R_{Bz}(530 + 90) = 0$$

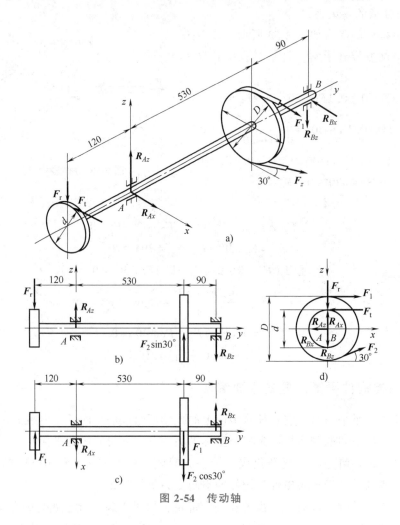

图 2-54 传动轴

得 $$R_{Bz} = \frac{120F_r + 530F_2\sin30°}{530+90} = \frac{120\times616.2+530\times300\sin30°}{620}N = 247.5N$$

$$\sum F_z = 0, \quad R_{Az} - F_r + F_2\sin30° - R_{Bz} = 0$$

$$R_{Az} = F_r + R_{Bz} - F_2\sin30°$$

$$= 616.2N + 247.5N - 300N\sin30° = 713.7N$$

③ 在水平平面（Axy）内（图 2-54c）

$$\sum M_A(\boldsymbol{F}) = 0, R_{Bx}(530+90) - (F_1 + F_2\cos30°) \times 530 - F_t \times 120 = 0$$

$$R_{Bx} = \frac{(F_1 + F_2\cos30°) \times 530 + F_t \times 120}{530+90} = 1233.64N$$

④ 在 x 轴方向

$$\sum F_x = 0, \quad R_{Ax} + F_1 + F_2\cos30° - R_{Bx} - F_t = 0$$

$$R_{Ax} = R_{Bx} + F_t - F_1 - F_2\cos30° = 0$$

$$= (1234 + 1693 - 800 - 300\cos30°)N = 1867N$$

2.6.5* 重心

1. 重心的概念

重心问题是日常生活和工程实际中经常遇到的问题。例如，骑自行车时需要不断地调整重心的位置，才不致翻倒；对于塔式起重机来说，需要选择合适的配重，才能在满载和空载时不致翻倒；高速旋转的飞轮或轴类工件，若重心位置偏离轴线，则会引起强烈振动，甚至破坏。总之，掌握重心的知识，在工程实践中至关重要。

重力是地球对物体的吸引力，若将物体想象成由无数微小的部分组合而成，这些微小的部分可视为质量微元，则每个微元都受到重力的作用，这些重力对物体而言近似地组成了空间平行力系。该力系的合力就是物体的重力，合力的作用点即为物体的重心。不论物体如何放置，其重力的合力的作用线相对于物体总是通过一个确定的点，该点即物体的重心。

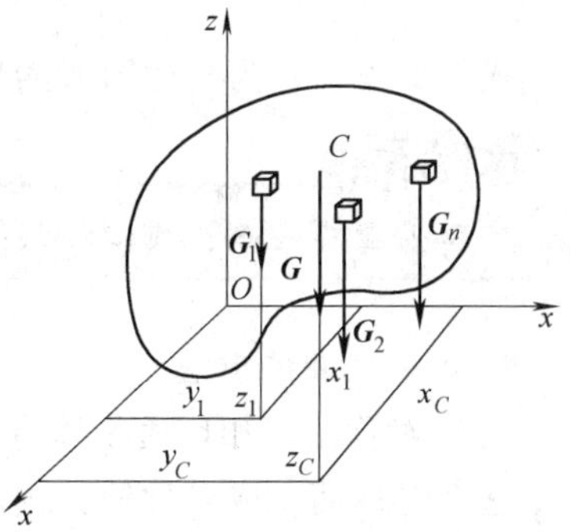

图 2-55　重心位置的确定

2. 重心坐标公式

将一重力为 G 的匀质物体放在空间直角坐标系 $zOxy$ 中，设物体的重心 C 点的坐标为 (x_C, y_C, z_C)，如图 2-55 所示。

将物体分割成 n 个微元，每个微元所受重力分别为 G_1，G_2，$\cdots$，G_n，组成空间平行力系，各个微元中心的坐标分别为 (x_1, y_1, z_1)、(x_2, y_2, z_2)、(x_n, y_n, z_n)。由于物体重力 G 是各微元重力 G_1，G_2，$\cdots$，G_n 的合力。根据合力矩定理，对 y 轴则有

$$M_y(\boldsymbol{G}) = \sum_{i=1}^{n} M_y(\boldsymbol{G}_i)$$

$$Gx_C = G_1 x_1 + G_2 x_2 + \cdots + G_n x_n = \sum G_i x_i$$

则

$$x_C = \frac{\sum G_i x_i}{G} \tag{2-29a}$$

且

$$G = \sum G_i$$

同理可得

$$y_C = \frac{\sum G_i y_i}{G} \tag{2-29b}$$

将坐标系连同物体绕 y 轴竖直向上，重心位置不变，再对 y 轴应用合力矩定理可得

$$z_C = \frac{\sum G_i z_i}{G} \tag{2-29c}$$

式（2-29a）、式（2-29b）及式（2-29c）为物体的重心坐标公式。

若将 $G = mg$，$G_i = m_i g$ 代入以上三式，并消去 g，可得

$$x_C = \frac{\sum m_i x_i}{m} \qquad y_C = \frac{\sum m_i y_i}{m} \qquad z_C = \frac{\sum m_i z_i}{m} \tag{2-30}$$

式（2-30）称为物体质心坐标公式。

若物体为均质的，设其密度为 ρ，总体积为 V，以 $G = \rho g V$，$G_i = \rho g V_i$，代入式（2-29）可得

$$x_C = \frac{\sum V_i x_i}{V} \qquad y_C = \frac{\sum V_i y_i}{V} \qquad z_C = \frac{\sum V_i z_i}{V} \tag{2-31}$$

由式 (2-31) 可见，均质物体的质心 (centre of mass)，只与物体的几何形状有关，而与物体的重力无关。因此均质物体的重心也称为形心 (centroid) (物体几何形状的中心)。注意，重心和物体的几何形状的形心是两个不同的概念。只有均质物体，其重心、质心和形心才重合于一点。

如果物体是等厚平板，通过消去公式中板的厚度，则有

$$x_C = \frac{\sum A_i x_i}{A} \qquad y_C = \frac{\sum A_i y_i}{A} \tag{2-32}$$

式 (2-32) 称为平面图形的形心坐标公式。

小提示

要正确理解重心、质心和形心三者之间的异同点。

3. 重心位置的求法

(1) 对称法 如均质物体有对称面，或对称轴，或对称中心，则该物体的重心必相应地在这个对称面，或对称轴，或对称中心上，如图 2-56 所示。

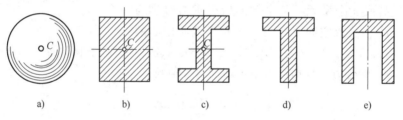

a)   b)   c)   d)   e)

图 2-56 具有对称性的平面图形

(2) 实验法 如物体的形状复杂或质量分布不均匀，其重心常由实验来确定。

1) 悬挂法。悬挂法是根据二力平衡公理来确定物体的重心位置的。对于形状复杂的薄平板，求形心的位置时，可将薄板悬挂于任一点 A，如图 2-57 所示。根据二力平衡公理，薄板的重力与绳的张力必在同一直线上，故形心一定在铅垂的挂绳延长线 AB 上；重复使用上述方法，将薄板挂于 D 点，可得 DE 线。显然易见，薄板的重心即为 AB 和 DE 的交点 C。

2) 称重法。称重法是根据合力矩定理来确定物体的重心位置的。对于形状复杂的零件、体积庞大的物体以及由许多构件组成的机械，常用此法确定其重心的位置。

例如，连杆本身具有两个互相垂直的纵向对称面。其重心必在这两个对称平面的交线上，即连杆的中心线 AB 上，如图 2-58 所示。其重心在 x 轴上的位置可用下述方法确定：先称出连杆重力 G，然后将其一端支于固定点 A，另一端支承于磅秤上，使中心线 AB 处于水平位置，读出磅秤读数 F_B，并量出两支点间的水平距离 l，则由

$$\sum M_A(\boldsymbol{F}) = 0 \qquad F_B l - G x_C = 0$$

可得

$$x_C = \frac{F_B}{G} l$$

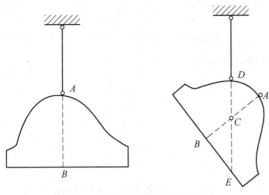

图 2-57 悬挂法确定物体的重心

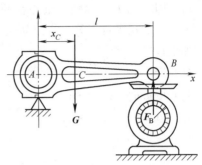

图 2-58 称重法确定物体的重心

（3）分割法 机械和结构的零件往往是由几个简单的基本形状组合而成的，每个基本形状的形心位置可以根据对称判断或查表获得。为求得复杂形状的形心，可以把复杂形状分割成简单的形状来求形心，最后求出复杂形状的形心。常用的分割法有以下两种。

1）无限分割法（积分法）。在计算形状基本规则的几何形状的形心时，可将其分割成无限多个微小形体，当小形体的重量、尺寸取为无限小并趋近于零时，可将式（2-29）中三式写成定积分形式

$$x_C = \frac{\int_G x\mathrm{d}G}{G}, \qquad y_C = \frac{\int_G y\mathrm{d}G}{G}, \qquad z_C = \frac{\int_G z\mathrm{d}G}{G} \qquad (2\text{-}33)$$

2）有限分割法。工程中，对于几何形状规则的均质物体的重心位置均是通过求形心来获取的。若一个物体是由几个规则形状的物体组合而成，而这些物体的重心是已知的，可将该物体分割成几个规则形状，在确定出各基本规则形状的形心后，按式（2-32）转化为有限形式的坐标公式，即可求得整个物体的重心位置。式（2-32）的有限形式的坐标公式为

$$x_C = \frac{A_1 x_1 + A_2 x_2 + \cdots + A_n x_n}{A_1 + A_2 + \cdots + A_n}$$

$$y_C = \frac{A_1 y_1 + A_2 y_2 + \cdots + A_n y_n}{A_1 + A_2 + \cdots + A_n} \qquad (2\text{-}34)$$

关键知识点

① 若力系中各力的作用线不在同一平面内，则称该力系为空间力系。力在空间直角坐标轴上的投影可分为一次投影法和二次投影法。

② 地球对物体的吸引力的合力就是物体的重力，合力的作用点即为物体的重心。

③ 重心和物体的几何形状的形心是两个不同的概念。只有均质物体，其重心、质心和形心才重合于一点。

④ 重心位置的求法有对称法与实验法，实验法又分为悬挂法、称重法和分割法；分割法又分为无限分割法与有限分割法。

例 2-20 用分割法求图 2-59 所示均质槽形体的重心位置。设 $a=20\text{cm}$，$b=30\text{cm}$，$c=40\text{cm}$。

解 因 x 轴为对称轴，重心在此轴上，$y_C=0$，只需求 x_C。由图上的尺寸可以算出这三块矩形的面积及其重心的 x 坐标如下

$A_1 = 300\text{cm}^2$，$x_1 = 15\text{cm}$

$A_2 = 200\text{cm}^2$，$x_2 = 5\text{cm}$

$A_3 = 300\text{cm}^2$，$x_3 = 15\text{cm}$

得物体重心的坐标

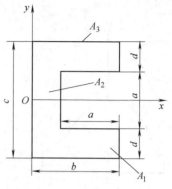

图 2-59 均质槽形体的重心

$$x_C = \frac{A_1 x_1 + A_2 x_2 + A_3 x_3}{A_1 + A_2 + A_3} = 12.5\text{cm}$$

实例分析

实例一 鲤鱼钳的受力分析。

如图 2-60a 所示，鲤鱼钳由钳夹 1、连杆 2、上钳头 3 及下钳头 4 组成。若钳夹手握力为 F，不计各杆自重与摩擦，试求钳头的夹紧力 F_1 的大小。设图中的尺寸单位是 mm，连杆 2 与水平线夹角 $\alpha=20°$。

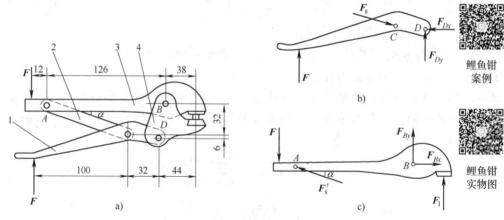

鲤鱼钳案例

鲤鱼钳实物图

图 2-60 锂鱼钳的受力分析

1—钳夹 2—连杆 3—上钳头 4—下钳头

解 1）取钳夹 1 为研究对象，它所受的力有手握力 F，连杆（二力杆）的作用力 F_s，下钳头与钳夹铰链 D 的约束力 F_{Dx}、F_{Dy}，受力图如图 2-60b 所示。列出平衡方程

$$\sum M_D(F_i)=0, \quad -F(100+32)+F_s\sin\alpha\times32-F_s\cos\alpha\times6=0$$

得

$$F_s = \frac{132F}{32\sin\alpha - 6\cos\alpha} = \frac{132F}{32\sin20° - 6\cos20°} = 24.88F \qquad (\text{a})$$

2）取上钳头为研究对象，它所受的力有手握力 F，连杆的作用力 F_s'，上、下钳夹头铰链 B 的约束力 F_{Bx}、F_{By}，钳头夹紧力 F_1。受力图如图 2-60c 所示。列出平衡方程

$$\sum M_B(F_i) = 0, \quad F(126+12) - F_s' \sin\alpha \times 126 + F_1 \times 38 = 0$$

得

$$F_1 = \frac{126 F_s' \sin\alpha - 138 F}{38} \tag{b}$$

3）考虑到 $F_s = F_s'$，将式（a）代入式（b），得

$$F_1 = \frac{126 F_s' \sin\alpha - 138 F}{38} = \frac{126 \times 24.88 \times \sin 20° - 138}{38} F = 24.6 F$$

由此可见：鲤鱼钳通过巧妙的设计，使剪切力为手握力的 24.6 倍，达到了省力的目的。

实例二　悬臂起重机如图 2-61a 所示。横梁 AB 长 $L = 2.5m$，自重 $G_1 = 1.2kN$。拉杆 BC 倾斜角 $\alpha = 30°$，自重不计。电葫芦连同重物共重 $G_2 = 7.5kN$。当电葫芦在图示位置 $a = 2m$ 匀速吊起重物时，求拉杆 BC 的拉力和支座 A 的约束力。

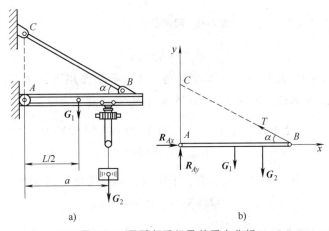

图 2-61　悬臂起重机及其受力分析

解　1）取横梁 AB 为研究对象，画其受力图，如图 2-61b 所示。

2）建立直角坐标系 xAy，如图 2-61b 所示，列平衡方程求解。

由

$$\sum M_A = 0 \quad TL\sin\alpha - G_1 L/2 - G_2 a = 0$$

得

$$T = \frac{G_1 L + 2G_2 a}{2L\sin\alpha} = \frac{1.2 \times 2.5 + 2 \times 7.5 \times 2}{2 \times 2.5 \times \sin 30°} kN = 13.2kN$$

由

$$\sum F_x = 0 \quad R_{Ax} - T\cos\alpha = 0$$

得

$$R_{Ax} = T\cos\alpha = 13.2 \times \cos 30° kN = 11.4kN$$

由

$$\sum F_y = 0 \quad R_{Ay} - G_1 - G_2 + T\sin\alpha = 0$$

得

$$R_{Ay} = G_1 + G_2 - T\sin\alpha = (1.2 + 7.5 - 13.2\sin 30°) kN = 2.1kN$$

实例三　图 2-62 所示为起重机简图。已知：机身重 $G = 700kN$，重心与机架中心线距离为 4m，最大起吊重量 $G_1 = 200kN$，最大吊臂长为 12m，轨距为 4m，平衡块重 G_2，G_2 的作用线至机身中心距离为 6m。试求保证起重机满载和空载时不翻倒的平衡块重。

解　取起重机为研究对象，画受力图如图 2-62b 所示。

1）满载时（$G_1 = 200kN$）。若平衡块过轻，则会使机身绕点 B 向右翻倒，因此须配一定重量的平衡块。临界状态时，点 A 悬空，$F_A = 0$，平衡块重应为 G_{2min}。

$$\sum M_B(F) = 0, \quad G_{2min} \times (6+2) - G \times 2 - G_1 \times (12-2) = 0$$

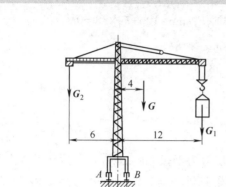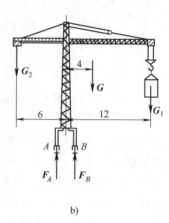

图 2-62　起重机受力分析

$$G_{2min} = 425kN$$

2) 空载时（$G_1 = 0$）此时与满载情况不同，在平衡块作用下，机身可能绕点 A 向左翻倒。临界状态下，点 B 悬空，$F_B = 0$，平衡块重应为 G_{2max}。

$$\sum M_A(F) = 0, \quad G_{2max} \times (6-2) - G \times (4+2) = 0$$

$$G_{2max} = 1050kN$$

由以上计算可知，为保证起重机安全，平衡块重必须满足下列条件

$$425kN < G_2 < 1050kN$$

知 识 小 结

1. 静力学的基本概念
- 力的概念
  - 力的三要素
    - 大小
    - 方向
    - 作用点
  - 力的表示方法
  - 力系的分类
    - 平面力系
    - 空间力系
- 力的基本性质
  - 二力平衡公理
  - 加减平衡力系公理
  - 力的平行四边形公理
  - 作用力与反作用力公理
- 常见的约束类型
  - 柔性约束
  - 光滑面约束
  - 铰链约束
  - 固定端约束
- 受力图

$$2.\ 平面力系\begin{cases}平面任意力系\begin{cases}\sum F_x=0\\\sum F_y=0\\\sum M_O(\boldsymbol{F})=0\end{cases}\\平面力偶系\ \sum M_O(\boldsymbol{F})=0\\平面汇交力系\begin{cases}\sum F_x=0\\\sum F_y=0\end{cases}\\平面平行力系\begin{cases}\sum F_y=0\\\sum M_O=0\end{cases}\\摩擦\begin{cases}滑动摩擦、摩擦角与自锁现象\\滚动摩擦、机械效率\end{cases}\end{cases}$$

$$3.\ 空间力系\begin{cases}力在直角坐标系上的投影\begin{cases}一次投影法\\二次投影法\end{cases}\\力对轴之矩\\空间力系平衡方程\begin{cases}\sum F_x=0\\\sum F_y=0\\\sum F_z=0\\\sum M_x(\boldsymbol{F})=0\\\sum M_y(\boldsymbol{F})=0\\\sum M_z(\boldsymbol{F})=0\end{cases}\end{cases}$$

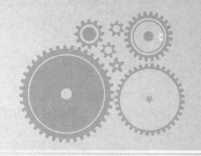

第 3 章

杆件的基本变形形式（Basic deformation form of bar）

教学要求

★ 能力目标

1）会分析杆件的内力、轴力与应力。

2）了解金属材料在拉伸与压缩时的力学性能。

3）会分析拉伸（压缩）、剪切、扭转与弯曲的受力，并进行强度与刚度的计算。

4）会进行杆件组合变形时的强度计算。

★ 知识要素

1）杆件的内力、轴力与应力的概念。

2）金属材料在拉伸与压缩时的力学性能的概念。

3）拉伸（压缩）、剪切、扭转与弯曲的受力分析。

4）拉伸（压缩）、剪切、扭转与弯曲的强度条件和强度、刚度计算。

5）拉伸（压缩）与弯曲、扭转与弯曲的组合变形受力分析、强度计算。

6）疲劳强度的概念。

★ 学习重点与难点

1）直梁弯曲的强度和刚度计算。

2）杆件组合变形时的强度计算。

★ 价值情感目标

1）在设计中，既要保证构件强度，又要合理选择材料。在生活中，同学们也要从不同角度看待问题。

2）正确理解安全系数，培养安全生产的良好意识。

技能要求

1）正确分析、判断杆件的受力状态。

2）确定各类杆件的强度条件、进行杆件的强度与刚度的计算。

3）进行杆件强度校核、设计杆件截面尺寸、确定机构的承载能力。

本章导读

图 3-1 所示为某车间生产用简易起重机，当吊起重物后，*AB* 杆和 *BC* 杆都要受力，两杆在受力后会产生一定的变形。若选用或设计该吊车，需要进一步分析 *AB* 杆及 *BC* 杆的受力性质及变形特点。只有分析清楚 *AB* 杆及 *BC* 杆的受力与变形情况，才能进行有关强度等方面计算，正确选用或设计该吊车。

本章就是以前面已学的知识为基础，通过分析杆件内部的受力情况，着重研究杆件的基本变形，为杆件设计或选择提供基本理论和计算方法。

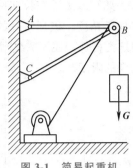

图 3-1　简易起重机

基本内容

3.1　概述

3.1.1　杆件的强度、刚度与稳定性

工程实践中实际应用的构件的形状是多种多样的，大致可归纳为杆、板、壳和块四类，如图 3-2 所示。凡是长度远大于其他两方面尺寸的构件称为杆。杆的几何形状可用其轴线和垂直于轴线的几何图形（横截面）表示。轴线是直线的杆，称为直杆（straight bar）；轴线是曲线的杆，称为曲杆（curved bar）。各截面相同的直杆，称为等直杆，是本节研究的主要对象。

杆件是各种工程结构组成单元的统称，如机械中的轴、建筑物中的梁（girder）等均称为杆件。当杆件工作时，都要承受载荷作用，为确保杆件能正常工作，必须注意以下几个问题。

1. 强度问题

杆件的强度（strength）问题可以分为两个方面，一是材料断裂（fracture）（破坏），二是材料塑性屈服（yield）（变形）。机械在正常工

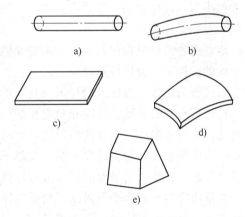

图 3-2　杆、板、壳与块

a）等直杆　b）等截面曲杆　c）板

d）壳　e）块

作时是不允许杆件出现破坏情况的，但如果杆件的尺寸不合适或所用材料的性能和所受载荷不匹配，例如起吊货物的索链太细、货物太重或所选用的索链材料太差，都可能使索链强度不够而发生断裂，使起吊机械无法正常工作，甚至造成灾难性的事故。杆件虽然没有出现断裂，但出现了较大的塑性屈服（也称塑性变形），导致杆件严重变形而不能正常工作，也属于强度问题。因而工程设计中首先要解决的问题就是设计杆件的强度问题。

2. 刚度问题

工程中对杆件不仅要求具有足够的强度，而且对杆件工作过程中的变形也有一定的要求。如车床主轴在长期使用中易产生弯曲变形，若变形过大，如图 3-3b 所示，则影响车床的加工精度，破坏齿轮的啮合，引起轴承的不均匀磨损，从而造成车床不能正常工作。因此对这类杆件，还要解决刚度（tension）问题，保证在载荷作用下，其变形量不超过造成工作所允许的限度。

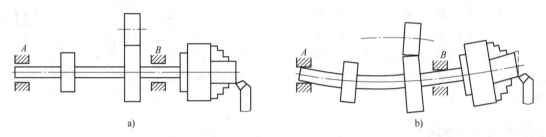

a)　　　　　　　　　　　　　　　　　　　　　　　　b)

图 3-3　车床主轴示意图

3. 稳定性问题

对于细长的杆件，尤其是承受垂直压力的杆件，当压力达到一定数值时，可能会出现突然失去稳定的平衡状态的现象，称为失稳。如千斤顶，当载荷达到临界值时会突然变弯折断，造成事故。因此，对这类杆件还要解决稳定性（stability）问题。

在构件设计中，除了要满足强度、刚度和稳定性的要求外，还需要满足经济方面的要求。前者往往要求加大构件的横截面尺寸，多用材料，用好材料；后者却要求节省材料，避免大材小用，优材劣用，尽量降低成本，因此构件的安全与经济是研究构件的基本变形要解决的一对主要矛盾。

本章内容是研究构件的强度、刚度和稳定性问题。它的主要任务是在满足强度、刚度和稳定性的前提下，为杆件选择合适的材料，确定合理的截面形状和尺寸，科学、合理地解决安全与经济的矛盾，为杆件设计提供基本的理论和方法。

在进行杆件的强度、刚度和稳定性的研究中，杆件的变形不能忽略。为使分析和计算得以简化，在研究强度、刚度和稳定性问题时把杆件抽象为连续、均匀、各向同性的可变形固体这一力学模型。同时，研究的范围仅限于弹性、小变形情况，这样在对杆件进行受力分析时就可以按杆件变形前的原始尺寸进行计算。

本章研究的对象为变形固体。变形固体的变形可分为弹性变形（elastic deformation）和塑性变形（plastic deformation）。载荷（load）卸除后能消失的变形称为弹性变形，载荷卸除后不能消失的变形称为塑性变形，下面研究的变形主要是弹性变形。

3.1.2　内力、截面法

1. 内力（internal force）

杆件内部各部分之间存在着相互作用的内力，从而使杆件内部各部分之间相互联系以维持其原有形状。在外部载荷作用下，杆件内部各部分之间相互作用的内力会随之改变，这个因外部载荷作用而引起杆件内力的改变量，称为附加内力，简称内力。

显然，内力是由于外载荷对杆件的作用而引起的，并随着外载荷的增大而增大。但是，任何杆件的内力的增大都是有一定限度的，当外力超过内力的极限值时，杆件就会发生破坏。可见，杆件承受载荷的能力与其内力密切相关。因此，内力是研究杆件强度、刚度等问题的基础。

2. 截面法（method of sections）

截面法是求内力的基本方法。图3-4a所示杆件两端受拉力作用而处于平衡状态。欲求 m—m 截面上的内力，可用一假想平面将杆件在 m—m 处切开，分成左右两部分，如图3-4b所示。右部分对左部分的作用，用合力 F_N 表示，左部分对右部分的作用，用合力 F_N' 表示，F_N 和 F_N' 互为作用力和反作用力，它们大小相等、方向相反。因此，计算内力时，只需取截面两侧的任一段来研究即可。现取左段来研究，由平衡方程 $\sum F = 0$，可得

$$F_N - F = 0, \quad F_N = F$$

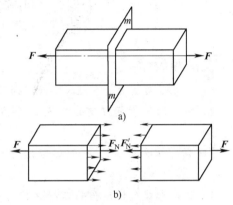

图 3-4 截面法

这种假想地用一截面将杆件截开，从而显示内力和确定内力的方法，称为截面法。利用截面法确定内力的步骤可归纳如下：

（1）截开 在欲求内力的截面处，假想地将杆件截为两部分，任选其中一部分为研究对象。

（2）代替 用作用于截面上的内力代替另一部分对研究对象的作用，画出研究对象的受力图。

（3）平衡 根据研究对象的平衡方程，确定内力的大小与方向。

3. 应力（stress）

对于每一种材料，单位截面面积上能承受的内力是有一定限度的，超过这个限度，物体就要破坏。为了解决强度问题，不但需要知道杆件可能沿哪个截面破坏，而且还需要知道从截面上哪一点开始破坏。因此，仅仅知道截面上的内力是不够的，还必须知道内力在截面上各点的分布情况。为此必须引入应力的概念。

内力在截面上某点处的分布集度称为该点处的应力。当截面上应力均匀分布时，应力就等于单位面积上的内力。通常将与横截面垂直的应力称为正应力，用 σ 表示；与横截面相切的应力称为切应力，用 τ 表示。

在国际单位制中，应力的单位是帕斯卡，其代号为帕（Pa），1帕等于每平方米面积上作用1牛顿的力，即 $1\mathrm{Pa} = 1\mathrm{N/m^2}$。在工程实际中，这一单位太小，应力的常用单位为兆帕（MPa）、吉帕（GPa），其换算关系为 $1\mathrm{MPa} = 10^6 \mathrm{Pa}$，$1\mathrm{GPa} = 10^9 \mathrm{Pa}$，显然，$1\mathrm{MPa} = 1\mathrm{N/mm^2}$。

3.1.3 杆件的基本变形

当外力以不同的方式作用于杆件时，将产生各种各样的变形形式，其基本变形有轴向拉伸（axial tension）与压缩（compression）、剪切（shearing）、扭转（torsion）和弯曲（bending）四种，如图3-5所示。其他复杂的变形形式均可看成是上述两种或两种以上基本变形形式的组合，称为组合变形。

下面，先分别介绍杆件四种基本变形的强度计算，然后对组合变形作简单介绍。

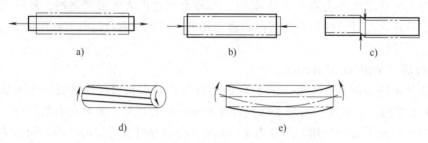

图 3-5 杆件的基本变形

a）轴向拉伸 b）轴向压缩 c）剪切 d）扭转 e）弯曲

关键知识点

1）凡是长度远大于其他两方面尺寸的构件称为杆。

2）杆件的强度问题可以分为两个方面，一是材料断裂（破坏），二是材料塑性屈服（变形）。

3）载荷卸除后能消失的变形称为弹性变形，载荷卸除后不能消失的变形称为塑性变形。

4）因外部载荷作用而引起杆件内力的改变量称为内力，确定内力的方法称为截面法，包括截开、代替、平衡三步。

5）内力在截面上某点处的分布集度称为该点处的应力，在工程实际中常用单位为MPa，$1MPa = 1N/mm^2$。

6）杆件的变形形式有轴向拉伸与压缩、剪切、扭转和弯曲四种。

3.2 轴向拉伸与压缩

3.2.1 轴向拉伸与压缩的概念

轴向拉伸与压缩是工程中常见的一种基本变形，如图 3-6a 所示的支架，AB 杆受到轴向拉力的作用，沿杆件轴线产生伸长变形；BC 杆则受到轴向压力的作用，沿轴线产生压缩变形，如图 3-6b 所示。这类杆件的受力特点是：作用于直杆两端的两个外力等值、反向，且

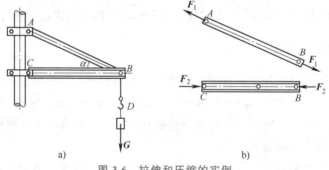

图 3-6 拉伸和压缩的实例

作用线与杆的轴线重合，杆件产生沿轴线方向的伸长或缩短。杆件的这种变形形式称为轴向拉伸或压缩，这类杆件称为拉杆或压杆。

3.2.2　轴力和应力

1. 轴力（axial force）

为了对拉压杆进行强度计算，首先分析其内力。如图 3-7a 所示的拉杆，为显示拉杆横截面上的内力，运用截面法，将杆沿任一截面 m—m 假想分为两部分，如图 3-7b 所示。

因拉杆的外力与轴线重合，由平衡条件可知，其任一截面上内力的作用线也必与杆的轴线重合，即垂直于杆的横截面，并通过截面形心，这种内力称为轴力，用 F_N 表示。

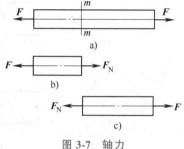

图 3-7　轴力

轴力的大小由平衡方程求解，若取左段为研究对象，则

$$\sum F_x = 0, \qquad F_N - F = 0$$

$$F_N = F$$

轴力的正负号由杆的变形确定，当轴力的方向与横截面的外法线方向一致时，杆件受拉伸长，其轴力为正；反之，杆件受压缩短，其轴力为负。通常未知轴力均按正向假设。

例 3-1　试计算图 3-8 所示直杆的轴力。已知 $F_1 = 16\text{kN}$，$F_2 = 10\text{kN}$，$F_3 = 20\text{kN}$。

解　1）计算 D 端支反力，由整体平衡方程 $\sum F_x = 0$，$F_D + F_1 - F_2 - F_3 = 0$ 得

$$F_D = F_2 + F_3 - F_1 = (10 + 20 - 16)\text{kN} = 14\text{kN}$$

2）分段计算轴力。由于在横截面 B 和 C 上作用有外力，故将杆分为三段。用截面法截取如图 3-8b、c、d 所示的研究对象后，得

$$\sum F_x = 0, \quad -F_{N1} + F_1 = 0 \quad F_{N1} = F_1 = 16\text{kN}$$

$$\sum F_x = 0, \quad -F_{N2} + F_1 - F_2 = 0 \quad F_{N2} = F_1 - F_2 = (16 - 10)\text{kN} = 6\text{kN}$$

$$\sum F_x = 0, \quad F_D + F_{N3} = 0 \quad F_{N3} = -F_D = -14\text{kN}$$

式中，F_{N3} 为负值，说明实际情况与图中所设 F_{N3} 的方向相反，应为压力。

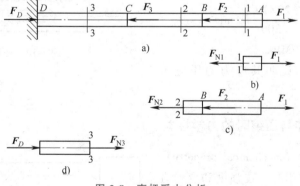

图 3-8　直杆受力分析

2. 横截面上的应力

拉压杆横截面上的轴力是横截面上分布内力的合力，为确定拉压杆横截面上各点的应

力，需要知道轴力在横截面上的分布。实验表明，拉压杆横截面的内力是均匀分布的，且方向垂直于横截面，如图3-9所示。因此，拉压杆横截面上各点产生的是正应力 σ。设拉压杆横截面面积为 A，轴力为 F_N，则横截面上各点的正应力 σ 为

$$\sigma = \frac{F_N}{A} \tag{3-1}$$

由式（3-1）可知，正应力与轴力具有相同的正负号，即拉应力为正，压应力为负。

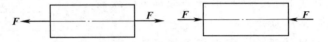

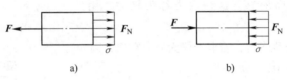

a)   b)

图3-9　正应力

例3-2　如图3-10所示，一中段开槽的直杆，承受轴向载荷 $F = 20\text{kN}$ 的作用，已知 $h = 25\text{mm}$，$h_0 = 10\text{mm}$，$b = 20\text{mm}$。试计算直杆的最大正应力。

解　1）计算轴力。用截面法求得杆中各处的轴力为

$$F_N = -F = -20\text{kN}$$

2）求横截面面积。该杆有实体面积（1—1截面）A_1 和有槽的面积（2—2截面）A_2，本应分别计算各段的应力然后比较，但本题明显可见 A_2 面积较小，故中段2—2截面处的正应力较大。A_2 的大小为

$$A_2 = (h - h_0)b = (25 - 10) \times 20\text{mm}^2$$
$$= 300\text{mm}^2$$

3）计算最大正应力

$$\sigma_{\max} = \frac{F_N}{A_2} = -\frac{20 \times 10^3}{300}\text{N/mm}^2$$
$$= -66.7\text{MPa}$$

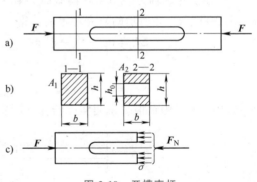

图3-10　开槽直杆

计算结果为负，说明其应力为压应力，直杆受压。

3.2.3　材料在拉伸与压缩时的力学性能

材料的力学性能（mechanical property），主要指材料受外力作用时，在强度和变形方面所表现出来的性能。材料的力学性能是通过实验手段获得的。实验采用的是国家统一规定的标准试件，如图3-11所示，L_0 为试

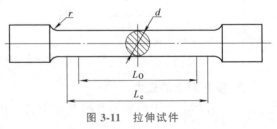

图3-11　拉伸试件

件的原始标距，L_e 为平行长度。对于圆截面试件，标距与横截面直径有两种比例：$L_0 = 10d$ 和 $L_0 = 5d$。

📝 小知识

　　材料的力学性能是反映材料实际能承受载荷的能力，是机械工程材料在工程实践中设计时的重要依据。各种材料（线材或棒料等）在出厂时都要做相应的力学性能实验，并将力学性能表附在材料上一起出厂，为充分利用材料和使用安全，一般的用料单位也要在用料前做相应的力学性能实验。

　　下面分别以低碳钢和铸铁为塑性材料和脆性材料的代表，介绍它们在常温静载荷下的力学性能。

拉伸试件

1. 低碳钢的力学性能

　　（1）拉伸时的力学性能　低碳钢是工程上广泛使用的金属材料，它在拉伸时所表现出来的力学性能具有典型性。拉伸实验在万能试验机上进行。实验时将试件装在夹头中，然后开动机器加载。试件受到由零逐渐增加的拉力 F 的作用，同时发生伸长变形，加载一直进行到试件断裂为止。一般试验机上附有自动绘图装置，在实验过程中能自动绘出载荷和相应的伸长变形的关系曲线，为方便分析和研究，经过处理，得到低碳钢的 $R\text{-}\varepsilon$ 曲线（应力-应变曲线），如图 3-12 所示。其中 $\varepsilon = \dfrac{\Delta L}{L_0}$（$\Delta L$ 为试件的伸长量），称为线应变。

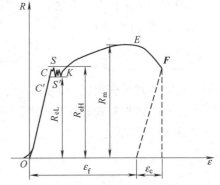

图 3-12　低碳钢拉伸时的 $R\text{-}\varepsilon$ 曲线

　　1）弹性阶段 OC'。在 OC' 段中，拉力和伸长成正比例关系，表明钢材的应力与应变为线性关系，完全遵循胡克定律，如图 3-12 所示。若当应力继续增加到 C 点时，应力和应变的关系不再是线性关系，但变形仍然是弹性的，即卸除拉力变形完全消失。

📝 小知识

　　胡克定律（Hooke's law）是力学弹性理论中的一条基本定律。可以表述为：固体材料受力之后，当应力不超过材料的比例极限时，材料中的应力与应变（单位变形量）成线性关系。

　　2）屈服阶段 SK。在 $R\text{-}\varepsilon$ 曲线上出现一段近似水平的"锯齿"形阶段，R_{eL} 为下屈服点，R_{eH} 为上屈服点，在此阶段内，应力变化不大，而应变却急剧增加，材料失去继续抵抗变形的能力，这种现象称为屈服，SK 段称为屈服阶段。由于下屈服点比较稳定，故工程上一般只定义下屈服点，屈服应力是衡量材料强度的一个重要指标。旧的国家标准中屈服阶段的最低应力值定义为屈服点 σ_s，该物理量在工程实际中还会经常遇到。

塑性材料
拉伸试验

小说明

GB/T 228—2010 中，R_{eL} 称为下屈服强度，R_{eH} 称为上屈服强度，R_m 称为材料的抗拉强度极限。但生产实践中仍有材料采用旧标准中的屈服强度 σ_s 和抗拉强度 σ_b。

3）强化阶段 KE。过了屈服阶段以后，试样因塑性变形，其内部晶体组织结构重新得到了调整，其抵抗变形的能力有所增强，随着拉力的增加，伸长变形也随之增加，拉伸曲线继续上升，KE 曲线段称为强化阶段，该曲线上 R_m 称为材料的抗拉强度极限，它也是材料强度性能的重要指标。

4）局部变形阶段。在强化阶段，试样的变形是均匀的，但应力达到抗拉强度后，试样将出现"缩颈"现象（试样上某处横截面出现急剧的局部收缩），导致试样横截面面积迅速变小，试样所能承受的拉力也相应降低，最终导致试样断裂，如 EF 段曲线所示。

5）**断后伸长率和断面收缩率**。材料的塑性可用试件断裂后遗留下来的塑性变形来表示。一般有如下两种表示方法：

① 断后伸长率（A）

$$A = \frac{L_U - L_0}{L_0} \times 100\%$$

式中　L_U——试件断裂后的标距长度；

　　　L_0——试件原来的标距长度。

② 断面收缩率（Z）

$$Z = \frac{S_0 - S_U}{S_0} \times 100\%$$

式中　S_0——试验前试件的横截面面积；

　　　S_U——试件断口处最小横截面面积。

A 和 Z 值越大，说明材料断裂时产生的塑性变形越大，塑性越好。通常将 $A > 5\%$ 的材料称为塑性材料，如钢、铜、铝等；$A < 5\%$ 的材料称为脆性材料，如铸铁、玻璃、陶瓷等。

（2）压缩时的力学性能　低碳钢压缩时的 R-ε 曲线，如图 3-13 所示，与拉伸时的 R-ε 曲线（见图 3-13 虚线）相比，在屈服阶段以前，两条曲线基本重合。这说明塑性材料在压缩过程中的弹性模量、屈服点与拉伸时相同，但在到达屈服阶段时不像拉伸试验时那样明显。屈服阶段以后，试样越压越扁，由于试样横截面面积不断增大，试样抗压能力也随之提高，曲线持续上升，不能测出抗压强度极限，故一般认为塑性材料的抗压强度等于抗拉强度。

2. 铸铁的力学性能

铸铁是工程上广泛应用的一种脆性材料。用铸铁制成标准试件，同样可得到铸铁拉伸和压缩时的 R-ε 曲线，如图 3-14 所示。图中虚线表示铸铁拉伸时的 R-ε 曲线，实线表示铸铁压缩时的 R-ε 曲线。以铸铁为代表的脆性金属材料，由于塑性变形很小，鼓胀效应不明显，当应力达到一定值后，试样在 $45° \sim 55°$ 的方向上发生破裂，如图 3-14 所示。比较图中两条曲线，可以看出铸铁的抗压强度极限比其抗拉强度极限高 4～5 倍，故铸铁广泛用于机床床身、机座等受压零部件。其他脆性材料也有这样的性质。

脆性材料拉伸实验

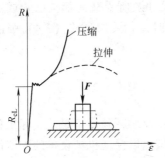

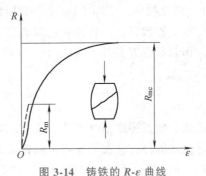

图 3-13　低碳钢压缩时的 R-ε 曲线　　　　图 3-14　铸铁的 R-ε 曲线

R_{mc}—压缩强度极限　R_m—拉伸强度极限

3.2.4　拉伸与压缩时的强度计算

1. 许用应力（allowable stress）与安全系数

材料丧失正常工作能力时的应力，称为极限应力。通过前面对材料力学性能的研究可知，塑性材料和脆性材料的极限应力分别为屈服点和强度极限，即对拉伸和压缩的杆件，塑性材料以塑性屈服为破坏标志，脆性材料以脆性断裂为破坏标志。为了确保杆件在外力作用下安全可靠地工作，应使它的工作应力小于材料的极限应力，并使杆件的强度留有必要的强度储备。为此，将极限应力除以一个大于 1 的系数作为杆件工作时允许产生的最大应力，这个应力称为许用应力，用 $[\sigma]$ 表示。

对于塑性材料

$$[\sigma] = \frac{\sigma_s}{n_s} \qquad (3-2)$$

对于脆性材料

$$[\sigma] = \frac{\sigma_b}{n_b} \qquad (3-3)$$

式中 n_s、n_b 分别为屈服安全系数和断裂安全系数。

确定安全系数的大小是一项很重要的工作，它不仅反映了杆件工作的安全程度和材料的强度储备量，又反映了材料合理使用的情况。安全系数取得过高，浪费材料，且使杆件笨重；取得太低则不安全。所以安全系数的选取涉及安全与经济的问题。对一般杆件常取 n_s = 1.3~2.0，n_b = 2.0~3.5，具体在应用时可查阅机械设计手册。

2. 拉伸与压缩的强度条件（strength condition）

为了保证杆件具有足够的强度，必须使其最大工作应力 σ_{max} 小于或等于材料在拉伸（压缩）时的许用应力 $[\sigma]$，即

$$\sigma_{max} = \frac{F_N}{A} \leq [\sigma] \qquad (3-4)$$

式（3-4）称为拉伸（压缩）杆的强度条件，是拉（压）杆强度计算的依据。产生最大正应力 σ_{max} 的截面称为危险截面，式中 F_N 和 A 分别为危险截面的轴力和横截面面积。

3. 强度问题

根据强度条件，按照求解方向的不同，实际强度问题可分为以下三个方面的问题。

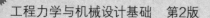

1）强度校核。实际工作中，当杆件的材料、截面尺寸及所受载荷都是已知或可以计算出来，需要检验某已知杆件在已知载荷下能否正常工作时，就要用到式（3-4）强度条件来校核，即判断强度条件不等式

$$\sigma_{max} = \frac{F_N}{A} \leqslant [\sigma] \qquad (3-5)$$

是否成立。如果强度条件不等式成立，则强度满足要求；反之，强度不足。实际工程中，任何设计出来的杆件在投入使用之前都必须经过严格的校核，以保证机械设备的安全使用。

2）设计截面尺寸。如果杆件的材料已选定，杆件的受力已知或可以计算出来，那么可以在满足强度条件的前提下，将强度条件变化为

$$A \geqslant \frac{F_N}{\sigma_{max}} \qquad (3-6)$$

先算出截面面积，再根据截面形状，设计出具体的截面尺寸。

3）确定许可载荷。工程实践中，杆件已加工完成或已组装成常用机械，杆件的材料和尺寸都已确定，为最大限度地应用这一杆件或最大程度的安全使用机械，往往需要确定该杆件或该机械能承受的最大载荷，可将强度条件变化为

$$F_N \leqslant A \cdot [\sigma] \qquad (3-7)$$

根据式（3-7）确定出杆件的最大许可载荷，知道了结构中每个杆件的许可载荷，再根据结构的受力关系即可确定出整个结构的许可载荷。

📝 关键知识点

1）轴向拉伸或压缩的受力特点是作用于直杆两端的两个外力等值、反向，且作用线与杆的轴线重合，杆件产生沿轴线方向的伸长或缩短。

2）任一截面上力的作用线与杆的轴线重合并通过截面形心的内力称为轴力，用 F_N 表示。拉压杆横截面上各点的正应力为 $\sigma = F_N/A$。

3）低碳钢的力学性能拉伸实验时 $R\text{-}\varepsilon$ 曲线可以分为四个阶段：弹性阶段、屈服阶段、强化阶段和局部变形阶段。断后伸长率和断面收缩率表示材料的塑性，工程上通常将 $A \geqslant 5\%$ 的材料称为塑性材料，$A < 5\%$ 的材料称为脆性材料。

4）将极限应力除以一个大于1的系数作为杆件工作时允许产生的最大应力，称为许用应力。

5）拉伸（压缩）时的强度条件为 $\sigma_{max} = F_N/A \leqslant [\sigma]$，根据强度条件，可以解决工程实际中强度校核、设计截面尺寸和确定许可载荷三个方面的问题。

例 3-3 简易起重机如图 3-15 所示，AB 杆受拉，拉力（轴力）$F_1 = 54.6$ kN，截面尺寸 $b = 40$mm，$h = 60$mm。材料的许用应力 $[\sigma] = 40$MPa。试校核 AB 杆的强度。

解 由式（3-4）可求 AB 杆的强度

$$\sigma = \frac{F_1}{A} = \frac{54.6 \times 10^3 \text{N}}{40 \times 60 \text{mm}^2} = 22.75 \text{N/mm}^2 = 22.75 \text{MPa} < [\sigma]$$

所以 AB 杆的强度足够。

例 3-4 图 3-16a 所示三铰架结构中，A、B、C 三点都是铰链连接的，两杆截面均为圆形，材料为钢，许用应力 $[\sigma]=58\text{MPa}$，设 B 点挂货物重 $G=20\text{kN}$，按要求解决如下三种强度问题。

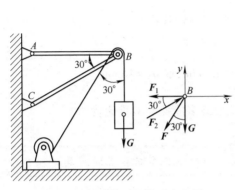

图 3-15 简易起重机的受力分析

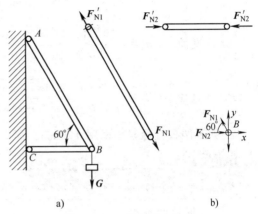

a) b)

图 3-16 三铰架受力分析

1. 如果 AB、BC 杆直径均为 $d=20\text{mm}$，试校核此三铰架的强度。

解 1）受力分析，求轴力，三铰架中 AB、BC 均为二力杆，为计算两杆的轴力，取 B 点为研究对象，画出受力图，建立坐标系，由平衡方程

$$\Sigma F_y=0,\quad F_{N1}\sin60°-G=0$$

求得 AB 杆外力

$$F'_{N1}=F_{N1}=\frac{G}{\sin60°}=23.10\text{kN}$$

$$\Sigma F_x=0,\quad F_{N2}-F_{N1}\cos60°=0$$

求得 BC 杆外力

$$F'_{N2}=F_{N1}\cos60°=\frac{G}{2\sin60°}=11.55\text{kN}$$

由于 AB、BC 杆都是二力杆，所以外力即是轴力

$$F'_{N1}=23.10\text{kN},\quad F'_{N2}=11.55\text{kN}$$

2）强度校核

AB 杆
$$\sigma_1=\frac{F'_{N1}}{A}=\frac{23.10\times10^3}{\pi\times20^2/4}=73.5\text{MPa}>[\sigma]=58\text{MPa}$$

BC 杆
$$\sigma_2=\frac{F'_{N2}}{A}=\frac{11.55\times10^3}{\pi\times20^2/4}=36.75\text{MPa}<[\sigma]=58\text{MPa}$$

从以上结果可以看出，AB 杆工作应力超出许用应力，而使三铰架强度不足，为了能够安全使用，方法之一是增大 AB 杆的直径，从而降低杆的工作应力。而 BC 杆工作应力远没有达到许用应力，说明 BC 杆直径过大，既浪费材料又不够经济。

2. 为了安全和经济，请重新设计两杆直径。

解 由强度条件

$$\sigma_{max} = \frac{F_N}{A} = \frac{F_N}{\pi d^2/4} \leqslant [\sigma]$$

得直径

$$d \geqslant \sqrt{\frac{4F_N}{\pi[\sigma]}}$$

AB 杆直径　　$d_1 \geqslant \sqrt{\dfrac{4F_{N1}}{\pi[\sigma]}} = \sqrt{\dfrac{4 \times 23.10 \times 10^3}{3.14 \times 58}} = 22.5\text{mm}$，取 $d_1 = 23\text{mm}$

BC 杆直径　　$d_2 \geqslant \sqrt{\dfrac{4F_{N2}}{\pi[\sigma]}} = \sqrt{\dfrac{4 \times 11.55 \times 10^3}{3.14 \times 58}} = 15.9\text{mm}$，取 $d_2 = 16\text{mm}$

3. 如果两杆直径只能采用 φ20mm，那么此三铰架最多能挂起多重的货物？

小提示

本例是式（3-4）应用的三种情况，正确掌握就可解决这三类工程实践问题。

解　根据强度条件

$$F_N \leqslant A[\sigma] = \frac{\pi}{4} \times 20^2 \times 58\text{N} = 18200\text{N} = 18.2\text{kN}$$

由平衡方程

$$\sum F_y = 0, \quad F_{N1}\sin60° - G = 0$$

得　　　　$F_{N1} = \dfrac{G}{\sin60°} \leqslant 18.2\text{kN} \qquad G \leqslant 18.2\sin60°\text{kN} = 15.76\text{kN}$

$$\sum F_x = 0, \quad F_{N2} - F_{N1}\cos60° = 0$$

得　　　　$F_{N2} = F_{N1}\cos60° = \dfrac{G}{2\sin60°} \leqslant 18.2\text{kN} \qquad G \leqslant 18.2\text{kN} \times 2\sin60° = 31.5\text{kN}$

若使两杆都能满足强度要求，应取 $G = G_{min} = 15.76\text{kN}$。

3.3　剪切与挤压的实用计算

3.3.1　剪切与挤压的概念

1. 剪切的概念

剪床剪钢板是剪切的典型实例（图 3-17a）。剪切时，上、下切削刃以大小相等、方向相反、作用线相距很近的两力 **F** 作用于钢板上，如图 3-17b 所示，使钢板在两力间的截面 m—m 发生相对错动。工程中的许多连接件，如铆钉（图 3-18）、键（图 3-19）等都受到剪切变形。对它们进行受力分析，可知其受力特点是：杆件受到一对大小相等、方向相反、作用线平行且相距很近的外力；变形特点为：杆件两力间的截面发生相对错动。发生相对错动的截面（图 3-18b 中的 m—m 截面）称为剪切面，它位于两个反向的外力作用线之间，并与外力平行。

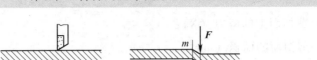

剪切

图 3-17　剪钢板

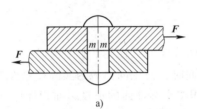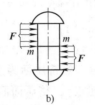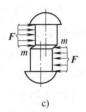

图 3-18　铆钉

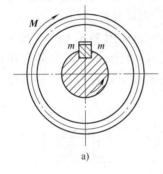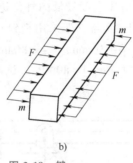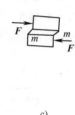

图 3-19　键

2. 挤压的概念

在杆件发生剪切变形的同时，往往伴随着挤压变形，如前述的铆钉和键联接，在传递力的接触面上，由于局部承受较大的压力，会出现塑性变形，这种现象称为挤压。发生挤压的接触面称为挤压面。挤压面上的压力称为挤压力。挤压面就是两杆件的接触面，一般垂直于外力作用线。

> **小常识**
>
> 挤压与压缩不同。挤压是压力作用在构件的表面，挤压应力也只分布在挤压面附近的区域，且挤压情况较复杂。压缩变形是指构件整体变形，其任意面上的变形是均匀分布的。

3.3.2　剪切与挤压的实用计算

在工程上，剪切和挤压的计算都采用实用计算法。即认为剪力在剪切面上的分布和挤压力在挤压面上的分布都是均匀的。并分别建立其强度条件：

剪切强度条件为

$$\tau = \frac{F_Q}{A} \leqslant [\tau] \tag{3-8}$$

式中 F_Q——剪切面上的剪力（N）；

  A——剪切面的面积（mm^2）；

  $[\tau]$——材料的许用切应力（Pa），可从有关手册中查得。

挤压强度条件为

$$\sigma_{jy} = \frac{F_{jy}}{A_{jy}} \leqslant [\sigma_{jy}] \tag{3-9}$$

式中 F_{jy}——挤压面上的挤压力（N）；

  A_{jy}——挤压面面积（mm^2）；

  $[\sigma_{jy}]$——材料的许用挤压应力（Pa），具体数据可从有关手册中查得。

计算挤压面面积时应注意：当挤压面为平面时，挤压面面积为实际接触面的面积；当挤压面为半圆柱面时（如铆钉连接），挤压面面积按半圆柱面的正投影面积计算。

剪切强度条件和挤压强度条件也可以解决强度校核、设计截面、确定许可载荷这三类问题。值得注意的是，因为挤压变形具有相互性，所以在计算挤压强度的过程中，当连接件和被连接件的材料不同时，应对挤压强度较低的杆件进行强度计算。

例 3-5 一制动装置的钢杆 AB 与支架采用销钉连接，如图 3-20 所示。已知制动作用时在 A 点的力 $P_1 = 4.5\text{kN}$，尺寸 $\delta = 16\text{mm}$，$a = 600\text{mm}$，$b = 150\text{mm}$，销钉的许用应力 $[\tau] = 40\text{MPa}$，连接处的许用挤压应力 $[\sigma_{jy}] = 80\text{MPa}$，试确定位于 C 点的销钉的直径 d。

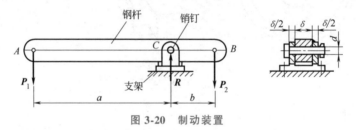

图 3-20 制动装置

解 1）求 C 点的反力。钢杆 AB 的受力如图 3-20 所示，对 B 点取矩，C 点的反力 R 可根据平衡方程求得

$$\sum M_B = 0, \quad P_1(a+b) - Rb = 0$$

$$R = \frac{a+b}{b}P_1 = \frac{600+150}{150} \times 4.5\text{kN} = 22.5\text{kN}$$

2）按剪切强度确定销钉的直径。销钉的剪切面是两个直径为 d 的圆形截面，故剪切面积为

$$A = 2 \times \frac{\pi d^2}{4} = \frac{\pi d^2}{2}$$

剪力 $F_Q = R$，由式（3-8）可得

$$\tau = \frac{F_Q}{A} = \frac{R}{\frac{\pi d^2}{2}} \leqslant [\tau]$$

$$d \geqslant \sqrt{\frac{2R}{\pi[\tau]}} = \sqrt{\frac{2 \times 22.5 \times 10^3}{\pi \times 40}}\text{mm} = 18.9\text{mm}$$

取 $d = 19\text{mm}$。

3）校核接触处的挤压强度。挤压是两构件接触表面的相互作用，校核连接处的挤压强度，应校核两构件中材料的挤压强度较弱者。题目中给出连接处的许用挤压应力，实际上就是指两构件中挤压强度较差的一个。

本题的挤压有两处：钢杆孔与销钉的接触表面；销钉与支架处的接触表面。由于这两处所受的挤压力都等于销钉处的反力，即 $P_{jy} = R$，且挤压计算面积也相等，$A_{jy} = d\delta$，因此只需校核其中一处即可。由式（3-9）可得

$$\sigma_{jy} = \frac{P_{jy}}{A_{jy}} = \frac{R}{d\delta} = \frac{22.5 \times 10^3}{19 \times 16}\text{MPa} = 74\text{MPa} < [\tau] = 80\text{MPa}$$

故挤压强度足够。因此选择销钉的直径 $d = 19\text{mm}$ 是合适的。

例 3-6　如图 3-21a 所示齿轮用平键与轴联接，已知轴直径 $d = 70\text{mm}$，键的尺寸为 $b \times h \times l = 20\text{mm} \times 12\text{mm} \times 100\text{mm}$，传递的转矩 $T = 2\text{kN} \cdot \text{m}$，键的许用切应力 $[\tau] = 60\text{MPa}$，许用挤压应力 $[\sigma_{jy}] = 100\text{MPa}$，试校核键的强度。

解　1）校核键的剪切强度。将平键沿 $n—n$ 截面分成两部分，并把 $n—n$ 以下部分和轴作为一个整体来考虑，如图 3-21b 所示，对轴心取矩，由平衡方程 $\Sigma M_O = 0$，得

$$F_Q \frac{d}{2} = T, \quad F_Q = \frac{2T}{d} = 57.14\text{kN}$$

剪切面面积为 $\qquad A = b \cdot l = 20\text{mm} \times 100\text{mm} = 2000\text{mm}^2$

可得 $\qquad \tau = \frac{F_Q}{A} = \frac{57.14\text{kN} \times 10^3}{2000\text{mm}^2} = 28.6\text{MPa} < [\tau]$

可见平键满足剪切强度条件。

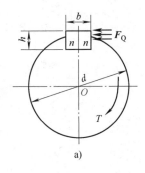 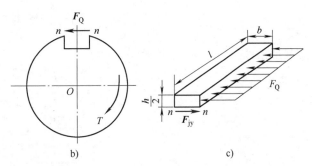

图 3-21　键的受力分析

2）校核键的挤压强度。考虑键在 $n—n$ 截面以上部分的平键，如图 3-21c 所示，则

挤压应力 $\qquad F_{jy} = F_Q = 57.14\text{kN}$

挤压面积 $\qquad A_{jy} = \frac{h}{2}l$

$$\sigma_{jy} = \frac{F_{jy}}{A_{jy}} = \frac{(57.14\text{kN}) \times 10^3}{6\text{mm} \times 100\text{mm}} - 95.2\text{MPa} < [\sigma_{jy}]$$

故平键也满足挤压强度条件。

例 3-7　拖车的挂钩靠插销联接，如图 3-22a 所示。已知牵引力 $F = 15\text{kN}$，挂钩厚度 $t = 8\text{mm}$，宽度 $b = 30\text{mm}$，直板销孔中心至边的距离 $a = 10\text{mm}$，两部分挂钩材料与销相同，为

20 钢，$[\sigma] = 100\mathrm{MPa}$，$[\tau] = 60\mathrm{MPa}$，$[\sigma_{jy}] = 100\mathrm{MPa}$。试确定插销的直径并校核整个挂钩联接部分的强度。

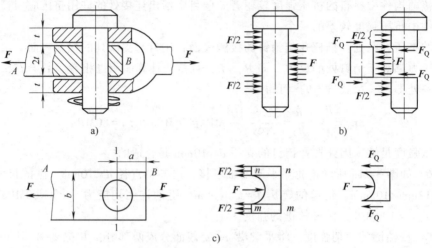

图 3-22 联接销的受力分析

解 1）分析插销变形，取插销为研究对象，画受力图，如图 3-22b 所示，插销是联接件，要考虑剪切和挤压变形。

2）有两处剪切面，两处剪切面的情况相同为双剪问题；三处挤压面，受力与面积成倍数关系，情况也基本相同。考虑强度时，可分别取一处进行分析。

3）根据剪切强度条件设计插销直径，运用截面法求剪力

$$F_Q = \frac{F}{2}$$

由剪切强度条件

$$\tau_{max} = \frac{F_Q}{A} = \frac{\dfrac{F}{2}}{\dfrac{\pi d^2}{4}} \leqslant [\tau]$$

$$d_1 \geqslant \sqrt{\frac{2F}{\pi[\tau]}} = \sqrt{\frac{2 \times 15\mathrm{kN} \times 10^3}{3.14 \times 60\mathrm{MPa}}} \approx 12.6\mathrm{mm}$$

4）再根据挤压强度条件设计插销直径

$$\sigma_{jy} = \frac{F_Q}{A_{jy}} = \frac{\dfrac{F}{2}}{dt} \leqslant [\sigma_{jy}]$$

$$d_2 \geqslant \frac{F}{2t[\sigma_{jy}]} = \frac{15\mathrm{kN} \times 10^3}{2 \times 8\mathrm{mm} \times 100} \approx 9.4\mathrm{mm}$$

综合 3）和 4）两项可知，应该同时满足剪切和挤压强度要求，因此选取大的直径，取整后 $d = 13\mathrm{mm}$。

5）要使整个连接部分满足强度，还需要校核挂钩 AB 部分的剪切强度和拉伸强度，受力分析如图 3-22c 所示，孔心截面是拉伸的危险截面。

剪切强度

$$\tau_{max} = \frac{F_Q}{A} = \frac{\dfrac{F}{2}}{(2t \times a) \times 2} = \frac{15kN \times 10^3}{(2 \times 8mm \times 10mm) \times 2} \approx 46.9MPa \leqslant [\tau] = 60MPa$$

拉伸强度

$$\sigma_{max} = \frac{F}{A} = \frac{F}{(b-d) \times 2t} = \frac{15kN \times 10^3}{(30mm - 13mm)2 \times 8mm} \approx 55.1MPa \leqslant [\sigma] = 100MPa$$

经过校核，整个挂钩连接部分的强度满足要求。

关键知识点

1）剪切的变形特点是杆件两力间的截面发生相对错动，发生相对错动的截面称为剪切面，它位于两个反向的外力作用线之间，并与外力平行。

2）在传递力的接触面上，由于局部承受较大的压力出现塑性变形的现象称为挤压。

3）剪切强度条件 $\tau = F_Q/A \leqslant [\tau]$，挤压强度条件为 $\sigma_{jy} = F_{jy}/A_{jy} \leqslant [\sigma_{jy}]$。

4）挤压强度计算中，当连接件和被连接件的材料不同时，应对挤压强度较低的杆件进行强度计算。

5）当挤压面为平面时，则挤压面面积为实际接触面的面积；当挤压面为半圆柱面时，则挤压面面积按半圆柱面的正投影面积计算。

3.4 圆轴的扭转

3.4.1 圆轴扭转的概念、扭矩与扭矩图（torque diagram）

1. 圆轴扭转的概念

工程实际中，有很多杆件是承受扭转作用而传递动力的。例如，用钻床钻孔的钻头（图 3-23a）、汽车转向轴（图 3-23b）以及传动系统的传动轴 AB（图 3-23c）等均是扭转变形的实例，它们都可简化为图 3-23d 所示的计算简图。从计算简图可以看出，杆件扭转变形的受力特点是：在与杆件轴线垂直的平面内受到若干个力偶的作用；其变形特点是：杆件的各横截面绕杆轴线发生相对转动，杆轴线始终保持直线。

在日常生活中，拧毛巾、拧床单都可以看到明显的扭转变形，用旋具旋紧螺钉、钥匙开门时，也可以产生难以察觉的微小的扭转变形。

工程上常将以扭转变形为主的杆件称为轴。机械中的轴多数是圆截面和环形截面，统称为圆轴。本节只研究圆轴的扭转变形。

2. 扭矩与扭矩图

（1）外力偶矩的计算 工程中的传动轴通常不直接给出外力偶矩，只给出其转速和所传递的功率，则外力偶矩的计算公式为

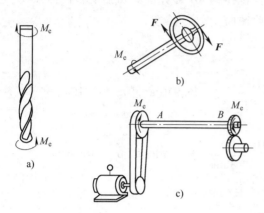

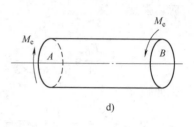

图 3-23 扭转的实例

$$M_e = 9550 \frac{P}{n} \tag{3-10}$$

式中　M_e——外力偶矩（N·m）；

　　　P——轴传递的功率（kW）；

　　　n——轴的转速（r/min）。

（2）扭矩与扭矩图　如图 3-24a 所示，圆轴在一对大小相等、转向相反的外力偶矩 M_e 的作用下产生扭转变形，此时横截面上就产生了抵抗变形和破坏的内力，我们可用截面法把它显示出来，如图 3-24b 和 c 所示。由平衡关系可知，扭转时横截面上内力合成的结果必定是一个力偶，这个内力偶矩称为扭矩，用符号 T 表示。由平衡条件得

$$T - M_e = 0 \qquad T = M_e$$

若取右段为研究对象，同样可求得 T，它们大小相等、转向相反，是作用力和反作用力的关系。为了使不论取左段还是取右段求得的扭矩大小、符号都一致，对扭矩的正负号规定如下：按右手螺旋法则，四指顺着扭矩的转向握住轴线，则大拇指的指向离开截面时为正；反之为负，如图 3-25 所示。

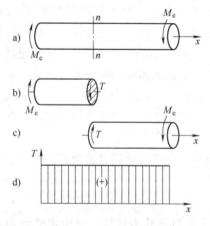

图 3-24　扭矩与扭矩图

a）受力图　b）左段受力　c）右段受力　d）扭矩图

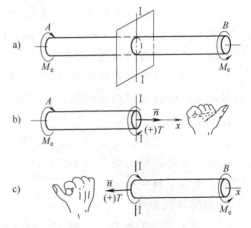

图 3-25　扭矩的正负号规定

a）截面　b）左段扭矩符号　c）右段扭矩符号

为了形象地表示各截面扭矩的大小和正负，常需画出扭矩随截面位置变化的图像，这种图像称为扭矩图。取平行于轴线的横坐标 x 表示各截面的位置，垂直于轴线的纵坐标 T 表示相应截面上的扭矩，正扭矩画在 x 轴的上方，负扭矩画在 x 轴的下方，如图 3-24d 所示。

当轴受多个外力偶作用时，由平衡条件可得计算扭矩的简捷方法：圆轴任一截面的扭矩等于该截面一侧（左侧或右侧）轴段上所有外力偶矩的代数和。按右手定则，四指表示外力偶矩的转向，圆轴左侧截面大拇指指向左或圆轴右侧截面大拇指指向右的外力偶矩，在截面上产生正的扭矩，简称为"左左右右，扭矩为正"；反之，则产生负的扭矩。

例 3-8　已知传动轴如图 3-26a 所示。已知带轮 A、带轮 C 和带轮 D 的输出功率（从动轮）分别为 28kW、20kW 和 12kW，动力从带轮 B 输入（主动轮），其功率为 60kW。轴的转速为 500r/min，试画出该轴的扭矩图。

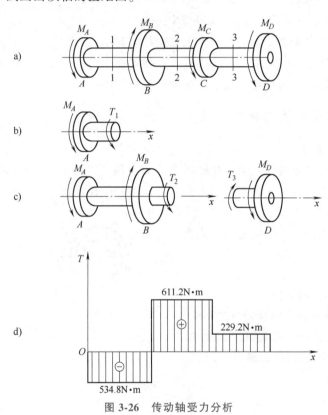

图 3-26　传动轴受力分析

小思考

若把主动轮放到端部，轴的各段的扭矩会有什么变化？轴的强度是提高了还是降低了？

解　1）计算外力偶矩

$$M_A = 9550\frac{P_A}{n} = 9550 \times \frac{28}{500}\text{N} \cdot \text{m} = 534.8\text{N} \cdot \text{m}$$

$$M_B = 9550\frac{P_B}{n} = 9550 \times \frac{60}{500}\text{N} \cdot \text{m} = 1146\text{N} \cdot \text{m}$$

$$M_C = 9550 \frac{P_C}{n} = 9550 \times \frac{20}{500} \text{N} \cdot \text{m} = 382 \text{N} \cdot \text{m}$$

$$M_D = 9550 \frac{P_D}{n} = 9550 \times \frac{12}{500} \text{N} \cdot \text{m} = 229.2 \text{N} \cdot \text{m}$$

2）计算各段截面上的扭矩。以外力偶矩作用的截面为分界点将轴分为 AB、BC、CD 三段，计算各截面上的扭矩

AB 段 $\qquad\qquad T_1 = -M_A = -534.8 \text{N} \cdot \text{m}$

BC 段 $\qquad\qquad T_2 = M_B - M_A = 1146 \text{N} \cdot \text{m} - 534.8 \text{N} \cdot \text{m} = 611.2 \text{N} \cdot \text{m}$

CD 段 $\qquad\qquad T_3 = M_D = 229.2 \text{N} \cdot \text{m}$

3）画扭矩图。根据上述计算结果画出扭矩图，如图 3-26d 所示。可见，轴的最大扭矩在 BC 段内的横截面上，其值为 $T_{\max} = 611.2 \text{N} \cdot \text{m}$。

通过该例题可得出如下结论：传动轴上主、从动轮的合理布置，将从动轮分置于主动轮的两侧，并使其两侧输出的功率尽可能接近，这样可使 $|T_{\max}|$ 最小。读者可据此分析该题中传动轴上的主、从动轮的位置，和重新排列后的扭矩图。

3.4.2 圆轴扭转的应力与强度计算

1. 圆轴扭转的应力

通过实验和理论推导得知：圆轴扭转时横截面上只产生切应力，而横截面上各点切应力的大小与该点到圆心的距离 ρ 成正比，方向与过该点的半径垂直。圆心处切应力为零，在圆轴表面上各点的切应力最大，如图 3-27 所示。并且可以导出横截面上任一点的切应力公式为

$$\tau_\rho = \frac{T\rho}{I_p} \qquad (3\text{-}11)$$

式中 T——横截面上的转矩；

$\qquad I_p$——横截面对圆心的极惯性矩；

$\qquad \rho$——横截面上任一点到圆心的距离。

图 3-27 扭转切应力分布规律
a）实心圆截面 b）空心圆截面

显然，当 $\rho = R$ 时，切应力最大，即

$$\tau_{\max} = \frac{TR}{I_p}$$

令 $W_p = I_p / R$，于是上式可改写为

$$\tau_{\max} = \frac{T}{W_p} \qquad (3\text{-}12)$$

式中 W_p——抗扭截面系数。

小说明

I_p 为横截面对圆心的极惯性矩，是计算抗扭截面系数的一个重要的物理量，了解即可，在此不要求深入掌握。

截面的极惯性矩 I_p 和抗扭截面模量 W_p 都是与截面形状和尺寸有关的几何量。

2. 简单截面的抗扭截面系数

工程中承受扭转变形的圆轴常采用实心圆轴和空心圆轴两种形式，其横截面如图 3-28 所示。它们的 I_p 和 W_p 的计算公式如下：

（1）实心圆轴

$$I_p = \frac{\pi D^4}{32} \approx 0.1D^4 \qquad (3\text{-}13)$$

$$W_p = \frac{I_p}{R} = \frac{\pi D^3}{16} \approx 0.2D^3 \qquad (3\text{-}14)$$

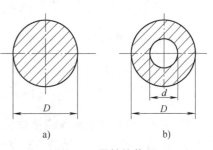

图 3-28　圆轴的截面

a）实心圆　b）空心圆

式中　D——轴的直径（m 或 mm）。

（2）空心圆轴

$$I_p = \frac{\pi D^4}{32} - \frac{\pi d^4}{32} = \frac{\pi D^4}{32}(1-\alpha^4) \approx 0.1D^4(1-\alpha^4) \qquad (3\text{-}15)$$

$$W_p = \frac{\pi D^3}{16}(1-\alpha^4) \approx 0.2D^3(1-\alpha^4) \qquad (3\text{-}16)$$

式中　D——空心圆轴的外径；

d——空心圆轴的内径，$\alpha = d/D$。

为了保证受扭圆轴能正常工作，应使圆轴内的最大工作切应力不超过材料的许用切应力。所以，扭转强度条件为

$$\tau_{max} = \frac{T}{W_p} \leq [\tau] \qquad (3\text{-}17)$$

式中 T 为圆轴危险截面（产生最大切应力的截面）上的扭矩，W_p 为危险截面的抗扭截面系数，$[\tau]$ 为材料的许用切应力，根据扭转试验确定，可从有关设计手册中查得。在静载荷作用下它与材料的许用拉应力 $[\sigma]$ 之间存在如下关系：

塑性材料　　　　　　　　$[\tau] = (0.5 \sim 0.6)[\sigma]$

脆性材料　　　　　　　　$[\tau] = (0.8 \sim 1.0)[\sigma]$

应用圆轴扭转的强度条件可以进行强度校核、设计截面、确定许可载荷三类问题的计算。

例 3-9　图 3-29 所示为一钢制空心圆轴，外径 $D = 25\text{mm}$，内径 $d = 15\text{mm}$，长度 $L = 200\text{mm}$，自由端受到力偶矩 $T_外 = 60\text{N} \cdot \text{m}$ 的作用。设应力不超过比例极限，试求截面上的最大剪应力 τ_{max} 及 $\rho = 10\text{mm}$ 处的剪应力。

解　圆轴各截面上的扭矩都等于外力偶矩，即

$$T = T_外 = 60\text{N} \cdot \text{m}$$

应用式（3-12）即可求出最大剪应力

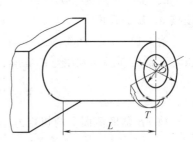

图 3-29　钢制空心圆轴

$$\tau_{max} = \frac{T}{W_p} = \frac{60 \times 10^3 \text{N} \cdot \text{mm}}{\frac{\pi D^3}{16}(1-\alpha^4)} = \frac{60 \times 10^3}{\frac{\pi \times 25^3}{16}\left[1-\left(\frac{15}{25}\right)^4\right]}\text{MPa} = 22.46\text{MPa}$$

$\rho = 10\text{mm}$ 处的剪应力 τ_ρ 可按式（3-11）求得，即

$$\tau_\rho = \frac{T\rho}{I_p} = \frac{60 \times 10^3 \text{N} \cdot \text{mm} \times \rho}{\frac{\pi D^4}{32}(1-\alpha^4)} = \frac{60 \times 10^3 \times 10}{\frac{\pi \times 25^4}{32} \times \left[1-\left(\frac{15}{25}\right)^4\right]}\text{MPa} = 17.98\text{MPa}$$

例 3-10　用套筒联轴器连接两轴，如图 3-30 所示，联轴器、销与轴的材料都是 45 钢，许用应力 $[\tau] = 30\text{MPa}$，轴的直径 $d = 30\text{mm}$，套筒的外径 $D = 42\text{mm}$。试计算该联轴器能传递的最大扭矩，并计算连接销的最小直径。

解　1）求轴所传递的最大扭矩。

$$\tau_{max} = \frac{T}{W_p} \leq [\tau]$$

$$T \leq W_p[\tau] = 0.2d^3[\tau] = 0.2 \times 30^3 \times 30\text{N} \cdot \text{mm} = 162000\text{N} \cdot \text{mm}$$

2）求套筒所能传递的最大扭矩。

$$T \leq 0.2D^3(1-\alpha^4)[\tau] = 0.2 \times 42^3 \times [1-(30/42)^4] \times 30\text{N} \cdot \text{mm} \approx 328817\text{N} \cdot \text{mm}$$

由于轴能传递的最大扭矩小于套筒所能传递的最大扭矩，所以，该联轴器按轴所能传递的最大扭矩为轴所传递的最大扭矩，即 $T = 162000\text{N} \cdot \text{mm}$。

3）计算连接销的最小直径。

$$\tau = \frac{F_Q}{S} \leq [\tau], F_Q = \frac{T}{D}$$

$$\frac{4F_Q}{\pi d^2} \leq [\tau]$$

$$\frac{4T}{D\pi d^2} \leq [\tau]$$

$$\frac{4 \times 162000}{30\pi d^2}\text{MPa} \leq 30\text{MPa}$$

$$d \geq 15.15\text{mm}$$

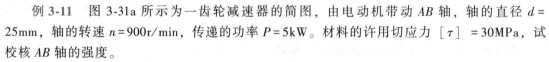

图 3-30　套筒联轴器

连接销的最小直径为 16mm。

例 3-11　图 3-31a 所示为一齿轮减速器的简图，由电动机带动 AB 轴，轴的直径 $d = 25\text{mm}$，轴的转速 $n = 900\text{r/min}$，传递的功率 $P = 5\text{kW}$。材料的许用切应力 $[\tau] = 30\text{MPa}$，试校核 AB 轴的强度。

解　1）计算 AB 轴所受的外力偶矩。取 AB 轴为研究对象，如图 3-31b 所示。该轴发生扭转变形的同时还发生弯曲变形，我们这里仅考虑扭转。该轴所受的外力偶矩为

$$M_A = M_C = 9550\frac{P}{n} = 9550 \times \frac{5}{900}\text{N} \cdot \text{m} \approx 53.1\text{N} \cdot \text{m}$$

故 AB 轴横截面上的扭矩为

$$T = M_A = 53.1\text{N} \cdot \text{m}$$

2）校核强度

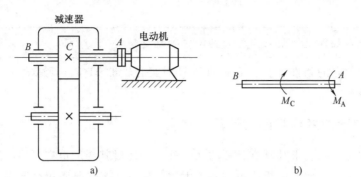

图 3-31 齿轮减速器

$$\tau_{max} = \frac{T}{W_p} = \frac{16 \times 53.1 \times 10^3}{\pi \times 25^3} MPa = 17.3MPa < [\tau]$$

所以 AB 轴的强度足够。

例 3-12 汽车传动轴 AB（图 3-32）由无缝钢管制成，管的外径 $D = 90mm$，壁厚 $t = 2.5mm$，工作时传递的最大扭矩为 $1500N \cdot m$。材料的许用切应力 $[\tau] = 60MPa$。试校核 AB 轴的强度。若保持最大切应力不变，将传动轴改用实心轴，直径应为多少？并比较两者的重量。

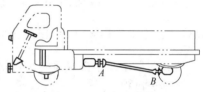

图 3-32 汽车传动轴

解 1）计算 AB 轴的抗扭截面模量。

$$\alpha = \frac{d}{D} = \frac{D-2t}{D} = \frac{90mm - 2 \times 2.5mm}{90mm} = 0.944$$

$$W_p = \frac{\pi D^3}{16}(1-\alpha^4) = \frac{\pi \times (90mm)^3}{16}(1-0.944^4) = 29300mm^3$$

2）校核 AB 轴的强度。

$$\tau_{max} = \frac{T}{W_p} = \frac{1500 \times 10^3}{29300} MPa = 51MPa < [\tau]$$

故 AB 轴满足强度要求。

3）设计实心轴的直径 D_1。若把空心轴设计成实心轴，因两轴最大切应力相等，故可得

$$\tau_{max} = \frac{T}{W_p} = \frac{16 \times 1500 \times 10^3}{\pi D_1^3} MPa = 51MPa$$

$$D_1 = \sqrt[3]{\frac{16 \times 1500 \times 10^3}{\pi \times 51}} mm = 53.1mm$$

4）比较两者的重量。在长度相同、材料相同的情况下，两轴重量之比等于横截面面积之比，故空心轴与实心轴的重量之比为

$$\frac{G_2}{G_1} = \frac{A_2}{A_1} = \frac{\pi(D^2-d^2)/4}{\pi D_1^2/4} = \frac{90^2-85^2}{53.1^2} = 0.31$$

小思考

为什么承受扭矩作用的轴采用空心轴比实心轴更好？

可见在强度相等的条件下，空心轴重量只为实心轴的31%，其减轻重量、节约材料的效果是非常明显的。

3.4.3 圆轴扭转的变形与刚度计算

对于轴类零件，除要求其具有足够的强度外，往往对其变形也有严格的限制，不允许轴产生过大的扭转变形。例如，机床主轴若产生过大变形，工作时不仅会产生振动，加大摩擦力，降低机床使用寿命，还会严重影响工件的加工精度。因此，变形及刚度问题也是圆轴设计所关心的一个重要问题。

1. 圆轴扭转时的变形

扭转角是轴横截面间相对转过的角度，用 φ 来表示，如图 3-33 所示，单位为弧度（rad），工程中也用度（°）作扭转角的单位，换算关系为 $1\text{rad} = \dfrac{180°}{\pi}$。

扭转变形用两个横截面的相对扭转角来表示，经推导可得

$$\mathrm{d}\varphi = \frac{T}{GI_\mathrm{p}}\mathrm{d}x$$

对于长度为 l、扭矩 T 不随长度变化的等截面圆轴，有

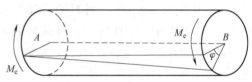

图 3-33 圆轴的扭转变形

$$\varphi = \frac{Tl}{GI_\mathrm{p}} \tag{3-18}$$

式中 T——截面上的转矩；

   l——两横截面的距离；

   G——材料的切变模量；

   I_p——截面惯性矩。

由式（3-18）可以看出，φ 与 T、l 成正比，与 G、I_p 成反比。当 T 和 l 一定时，GI_p 越大则扭转角越小，说明圆轴抵抗扭转变形的能力越强，即 GI_p 反映了圆轴抵抗扭转变形的能力，称为截面的扭转刚度。

对于阶梯状的圆轴以及扭矩分段变化的等截面圆轴，须分段计算相对转角，然后求代数值，即可求得全轴长度上的扭转角。

2. 单位扭转角

扭转角 φ 与截面间的距离大小有关，即在相同的外力偶矩作用下，l 越大，产生的扭转角就越大，因而不能用扭转角来衡量扭转变形的程度。因此，工程中采用单位长度相对扭转角 θ（简称单位扭转角）来度量扭转变形程度，即

$$\theta = \frac{\varphi}{l} = \frac{T}{GI_\mathrm{p}} \tag{3-19}$$

式中，θ 的单位为 rad/m。

由于工程中常用（°）/m 做单位扭转角的单位，所以，式（3-19）经常写为

$$\theta = \frac{\varphi}{l} = \frac{T}{GI_\mathrm{p}} \times \frac{180}{\pi} \tag{3-20}$$

3. 刚度条件

工程设计中，通常限定轴的最大单位扭转角 $\theta_{\max}$ 不得超过规定的许用单位扭转角 $[\theta]$（（°）/m），即

$$\theta = \frac{\varphi}{l} = \frac{T}{GI_\mathrm{p}} \times \frac{180}{\pi} \leq [\theta] \tag{3-21}$$

式（3-21）为圆轴扭转时的刚度条件。许用单位扭转角 $[\theta]$ 是根据设计要求定的，可从手册中查出，也可参考下列数据

精密机械的轴　　　　　　$[\theta] = 0.15° \sim 0.5°/\mathrm{m}$

一般传动轴　　　　　　　$[\theta] = 0.5° \sim 1.0°/\mathrm{m}$

精度要求较低的轴　　　　$[\theta] = 0° \sim 2.5°/\mathrm{m}$

综上可以看出，对于工程中较为精密的机械中的轴，通常需要同时考虑强度条件和刚度条件。

关键知识点

① 杆件扭转变形的受力特点是在与杆件轴线垂直的平面内受到若干个力偶的作用，其变形特点是杆件的各横截面绕杆轴线发生相对转动，杆件轴线始终保持直线。

② 表示各截面扭矩的大小和正负随截面位置变化的图像称为扭矩图。

③ 扭转强度条件为 $\tau_{\max} = T/W_\mathrm{p} \leq [\tau]$。

④ 扭转角是轴横截面间相对转过的角度，用 φ 来表示，工程中采用单位长度相对扭转角 θ（简称单位扭转角）来度量扭转变形程度。刚度条件是限定轴的最大单位扭转角 $\theta_{\max}$ 不得超过规定的许用单位扭转角 $[\theta]$。

例 3-13　传动轴如图 3-34a 所示，已知轴的直径 $d = 45\mathrm{mm}$，转速 $n = 300\mathrm{r/min}$。主动轮 A 输入的功率 $P_A = 36.7\mathrm{kW}$，从动轮 B、C、D 输出的功率分别为 $P_B = 14.7\mathrm{kW}$，$P_C = P_D = 11\mathrm{kW}$。轴的材料为 45 钢，$G = 80\mathrm{GPa}$，$[\tau] = 40\mathrm{MPa}$，$[\theta] = 2°/\mathrm{m}$，试校核轴的扭转确定和刚度。

解　1）计算外力偶矩。

$$T_A = 9550 \frac{P_A}{n} = 9550 \times \frac{36.7}{300} \mathrm{N \cdot m} = 1168\mathrm{N \cdot m}$$

$$T_B = 9550 \frac{P_B}{n} = 9550 \times \frac{14.7}{300} \mathrm{N \cdot m} = 468\mathrm{N \cdot m}$$

$$T_C = 9550 \frac{P_C}{n} = 9550 \times \frac{11}{300} \mathrm{N \cdot m} = 350\mathrm{N \cdot m}$$

2）画扭矩图，求最大扭矩。先用截面法求 BA、AC、CD 各段任意截面上的扭矩，得

$$T_{BA} = -468\mathrm{N \cdot m}$$

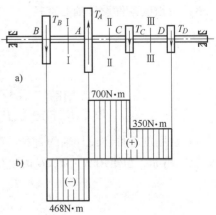

图 3-34　传动轴受力图

$$T_{AC} = (-468+1168)\text{N} \cdot \text{m} = 700\text{N} \cdot \text{m}$$

$$T_{CD} = 350\text{N} \cdot \text{m}$$

然后画扭矩图，如图 3-34b 所示。由扭矩图可知危险截面在 AC 段内，最大扭矩

$$T_{\max} = T_{AC} = 700 \text{ N} \cdot \text{m}$$

3）校核强度。

$$\tau_{\max} = \frac{T_{\max}}{W_p} = \frac{700\times10^3}{0.2\times45^3}\text{MPa} = 38.4\text{MPa} < [\tau]$$

所以，传动轴的扭转强度足够。

4）校核刚度。

$$\theta_{\max} = \frac{T_{\max}}{GI_p}\times\frac{180}{\pi} = \frac{700\times10^3\times180}{80\times0.1\times45^4\times\pi}°/\text{m} = 1.22°/\text{m} < [\theta]$$

所以，传动轴的扭转刚度也足够。

例 3-14 已知传动轴受力，如图 3-35a 所示，若材料选用 45 钢，$G = 80\text{GPa}$，取 $[\tau] = 60\text{MPa}$，$[\theta] = 1.0°/\text{m}$。试根据强度条件和刚度条件设计轴的直径。

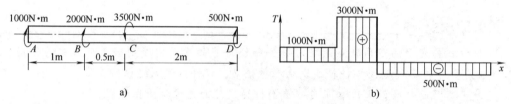

图 3-35 传动轴的受力分析

解 1）内力计算。

$$T_{AB} = 1000\text{N} \cdot \text{m}$$
$$T_{BC} = 3000\text{N} \cdot \text{m}$$
$$T_{CD} = -500\text{N} \cdot \text{m}$$

扭矩如图 3-35b 所示。

2）危险截面分析。由于是等截面轴，扭矩（绝对值）最大的 BC 段，同时是强度和刚度的危险段。

3）由强度条件设计轴的直径。

$$\tau_{\max} = \frac{T_{\max}}{W_p} = \frac{T_{\max}}{\dfrac{\pi d^3}{16}} \leqslant [\tau]$$

$$d_1 = \sqrt[3]{\frac{16T_{\max}}{\pi[\tau]}} = \sqrt[3]{\frac{16\times3000}{\pi\times60\times10^6}}\text{m} \approx 0.0634\text{m} = 63.4\text{mm}$$

4）由刚度条件在设计轴的直径。需要注意的是 $[\theta]$ 的单位是(°/m)，所以长度单位最好统一用 m，扭矩用 N·m，G 的单位用 Pa，以确保计算单位统一。

$$\theta_{\max} = \frac{T_{\max}}{GI_p}\times\frac{180}{\pi} = \frac{T_{\max}\times180}{G\times\dfrac{\pi d^4}{32}\times\pi} \leqslant [\theta]$$

$$d_1 = \sqrt[4]{\frac{32T_{max} \times 180}{G\pi^2[\theta]}} = \sqrt[4]{\frac{32 \times 3000 \times 180}{80 \times 10^9 \times 3.14^2 \times 1.0}}\text{m} = 0.0684\text{m} = 68.4\text{mm}$$

要同时满足强度条件和刚度条件，须 $d \geqslant d_{max}$，取 $d = 70\text{mm}$。

3.5　直梁的弯曲（bending）

3.5.1　平面弯曲

弯曲变形是工程上常见的一种基本变形，如机车的轮轴（图 3-36）、桥式起重机的横梁（图 3-37）等。这类杆件的受力与变形的主要特点是：在杆件轴线平面内受垂直于轴线方向的外力作用，或承受力偶作用，使杆件的轴线由直线变成曲线，这种变形形式称为弯曲变形。凡是以弯曲变形为主的杆件称为梁。

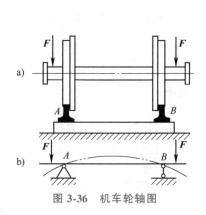

图 3-36　机车轮轴图

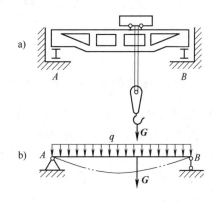

图 3-37　桥式起重机的横梁

1. 静定梁的基本形式

作用在梁上的外力包括载荷与支座约束力。仅由平衡方程可求出全部支座约束力的梁称为静定梁，按照支座对梁的约束情况，静定梁有以下三种基本形式：

（1）简支梁（simply supported beam）　梁的一端是固定铰链支座，另一端是活动铰链支座，如图 3-38a 所示。

（2）外伸梁（overhanging beam）　一端或两端有外伸部分的简支梁，如图 3-38b 所示。

（3）悬臂梁（cantilever beam）　一端固定，另一端自由的梁，如图 3-38c 所示。

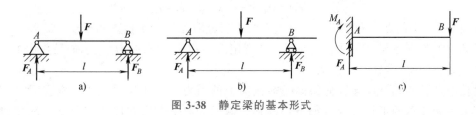

图 3-38　静定梁的基本形式

梁的两个支座之间的距离 l，称为梁的跨度。

2. 平面弯曲的概念

工程中常见的多数梁，其横截面至少有一根对称轴，如图 3-39 所示。截面的对称轴与梁的轴线所确定的平面称为梁的纵向对称平面，如图 3-40 所示。若梁上所有外力（包括外力偶）都作用在梁的纵向对称平面内，则变形后梁的轴线将变成位于纵向对称平面内的一条平面曲线，这种弯曲称为平面弯曲。它是弯曲问题中最简单的一种情况，是本节主要讨论的问题。

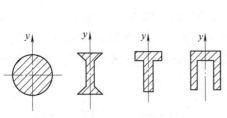

图 3-39 有对称轴的梁

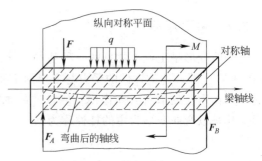

图 3-40 纵向对称平面

3.5.2 平面弯曲内力——剪力与弯矩

1. 剪力（shear force）、弯矩（bending moment）的概念

分析梁横截面上的内力仍用截面法。如图 3-41a 所示的简支梁，为确定任一截面 $m—n$ 的内力，我们用截面法沿横截面 $m—n$ 将梁截为左、右两段，如图 3-41b、c 所示。

由于整个梁是平衡的，它的任一部分也应是平衡的。若取左段为研究对象，由其平衡可知在 $m—n$ 截面上必然存在着两个内力分量：

1）与截面相切的内力分量，称为剪力，用 F_Q 表示。

2）作用在纵向对称平面内的力偶矩，称为弯矩，用 M 表示。

由平衡方程可计算出 $m—n$ 截面的 F_Q 与 M

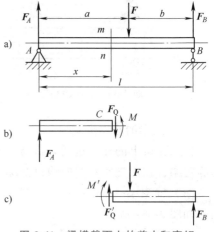

图 3-41 梁横截面上的剪力和弯矩

$$\sum F_y = 0, \quad F_A - F_Q = 0 \quad F_Q = F_A$$
$$\sum M_C(\boldsymbol{F}) = 0, \quad M - F_A x = 0 \quad M = F_A x$$

截面 $m—n$ 上的剪力和弯矩，也可取右段为研究对象根据平衡方程求得。显然，取右段所求得的剪力和弯矩与取左段求得的剪力和弯矩大小相等、方向相反，它们是作用力与反作用力的关系，如图 3-41b、c 所示。

为使取左段梁和右段梁求得的同一横截面上的剪力与弯矩符号相同，根据梁的变形情况，对剪力和弯矩的正负号规定如下：以某一截面为界，左右两段梁左上右下地相对错动时，该截面上的剪力为正，反之为负，如图 3-42 所示；使某段梁弯曲呈上凹下凸状时，该横截面上的弯矩为正，反之为负，如图 3-43 所示。

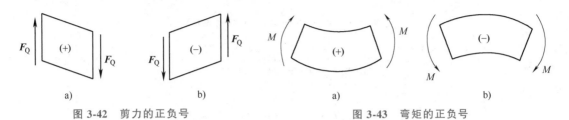

图 3-42 剪力的正负号   图 3-43 弯矩的正负号

2. 计算剪力和弯矩的解题步骤与方法

综合所述，可将计算剪力与弯矩的方法概括如下：

1）在需求内力的横截面处，假想地将梁切开，并选切开后的任一段为研究对象。

2）画所选梁段的受力图，图中剪力 F_Q 与弯矩 M 可假设为正。

3）由平衡方程 $\sum F_y = 0$ 计算剪力 F_Q。

4）由平衡方程 $\sum M_C = 0$ 计算弯矩 M，C 为所切横截面的形心。

3.5.3 剪力图和弯矩图

1. 根据剪力方程和弯矩方程画剪力图和弯矩图

一般情况下，梁横截面上的剪力和弯矩是随截面位置而发生变化的，若以梁的轴线为 x 轴，表示横截面的位置，则梁上各横截面的剪力和弯矩都可以表示为 x 的函数，即

$$\begin{cases} F_Q = F_Q(x) \\ M = M(x) \end{cases} \tag{3-22}$$

上述两式即为剪力和弯矩随截面位置变化的函数关系式，分别称为剪力方程和弯矩方程。梁的剪力和弯矩随截面位置变化的图像，分别称为剪力图和弯矩图。值得注意的是：列剪力方程和弯矩方程应根据梁上载荷的分布情况分段进行，集中力（包括支座反力）、集中力偶的作用点和分布载荷的起、止点均为分段点。利用剪力图和弯矩图很容易确定梁的最大剪力和弯矩，找到危险截面的位置，以便进行梁的强度计算。下面举例说明剪力图和弯矩图的画法。

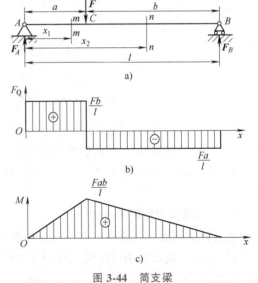

图 3-44 简支梁

例 3-15 如图 3-44a 所示，一简支梁受集中力作用，试画出该梁的剪力图和弯矩图。

解 1）求支座反力。由平衡方程得

$$F_A = \frac{Fb}{l}, \qquad F_B = \frac{Fa}{l}$$

2）列剪力方程和弯矩方程。梁在 C 处有集中力作用，故需分为 AC、CB 两段分别列方程

AC 段 $$F_Q(x_1) = F_A = \frac{Fb}{l} \qquad (0 < x_1 < a)$$

$$M(x_1) = F_A x_1 = \frac{Fb}{l} x_1 \quad (0 \leqslant x_1 \leqslant a)$$

CB 段

$$F_Q(x_2) = -F_B = -\frac{Fa}{l} \quad (a < x_2 < l)$$

$$M(x_2) = F_B(l-x_2) = \frac{Fa}{l}(l-x_2) \quad (a \leqslant x_2 \leqslant l)$$

3）画剪力图和弯矩图。由 AC 段和 CB 段的剪力方程可知，AC 段梁的剪力图是一条位于 x 轴上方的水平直线，CB 段梁的剪力图是一条位于 x 轴下方的水平直线，如图 3-44b 所示。

由 AC 段和 CB 段的弯矩方程可知，两段梁的弯矩图均为斜直线，如图 3-44c 所示。

例 3-16　试画图 3-45a 所示简支梁的剪力图和弯矩图。

解　1）求支座反力。根据平衡方程

$$F_A = \frac{M_O}{l}, \quad F_B = \frac{M_O}{l}$$

2）列剪力方程和弯矩方程。由于在 C 截面处有集中力偶作用，应分 AC、CB 两段列方程

AC 段　$$F_Q(x_1) = F_A = \frac{M_O}{l} \quad (0 < x_1 < a)$$

$$M(x_1) = F_A x_1 = \frac{M_O}{l} x_1 \quad (0 \leqslant x_1 < a)$$

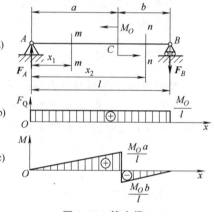

图 3-45　简支梁

CB 段　$$F_Q(x_2) = F_A = \frac{M_O}{l} \quad (a \leqslant x_2 < l)$$

$$M(x_2) = F_A x_2 - M_O = \frac{M_O}{l} x_2 - M_O \quad (a < x_2 \leqslant l)$$

3）画剪力图和弯矩图。AC 段、CB 段的剪力为常数，因此剪力图在全梁上为一条水平直线，如图 3-45b 所示。可见集中力偶对剪力图无影响。

AC 段、CB 段的弯矩均为 x 的一次函数，故两段梁的弯矩图都为斜直线，如图 3-45c 所示。

2. 剪力图和弯矩图的规律

通过以上例题，可总结出剪力图、弯矩图的规律，见表 3-1。

1）无均布载荷作用的梁段，剪力等于常数，剪力图为水平线。弯矩图为斜直线，$F_Q > 0$ 时，弯矩图为一条上斜直线（/）；$F_Q < 0$ 时，弯矩图为一条下斜直线（\）；$F_Q = 0$ 时，弯矩图为一条水平直线。

2）均布载荷作用的梁段，剪力图为斜直线，$q < 0$ 时，剪力图为一条下斜直线（\），$q > 0$ 时，剪力为一条上斜直线（/）；弯矩图为抛物线，$q < 0$ 时，弯矩图为一条开口向下的抛物线，$q > 0$ 时，弯矩图为一条开口向上的抛物线。

表 3-1　剪力图、弯矩图的规律

载荷类型	无载荷段 $q(x)=0$	均布载荷段 $q(x)=c$		集中力		集中力偶	
		$q<0$	$q>0$	F	C	M_c	M_c
F_Q 图	水平线	倾斜线		产生突变		无影响	
M 图	$F_Q>0$ 倾斜线 ; $F_Q=0$ 水平线 ; $F_Q<0$ 倾斜线	二次抛物线, $F_Q=0$ 处有极值		在 C 处有折角		产生突变	

3）在集中力作用的截面上，剪力图发生突变，突变值等于集中力的大小，自左向右突变的方向与集中力的指向相同，弯矩图在此处出现一个折角。

4）在集中力偶作用的截面上，剪力图无变化，弯矩图发生突变，突变值等于集中力偶矩的大小。当集中力偶为顺时针时，自左向右弯矩图向上突变；反之向下突变。

利用上述规律，既可以检查梁的内力图是否正确，也可以不列剪力方程和弯矩方程直接画出剪力图和弯矩图。

3.5.4　纯弯曲时梁横截面上的正应力

1. 梁的弯曲变形与平面假设

一般情况下，梁受外力而弯曲时，横截面上同时有剪力 F_Q 和弯矩 M 两种内力。剪力会引起切应力，弯矩会引起正应力。

图 3-46 所示为简支梁弯曲受力的分析图。简支梁的 CD 段，其横截面上只有弯矩而无剪力，如图 3-46b、c 所示，这样的弯曲称为纯弯曲。AC、DB 段横截面上既有弯矩又有剪力，如图 3-46b、c 所示，这样的弯曲称为横力弯曲。

为了使问题简化，我们分析梁纯弯曲时横截面上的正应力。为便于研究，作以下两个假设：

1）平面假设——梁变形后，其横截面仍保持为平面，并垂直于变形后梁的轴线，只是绕着截面上某一轴转过一个角度。

2）单向受力假设——梁是由无数条纵向纤维组成，各纤维之间处于单向拉伸或压缩状态，不存在挤压现象。

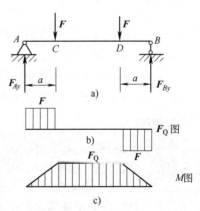

图 3-46　简支梁弯曲受力分析

2. 中性层（neutrosphere）与中性轴（neutral axis）

如图 3-47 所示，矩形截面梁，在其两端受到两个力偶的作用发生纯弯曲变形。根据平面假设，观察纯弯曲梁的变形，可以发现凹边的纵向纤维层缩短，凸边的纵向纤维层伸长。由于变形的连续性，因此其间必有一层既不伸长也不缩短的纵向纤维层，称为中性层。中性层与横截面的交线称为中性轴，即图 3-47 中的 z 轴。可以证明，中性轴必过梁横截面的形心且与纵向对称平面垂直；由于中性轴位于中性层上，故中性轴是横截面上缩短区域与伸长区域的分界线。

3. 梁横截面上正应力的分布规律

梁横截面上正应力的分布规律如图 3-48 所示。可总结如下：

1）纯弯曲变形时，梁的横截面上只有正应力，没有切应力。

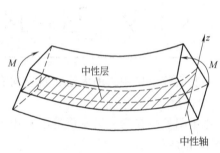

图 3-47　中性层与中性轴

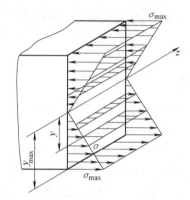

图 3-48　梁横截面上的弯曲正应力

2）梁横截面上任意一点处的正应力与该点到中性轴的距离成正比。中性轴上各点（$y = 0$）的正应力为零；在中性轴两侧，一侧为压应力，梁的变形为受压，另一侧为拉应力，梁的变形为受拉；与中性轴等距的各点正应力相等；离中性轴最远点的正应力最大。

4. 正应力计算公式

根据材料互不挤压的假设，考虑梁受力弯曲时的几何、物理和静力学三方面的关系，可以推导出纯弯曲梁横截面上任一点正应力的计算公式为

$$\sigma = \frac{My}{I_z} \tag{3-23}$$

式中　σ——横截面上任一点的弯曲正应力（Pa）；

　　　M——横截面上的弯矩（N·m）；

　　　y——欲求应力的点到中性轴的距离（m）；

　　　I_z——横截面对中性轴 z 轴的惯性矩（m^4）。

小知识

I_z 为横截面对中性轴的惯性矩，惯性矩是一个几何量，通常用来描述截面抵抗弯曲的性质，单位为 m^4。

式（3-23）即为梁纯弯曲时横截面上正应力的计算式。它表明：梁横截面上任意一点的正应力 σ 与截面上的弯矩 M 和该点到中性轴的距离 y 成正比，而与截面对中性轴的惯性矩

I_z 成反比。

显然，当 $y=y_{max}$ 时，弯曲正应力达到最大值，即

$$\sigma_{max}=\frac{My_{max}}{I_z} \tag{3-24}$$

令 $W_z=\dfrac{I_z}{y_{max}}$，则式（3-24）可写为

$$\sigma_{max}=\frac{M}{W_z} \tag{3-25}$$

式中，W_z 称为横截面对中性轴的抗弯截面系数，是截面的几何性质之一，也是衡量截面抗弯能力的一个几何参数。

对于矩形、工字形等截面，其中性轴为横截面的对称轴，截面上的最大拉应力与最大压应力的绝对值相等。对于不对称于中性轴的截面，如 T 形、槽形截面等，则必须用中性轴两侧不同的 y_{max} 值计算抗弯截面系数。

需要指出的是，上述正应力计算公式虽由纯弯曲梁的变形导出，但理论与实验证明，当梁的跨度与横截面的高度之比大于 5 （$l/h>5$）时，只要材料在弹性范围内，上述公式也适用于横力弯曲的情况。

5. 简单截面的惯性矩和抗弯截面系数

截面的惯性矩与抗弯截面系数是取决于截面形状、尺寸的物理量。常用截面的惯性矩和抗弯截面系数的计算公式见表 3-2。有关型钢的惯性矩、抗弯截面系数可在相关的工程手册中查得。

表 3-2　常用截面的惯性矩和抗弯截面系数的计算公式

截面形状			
惯性矩	$I_z=\dfrac{bh^3}{12}$ $I_y=\dfrac{hb^3}{12}$	$I_z=I_y=\dfrac{\pi D^4}{64}$	$I_z=I_y=\dfrac{\pi D^4}{64}(1-\alpha^4)$ 式中　$\alpha=\dfrac{d}{D}$
抗弯截面系数	$W_z=\dfrac{bh^2}{6}$ $W_y=\dfrac{hb^2}{6}$	$W_z=W_y=\dfrac{\pi D^3}{32}$	$W_z=W_y=\dfrac{\pi D^3}{32}(1-\alpha^4)$ 式中　$\alpha=\dfrac{d}{D}$

6. 弯曲强度条件

等截面直梁受平面弯曲时，弯矩最大的截面为梁的危险截面，最大弯曲正应力在危险截面的上、下边缘处。为了保证梁能安全工作，最大工作应力 σ_{max} 不得超过材料的弯曲许用应力 $[\sigma]$。因此，梁弯曲时的正应力强度条件为

$$\sigma_{max} = \frac{M_{max}}{W_z} \leqslant [\sigma] \qquad (3\text{-}26)$$

式中 $[\sigma]$——弯曲许用应力。

利用梁的正应力强度条件，可解决梁的三类强度设计问题。

（1）校核强度 已知梁的截面形状尺寸、材料及所受载荷，验证梁的强度是否满足强度条件。

（2）选择截面 已知梁的材料和所受载荷，按下式

$$W_z \geqslant \frac{M_{max}}{[\sigma]}$$

求出抗弯截面系数 W_z，再根据 W_z 确定截面尺寸。

（3）确定许可载荷 已知梁的截面形状尺寸及所用材料，先按下式

$$M_{max} \leqslant W_z [\sigma]$$

求出最大弯矩 M_{max}，然后根据 M_{max} 与载荷的关系确定梁能承受的最大载荷。

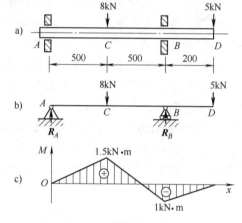

图 3-49 圆轴受力分析

例 3-17 圆轴受力如图 3-49a 所示，已知材料的许用应力 $[\sigma] = 100$MPa，试设计轴的直径。

解 1）求支反力。圆轴可简化为图 3-49b 所示的外伸梁，在 A、B 支座画出支反力 R_A、R_B

$$\sum M_A(F) = 0$$

$$R_B \times (500+500)\text{mm} - 8\text{kN} \times 500\text{mm} - 5\text{kN} \times (500+500+200)\text{mm} = 0$$

$$R_B = \frac{8 \times 500 + 5 \times 1200}{500+500}\text{kN} = 10\text{kN}$$

$$\sum F_y = 0 \quad R_A + R_B - 8\text{kN} - 5\text{kN} = 0 \quad R_A = 8\text{kN} + 5\text{kN} - R_B = 13\text{kN} - 10\text{kN} = 3\text{kN}$$

2）作弯矩图。弯矩图如图 3-49c 所示。可见，C 截面为危险截面，弯矩为

$$M_{max} = R_A \times 500\text{mm} = 3\text{kN} \times 500\text{mm}$$

$$= 1500\text{kN} \cdot \text{mm} = 1.5\text{kN} \cdot \text{m}$$

3）设计轴径。根据梁的弯曲强度条件

$$\sigma_{max} = \frac{M_{max}}{W_z} = \frac{32 M_{max}}{\pi D^3} \leqslant [\sigma]$$

$$D \geqslant \sqrt[3]{\frac{32 M_{max}}{\pi [\sigma]}} = \sqrt[3]{\frac{32 \times 1.5 \times 10^6}{\pi \times 100}}\text{mm} = 53.5\text{mm}$$

故取轴的直径 $D = 54$mm。

例 **3-18** 工字钢简支梁受力如图 3-50a 所示，已知 $l = 6\text{m}$，$F_1 = 12\text{kN}$，$F_2 = 21\text{kN}$。钢的许用应力 $[\sigma] = 160\text{kN}$，试选择工字钢的型号。

解 1）求支反力。在受力图画出 $\boldsymbol{R}_A$、$\boldsymbol{R}_B$。

$$\sum M_B(\boldsymbol{F}) = 0 \quad R_A \times 6\text{m} - F_1 \times 4\text{m} - F_2 \times 2\text{m} = 0$$

$$R_A = \frac{12 \times 4 + 21 \times 2}{6}\text{kN} = 15\text{kN}$$

$$\sum F_y = 0 \quad R_A + R_B - F_1 - F_2 = 0 \quad R_B = F_1 + F_2 - R_A = 12\text{kN} + 21\text{kN} - 15\text{kN} = 18\text{kN}$$

2）作弯矩图。弯矩图如图 3-50b 所示。

$$M_C = R_A \times 2\text{m} = 15\text{kN} \times 2\text{m} = 30\text{kN} \cdot \text{m}$$

$$M_D = R_B \times 2\text{m} = 18\text{kN} \times 2\text{m} = 36\text{kN} \cdot \text{m}$$

$$M_{\max} = 36\text{kN} \cdot \text{m}$$

3）选择截面。根据正应力确定条件，有

$$W_z \geqslant \frac{M_{\max}}{[\sigma]} = \frac{36 \times 10^6}{160}\text{mm}^3 = 225\text{cm}^3$$

查附录型钢表（热轧普通工字钢，下同），选 20 号工字钢，其 $W_z = 237\text{cm}^3$，略大于按确定条件算出的 W_z 值，满足强度要求。

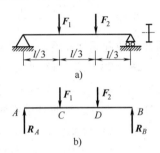

例 **3-19** 一起重量原为 50kN 的单梁起重机，其跨度 $l = 10.5\text{m}$，如图 3-51a 所示，由 45a 号工字钢制成。为发挥其潜力，现拟将起重量提高到 $F = 70\text{kN}$，试校核梁的强度。若强度不够，再计算其可能承载的起重量。梁的材料为 Q235，许用应力 $[\sigma] = 140\text{MPa}$；电葫芦重 $G = 15\text{kN}$，不计梁的自重。

图 3-50 梁的截面设计

解 1）求支反力。将起重机简化为一简支梁，如图 3-51b 所示。显然，当电葫芦行至梁中点时所引起的弯矩最大，在受力图画出 $\boldsymbol{R}_A$、$\boldsymbol{R}_B$，因载荷作用在梁的中间，故

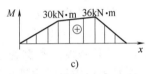

$$R_A + R_B = (F + G)$$

$$R_A = R_B = \frac{(F + G)}{2} = \frac{(70 + 15)\text{kN}}{2} = 42.5\text{kN}$$

2）作弯矩图。弯矩图如图 3-51c 所示，最大弯矩发生在中点处的截面上。

$$M_{\max} = \frac{(F + G)}{2} \times \frac{l}{2} = 42.5\text{kN} \times \frac{10.5}{2}\text{m} = = 223\text{kN} \cdot \text{m}$$

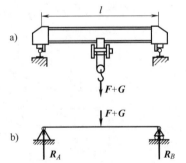

3）强度校核。查附录可得 45a 工字钢的抗弯截面系数值 $W_z = 1430\text{cm}^3$，梁的最大工作应力为

图 3-51 单梁起重机设计

$$\sigma_{\max} = \frac{M_{\max}}{W_z} = \frac{223 \times 10^3}{1430 \times 10^{-6}}\text{MPa} = 156\text{MPa} > 140\text{MPa}$$

故不安全，不能将起重量提高到 70kN。

4）计算梁的承载能力。由梁的强度条件

$$\sigma_{\max} = \frac{M_{\max}}{W_z} \leq [\sigma]$$

可得 $\qquad M_{\max} \leq W_z[\sigma] = 140 \times 10^6 \times 1430 \times 10^{-6} \text{N} \cdot \text{m} \approx 200 \text{kN} \cdot \text{m}$

而由 $M_{\max} = \dfrac{(F+G)l}{4}$，有

$$\frac{(F+G)l}{4} \leq 200 \text{kN} \cdot \text{m}$$

可得 $\quad F \leq \dfrac{200 \text{kN} \cdot \text{m} \times 4}{l} - G = \dfrac{200 \times 4}{10.5} \text{kN} - 15 \text{kN} = 61.2 \text{kN}$

因此，原起重机梁允许的最大起吊重量为 61.2kN。

例 3-20 图 3-52a 所示托架为一 T 形截面的铸铁梁，已知截面对中性轴 z 的惯性矩 $I_z = 1.35 \times 10^7 \text{mm}^4$，$P = 4.5 \text{kN}$，铸铁的弯曲许用拉应力 $[\sigma_1] = 40 \text{MPa}$，许用压应力 $[\sigma_y] = 80 \text{MPa}$，若略去梁的自重影响，试校核梁的强度。

解 1）绘制受力图（图 3-52b）。

2）绘制剪力图（图 3-52c）。

3）绘制梁的弯矩图（图 3-52d），并求最大弯矩。

$$M_{\max} = Pl = 4.5 \times 1 \text{kN} \cdot \text{m} = 4.5 \text{kN} \cdot \text{m}$$

4）校核强度。本例为悬臂梁状态，由于材料是脆性材料，其许用拉应力和压应力不同，在弯矩作用下，中性轴以上部分受拉，中性轴以下部分受压，应分别计算中性轴上下两部分的强度。

$$\sigma_{1\max} = \frac{M_{\max}}{I_z} y_{1\max} = \frac{4.5 \times 10^6}{1.35 \times 10^7} \times 60 \text{MPa} = 20 \text{MPa} < [\sigma_1]$$

$$\sigma_{y\max} = \frac{M_{\max}}{I_z} y_{y\max} = \frac{4.5 \times 10^6}{1.35 \times 10^7} \times 150 \text{MPa} = 50 \text{MPa} < [\sigma_y]$$

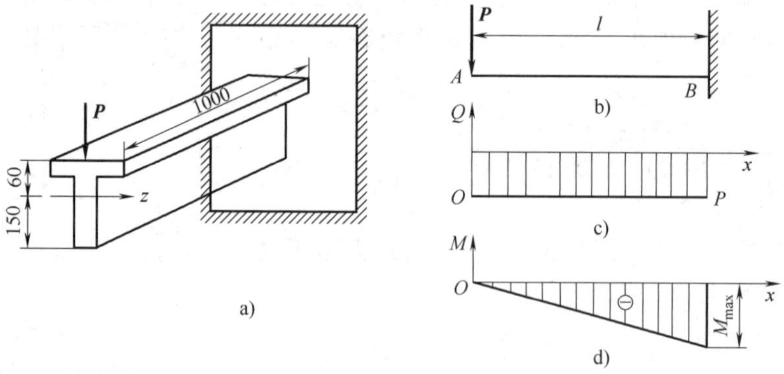

图 3-52 铸铁梁的强度校核

所以此铸铁梁的强度足够。

3.5.5 梁的弯曲变形与刚度

1. 梁的弯曲变形的概念

工程中的梁除了要满足强度条件之外，对弯曲变形也有一定的限制。例如，桥式起重机

的大梁如果弯曲变形过大，将使梁上小车行走困难，并易引起梁的振动；又如，齿轮传动轴如果弯曲变形过大，不仅会使齿轮不能很好地啮合而造成传动不平稳，而且会加剧轴承的磨损；机床主轴若变形过大则会影响加工工件的精度。

图 3-53 所示为一悬臂梁，取直角坐标系 xAy，x 轴向右为正，y 轴向上为正，xAy 平面与梁的纵向对称平面是同一平面。梁受外力作用后，轴线由直线变成一条连续而光滑的曲线，称为挠曲线或弹性曲线。

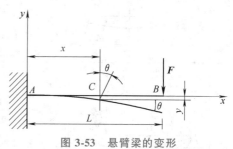

图 3-53　悬臂梁的变形

梁各点的水平位移略去不计，梁的变形可用下述两个位移来描述。

1）梁任一截面的形心沿 y 轴方向的线位移，称为该截面的挠度，用 y 表示。y 向上为正，其单位是 m 或 mm。

2）梁任一截面相当于原来位置所转过的角度，称为该截面的转角，用 θ 表示。以逆时针方向转动为正，其单位是 rad。

挠度和转角是度量梁的变形的两个基本量。经过推导和简化，为了方便应用，已将常见梁的变形计算结果编制成表，见表 3-3。求梁的挠度和变形时，可以按承载情况查表计算。当梁同时受几个载荷作用时，由每一个载荷引起的梁的变形不受其他载荷的影响。于是，可以用叠加法来求梁的变形，也就是说，当梁上同时作用几个载荷时，可先求出各个载荷单独作用下梁的挠度和变形，然后将它们代数相加，即可得到几个载荷同时作用时梁的挠度和变形。

表 3-3　简单载荷作用下梁的挠度和变形

序号	梁的简图	挠曲线方程	转　角	最大挠度
1		$y=\dfrac{Fx^2}{6EI}(3l-x)$	$\theta_B=\dfrac{Fl^2}{2EI}$	$y_B=\dfrac{Fl^3}{3EI}$
2		$y=\dfrac{Fx^2}{6EI}(3a-x)\ (0\leqslant x\leqslant a)$ $y=\dfrac{Fx^2}{6EI}(3a-x)\ (0\leqslant x\leqslant l)$	$\theta_B=\dfrac{Fa^2}{2EI}$	$y_B=\dfrac{Fa^2}{6EI}(3l-a)$
3		$y=\dfrac{qx^2}{24EI}(x^2-4lx+6l^2)$	$\theta_B=\dfrac{ql^3}{6EI}$	$y_B=\dfrac{Fl^4}{8EI_z}$
4		$y=\dfrac{M_ex^2}{2EI}$	$\theta_B=\dfrac{M_el}{EI}$	$y_B=\dfrac{M_el^2}{2EI}$

（续）

序号	梁的简图	挠曲线方程	转　角	最大挠度
5		$y=-\dfrac{Fx}{48EI}(3l^2-4x^2)$ $\left(0\leqslant x\leqslant \dfrac{l}{2}\right)$	$\theta_A=-\theta_B=-\dfrac{Fl^2}{16EI}$	$y=-\dfrac{Fl^3}{48EI}$
6		$y=-\dfrac{Fbx}{6EIl}(l^2-x^2-b^2)$ $(0\leqslant x\leqslant a)$ $y=-\dfrac{Fb}{6EI}\left[\dfrac{l}{b}(x-a)^3+\right.$ $\left.(l^2-b^2)x-x^3\right]$ $(a\leqslant x\leqslant l)$	$\theta_A=\dfrac{Fab(l+b)}{6EIl}$ $\theta_B=-\dfrac{Fab(l+a)}{6EIl}$	设 $a>b$ 在 $x=\sqrt{\dfrac{l^2-b^2}{3}}$ 处 $(a\geqslant b)$ $y_{max}=\dfrac{\sqrt{3}Fb}{27EIl}(l^2-b^2)^{3/2}$ 在 $x=\dfrac{l}{2}$ 处 $y_{l/2}=\dfrac{Fb}{48EI}(3l^2-4b^2)$
7		$y=-\dfrac{qx}{24EI}(l^3-2lx^2+x^3)$	$\theta_A=-\theta_B=-\dfrac{ql^3}{24EI}$	$y_{max}=\dfrac{5ql^4}{384EI}$
8		$y=\dfrac{M_e x}{6EIl}(l-x)(2l-x)$	$\theta_A=-\dfrac{M_e l}{3EI}$ $\theta_B=\dfrac{M_e l}{6EI}$	在 $x=\left(1-\dfrac{1}{\sqrt{3}}\right)l$ 处 $y_{max}=-\dfrac{M_e l^2}{9\sqrt{3}EI}$ 在 $x=\dfrac{l}{2}$ 处 $y_{l/2}=-\dfrac{M_e l^2}{16EI}$
9		$y=\dfrac{M_e x}{6EIl}(l^2-x^2)$	$\theta_A=\dfrac{M_e l}{6EI}$ $\theta_B=\dfrac{M_e l}{3EI}$	在 $x=\dfrac{l}{\sqrt{3}}$ 处 $y_{max}=-\dfrac{M_e l^2}{9\sqrt{3}EI_z}$ 在 $x=\dfrac{l}{2}$ 处 $y=-\dfrac{M_e l^2}{16EI}$
10		$y=-\dfrac{Fax}{6EIl}(l^2-x^2)$ $(0\leqslant x\leqslant l)$ $y=\dfrac{F(l-x)}{6EIl}$ $(l\leqslant x\leqslant l+a)$	$\theta_A=-\theta_B=\dfrac{Fal}{6EI}$ $\theta_C=-\dfrac{Fa(2l+3a)}{6EI}$	$y_C=\dfrac{Fa^2}{3EI}(l+a)$

（续）

序号	梁的简图	挠曲线方程	转　角	最大挠度
11		$y=-\dfrac{M_e x}{6EIl}(x^2-l^2)$ $(0\leqslant x\leqslant l)$ $y=-\dfrac{M_e}{6EI}(3x^2-4xl+l^2)$ $(l\leqslant x\leqslant l+a)$	$\theta_A=-\dfrac{\theta_B}{2}=\dfrac{M_e l}{6EI}$ $\theta_C=-\dfrac{M_e}{3EI}(l+3a)$	$y_C=\dfrac{M_e a}{6EI}(2l+3a)$
12		$y=-\dfrac{qa^2 x}{12EI}\left(lx-\dfrac{x^3}{l}\right)$ $(0\leqslant x\leqslant l)$ $y=-\dfrac{qa^2}{12EI}\left[\dfrac{x^2}{l}-\right.$ $\dfrac{(2l+a)(x-l)^3}{al}-$ $\left.\dfrac{(x-l)^4}{2a^2}-lx\right]$ $(l\leqslant x\leqslant l+a)$	$\theta_A=-\dfrac{\theta_B}{2}=\dfrac{qa^2 l}{6EI}$ $\theta_C=-\dfrac{qa^2(l+a)}{6EI}$	$y_C=\dfrac{qa^3}{24EI}(4l+3a)$

2. 梁的刚度校核

在梁的设计中，通常是先根据强度条件选择梁的截面，然后再对梁进行刚度校核，限制梁的最大挠度和最大转角不能超过规定的数值，由此建立的刚度条件为

$$y_{max}\leqslant [y] \tag{3-27}$$

$$\theta_{max}\leqslant [\theta] \tag{3-28}$$

式中 $[y]$ 和 $[\theta]$ 分别为许用挠度和许用转角，其值可在有关手册和规范中查到。如对一般用途的转轴，其许用挠度为 $(0.0003\sim0.0005)l$，其许用转角为 $0.001\sim0.005\mathrm{rad}$。

例 3-21　有一受均布载荷的简支梁，如图 3-54 所示。已知梁的跨长为 2.83m，所受均布载荷集度为 $q=$ 23kN/m，采用 18 工字钢，材料的弹性模量 $E=$ 206GPa，梁的许用挠度为 $[y]=\dfrac{l}{500}$，试校核该梁的刚度。

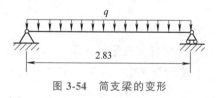

图 3-54　简支梁的变形

解　由附录查出 18 工字钢的惯性矩为 $I=1660\mathrm{cm}^4=16.6\times10^{-6}\mathrm{m}^4$，梁的许用挠度

$$[y]=\frac{l}{500}=\frac{2830}{500}\mathrm{mm}=5.66\ (\mathrm{mm})$$

最大挠度在梁跨中点，查表 3-2，取第 7 类型，其值为

$$y_{max}=\frac{5ql^4}{384EI}=\frac{5\times23\times10^3\times(2.83)^4}{384\times206\times10^9\times1660\times10^{-8}}\mathrm{m}=5.62\times10^{-3}\mathrm{m}=5.62\mathrm{mm}\leqslant[y]$$

故该梁满足强度条件。

3.5.6 提高梁弯曲强度和刚度的措施

在一般情况下，弯曲正应力是控制梁弯曲强度的主要因素。由式 $\sigma_{max} = \dfrac{M_{max}}{W_z} \leq [\sigma]$ 可见，要提高梁的弯曲强度，应设法降低梁内的弯矩值及增大截面的抗弯截面系数。同时，梁的变形亦与弯曲内力的分布、梁的跨长及截面的几何形状等有关。因此，为了提高梁的弯曲强度和弯曲刚度，可采取如下措施。

1. 合理安排梁的受力情况

弯矩是引起弯曲正应力和弯曲变形的因素之一，降低梁内最大弯矩值可提高梁的承载能力。为降低梁的弯矩，可采取将集中载荷改为分散载荷，如图 3-55a 所示的简支梁。在梁中受集中载荷 F 的作用，其截面上的最大载荷为

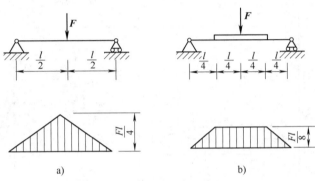

图 3-55 集中载荷与分散载荷

$$M_{max} = \frac{Fl}{4}$$

其跨中的最大挠度为

$$y_{max} = \frac{Fl^3}{48EI}$$

如在该梁中部放置一根长为 $\dfrac{l}{2}$ 的辅梁，如图 3-55b 所示，集中力作用于辅梁的中点，此时原简支梁的最大弯矩变为 $M_{max} = \dfrac{Fl}{8}$，仅为前者的一半。而最大挠度为

$$y_{max} = \frac{11}{16} \times \frac{Fl^3}{48EI}$$

也减少约 30%。

2. 合理布置梁的支座

改变简支梁的支座点的位置也可改善梁的弯矩。如图 3-56a 所示受均布载荷的简支梁，其最大弯矩为 $M_{max} = \dfrac{ql^2}{8}$。如将两端的铰链支座向内移动 $0.2l$ 变为外伸梁，如图 3-56b 所示，其最大弯矩为 $M_{max} = \dfrac{ql^2}{40}$。

该值仅为前者的 1/5。同时，由于梁的跨长减小，且外伸部分的载荷产生反向变形，从而减小了梁的最大挠度。

3. 合理选用梁的截面形状

由公式 $\sigma_{max} = \dfrac{M_{max}}{W_z} \leq [\sigma]$ 来看，梁横截面的抗弯截面系数 W_z 越大，梁的强度就越高。

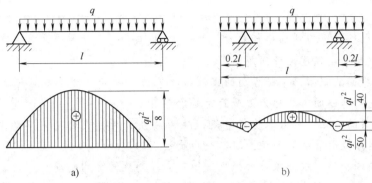

图 3-56　简支梁与外伸梁

因此，梁的合理截面应是采用较小的截面面积 A 而获取较大的抗弯截面系数 W_z 的截面，即比值 $\dfrac{W_z}{A}$ 越大的截面就越合理。表 3-4 列出几种常见截面的 $\dfrac{W_z}{A}$ 值。比较其中可知，工字形或槽形截面最经济合理，圆形截面最差。

表 3-4　几种常见截面的 $\dfrac{W_z}{A}$

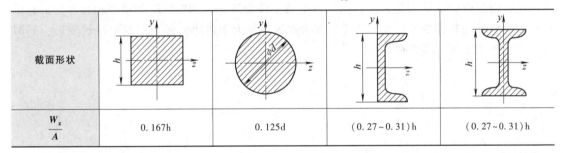

截面形状				
$\dfrac{W_z}{A}$	0.167h	0.125d	(0.27~0.31)h	(0.27~0.31)h

　　从弯曲刚度角度看，在同等截面面积条件下，工字形和槽形截面比矩形和圆形截面有更大的惯性矩，因而可提高梁的弯曲刚度。需要注意的是，弯曲变形还与材料的弹性模量有关。对于 E 值不同的材料来说，E 值越大，弯曲变形越小。采用高强度钢可提高材料的屈服应力而达到提高梁弯曲强度的目的。但由于各种钢材的弹性模量 E 大致相同，所以采用高强度钢并不会提高梁的弯曲刚度。

关键知识点

1）弯曲变形主要特点是杆件轴线在受外载荷作用后由直线变成曲线。

2）静定梁有简支梁、外伸梁和悬臂梁三种基本形式。

3）梁变形后，轴线是纵向对称平面内的一条平面曲线，则这种弯曲称为平面弯曲。

4）与截面相切的内力分量称为剪力，用 F_Q 表示；作用在纵向对称平面内的力偶矩称为弯矩，用 M 表示。

5）梁的剪力和弯矩随截面位置变化的图像，分别称为剪力图和弯矩图。

6）纯弯曲梁的中间一层既不伸长也不缩短的纵向纤维层称为中性层，中性层与横截面的交线称为中性轴。

7）梁弯曲时的正应力强度条件为 $\sigma_{\max} = M_{\max}/W_z \leqslant [\sigma]$，可解决梁的校核强度、选择截面和确定许可载荷三类强度设计问题。

8）梁任一截面的形心沿 y 轴方向的线位移称为该截面的挠度，用 y 表示；梁任一截面相当于原来位置所转过的角度称为该截面的转角，用 θ 表示。

9）为降低梁的弯矩，可采取将集中载荷改为分散载荷，改变简支梁的支座点的位置，梁的工字形或槽形截面最经济合理，圆形截面最差。

10）采用高强度钢可提高梁弯曲强度，但不会提高梁的弯曲刚度。

3.6* 组合变形时杆件的强度计算

前面几节讨论了杆件在拉伸（压缩）、剪切、扭转、弯曲等基本变形时的强度和刚度的计算问题。但在实际工程中，一些杆件往往同时产生两种或两种以上的基本变形，这些变形形式称为组合变形（combined deformation）。如图 3-57a 所示的搅拌器中的搅拌轴，除了由于在搅拌物料时叶片受到阻力的作用而发生的扭转变形外，同时还受到搅拌轴和叶片的自重作用而发生轴向拉伸变形；如图 3-57b 所示的传动轴由于传递力偶矩而发生扭转变形，同时在横向力作用下还发生弯曲变形。

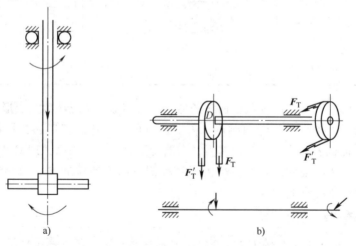

图 3-57 组合变形

a）搅拌轴 b）传动轴

3.6.1 强度理论（strength theory）与强度条件（strengh condition）简介

根据长期的实践和大量的试验结果，人们发现，尽管不同杆件引起的失效形式不一样，但归纳起来大体上可分为两类：一类表现为脆性断裂，另一类表现为塑性屈服。对于材料破坏的原因，前后提出了各种不同的假说，并根据这些假说建立了强度条件。这些关于引起材料破坏的决定性因素的假说，称为强度理论。研究强度理论的目的是要设法找到在复杂应力状态下材料破坏的原因，然后利用轴向拉伸或压缩的试验结果来建立复杂应力状态下的强度条件。

传统的强度理论有四种，分别为：第一强度理论（最大拉应力理论）、第二强度理论（最大伸长线应变理论）、第三强度理论（最大切应力理论）和第四强度理论（形状改变比能理论）。

四个强度理论，都有局限性。一般地说，脆性材料通常产生脆性断裂失效，宜采用第一和第二强度理论；塑性材料通常产生塑性屈服形式的失效，宜采用第三和第四强度理论。

小常识

　　第一强度理论在 17 世纪由伽利略提出，第二强度理论在 17 世纪后期由马里奥特提出，第三强度理论由库仑和屈雷斯卡共同完成，第四强度理论由胡贝尔和米塞斯共同完成。

机械工程中的杆件大多用塑性材料制成，故常用第三和第四强度理论来解决实际工程中的设计问题。强度理论涉及到复杂应力状态等理论知识，推导过程较为繁琐，本书从略。这里仅给出圆轴受弯曲与扭转组合作用时的第三和第四强度理论的校核计算公式

第三强度理论
$$\sigma_{r3} = \frac{\sqrt{M^2 + T^2}}{W_z} \leqslant [\sigma] \tag{3-29}$$

第四强度理论
$$\sigma_{r4} = \frac{\sqrt{M^2 + 0.75T^2}}{W_z} \leqslant [\sigma] \tag{3-30}$$

3.6.2　拉伸（压缩）与弯曲的组合

拉伸或压缩变形与弯曲变形相组合的变形是工程上常见的变形形式。因为工作状态下的杆件一般都处于线弹性范围内，而且变形很小，因而作用在杆件上的任一载荷引起的应力一般不受其他载荷的影响。所以，可应用叠加原理来分析计算。现以图 3-58 所示的矩形截面悬臂梁为例进行说明。

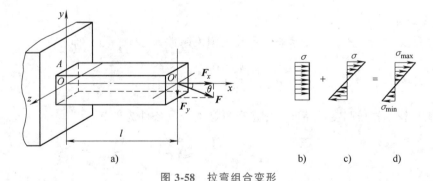

图 3-58　拉弯组合变形

1. 外力分析

在梁的纵向对称面（xy 平面）内受力 F 作用，其作用线与梁的轴线夹角为 θ。将力 F 分解为轴向分力 F_x 和横向分力 F_y，它们分别为

$$F_x = F\cos\theta \quad F_y = F\sin\theta$$

轴向力 F_x 使梁产生轴向拉伸，横向力 F_y 使梁产生弯曲。可见，梁在 F 力作用下发生轴向拉伸与弯曲的组合变形。

2. 内力分析

梁各横截面上的轴力都相等，均为

$$F_N = F_x = F\cos\theta$$

梁的固定端截面 A 上的弯矩值最大，其值为

$$M_{max} = F_y l = Fl\cos\theta$$

梁的固定端截面 A 为危险截面。

3. 应力分析

在轴向力 F_x 的单独作用下，梁在各截面上的正应力是均匀分布的，其值为

$$\sigma' = \frac{F_N}{A} = \frac{F\cos\theta}{A}$$

式中，A 为横截面面积。正应力沿截面高度的分布如图 3-58b 所示。

在横向力 F_y 单独作用下，梁在固定端处的弯矩最大，该截面为危险截面，最大弯曲正应力发生在截面的上、下边缘的各点，其值为

$$\sigma'' = \pm\frac{M_{max}}{W} = \pm\frac{F_y l}{W} = \pm\frac{Fl\sin\theta}{W}$$

式中，W 为横截面的抗弯截面系数。弯曲正应力沿截面高度分布如图 3-58c 所示。

根据叠加原理，将危险截面上的弯曲正应力与拉伸正应力代数相加后，得到危险截面上总的正应力，其沿截面高度按直线规律变化的情况如图 3-58d 所示。截面上、下边缘各点上的应力值分别为

$$\left.\begin{array}{c} \sigma_{max} \\ \sigma_{min} \end{array}\right\} = \frac{F_N}{A} \pm \frac{M_{max}}{W} \qquad (3\text{-}31)$$

4. 强度条件

由于危险截面处于单向应力状态，可建立强度条件 $\sigma_{max} \leqslant [\sigma]$，即

$$\sigma_{max} = \frac{F_N}{A} \pm \frac{M_{max}}{W} \leqslant [\sigma] \qquad (3\text{-}32)$$

若材料抗拉、抗压强度不相同，则应分别建立强度条件为

$$\sigma_{max} = \frac{F_N}{A} + \frac{M_{max}}{W} \leqslant [\sigma]$$

$$|\sigma_{min}| = \left|\frac{F_N}{A} - \frac{M_{max}}{W}\right| \leqslant [\sigma]$$

例 3-22 如图 3-59a 所示为一能旋转的悬臂式起重机梁，由 18 工字钢做的横梁 AB 及拉杆 BC 组成。在横梁 AB 上中点 D 有一个集中载荷 $F = 25\text{kN}$，已知材料的许用应力 $[\sigma] = 100\text{MPa}$，试校核横梁 AB 的强度。

解 1）受力分析。*AB* 梁受力图如图 3-59b、c 所示。由静力平衡方程可求得

$$F_T = 25\text{kN}$$

$$F_{xA} = 21.6\text{kN}$$

$$F_{yA} = 12.5\text{kN}$$

由受力图可以看出，梁 *AB* 上外力 F_{Ax}、F_{Tx} 使梁发生轴向压缩变形，而外力 *F*、F_{Ay}、F_{Ty} 使梁发生弯曲变形。于是横梁在 *F* 的作用下发生轴向压缩与弯曲的组合变形。

2）确定危险截面 作 *AB* 梁的轴力图（图 3-59d）和弯矩图（图 3-59e），可知 *D* 为危险截面，其轴力和弯矩分别为

$$F_N = -21.6\text{kN}$$

$$M_{max} = 16.25\text{kN} \cdot \text{m}$$

3）计算危险点处的应力。由附录查得 18 工字钢的横截面面积 $A = 30.74\text{cm}^2$，抗弯截面系数 $W = 185\text{cm}^3$，在危险截面的上边缘各点有最大压应力，其绝对值为

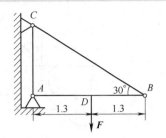
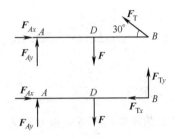
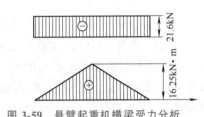

图 3-59 悬臂起重机横梁受力分析

$$\sigma_{max} = \left| \frac{F_N}{A} \right| + \frac{M_{max}}{W} = \frac{21.6 \times 10^3}{30.74 \times 10^{-4}} + \frac{16.25 \times 10^3}{185 \times 10^{-6}} = 7.03\text{MPa} + 87.84\text{MPa} = 94.87\text{MPa}$$

4）强度校核。

$$\sigma_{max} = 94.87\text{MPa} < [\sigma]$$

故，梁 *AB* 满足强度条件。

由计算数据可知，由轴力所产生的压正应力远小于由弯矩所产生的弯曲正应力，因此，在一般情况下，在拉（压）弯组合变形中，弯曲应力是主要的。

3.6.3 弯曲与扭转的组合

机械传动中，受到纯扭转的轴是很少见的。一般说来，轴除受扭转外，还同时受到弯曲，在弯曲与扭转的共同作用下发生组合变形，其横截面上的应力属于复杂应力状态，应运用强度理论来解决。

1. 外力分析

设有一轴，如图 3-60a 所示，左端固定，自由端受力 *F* 和力偶矩 *M* 的作用。力 *F* 的作用线与圆轴的轴线垂直，使圆轴产生弯曲变形；力偶矩 *M* 使圆轴产生扭转变形，所以圆轴 *AB* 将产生弯曲与扭转的组合变形。

2. 内力分析

画出圆轴的内力图，如图 3-60c、d 所示。由扭矩图可以看出，圆轴各横截面上的扭矩值都相等，而从弯矩图可以看出，固定端 *A* 截面上的弯矩值最大，所以横截面 *A* 为危险截

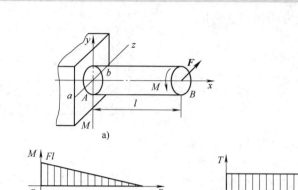

图 3-60　弯扭组合变形分析

面，其上的扭矩值和弯矩值分别为

$$T = m, \quad M = Fl$$

3. 应力分析

在危险截面上同时存在着扭矩和弯矩，扭矩将产生扭转剪切力，剪切力与危险截面相切，截面外的外轮廓线上各点的剪应力为最大；扭矩将产生弯曲正应力，弯曲正应力与横截面垂直，截面的前、后 a、b 两点的弯曲正应力为最大，如图 3-60b 所示。所以，截面前、后两点 a、b 为弯扭组合变形的危险点。危险点上的剪应力和正应力分别为

$$\tau = \frac{T}{W_{\mathrm{p}}} \qquad \sigma = \frac{M}{W_{\mathrm{z}}}$$

4. 强度条件

由于圆轴一般是用塑性材料制成的，所以，圆轴的强度应按第三强度理论或第四强度理论进行校核。

注意：式（3-29）和式（3-30）中 M、T 和 W_{z} 均为危险截面上的弯矩、扭矩和抗弯截面系数。需要强调的是，上述两式只适用于塑性材料制成的圆轴（包括空心圆轴）在弯曲和扭转组合变形时的强度计算。

例 3-23　如图 3-61a 所示，传动轴 AB 由电动机带动，轴长 $l = 1.2\mathrm{m}$，带轮重力 $G = 5\mathrm{kN}$，半径 $R = 0.6\mathrm{m}$，带紧边拉力 $F_1 = 6\mathrm{kN}$，松边拉力 $F_2 = 3\mathrm{kN}$。轴的许用应力 $[\sigma] = 50\mathrm{MPa}$，试按第三强度理论设计轴的直径。

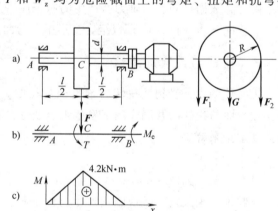

解　1）外力分析。将作用在带轮上的拉力向轴线简化，结果如图 3-61b 所示。传动轴受铅垂方向的力为

$$F = G + F_1 + F_2 = 5\mathrm{kN} + 6\mathrm{kN} + 3\mathrm{kN} = 14\mathrm{kN}$$

该力使轴发生弯曲变形。同时传动轴

图 3-61　传动轴受力分析

受到的附加力偶矩为

$$M_e = (F_1 - F_2)R = (6-3) \times 0.6 \text{kN} \cdot \text{m} = 1.8 \text{kN} \cdot \text{m}$$

此力偶矩使轴发生扭转变形，故该轴发生的是弯扭组合变形。

2）内力分析。分别画出轴的弯矩图和扭矩图，如图 3-61c、d 所示，据此判断出危险截面的弯矩和扭矩分别为

$$M = 4.2 \text{kN} \cdot \text{m} \qquad T = 1.8 \text{kN} \cdot \text{m}$$

3）设计轴径。根据第三强度理论得

$$\sigma_{r3} = \frac{\sqrt{M^2 + T^2}}{W_z} = \frac{32\sqrt{M^2 + T^2}}{\pi d^3} \leqslant [\sigma]$$

$$d^3 \geqslant \frac{32\sqrt{M^2 + T^2}}{\pi[\sigma]}$$

$$d \geqslant \sqrt[3]{\frac{32\sqrt{M^2 + T^2}}{\pi[\sigma]}} = \sqrt[3]{\frac{32\sqrt{(4.2 \times 10^6)^2 + (1.8 \times 10^6)^2}}{\pi \times 50}} \text{mm} = 97.6 \text{mm}$$

取传动轴的轴径为 $d = 98$mm。

3.7* 疲劳强度简介

3.7.1 交变应力的概念

在工程实际中，除了静载荷和动载荷外，还经常遇到随时间做周期变化的载荷，这种载荷称为交变载荷。在交变载荷作用下，杆件内的应力也随时间作周期性变化，这种应力称为交变应力，杆件在交变应力作用下的破坏与在静应力作用下有着本质上的差别。例如齿轮啮合中的轮齿，如图 3-62 所示，在齿轮传动过程中，轴每旋转一周，齿轮的每个齿啮合一次，其根部产生的应力从零变到最大值，然后又从最大值变到脱离啮合时的零。齿轮每转一周，每个轮齿就这样循环一次。这种随时间做周期性变化的应力就是交变应力。

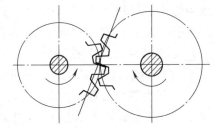

图 3-62 齿轮啮合的轮齿

交变应力每重复变化一次，称为一个应力循环；应力循环中最小应力与最大应力的比值，称为循环特征 r，即

$$r = \frac{\sigma_{min}}{\sigma_{max}} \qquad (3-33)$$

$r = -1$ 时的应力循环称为对称循环，如图 3-63 所示；$r \neq -1$ 时的应力循环称为非对称循环，其中 $r = 0$ 时的应力循环称为脉动循环，如图 3-64 所示。

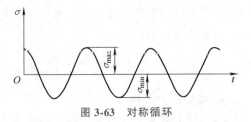

图 3-63 对称循环

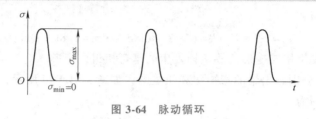

图 3-64 脉动循环

3.7.2 杆件的疲劳破坏

1. 疲劳的概念

实践表明，交变应力引起的破坏与静应力的破坏完全不同。金属杆件经过一段时间交变应力的作用后发生的断裂现象称为疲劳破坏，简称疲劳（fatigue）。

对金属发生疲劳破坏现象一般的解释是：杆件长期在交变应力作用下，材料有缺陷（如表面刻痕或内部缺陷）的地方会形成微观裂纹，并在裂纹的尖端产生高度应力集中。由于应力集中的影响以及应力的不断交变，微观裂纹逐渐扩展，形成宏观裂纹，宏观裂纹的不断扩展使杆件的横截面面积逐渐削弱，直至因削弱的截面强度不足而导致杆件的突然断裂。

近代金相显微镜观察的结果表明，疲劳断口明显地分为两个不同的区域：一个是光滑区，一个为呈颗粒状的粗糙区，如图 3-65 所示。这是因为在裂纹扩展过程中，裂纹的两侧在交变应力作用下，时而压紧，时而分开，多次反复，因此形成断口的光滑区。断口呈颗粒状粗糙区则是最后突然断裂形成的。

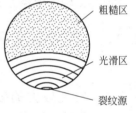

图 3-65 疲劳断口

疲劳破坏具有很大的危害性。在飞机、车船和各种机器发生的事故中，有相当数量是由于金属疲劳引起的。另外，疲劳断裂通常是突然发生的，几乎没有什么明显的前兆，这对采取措施预防疲劳的发生带来很大的困难。并且，疲劳破坏引起的后果往往是灾难性的。因此，对金属疲劳的研究越来越引起人们的重视。

2. 形成杆件疲劳的主要原因

形成杆件疲劳破坏的主要因素可归纳为以下三个方面。

（1）应力集中的影响　由于工艺和使用要求，杆件需要钻孔、开槽或设台阶等，这样，在截面尺寸突变处就会产生应力集中现象。杆件在应力集中处容易出现微观裂纹，从而引起疲劳断裂。

（2）杆件尺寸的影响　试验表明，相同材料、形状的杆件，若尺寸大小不同，其疲劳情况也不相同。杆件尺寸越大，其内部所含的杂质和缺陷越多，产生疲劳裂纹的可能性就越大，杆件越容易出现疲劳破坏。

（3）表面加工质量的影响　通常，杆件的最大应力发生在表层，疲劳裂纹也会在此形成。一般杆件都需要表面加工，如加工后的表面粗糙度数值越大，刀痕越深，越容易产生应力集中而出现疲劳破坏。

3.7.3 提高杆件疲劳强度的措施

1. 减缓应力集中

在结构上应采用合理的设计，以减少有效应力集中。如在设计杆件的外形时，要避免出现方形或带有尖角的孔和槽。在截面尺寸突变处，要采用半径较大的过渡圆角，以减缓应力集中。对于一些阶梯轴，由于结构上的原因，截面变化处不允许制成圆角，这时可以在直径较大的部分轴上开减荷槽或退刀槽，同样可以达到减缓应力集中的目的。

2. 提高表面质量和进行表面强化

杆件表面层的应力一般较大，如杆件受弯或受扭时，最大应力都发生于表面。而杆件表面的刀痕或损伤又将引起应力集中，容易形成疲劳裂纹。所以，提高杆件表面质量可以提高杆件的强度。为此，可以从工艺上采取一些措施，例如，提高杆件表面加工质量，并在安装使用中防止表面损伤，可减少因刀痕而引起的应力集中。

3. 增加表面强度

对杆件表面进行强化处理，如通过表面高频淬火、渗碳、渗氮、滚压、喷丸等方法强化表层，以提高表层材料的强度。

关键知识点

1）杆件的失效形式分为脆性断裂和塑性屈服两种。

2）关于引起材料破坏的决定性因素的假说，称为强度理论，共有四种。

3）脆性材料宜采用第一、第二强度理论；塑性材料宜采用第三、第四强度理论。

4）随时间做周期性变化的载荷称为交变载荷；杆件内的应力随时间做周期性变化称为交变应力。

5）金属杆件经过一段时间交变应力的作用后发生的断裂现象称为疲劳破坏。

6）要提高杆件疲劳强度，可在截面尺寸突变处采用半径较大的过渡圆角，以减缓应力集中；提高杆件表面质量或对表面进行强化处理，增加表面强度等。

实例分析

实例一　简易起重机梁如图 3-66a 所示，已知起吊最大载荷 $Q=50$kN，跨度 $l=10$m，若材料的许用应力 $[\sigma]=182$MPa，不计梁的自重，试求：（1）选择工字钢的型号；（2）若选用矩形截面，其高宽比 $\dfrac{h}{b}=2$ 时，确定截面尺寸；（3）比较两种梁的重量。

解　1）绘制梁的受力图（3-66b），求支反力。因对称布置，故

$$R_A=R_B=\frac{Q}{2}=25\text{kN}$$

2）绘制梁的剪力图（3-66c）。

3）绘制梁的弯矩图（3-66d），并求最大的弯矩。

$$M_{\max}=R_A\times\frac{l}{2}-25\text{kN}\times\frac{10}{2}\text{m}=125\text{kN}\cdot\text{m}$$

4）选择工字钢型号。

$$W_z\geqslant\frac{M_{\max}}{[\sigma]}=\frac{125\times10^6}{182}=686813\text{mm}^3\approx687\text{cm}^3$$

从附录查得 32a 号工字钢 $W_z = 692\text{cm}^3 > 687\text{cm}^3$，故可选用 32a 号工字钢，查得其截面面积为 67.12cm^2。

5）采用矩形截面。

$$W_z = \frac{bh^2}{6} = \frac{2b^3}{3} = 687\text{cm}^3$$

$$b = \sqrt[3]{\frac{687 \times 3}{2}}\text{cm} = 10\text{cm}$$

$$h = 2b = 20\text{cm}$$

$$A = bh = 200\text{cm}^2$$

6）比较两梁的重量。在材料和长度相同的条件下，梁的重量之比等于截面面积之比。

$$\frac{A_{\text{矩}}}{A_{\text{工}}} = \frac{200}{67.12} = 2.98$$

即矩形截面梁的重量是工字钢截面梁的 2.98 倍。

实例二　图 3-67a 所示为简易悬臂起重机，由三角架构成，斜杆由两根 5 号等边角钢组成，每根角钢的横截面面积 $A_1 = 4.80\text{cm}^2$；水平横杆由两根 10 号槽钢组成，每根槽钢的横截面面积 $A_2 = 12.74\text{cm}^2$。材料的许用

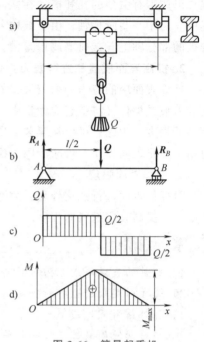

图 3-66　简易起重机

应力 $[\sigma] = 120\text{MPa}$，整个三角架能绕 O_1—O_2 轴转动，电动葫芦能沿水平横梁移动。当电动葫芦在图示位置时，求能允许起吊的最大重量，包括电动葫芦重量在内（不计各杆重量）。

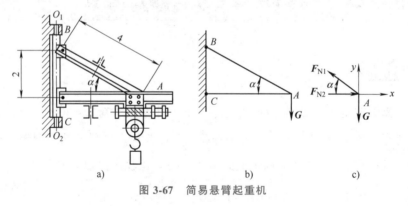

图 3-67　简易悬臂起重机

解　各杆两端均认为是圆柱铰链约束，取结点 A 为分离体，设斜杆 AB 受轴向拉力 F_{N1}，横杆 AC 受轴向压力 F_{N2}，G 为包括电动葫芦在内的起吊重量。其受力图如图 3-67c 所示。

1）内力计算　由平衡方程

$$\sum F_x = 0, \quad F_{N2} - F_{N1}\cos\alpha = 0 \tag{a}$$

$$\sum F_y = 0, \quad F_{N1}\sin\alpha - G = 0 \tag{b}$$

由图 3-67a 可得 $\alpha = 30°$，由式（b）得

$$F_{N1} = \frac{G}{\sin30°} = \frac{G}{\frac{1}{2}} = 2G \tag{c}$$

代入式（a）

$$F_{N2} = F_{N1}\cos30° = \sqrt{3}\,G \tag{d}$$

2）求允许起吊的最大重量 根据强度条件式（3-4）可知，AB 杆

$$\sigma = \frac{F_N}{A} \leqslant [\sigma] \tag{e}$$

AB 杆由两根 5 号等边角钢组成，故上式中的 A 应为 $2A_1$，可得

$$F_{N1} \leqslant 2[\sigma]A_1 = 2 \times 120 \times 10^6 \times 4.8 \times 10^{-4} \text{kN} = 115 \text{kN}$$

AC 杆由两根 10 号槽钢组成，故（e）式中的 A 应为 $2A_2$，可得强度条件为

$$\sigma = \frac{F_{N2}}{2A_2} \leqslant [\sigma]$$

$$F_{N2} \leqslant 2[\sigma]A_2 = 2 \times 120 \times 10^6 \times 12.74 \times 10^{-4} \text{kN} = 305 \text{kN}$$

将 F_{N1} 和 F_{N2} 分别代入式（c）、式（d），得

$$F_{N1} = 2G \leqslant 115 \text{kN} \tag{f}$$

$$F_{N2} = \sqrt{3}\,G \leqslant 305 \text{kN} \tag{g}$$

由式（f）得

$$G \leqslant \frac{115}{2} = 57.5 \text{kN}$$

由式（g）得

$$G \leqslant \frac{305}{\sqrt{3}} = 176 \text{kN}$$

比较以上两式，为保证悬臂起重机的使用安全，得出允许起吊的最大重量不得超过 57.5kN，这一重量是根据斜杆 AB 的强度条件得到的。

实例三 图 3-68 所示传动轴，C 轮的传动带处于水平位置，D 轮的传动带处于铅垂的位置。两传动带的张力分别为 $F_{T1} = 3900 \text{N}$ 和 $F_{T2} = 1500 \text{N}$。若两轮的直径均为 600mm，许用应力 $[\sigma] = 80 \text{MPa}$。分别按第三、第四强度理论设计轴的直径。

解 1）受力分析。将传动带张力向轴的截面形心简化，为计算清楚，将投影面分为 xz（水平平面）和 xy（垂直平面），分别计算各个投影面内的受力和弯矩，最后求出两个面的组合变形。

① 水平平面。图 3-68b 中，在 C 轮中心的水平力 F_z 使轴产生 xz 面的弯曲，其值为

$$F_z = F_{T1} + F_{T2} = 3900 \text{N} + 1500 \text{N} = 5400 \text{N}$$

$$\sum M_B(\boldsymbol{F}) = 0$$

$$R_{Az} \times 1200 - F_z \times 250 = 0$$

$$R_{Az} = \frac{5400 \times 250}{1200} \text{N} = 1125 \text{N}$$

画出水平平面的弯矩图，可分为 D、B 两点来画（图 3-66c）。

$$M_{Dz} = R_A \times 0.4 \text{m} = 1125 \text{N} \times 0.4 \text{m} = 450 \text{N} \cdot \text{m}$$

$$M_{Bz} = R_A \times 1.2 \text{m} = 1125 \text{N} \times 1.2 \text{m} = 1350 \text{N} \cdot \text{m}$$

在 C 轮平面内作用一个力偶（图 3-68d），其矩为

$$T_C = (F_{T1} - F_{T2})\frac{D}{2} = (3900 - 1500) \times \frac{600 \times 10^{-3}}{2} \text{N} \cdot \text{m} = 720 \text{N} \cdot \text{m}$$

② 垂直平面。同理，作用在 D 轮中心的铅垂力 F_y 使轴产生 xy（垂直平面）的弯曲（图 3-68e），力 F_y 的大小也为 5400N。

$$\sum M_B(F) = 0$$

$$F_y \times 800 - R_{Ay} \times 1200 = 0$$

$$R_{Ay} = \frac{5400 \times 800}{1200} N = 3600N$$

画出垂直平面的弯矩图（图 3-68f），D 点的弯矩为

$$M_{Dy} = R_{Ay} \times 0.4m = 3600N \times 0.4m = 1440N \cdot m$$

D 轮上的力偶矩 T_D 与 T_C 相同，即 $T_D = 720N \cdot m$，但转向与 T_C 相反。

2）内力计算，确定危险截面。分别作出轴的扭矩图（图 3-68c）和 xy 平面及 xz 平面的弯矩图（图 3-68d、e）。在 D 截面上既有 xy（水平）平面的弯矩又有 xz（垂直）平面的弯矩，强度计算中需将该截面上的水平弯矩 M_z 和垂直弯矩 M_y 按向量合成方法合成为合成弯矩 M_D；同理。B 截面上也需求出合成弯矩 M_B，它们的大小分别为

$$M_D = \sqrt{M_{Dz}^2 + M_{Dy}^2} = \sqrt{450^2 + 1440^2} N \cdot m = 1509N \cdot m$$

$$M_B = \sqrt{M_{Bz}^2 + M_{By}^2} = \sqrt{1350^2 + 0^2} N \cdot m = 1350N \cdot m$$

由于轴在 DC 段内各个横截面上的扭矩都相同，故 D 的右邻截面为危险截面。

3）计算轴的直径。根据第三强度理论，由式（3-29），可得

$$\sigma_{r3} = \frac{\sqrt{M^2 + T^2}}{W_z} \leq [\sigma]$$

可得 $W_z = \dfrac{\sqrt{M_e^2 + T^2}}{[\sigma]}$，代入 $W_z = \dfrac{\pi d^3}{32}$，得

$$\frac{\pi d^3}{32} \geq \frac{\sqrt{M_e^2 + T^2}}{[\sigma]}$$

$$d \geq \sqrt[3]{\frac{32\sqrt{M^2 + T^2}}{\pi[\sigma]}} = \sqrt[3]{\frac{32 \times \sqrt{1509^2 + 720^2}}{\pi \times 80 \times 10^6}} m = 5.97 \times 10^{-2} m = 59.7mm$$

取 $d = 60mm$。

根据第四强度理论，由式（3-30），可得

$$\frac{\pi d^3}{32} \geq \frac{\sqrt{M_e^2 + 0.75T^2}}{[\sigma]}$$

$$d \geq \sqrt[3]{\frac{32\sqrt{M^2 + 0.75T^2}}{\pi[\sigma]}} = \sqrt[3]{\frac{32 \times \sqrt{1509^2 + 0.75 \times 720^2}}{\pi \times 80 \times 10^6}} m = 5.92 \times 10^{-2} m = 59.2mm$$

取 $d = 60mm$。

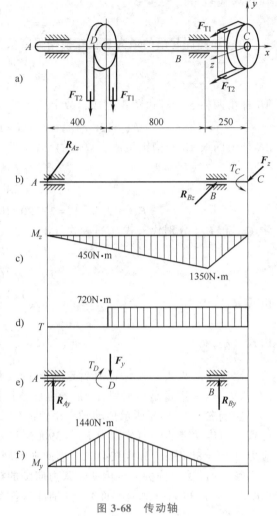

图 3-68 传动轴

从以上结果可知，第三、第四强度理论计算结果相差不大。采用第三强度理论计算偏安全，故一般在设计中多用第三强度理论计算轴的直径。

知 识 小 结

1. 杆件的基本变形
- 轴向拉伸与压缩
- 剪切
- 扭转
- 弯曲

2. 轴向拉伸与压缩

- 定义
  - 受力特点
  - 变形特点

- 内力与轴力
  - 内力
    - 定义
    - 解法　截面法
  - 轴力
    - 表示符号 F_N
    - 方向　与截面的外法线方向一致为正

- 应力　$\sigma = \dfrac{F_N}{A}$

- 力学性能
  - 定义
  - 低碳钢的力学性能
    - 弹性阶段
    - 屈服阶段
    - 强化阶段
    - 缩颈阶段
      - 断后伸长率　A
      - 断面收缩率　Z

- 强度计算
  - 许用应力和安全系数
    - 塑性材料　$[\sigma] = \dfrac{\sigma_s}{n_s}$
    - 脆性材料　$[\sigma] = \dfrac{\sigma_b}{n_s}$
  - 强度条件　$\sigma_{max} = \dfrac{F_N}{A} \leqslant [\sigma]$
    - 强度校核　$\sigma_{max} = \dfrac{F_N}{A} \leqslant [\sigma]$
    - 设计截面尺寸　$A \geqslant \dfrac{F_N}{\sigma_{max}}$
    - 确定许可载荷　$F_N \leqslant A[\sigma]$

3. 剪切与挤压的实用计算

- 剪切
  - 概念
    - 受力特点
    - 变形特点
  - 实用计算　$\tau = \dfrac{F_Q}{A} \leqslant [\tau]$

- 挤压剪切
  - 概念
  - 实用计算　$\sigma_{jy} = \dfrac{F_{jy}}{A_{jy}} \leqslant [\sigma_{jy}]$

$$4.\ 圆转的扭转 \begin{cases} 概念 \begin{cases} 受力特点 \\ 变形特点 \end{cases} \\ \\ 扭矩与扭矩图 \begin{cases} 外力偶矩的计算 \quad M_e = 9550\dfrac{P}{n} \\ \\ 扭矩 \begin{cases} 表示符号 \quad T \\ 方向判定 \quad 右手螺旋定则 \end{cases} \end{cases} \\ \\ 应力与强度计算 \begin{cases} \tau_{max}=\dfrac{TR}{I_p} \begin{cases} 空心 \quad I_p=\dfrac{\pi D^4}{32}\approx0.1D^4 \\ \\ 空心 \quad I_p=\dfrac{\pi D^4}{32}(1-\alpha^4)\approx0.1D^4(1-\alpha^4) \end{cases} \\ \\ \tau_{max}=\dfrac{T}{W_p} \begin{cases} 实心 \quad W_p=\dfrac{\pi D^4}{32}\approx0.2D^3 \\ \\ 空心 \quad I_p=\dfrac{\pi D^4}{32}(1-\alpha^4)\approx0.2D^3(1-\alpha^4) \end{cases} \end{cases} \\ \\ 变形与刚度计算 \begin{cases} 单位扭转角 \begin{cases} \theta=\dfrac{\varphi}{l}=\dfrac{T}{GI_p} \\ \\ \theta=\dfrac{\varphi}{l}=\dfrac{T}{GI_p}\times\dfrac{180}{\pi} \end{cases} \\ \\ 刚度条件 \quad \theta=\dfrac{\varphi}{l}=\dfrac{T}{GI_p}\times\dfrac{180}{\pi}\leqslant[\theta] \end{cases} \end{cases}$$

$$5.\ 直梁的弯曲 \begin{cases} 平面弯曲 \begin{cases} 静定梁的基本形式 \\ 概念 \end{cases} \\ \\ 平面弯曲内力 \begin{cases} 剪力、弯矩的概念 \begin{cases} 表示符号 \quad F_Q\ 和\ M \\ 方向规定 \quad 以某一截面为界，左右两 \\ 段梁左上右下相对错动时，该截面剪 \\ 力为正；使某段梁弯曲呈上凹下凸形 \\ 状时，该载面弯矩为正 \end{cases} \\ \\ 剪力、弯矩的计算 \end{cases} \\ \\ 剪力图和弯矩图 \\ \\ 纯弯曲时梁横截面上的正应力 \begin{cases} 梁的应力 \\ 简单截面的抗弯截面系数 \\ 正应力计算公式 \quad \sigma=\dfrac{M}{W_z} \end{cases} \\ \\ 弯曲的强度条件 \quad \sigma_{max}=\dfrac{M_{max}}{W_z}\leqslant[\sigma] \begin{cases} 校核强度 \\ 设计截面 \\ 确定许可载荷 \end{cases} \\ \\ 梁的变形与刚度 \begin{cases} y_{max}\leqslant[y] \\ \theta_{max}\leqslant[\theta] \end{cases} \\ \\ 提高梁的强度和刚度的措施 \end{cases}$$

6. 组合变形 { 强度理论与强度条件
拉伸（压缩）与弯曲的组合
弯曲与扭转

7. 疲劳强度 { 交变应力的概念
杆件的疲劳破坏 { 疲劳的概念
原因
提高杆件疲劳强度的措施 { 减缓应力集中
提高表面强度、进行表面强化

第4章

平面机构运动简图与自由度
（Motion Diagram and Freedom of Planar Mechanism）

本章导读

日常生活和生产实践中广泛应用的各种机械设备，都是人们按一定规范将各种机构（零件）组合在一起，来完成各式各样的任务以满足人们生活和生产需要的。

> **小资料**
>
> 　　颚式破碎机主要用于对各种矿石与大块物料的中等粒度破碎，被破碎物料的最高抗压强度为320MPa，广泛运用于矿山、冶炼、建材、公路、铁路、水利和化工等行业。其性能特点为破碎比大，产品粒度均匀，结构简单，性能可靠，维修简便，运营费用低。

　　图4-1a所示为单摆式颚式破碎机的实物图，实物图看起来直观明了，但不便于分析破碎机的机构组成和运动特征，这时，就需要一种能准确表明机构运动原理的简单图形——机构运动简图。

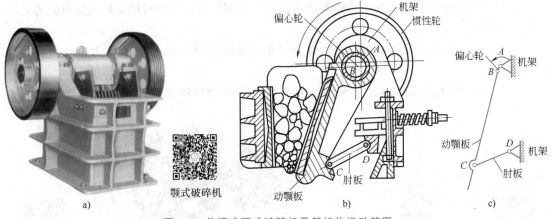

图 4-1　单摆式颚式破碎机及其机构运动简图
a）实物图　b）结构示意图　c）机构运动简图

　　图4-1b所示为单摆式颚式破碎机的结构示意图，破碎机的工作原理是，依靠实物图（图4-1a）右侧的带轮驱动偏心轮转动，进而由偏心轮带动动颚板往复摆动，完成挤碎石料的工作。

　　图4-1c所示为单摆式颚式破碎机的机构运动简图，可以看出该机构由多个构件以一定的方式连接而成。简单而言，构件与构件之间的连接即为运动副；机构运动简图则是用简单的线条代替构件，结合运动副来说明各构件间运动关系的简单图形。

　　需要注意的是，各个构件（零件）组成的机构是否具有确定的运动，还要看该机构是否满足机构具有确定运动的条件。

　　本章主要介绍的内容包括：构件间的连接方式——运动副、平面机构的自由度计算和平面机构具有确定运动的条件。

> **基本内容**

4.1　运动副及其分类

　　组成机构的每个构件都以一定的方式与其他构件相互连接，通过连接，各构件并没有被固定，而是仍具有一定的相对运动。机构中使两个构件直接接触并能保持一定相对运动的可动连接，称为运动副（kinematic pair）。例如，自行车上车轮与轴的连接，齿轮传动中的齿轮啮合等，都构成运动副。平面机构中，构成运动副的各构件的运动均为平面运动，故该运动副称为平面运动副。

根据运动副中两构件接触形式的不同，可将运动副分为两类：高副和低副。

1. 高副（higher pair）

两构件通过点或线接触所构成的运动副称为高副。常见的平面高副有凸轮副和齿轮副，如图4-2所示。

2. 低副（lower pair）

两构件通过面接触所构成的运动副称为低副。平面低副按其相对运动形式又可分为转动副和移动副。

（1）转动副（rotating pair） 两构件间只能产生相对转动的运动副称为转动副，如图4-3a所示。

（2）移动副（sliding pair） 两构件间只能产生相对移动的运动副称为移动副，如图4-3b所示。

凸轮副　　　　　a)　　　　　　　　　b)　　　　　　　齿轮副

图 4-2　平面高副

a）凸轮副　b）齿轮副

转动副　　　　　a)　　　　　　　　　b)　　　　　　　传动副

图 4-3　平面低副

a）转动副　b）移动副

关键知识点

使两个构件直接接触并能保持一定相对运动的可动连接称为运动副。两构件点、线接触形成高副，常见高副有凸轮副和齿轮副；两构件面接触形成低副，低副分为转动副和移动副。

4.2　构件及运动副的表示方法

1. 构件

构件是组成机构的运动单元。在机器中，往往将若干个零件刚性地连接在一起，使之成为一个独立运动的单元体，即构件。如齿轮构件，就是由轴、键和齿轮连接组成的。

在平面机构运动简图中，通常会用直线和小方框（图 4-4a、b）来表示构件，图 4-4c、d 表示参与形成两个运动副的双副元素构件，图 4-4e、f 表示参与形成三个运动副的构件。

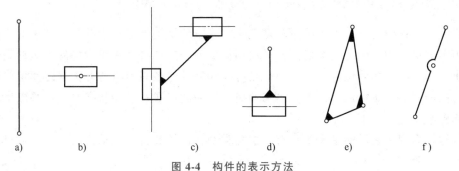

图 4-4 构件的表示方法

2. 转动副

两构件组成平面转动副时，表示方法通常如图 4-5 所示，圆圈表示转动副，其圆心必须与回转轴线重合，带下划斜线的表示固定构件（又称机架）。图 4-5a 所示为两个杆件用转动副连接，但两者均可转动；图 4-5b、c 所示分别为活动构件 2 和机架 1 之间用转动副连接的两种表达方法。

3. 移动副

两构件组成平面移动副时，表示方法通常如图 4-6 所示，带下划斜线的构件 1 表示机架，构件 2 表示滑块。图 4-6a、b 中构件 2 为移动滑块，图 4-6c 中构件 2 为移动杆件。

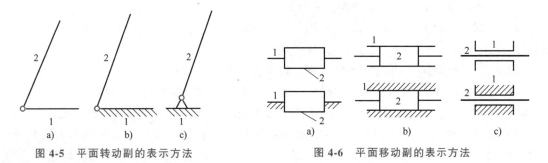

图 4-5 平面转动副的表示方法   图 4-6 平面移动副的表示方法

4. 平面高副

两构件组成的平面高副中最常见的为凸轮副和齿轮副，其表示方法如图 4-7 所示。

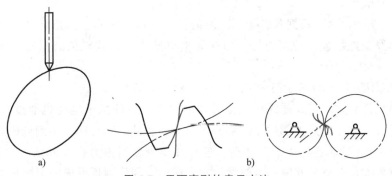

图 4-7 平面高副的表示方法

a）凸轮副 b）齿轮副

4.3 平面机构运动简图

在研究或设计机构时，为了减少和避免机构复杂的结构外形对运动分析带来的不便，我们可以不考虑机构中与运动无关的因素，仅用简单的线条和符号来表示构件和运动副，并按比例画出各运动副的相对位置。这种用规定符号和简单线条表示机构各构件之间相对运动及运动特征的图形称为机构运动简图。本书在研究机构的组成及运动状态时，都是以机构运动简图为基础来研究的。

机构运动简图所表示的主要内容有：机构类型，构件数目，运动副的类型、数目以及机构的运动尺寸等。

对于只表示机构的组成及运动情况，而不严格按照比例绘制的简图，称为机构示意图。

小提示

为研究和设计机械进行调研和资料收集时，尤其是在生产现场分析某机构的运动原理时，一般需绘制该机构的运动简图，平面机构运动简图可以用来进行运动分析和动力分析。

绘制平面机构运动简图一般应按下列步骤进行：

1）分析机构的组成，明确主动构件、从动构件和机架，并将各构件用数字编号或命名。

2）从主动构件开始，沿运动传递路线，分析各构件间运动副的类型，并确定各构件的运动性质。

3）选择视图平面及机构运动简图位置。

4）选择适当比例，按照各运动副间的距离和相对位置，用规定的符号画出各运动副，然后用简单线条将同一构件上的运动副连接起来。

例 4-1 试绘制图 4-1b 所示单摆式颚式破碎机的机构运动简图。

解 1）如图 4-1b 所示，颚式破碎机主体机构由机架（固定构件）、偏心轮（原动件）、动颚板（工作执行件）和肘板四个构件组成，惯性轮与机构运动无关，故不做考虑。

2）分析工作过程：偏心轮绕轴线 A 转动，驱使动颚板做平面运动，从而将石料轧碎。分析运动副类型：偏心轮与机架组成转动副 A，偏心轮与动颚板组成转动副 B，肘板与动颚板组成转动副 C，肘板与机架组成转动副 D。

3）图 4-1b 已清楚地表达出各构件间的运动关系，所以选择此平面为视图平面，同时选定转动副 A 的位置。

4）选择适当的比例，根据各转动副之间的尺寸和位置关系，画出转动副 B、C 和 D 的位置，用简单线条连接各转动副符号，即绘制出单摆式颚式破碎机的机构运动简图，如图 4-1c 所示。

例 4-2 试绘制图 4-8a 所示颚式破碎机的机构运动简图。

解 扫描二维码观看颚式破碎机工作过程后可知，破碎机中电动机通过 V 带传动驱动偏心轴 1 转动（V 带传动是机器的原动部分，只是驱动偏心轴转动，本例机构运动简图中不必画出），偏心轴 1 带动连杆 2 上下摆动，连杆 2 又牵动后推力板 3 和前推力板 4 做摆动，从而使得动颚板 5 相对机架 6 做一定幅度的左右摆动，和静颚板形成一个变化的挤压腔。各构件往复运动把掉入挤压腔的石料破碎，完成破碎石料的工作任务。

选择图 4-8a 所示平面为视图平面，首先确定转动副 O 的位置，选择适当的比例，按工作过程中机构运动传递的先后顺序，依次确定各个运动副的位置和各构件的长度，完成颚式破碎机的机构运动简图，如图 4-8b 所示。

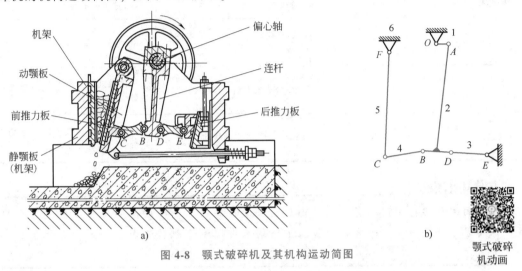

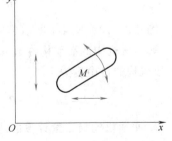

颚式破碎机动画

图 4-8　颚式破碎机及其机构运动简图

关键知识点

用规定符号和简单线条表示机构各构件之间相对运动及运动特征的图形称为机构运动简图。不严格按照比例绘制的简图，称为机构示意图。

4.4　平面机构的自由度

4.4.1　构件的自由度（degree of freedom）

在平面运动中，一个自由构件具有 3 个独立的运动，如图 4-9 所示，即沿 x 轴和 y 轴的移动以及在 xOy 平面内的转动。构件所具有的独立运动的数目称为自由度，做平面运动的自由构件有 3 个自由度。

4.4.2　运动副对构件的约束

两构件通过运动副连接后，某些独立运动将受到限制，自由度随之减少，这种对构件独立运动的限制称为约束（constraint）。每引入一个约束，构件就减少一个自由度，运动副的类型不同，引入的约束数目也不等。如图 4-3a 所示，转动副约束了构件沿水平和竖直方向的移动，只保留了一个转动自由度；如图 4-3b 所示，移动副限制了构件沿竖直方向的移动和在竖直平面内的转动，只保留了一个沿水平方向的移动自由度；如图 4-2 所示，高副只约束了沿接触处公法线方向的移动，保留了绕接触点的转动和沿接触处公切线方向的移动。由此可知，在平面机构中，平面低副引入两个约束，平面高副引入一个约束。常见平面运动副对构件的约束情况见表 4-1（基于如图 4-9 所示的 xOy 参考平面）。

图 4-9　自由构件的自由度

表 4-1 平面运动副约束情况

运动副名称	约束数目	自由度数目	约束运动	保留运动
转动副	2	1	沿 x、y 轴的移动	xOy 平面内的转动
移动副	2	1	沿 x(或 y)轴的移动、xOy 平面内的转动	沿 y(或 x)轴的移动
齿轮副	1	2	沿接触处公法线方向的移动	沿接触处公切线方向的移动、绕接触线(点)的转动
凸轮副	1	2	沿接触处公法线方向的移动	沿接触处公切线方向的移动、绕接触线(点)的转动

关键知识点

做平面运动的自由构件有 3 个自由度。平面低副引入 2 个约束即限制了机构 2 个自由度，保留了 1 个自由度。平面高副引入 1 个约束即限制了机构 1 个自由度，保留了 2 个自由度。

4.5 平面机构自由度的计算

1. 平面机构自由度的计算公式

设一个平面机构有 N 个构件，其中必有一个机架（固定构件，自由度为零），则活动构件数为 $n=N-1$。在未用运动副连接之前，这些活动构件共有 $3n$ 个自由度，当用运动副将活动构件连接起来后，自由度随之减少。如果用 P_L 个低副、P_H 个高副将活动构件连接起来，由于每个低副限制 2 个自由度，每个高副限制 1 个自由度，则该机构自由度 F 的计算公式为

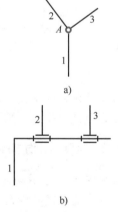

a)

b)

图 4-10 复合铰链

$$F=3n-2P_L-P_H$$

例 4-3 计算图 4-1 所示单摆式颚式破碎机的机构自由度。

解 该机构的活动构件数 $n=3$，低副数 $P_L=4$，高副数 $P_H=0$，故机构的自由度为

$$F=3n-2P_L-P_H=3\times3-2\times4-0=1$$

2. 平面机构自由度计算的注意事项

计算平面机构的自由度时，必须注意下面几种特殊情况：

小趣味

自由度计算公式中，为什么自由度用 F 表示？构件数用 n 表示？低副个数用 P_L 表示？高副个数用 P_H 表示？

（1）复合铰链 图 4-10a 中，A 处往往会被误认为是一个转动副。若观察其侧视图

（图 4-10b），就可以看出 A 处实则是构件 1 分别与构件 2 和构件 3 组成的两个转动副，只是两个转动副的转动中心线重合。这种由两个以上构件在同一轴线上构成多个转动副的铰链，称为复合铰链（composite hinge）。

当组成复合铰链的构件数为 k 时，该处所包含的转动副数目应为（$k-1$）个。在计算机构自由度时，应注意机构中是否存在复合铰链，以免漏算运动副。

例 4-4　计算图 4-11 所示摇筛机构的自由度。

解　机构中有 5 个活动构件，A、B、D、E、F 处各有 1 个转动副，C 处为 3 个构件组成的复合铰链，有 2 个转动副，故 $n=5$，$P_L=7$，$P_H=0$，则机构的自由度为

$$F = 3n-2P_L-P_H = 3\times5-2\times7-0 = 1$$

例 4-5　计算图 4-12 所示圆盘锯机构的自由度。

解　圆盘锯机构中有 7 个活动构件，A、B、D、E 处均为 3 个构件组成的复合铰链，每处都有 2 个转动副，C、F 处各有 1 个转动副，因此机构中共有 10 个转动副，则机构的自由度为

$$F = 3n-2P_L-P_H = 3\times7-2\times10-0 = 1$$

圆盘锯机构的自由度为 1，说明只要有一个原动件，就可以得到确定的机构运动。圆盘锯机构一般将构件 6 作为原动件，则 C 点的运动轨迹是一条直线。

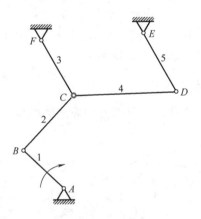

图 4-11　摇筛机构

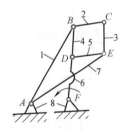

图 4-12　圆盘锯机构　　圆盘锯

（2）局部自由度　图 4-13a 中，滚子 2 可绕 B 点独立转动，但是，滚子 2 的转动对整个机构的运动不产生影响，只是减少局部的摩擦磨损。这种不影响整个机构运动的局部的独立运动，称为局部自由度（isolated degree of freedom）。计算机构自由度时，应假想将滚子 2 与杆 3 固结为一个构件（图 4-13b 构件 2），略去局部自由度不计。

例 4-6　计算图 4-13 中凸轮机构的自由度。

解　因存在局部自由度，所以应先将滚子 2 与杆 3 固结，再计算机构自由度。更新后的机构

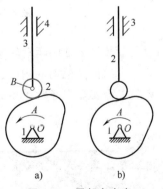

对心直动
滚子凸轮

a)　　　b)

图 4-13　局部自由度

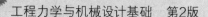
（图 4-13b）中，$n=2$，$P_L=2$，$P_H=1$，则机构的自由度为 $F=3n-2P_L-P_H=3\times2-2\times2-1=1$。

局部自由度虽然不影响整个机构的运动，但可以使接触处的滑动摩擦变为滚动摩擦，减小摩擦阻力和磨损。因此，实际机械中常采用具有局部自由度的存在，如滚子、滚轮等。

（3）虚约束 在一些特殊的机构中，有些运动副所引入的约束与其他运动副所起的限制作用相重复，这种不起独立限制作用的重复约束，称为虚约束（virtual restraint）。在计算机构自由度时，应除去虚约束。

✎ 小资料

本章讲的主要是平面机构自由度，因此只涉及平面运动副。在现代机械中，尤其在自动化装配线上，经常会用到空间运动副。空间运动副包含球面副、球销副、螺旋副和圆柱副等类型。空间中做自由运动的构件有 6 个自由度，可在空间自由移动和转动，空间构件组成运动副同样会对构件的独立运动产生约束。常见的机械手、机器人等多用到空间运动副，现在各种儿童变形玩具也用到很多空间运动副。

球面副

拼插玩具

例 4-7 计算图 4-14a 所示大筛机构的自由度。

解 分析机构可知，机构中 F 处的滚子自转产生一个局部自由度；顶杆 DF 与机架在 E 和 E' 处组成两个导路重合的移动副，其中之一为虚约束；C 处为复合铰链。

将滚子 F 与顶杆 DF 视为一体，去掉移动副 E'，并在 C 处注明转动副个数，更新后的机构如图 4-14b 所示。可知，$n=7$，$P_L=9$，$P_H=1$，则机构的自由度为

$$F=3n-2P_L-P_H=3\times7-2\times9-1=2$$

大筛机构的自由度为 2，说明该机构要有两个原动件，才可以得到确定的机构运动。

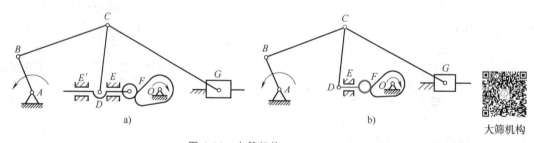

a)   b)

大筛机构

图 4-14 大筛机构

引入虚约束后，其约束处的运动轨迹与虚约束引入前的运动轨迹重合。虚约束虽然不影响机构的运动，但可以提高机构的刚度、改善机构的受力、保持运动的可靠性。因此，在机构中加入虚约束是工程实际中经常采用的主动措施。常见具有虚约束的机构实例及其自由度计算见表 4-2。

✎ 关键知识点

平面机构自由度计算公式是 $F=3n-2P_L-P_H$，计算机构的自由度时要注意复合铰链、局部自由度和虚约束等特殊情况的存在。

表 4-2　常见具有虚约束的机构实例及其自由度计算

虚约束引入情况	实例简图	特　征	自由度计算及对虚约束的处理措施
		特定几何条件	
引入虚约束后，其约束处的运动轨迹与之前的运动轨迹重合	机车车轮联动机构	重复轨迹	$F = 3n - 2P_L - P_H$ $= 3 \times 3 - 2 \times 4 - 0 = 1$ 措施：拆去构件 5 及其引入的转动副 E、F
		构件 EF、AB、CD 彼此平行且相等	平行四边形虚约束　火车轮虚约束
两构件组成多个转动副，且各转动副的轴线重合	齿轮轴轴承	重复转动副	$F = 3n - 2P_L - P_H$ $= 3 \times 1 - 2 \times 1 - 0 = 1$ 措施：只计算一个转动副（如 B），除去其余转动副（如 B'）
		B、B' 两轴承共轴线	二级减速器　一级减速器（内部结构）
两构件组成多个移动副，且各移动副的导路平行或重合	气缸	重复移动副	
		B、B' 两导路彼此平行	$F = 3n - 2P_L - P_H$ $= 3 \times 1 - 2 \times 1 - 0 = 1$ 措施：只计算一个移动副（如 B），除去其余移动副（如 B'）
两构件组成多个平面高副，且各高副接触处的公法线重合	凸轮机构	重复高副	$F = 3n - 2P_L - P_H$ $= 3 \times 2 - 2 \times 2 - 1 = 1$ 措施：只计算一个高副（如 B），除去其余高副（如 B'）。另外，只计算一个移动副（如 C），除去其余移动副（如 C'）
		B、B' 两接触点处公法线重合	
		重复移动副	
		C、C' 两导路相重合	等宽凸轮
对机构运动不起作用的对称部分	行星轮系	重复结构	
		对称的三个小齿轮 2、2'、2'' 大小相同	$F = 3n - 2P_L - P_H$ $= 3 \times 4 - 2 \times 4 - 2 = 2$ 措施：只计算一个小齿轮（如 2）引入的运动副，拆去其余小齿轮及其引入的运动副
		行星轮系系杆固定	

行星轮系中，齿轮 1、齿轮 3 和 H 杆 3 个构件和机架组成 3 个转动副，此处为复合铰链。

4.6 平面机构具有确定运动的条件

机构的自由度就是机构所具有的独立运动的个数。由于原动件和机架相连，受低副约束后只有一个独立的运动，而从动件靠原动件带动，本身不具有独立运动。因此，机构的自由度必定与原动件数目相等。

如果机构自由度等于零，则各构件组合在一起形成刚性结构，如图 4-15 所示，各构件之间没有相对运动，故不能构成机构。

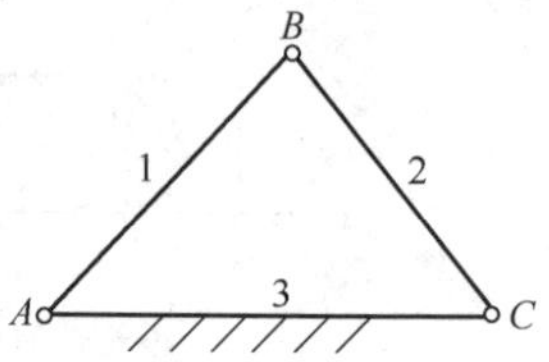

如果原动件数目小于机构自由度，则会出现机构运动不确定的现象，如图 4-16 所示。

如果原动件数目大于机构自由度，则机构中最薄弱的构件或运动副可能被破坏，如图 4-17 所示。

图 4-15　刚性桁架

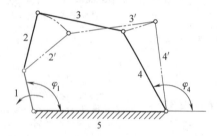

图 4-16　原动件数目小于机构自由度

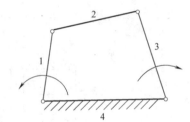

图 4-17　原动件数目大于机构自由度

机构具有确定运动的条件是"机构的自由度大于零且等于原动件的数目"。

实 例 分 析

实例一　画出生活中常用的长把雨伞和折叠雨伞的机构运动简图，并计算其自由度。

解　打开长把雨伞（图 4-18）时，一般是一只手握住雨伞把手，另一只手向上推动滑块（或自动向上弹起）至一定位置，即可打开雨伞。图 4-19 所示为长把雨伞机构运动简图，构件 6（雨伞把手）为机架，该机构有 5 个活动构件，7 个低副（6 个转动副，1 个移动副）。其中 C 处复合铰链包含 2 个转动副，A 处复合铰链包含 2 个转动副、1 个移动副，该机构没有高副，故机构的自由度为

$$F = 3n - 2P_L - P_H = 3 \times 5 - 2 \times 7 - 0 = 1$$

长把雨伞自由度为 1，说明该机构中只要推动滑块 1（原动件）向上，则整个机构的运

动便可以确定，即打开雨伞。进一步分析，去掉机构中的 4、5 构件，机构自由度为：$F = 3n - 2P_L - P_H = 3 \times 3 - 2 \times 4 - 0 = 1$，同样符合运动要求。由此可看出雨伞机构的 4、5 构件不是虚约束，而是一个杆组，是和构件 2、3 相对称的部分。因增加了 4、5 两个构件，引入 6 个自由度，但同时引进 3 个低副，约束了 6 个自由度，正好抵消，故雨伞主体机构是由多组杆组构成的骨架。

长把雨伞

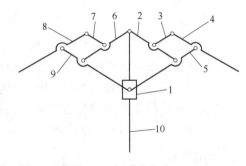

图 4-18　长把雨伞实物图　　　　　　　　　　图 4-19　长把雨伞机构运动简图

同理，图 4-20 所示为折叠雨伞实物图，经分析可画出其机构运动简图如图 4-21 所示。折叠雨伞和长把雨伞一样存在对称部分，故计算折叠雨伞的自由度时也可只研究机构的一侧。构件 10（雨伞把手）为机架，观察右侧构件，有 5 个活动构件，7 个低副（6 个转动副，1 个移动副），故机构的自由度为

$$F = 3n - 2P_L - P_H = 3 \times 5 - 2 \times 7 - 0 = 1$$

七杆组雨伞

图 4-20　折叠雨伞实物图　　　　　　　　　　图 4-21　折叠雨伞机构运动简图

小常识

　　雨伞的骨架中杆组数目并不都是一样的，最少的有 6 组，其次有 7 组、8 组……，最多的有 24 组。

　　折叠雨伞自由度为 1，同长把雨伞一样，说明该机构中只要推动滑块 1（原动件）向上，就可使机构具有确定的运动，从而打开雨伞。机构中 2、3、4、5 四个构件组成平行四边形机构，使雨伞收回和打开更为方便。因是对称机构，可知整个机构的运动也是确定的，折叠雨伞主体机构同样由多组杆组组合而成。

小提示

观察日常生活中的常见机构，如健身器材、折叠椅等，画出其运动简图并分析其运动规律，可以发现所有机构都符合机构具有确定运动的条件。

实际上，我们现在使用的折叠雨伞在杆 4（8）的末端还设有一套平行四边形机构，以保证雨伞在收回和打开时最外面的一圈能顺利折叠和展开，避免了旧式折叠雨伞在打开时最外面的一圈可能向上翘起的现象。

实例二 图 4-22 所示为一简易压力机，试绘制其机构运动简图，并分析该简易压力机是否具有确定的运动，如存在问题，提出改进方案。

解 设计者思路：带轮（原动件，由电动机驱动，和本例自由度计算无关）转动带动凸轮转动，使得杠杆绕 C 摆动，通过铰链 D 牵动冲头上下运动完成冲压工作。

该机构的运动简图如图 4-23 所示，分析可知，活动构件数 $n = 3$，低副数 $P_L = 4$（3 个转动副，1 个移动副），高副数 $P_H = 1$，则机构的自由度为

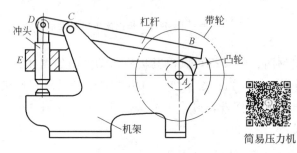

图 4-22 简易压力机

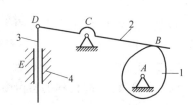

图 4-23 简易压力机机构运动简图

$$F = 3n - 2P_L - P_H = 3 \times 3 - 2 \times 4 - 1 = 0$$

机构自由度为 0，说明机构不能运动，也不存在原动件。

从运动角度分析该机构，确实存在问题。D 点是构件 2 和构件 3 的连接点，但构件 2 和构件 3 在 D 点的运动轨迹不同：构件 2 上 D 点的运动轨迹是以 C 点为圆心，以 CD 长为半径的圆弧；而构件 3 上 D 点的运动轨迹是垂直于机架的直线。平面内同一个点，不可能既做圆弧摆动又做直线移动，故机构不能运动。

小提示

一个机构能否运动，不能只凭主观分析，一定要切实计算该机构的自由度，只有满足具有确定运动条件的机构才能正确运动。

若使机构运动，必须解决构件 2 和构件 3 上 D 点运动轨迹不同的问题，现提出三种修改方案以供参考，分别如图 4-24a、b、c 所示。分析改进后的机构，活动构件数 $n = 4$，低副数 $P_L = 5$（图 4-24a、b 包含 3 个转动副，2 个移动副；图 4-24c 包含 4 个转动副，1 个移动副），高副数 $P_H = 1$，则机构的自由度为

$$F = 3n - 2P_L - P_H = 3 \times 4 - 2 \times 5 - 1 = 1$$

改进后机构的自由度为 1，说明只要有一个原动件，该机构就能具有确定的运动。

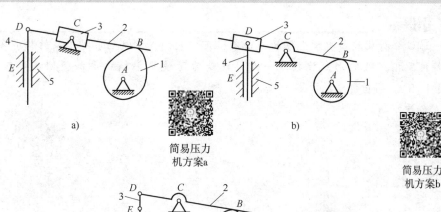

a)

b)

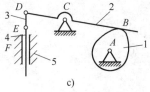

简易压力
机方案a

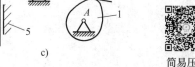

简易压力
机方案b

c)

图 4-24 简易压力机的修改方案

简易压力
机方案c

实例三 图 4-25a 所示为一刚性桁架结构，试计算该结构的自由度，并对其他几个结构（图 4-25b、c、d）进行讨论。

a)

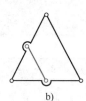
b)

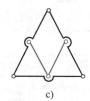
c)

d)

图 4-25 刚性桁架

解 图 4-25a 中结构共有 3 个构件，实际上该结构本身没有活动构件，且按前述机构中必有一构件为固定构件（机架）的条件，假设其余 2 个构件为活动构件，该结构有 3 个转动副，则结构的自由度为

$$F = 3n - 2P_L - P_H = 3 \times 2 - 2 \times 3 - 0 = 0$$

结构自由度为 0，故该结构不能运动，称为静定桁架。

图 4-25b 中结构在原 3 个构件的基础上又加 1 个构件，仍基于上述思路进行分析，则该机构的自由度为

$$F = 3n - 2P_L - P_H = 3 \times 3 - 2 \times 5 - 0 = -1$$

结构自由度为 -1，该结构更不能动。因为增加了 1 个构件，引入 3 个自由度，但同时引进 2 个低副，约束了 4 个自由度，多约束 1 个自由度，故自由度计算为负数。这样的结构也更为坚固，称为超静定桁架。

基于同样思路分析图 4-25c 和图 4-25d 中的结构，可得出图 4-25c 中机构的自由度为 -2，图 4-25d 中结构的自由度为 -3。可看出每增加 1 个构件，结构就多 1 个负自由度，也说明结构更加坚固，都可以称为超静定桁架。

小提示

通过分析比较各类型桁架的自由度，可以明白，常见的各种框架结构、各种支架采用众多杆件互相交叉的形式连接在一起，就是为了使桁架结构更加坚固，如各种信号发射架（图4-26）、高压电线的铁塔（图4-27）等。

图 4-26 信号发射架

图 4-27 高压电线的铁塔

小练习

图4-28所示为双位坐推训练器，请观察二维码中机构的运动情况，绘制出双位坐推训练器的机构运动简图，并计算机构的自由度。

双位坐推
训练器

图 4-28 双位坐推训练器

知 识 小 结

1. 运动副及其分类 $\begin{cases} 运动副概念 \\ 运动副分类 \begin{cases} 高副 \begin{cases} 凸轮副 \\ 齿轮副 \end{cases} \\ 低副 \begin{cases} 转动副 \\ 移动副 \end{cases} \end{cases} \end{cases}$

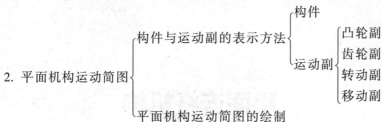

2. 平面机构运动简图 {
　　构件与运动副的表示方法 {
　　　　构件
　　　　运动副 {
　　　　　　凸轮副
　　　　　　齿轮副
　　　　　　转动副
　　　　　　移动副
　　　　}
　　}
　　平面机构运动简图的绘制
}

3. 平面机构的自由度 {
　　构件的自由度
　　运动副对构件的约束
}

4. 平面机构的自由度计算 {
　　自由度的计算公式
　　自由度计算的注意事项
}

5. 平面机构具有确定运动的条件

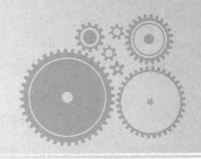

第5章

平面连杆机构
（Planar Linkage Mechanism）

本章导读

我们日常生活中使用的家用踏板式缝纫机（图5-1）可以说是一个简单的机器，只要使用者踏动缝纫机的踏板，缝纫机的带轮就会转动，缝纫机机头里的机针就会上下运动、台板上的送布牙就会前后摆动来完成布料的缝合工作，满足人们预期的功能要求。

图 5-1　家用踏板式缝纫机

为什么踏动踏板就能使带轮转动？为什么带轮转动就能使缝纫机的机针上下运动、送布牙前后摆动来完成送进布料的任务？原因是缝纫机从踏板到机头的机针之间有若干个机构相互连接，当踏板摆动时，会带动一系列机构按预设的运动规律运动，从而完成工作任务。本章主要内容便是分析和研究平面连杆机构，通过学习本章内容，将对我们日常生活和工业生产实践中应用的各种机构有更加深入的认识，也有助于使用好和维护好这些机构。

缝纫机

小资料

缝纫机是用一根或多根缝纫线，在缝料上形成一种或多种线迹，使一层或多层缝料交织或缝合起来的机器。缝纫机能缝制棉、麻、丝、毛、人造纤维等织物和皮革、塑料、纸张等制品，缝出的线迹整齐美观、平整牢固，缝纫速度快、使用简便。第一台缝纫机是美国人伊莱亚斯·豪（1819—1867）发明的。1905 年上海开设了缝纫机维修商店，可制作一些简单的零部件。

基本内容

平面连杆机构是将若干刚性构件用低副（转动副和移动副）连接起来并做平面运动的机构，也称平面低副机构。

由于低副为面接触，故传力时压强低、磨损量小，且易于加工和保证精度，能方便地实现转动、摆动和移动这些基本运动形式及其相互转换。因此，平面连杆机构在各种机器设备和仪器仪表中得到了广泛的应用。

平面连杆机构的缺点是：由于低副中存在着间隙，将不可避免地引起机构的运动误差；此外，它不易实现精确复杂的运动规律。

最简单的平面连杆机构由四个构件组成，简称四杆机构。四杆机构应用广泛，是组成多杆机构的基础，本章主要讨论四杆机构的有关问题。根据机构中是否包含移动副，四杆机构可分为铰链四杆机构和滑块四杆机构两大类，如图 5-2 所示。

图 5-2　平面四杆机构

a）铰链四杆机构　b）滑块四杆机构

5.1 铰链四杆机构

5.1.1 铰链四杆机构的基本形式

当四杆机构中的运动副都是转动副时，该四杆机构称为铰链四杆机构，如图 5-2a 所示。机构中固定不动的构件 4 称为机架（rank）；与机架相连的构件 1 、3 称为连架杆（side link），其中能做整周回转的连架杆称为曲柄（crank），只能做往复摆动的连架杆称为摇杆（racker）；连接两连架杆的可动构件 2 称为连杆（comecting rod）。

铰链四杆机构根据两连架杆运动形式的不同，分为三种基本形式：曲柄摇杆机构、双曲柄机构和双摇杆机构。

1. 曲柄摇杆机构（crank and rocker mechanism）

两连架杆中，一个是曲柄，另一个是摇杆的铰链四杆机构，称为曲柄摇杆机构，如图 5-3 所示。

曲柄摇杆机构的主要用途是改变运动形式。当曲柄为主动件时，机构可将曲柄的回转运动变为从动件摇杆

曲柄摇杆机构

图 5-3 曲柄摇杆机构

的摆动。如图 5-3 中的曲柄 1 为主动件，并做匀速运动，则摇杆 3 为从动件，将做变速往复摆动，连杆 2 做平面运动。图 5-4 所示的牛头刨床横向自动进给机构，就是曲柄摇杆机构。

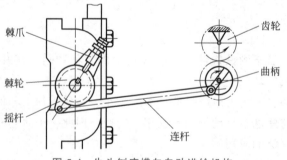

牛头刨床曲柄摇杆机构

图 5-4 牛头刨床横向自动进给机构

当摇杆为主动件时，机构还可以将摇杆的摆动转变为从动件曲柄的回转运动。如图 5-5 所示的缝纫机踏板机构即为这种机构的应用，其中踏板 1 为摇杆，曲轴 3 为曲柄。当踏板往复摆动时，可通过连杆 2 使曲柄 3 做连续转动，再通过带轮带动缝纫机头进行缝纫工作。

日常生活中，健身活动用的椭圆漫步机也是曲柄摇杆机构的典型应用，如图 5-6 所示。

2. 双曲柄机构（double crand mechanism）

两连架杆均为曲柄的铰链四杆机构，称为双曲柄机构，如图 5-7 所示。

双曲柄机构分为普通双曲柄机构和平行双曲

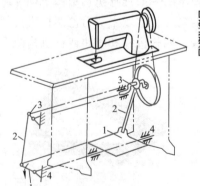

缝纫机

图 5-5 缝纫机踏板机构

柄机构。

　　两曲柄长度不相等的双曲柄机构为普通双曲柄机构，这种机构的运动特点是：当主动曲柄做匀速转动时，从动曲柄做周期性的变速转动，以满足机器的工作要求。如图 5-8 所示的惯性筛，就是普通双曲柄机构的应用。当曲柄 AB 匀速转动时，另一曲柄 CD 做变速转动，使筛子 6 具有所需要的加速度，利用加速度所产生的惯性力使颗粒材料在筛箅上往复运动，从而达到筛分的目的。

图 5-6　椭圆漫步机

漫步机

图 5-7　双曲柄机构

双曲柄机构

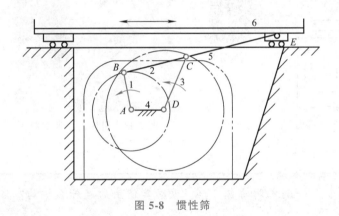

惯性筛机构

图 5-8　惯性筛

　　在双曲柄机构中，若相对的两杆长度分别相等，则称该机构为平行双曲柄机构，如图 5-9 所示。

　　在平行双曲柄机构中，当两曲柄转向相同时，它们的角速度时时相等，连杆也始终与机架平行，四个构件形成平行四边形，故又称平行四边形机构。这种机构在工程上应用很广，如图 5-10 所示的机车车轮联动机构。

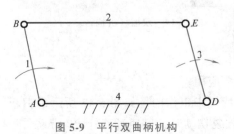

图 5-9　平行双曲柄机构

平行双曲柄机构

图 5-10　机车车轮联动机构

火车轮虚约束

蒸汽火车

如图 5-11 所示的天平机构也是利用了平行四边形机构主、从动曲柄运动相同和对边始终平行的特点，来保证当机构处于平衡时砝码重量和被称重量相同，从而完成称量工作。

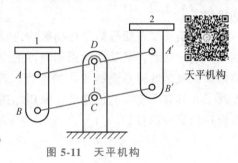

天平机构

平行双曲柄机构还有一种反向平行双曲柄机构。如图 5-12 所示的车门启闭机构，当 AB 杆摆动，左侧车门打开的同时，可通过 BC 杆带动 CD 杆摆动，从而使右侧车门同时打开。

图 5-11 天平机构

如图 5-13 所示的引体向上训练器也是反向平行双曲柄机构的典型应用，利用反向平行双曲柄机构的特性，运动者可以靠自己的臂力把自己拉上去，以达到锻炼臂力等目的。

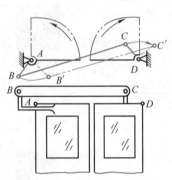

引体向上-立式

引体向上-坐标

车门启闭机构

图 5-12 车门启闭机构

图 5-13 引体向上训练器

小启发

山东一农民自制了一辆木制的自行车，观察其使用的是什么机构？请扫描二维码。

木制自行车

3. 双摇杆机构（double rocker mechanism）

两连架杆均为摇杆的铰链四杆机构，称为双摇杆机构，如图 5-14 所示。

如图 5-15 所示的港口起重机就是双摇杆机构的工程应用。该机构的最大优点是：当重物被吊起往回收时，M 点的轨迹是一条直线，避免了被吊重物对起重机本身产生冲击。

天平机构

图 5-14 双摇杆机构

如图 5-16 所示的飞机起落架也是双摇杆机构的典型应用。

生产实践中使用的剪板机也是利用双摇杆机构的特性来工作的。如图 5-17 所示的剪板机机构中，AB 摇杆为主动件，当 AB 随其上方的长柄往复摆动时，可通过连杆 BC 带动另一

个摇杆 *CD* 上下摆动。*CD* 杆同时也是动切削刃，动切削刃上下摆动和静切削刃一起完成剪裁钢板的工作。

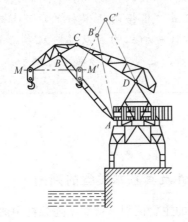

港口起重机

图 5-15　港口起重机

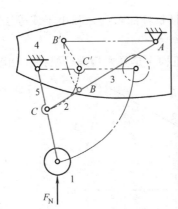

飞机起落架

图 5-16　飞机起落架

小提示

　　学习了铰链四杆机构的基本类型后，注意观察日常生活中所见到的各类机构，分析它们各自属于何种机构。

剪板机

图 5-17　剪板机

关键知识点

　　四杆机构是平面低副机构，可分为铰链四杆机构与滑块四杆机构两种。铰链四杆机构由一个机架、两个连架杆和一个连杆组成，根据两连架杆的运动情况，铰链四杆机构可分为三种基本形式：曲柄摇杆机构、双曲柄机构和双摇杆机构。铰链四杆机构除能够实现转动—转动、摆动—摆动的传动外，还可以将转动变为摆动，也可将摆动变为转动。

理解机构

5.1.2　铰链四杆机构中曲柄存在的条件及其基本类型的判别

　　由前可知，铰链四杆机构三种基本形式的主要区别，就在于连架杆中曲柄的数量。而机构中是否有曲柄存在，则取决于机构中各构件的相对长度以及机架所处的位置。对于铰链四杆机构，可按下述方法判别其类型。

　　1）当铰链四杆机构中最短杆的长度与最长杆的长度之和小于或等于其他两杆长度之和（即 $l_{max} + l_{min} \leqslant l' + l''$）时：

　　① 若以最短杆的相邻杆为机架，则该机构一定是曲柄摇杆机构，如图 5-18 所示。

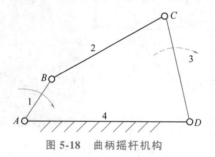

曲柄摇杆机构

图 5-18　曲柄摇杆机构

　　② 若以最短杆为机架，则该机构一定是双曲柄机构，如图 5-19 所示。

　　③ 若以最短杆相对的杆为机架，则该机构一定是双摇杆机构，如图 5-20 所示。

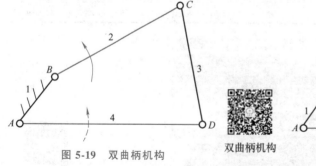
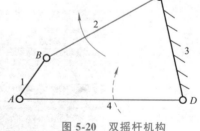

图 5-19　双曲柄机构　　双曲柄机构　　　　图 5-20　双摇杆机构　　双摇杆机构

　　2）当铰链四杆机构中各构件长度不满足条件 $l_{max} + l_{min} \leqslant l' + l''$，无论取哪个杆为机架均无曲柄存在，只能成为双摇杆机构。

　　综上，判别铰链四杆机构基本类型的方法可用下面框图表示：

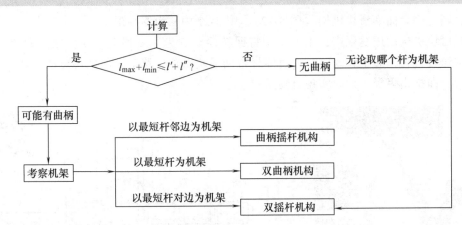

```
                    ┌────────┐
                    │  计算   │
                    └────┬───┘
         是              │              否
    ┌───────────◇ l_max+l_min≤l'+l" ? ◇───────────→ ┌──────┐  无论取哪个杆为机架
    │                                               │ 无曲柄 │
    ↓                                               └──────┘
┌──────────┐
│ 可能有曲柄 │      ┌─ 以最短杆邻边为机架 ─→ ┌──────────┐
└────┬─────┘      │                        │ 曲柄摇杆机构 │
     │            │                        └──────────┘
     ↓            │   以最短杆为机架 ─────→ ┌──────────┐
┌──────────┐      │                        │ 双曲柄机构  │
│  考察机架  │─────┤                        └──────────┘
└──────────┘      │   以最短杆对边为机架 ─→ ┌──────────┐
                  └─                        │ 双摇杆机构  │
                                            └──────────┘
```

小提示

本章分析的主要是封闭式四杆机构，在日常生活和生产实践中还会用到很多开式机构。

关键知识点

铰链四杆机构存在曲柄的条件是：1）机构中最短杆的长度与最长杆的长度之和小于或等于其他两杆长度之和（即 $l_{max}+l_{min}\le l'+l''$）；2）机架或连架杆之一必为最短杆。

延伸机构

5.2 滑块四杆机构

凡含有移动副的四杆机构，均称为滑块四杆机构，简称滑块机构。按机构中滑块的数目，可分为单滑块机构（图5-21a）和双滑块机构（图5-21b）。

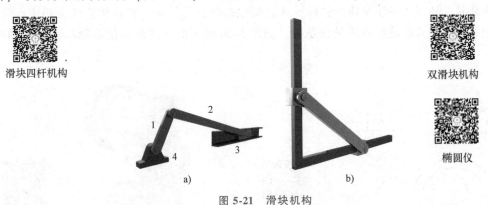

滑块四杆机构

双滑块机构

椭圆仪

图 5-21 滑块机构

a）单滑块机构 b）双滑块机构

1. 曲柄滑块机构（crank slider mechanism）

如图5-21a和图5-22所示，图中1为曲柄，2为连杆，3为滑块。若滑块移动导路中心线通过曲柄转动中心，则该滑块机构称为对心曲柄滑块机构（图5-21a）；若不通过曲柄转动中心，则为偏置曲柄滑块机构（图 5-22），图 5-22 中 e 为偏心距。

曲柄滑块机构的用途很广，主要用于将回转运动变为往复移动，或反之。如图 5-23 所示的自动送料机构，曲柄转动时，通过连杆带动滑块做往复移动。曲柄每转动一周，滑块便往复一次，即推出一个工件，实现自动送料。

偏置曲柄
滑块机构

图 5-22　偏置曲柄滑块机构

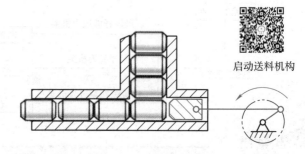

启动送料机构

图 5-23　自动送料机构

图 5-24 所示为家用夹核桃器，摆动手柄（机构的曲柄），通过连杆带动滑块前后移动，从而在滑块和定块之间形成一定的夹紧空间，完成核桃的夹压工作。该装置的定块位置可前后调整，以适应被夹物体的大小；该装置的定块还可将小头朝前安装，以便于夹持较小的物体（如榛子等）。

夹核桃器——
夹核桃

夹核桃器——
夹榛子

图 5-24　家用夹核桃器

当对心曲柄滑块机构的曲柄长度较短时（图 5-25a），常把曲柄做成偏心轮的形式，如图 5-25b 所示，该机构称为偏心轮机构。偏心轮机构不但增大了偏心轴（曲柄）的尺寸，提高了其强度和刚度，而且当轴颈位于轴的中部时，还便于安装整体式连杆，从而简化连杆结构。偏心轮机构广泛应用于剪床、冲床、内燃机、颚式破碎机等机械设备中。如图 5-26 所示的冲床便是偏心轮结构典型的应用实例。

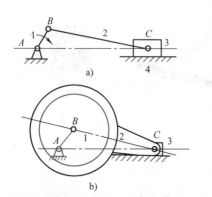

偏心轮机构

冲床

图 5-25　偏心轮机构

图 5-26　冲床

小提示

冲床就是一台冲压式压力机，主要用于板材的冲压生产。冲床通过对金属坯件施加强大的压力使金属发生塑性变形和断裂，完成零件的成形。利用模具，能实现落料、冲孔、成形、拉深、修整、精冲、整形、铆接及挤压件制作等工艺。可用于杯子、碗柜、碟子、汽车外壳等产品的加工生产。因此，冲床具有用途广泛，生产效率高等特点。

2. 导杆机构（guide bar mechanism）

若对图 5-25a 所示的对心曲柄滑块机构（$l_1 < l_2$）设定构件 1 为机架，构件 2 为原动件，则当构件 2 做圆周转动时，构件 4 也能够做整周回转，如图 5-27a 所示，该机构称为转动导杆机构，机构中与滑块 3 组成移动副的构件 4 称为导杆。如图 5-27b 所示的简易刨床主运动机构就是运用了转动导杆机构。

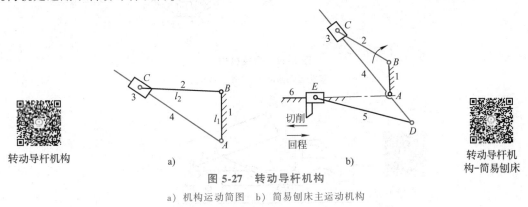

转动导杆机构

转动导杆机构-简易刨床

图 5-27 转动导杆机构

a）机构运动简图　b）简易刨床主运动机构

当 $l_1 > l_2$ 时，仍以构件 2 为原动件且做连续转动，导杆 4 只能往复摆动，如图 5-28a 所示，该机构称为摆动导杆机构。如图 5-28b 所示，牛头刨床主运动机构就是应用了摆动导杆机构。

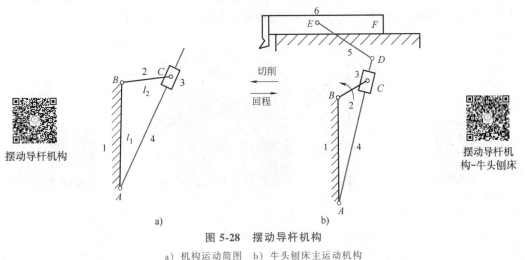

摆动导杆机构

摆动导杆机构-牛头刨床

图 5-28 摆动导杆机构

a）机构运动简图　b）牛头刨床主运动机构

3. 摇块机构（shake block machine）

如图 5-25a 所示的对心曲柄滑块机构中，如设定构件 2 为机架，则构件 1 做圆周转动时，构件 4 做摆动，滑块 3 成了绕机架上 C 点做往复摆动的摇块，如图 5-29a 所示，该机构称为摇块机构。摇块机构常用于摆动液压泵，如图 5-29b 所示。如图 5-30 所示自卸汽车的翻斗机构，也是摇块机构的实际应用。

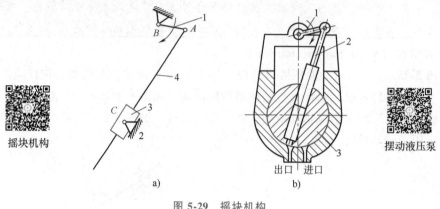

图 5-29 摇块机构

a）机构运动简图 b）摆动液压泵

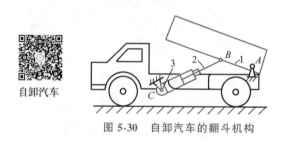

图 5-30 自卸汽车的翻斗机构

4. 定块机构（fixed block machine）

如图 5-25a 所示的对心曲柄滑块机构中，如设定滑块 3 为机架，即得到定块机构，如图 5-31a 所示。如图 5-31b 所示的手动压水机便是定块机构的应用实例。

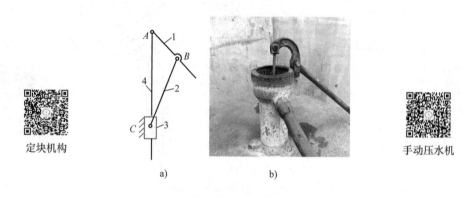

图 5-31 定块机构

a）机构运动简图 b）手动压水机

由以上分析可知，平面四杆机构的形式多种多样，整体来说可以归纳为两大类：不含移动副的平面四杆机构和含一个移动副的平面四杆机构。为了便于读者对照学习，将以上介绍的各类平面四杆机构归纳列于表 5-1 中。

表 5-1　平面四杆机构的基本类型及其演化

固定构件	不含移动副的平面四杆机构		含一个移动副的平面四杆机构	
4	曲柄摇杆机构	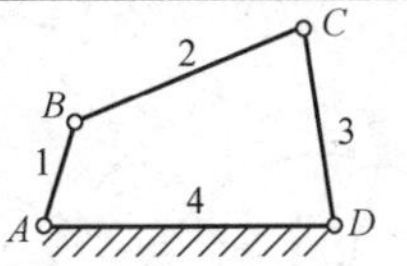	曲柄滑块机构	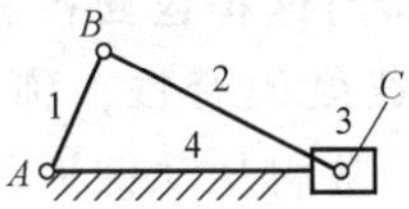
1	双曲柄机构	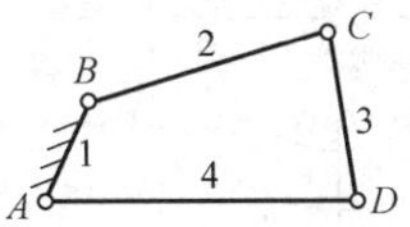	转动导杆机构	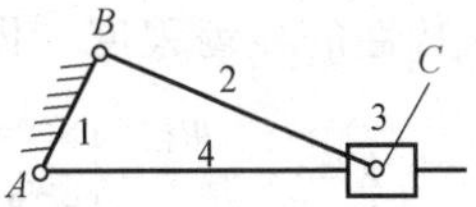
2	曲柄摇杆机构	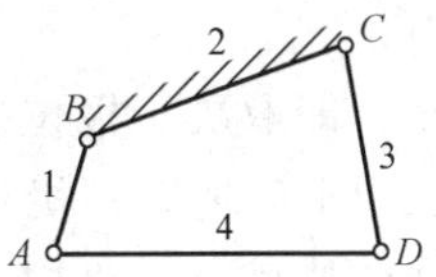	摆动导杆机构	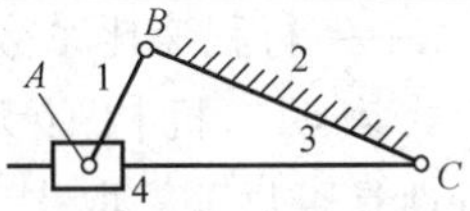
			摇块机构	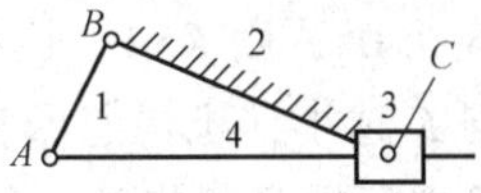
3	双摇杆机构	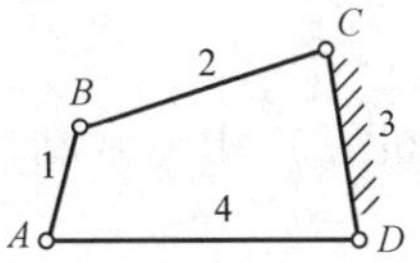	定块机构	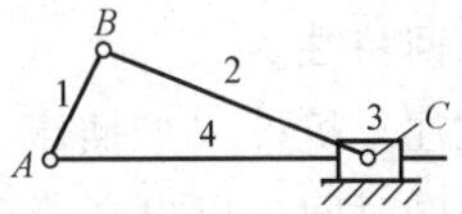

关键知识点

根据滑块及其导路的运动情况，滑块四杆机构可分为曲柄滑块机构、导杆机构、摇块机构和定块机构。滑块四杆机构既可将转动变为滑动或摆动，也可将滑动或摆动转变为转动。

分析机构

5.3　平面四杆机构的基本特性

5.3.1　急回特性（quick-return characteristics）和行程速比系数

如图 5-32 所示的曲柄摇杆机构，原动件曲柄 1 在转动一周的过程中，有两次与连杆 2 共线（B_1AC_1 和 AB_2C_2），对应摇杆 3 分别处于 C_1D 和 C_2D 两个极限位置。摇杆两个极限位置间的夹角 ψ 称为摇杆的最大摆角；而曲柄与连杆两共线位置间所夹的锐角 θ 称为极位夹角。

从图 5-32 中可以看出，摇杆两个极限位置间的夹角 ψ 是一定的。摇杆由 C_1D 摆动到 C_2D（设为工作行程）时，曲柄由 AB_1 转到 AB_2，所转过的角度是 $\varphi_1 = 180°+\theta$；而摇杆从 C_2D 摆回到 C_1D（设为返回行程）时，曲柄由 AB_2 转到 AB_1，所转过的角度是 $\varphi_2 = 180°-\theta$。

可见，当曲柄匀速转动时，摇杆从 C_2D 摆回到 C_1D 比从 C_1D 摆动到 C_2D 的所用的时间短，速度快。

机构的这种返回行程速度大于工作行程速度的特性，称为急回特性。工程上，常用从动件返回行程平均速度与工作行程平均速度的比值 K 来表示急回特性的显著程度，即

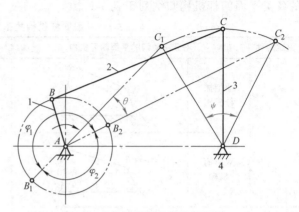

$$K = \frac{v_2}{v_1} = \frac{\varphi_1}{\varphi_2} = \frac{180° + \theta}{180° - \theta} \quad (5\text{-}1)$$

式中 K——行程速比系数。

图 5-32 曲柄摇杆机构急回特性

上式表明，机构有无急回特性、急回特性是否显著，取决于机构的行程速比系数 K，即取决于极位夹角 θ。

若 $\theta > 0°$，则 $K > 1$，机构有急回特性；θ 越大，则 K 越大，机构急回特性越显著；θ 越小，则 K 越小，机构急回特性越不明显。若 $\theta = 0°$，则 $K = 1$，机构无急回特性。

除曲柄摇杆机构外，偏置曲柄滑块机构（图 5-33）、摆动导杆机构（图 5-34）等机构也具有急回特性。

在往复机械（如插床、插齿机、刨床、搓丝机等）中，常利用机构的急回特性来缩短空行程的时间，以提高劳动生产率。

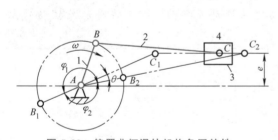

图 5-33 偏置曲柄滑块机构急回特性

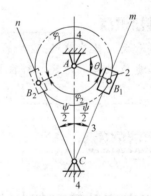

图 5-34 摆动导杆机构急回特性

5.3.2 压力角和传动角

1. 压力角 （pressure angle）

如图 5-35 所示的曲柄摇杆机构中，主动件 AB 通过连杆 BC 传递给从动件 CD 的力 F，总是沿着 BC 杆的方向。力 F 与从动件 C 点速度 v_C 之间所夹的锐角 α，称为压力角。

将力 F 沿从动件受力点速度方向和速度垂直方向进行分解，可分解为

$$F_t = F\cos\alpha \quad (5\text{-}2)$$

$$F_n = F\sin\alpha \quad (5\text{-}3)$$

F_t 是推动从动件运动的分力，称为有效分力；F_n 与从动件运动方向相垂直，不仅对从

动件无推动作用，反而会增大铰链间的摩擦力，称为有害分力。显然，F_t 越大越好，F_n 越小越好。由式（5-2）、式（5-3）可知，α 越大，F_t 越小，F_n 越大，机构传力性能越差。所以，压力角 α 是表示机构传力性能的重要参数。

2. 传动角（driving angle）

在工程中，为了方便度量，常将压力角 α 的余角 γ 称为传动角。如图5-35所示的曲柄摇杆机构中，γ 等于连杆与摇杆所夹的锐角，用它来判断机构的传力性能比较直观。显然，因为 $\gamma = 90° - \alpha$，所以 γ 越大，机构的传力性能就越好；反之，机构的传力性能就越差；当 γ 过小时，机构就会自锁。

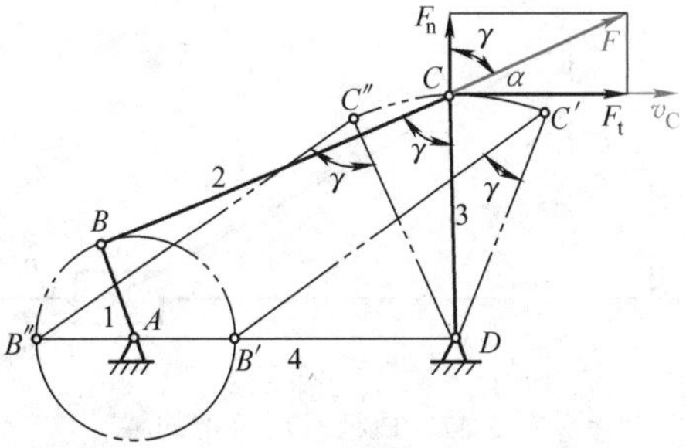

3. 机构具有良好传力性能的条件

由图5-35可知，在机构运动过程中，传动

图 5-35　曲柄摇杆机构的压力角和传动角

角 γ 是变化的。为了保证机构具有良好的传力性能，设计时，要求 $\gamma_{min} \geq [\gamma]$，$[\gamma]$ 为许用传动角。对一般机械来说，$[\gamma] = 40°$；传递功率较大时，$[\gamma] = 50°$。

4. 最小传动角 γ_{min} 和最大压力角的确定

为了判定机构传力性能的好坏，应找出机构最小传动角的位置，看其是否满足 $\gamma_{min} \geq [\gamma]$ 的条件。

（1）曲柄摇杆机构的最小传动角 γ_{min}　如图5-36所示的曲柄摇杆机构中，曲柄 AB 为主动件，摇杆 CD 为从动件。

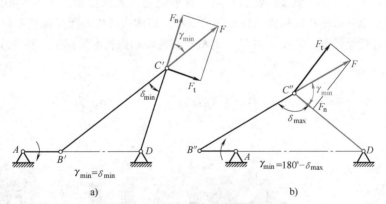

图 5-36　曲柄摇杆机构的 γ_{min}

研究表明：最小传动角出现在主动件 AB 与机架 AD 两次共线位置之一处。比较两个位置处机构的传动角，其中，较小的即为该机构的最小传动角。

（2）曲柄滑块机构的最大压力角 α_{max}　如图5-37所示，曲柄滑块机构确定 α 更加方便，故保证机构传力性能主要采用限制 α_{max} 的方法。若机构的主动件为曲柄 AB，从动件为滑块 C，在曲柄与滑块导路垂直时，机构的压力角最大，$\alpha = \alpha_{max}$。

（3）摆动导杆机构的压力角 α　如图5-38所示的摆动导杆机构中，曲柄 BC 为主动件，导杆 AC 为从动件，连接曲柄和导杆的滑块是二力构件，滑块作用于导杆上的力 F 和导杆上 C 点的速度 v_{C4} 都始终垂直于 AC，所以压力角 α 始终为0°，故摆动导杆机构传力性能最好。

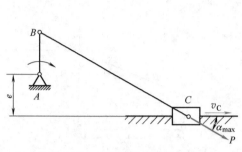

图 5-37 曲柄滑块机构的 α_{max}

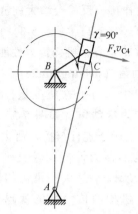

图 5-38 摆动导杆机构的 α

5.3.3 死点（dead center）位置

图 5-39 所示为家用踏板式缝纫机踏板机构（曲柄摇杆机构），在工作时，机构以摇杆（脚踏板）为原动件，曲柄为从动件。当曲柄 AB 与连杆 BC 共线时，连杆作用于曲柄上的力 F 正好通过曲柄的回转中心 A（$\gamma = 0°$），该力对 A 点不产生力矩，因而曲柄不能转动，机构这种停滞状态下所处的位置，称为死点位置。

如上所述，在机构运动过程中，死点位置会使从动件处于静止或运动不确定状态。如采用了曲柄摇杆机构的缝纫机踏板机构，踏动踏板，有时会出现踩不动或带轮倒转等现象，因而需设法克服。工程上常借助于惯性，使机构从动件顺利通过死点位置，如图 5-40 所示，可在曲轴上安装飞轮。也可采用相同机构错位排列的方法，使两边机构的死点位置互相错开，使机构从动件顺利通过死点位置，如图 5-41 所示的机车车轮联动机构便采用了这种处理方法。

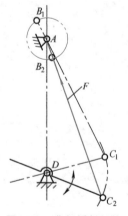

图 5-39 曲柄摇杆机构
的死点位置

图 5-40 曲轴

小常识

家用踏板式缝纫机，开始踏动踏板时，必须先转动缝纫机机头上的手轮，使带轮先转动起来，这样做就是在辅助带轮通过死点位置。

相反，工程上也常利用机构具有死点位置的特性来实现一定的工作要求。如图 5-42 所示的铣床快动夹紧机构，当工件被夹紧后，无论反作用力 F_N 有多大，因夹具 B、C、D 三点在同一直线上，机构（夹具）处于死点位置，因而不会使工件自动松脱。如图 5-16 所示的飞机起落架也是利用机构死点来工作的，即飞机着地时因 C、B、A 三点位于同一直线上，机构处于死点位置，不论受多大的反作用力 F_N，起落架都不会收回，从而保证飞机安全着陆。

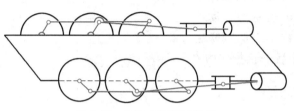

图 5-41　机车车轮联动机构

图 5-42　铣床快动夹紧机构

铣床夹具

关键知识点

在曲柄摇杆机构、偏置曲柄滑块机构和摆动导杆机构中，当曲柄为主动件时，机构均具有急回特性。为了保证机构具有良好的传力性能，设计时，要求 $\gamma_{min} \geq [\gamma]$。曲柄摇杆机构中，当摇杆为主动件时，机构会出现死点，此时压力角 $\alpha = 90°$（$\gamma = 0°$）。

小应用

平面四杆机构的设计方法

平面四杆机构设计的主要任务是根据给定的条件选定机构类型，确定各构件的长度尺寸参数。平面四杆机构的设计，一般可归纳为下列两类问题：

1）按给定从动件的位置设计四杆机构，称为位置设计。

2）按给定点的运动轨迹设计四杆机构，称为轨迹设计。

平面四杆机构的设计方法

设计连杆机构的方法有图解法、解析法和实验法三种。解析法精确度高，但计算复杂，在计算机辅助设计中得到了广泛应用；图解法简单直观，该处只介绍图解法。

拓展机构

5.4　多杆机构简介

前面讲的四杆机构是平面连杆机构中的常用机构，但其运动形式比较单一，不能实现更为复杂的运动，若要达到某一运动要求或动力要求，单一的四杆机构可能无法满足需要。为此，生产实际中常以某个四杆机构为基础，增添一些杆组或机构，组成多杆机构。本节将对多杆机构的特点、应用作简要介绍。

多杆机构通过在四杆机构的基础上添加杆组来实现，一般要求添加杆组后不改变原机构的自由度，因此所添加杆组的自由度应为零。一般添加的简单杆组为两个构件三个低副，如

图 5-43 所示的插齿机主结构，就是在四杆机构 1-2-3-6 的基础上添加杆组 4-5 组成的。

多杆机构还可由两个或两个以上的四杆机构串联组成，多用由两个四杆机构组成的多杆机构。这种多杆机构有个特点，即前一个四杆机构的从动件往往是后一个四杆机构的原动件，机构本身只能有一个机架，所以这种多杆机构实际上只有六个构件，又可称为六杆机构。图 5-44 所示为手动冲床机构，是由双摇杆机构 *ABCD* 和定块机构 *DEFG* 串联组成，前一机构 *ABCD* 的从动件 *CD* 杆正好是后一机构 *DEFG* 的主动件。

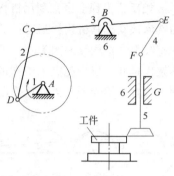

图 5-43　插齿机主结构

应用六杆机构一般可实现以下要求：

1. 改变传动特性

如图 5-44 所示，*ABCD* 为双摇杆机构，当主动构件 *AB* 摆动时，从动件 *CD* 也做一定角度的摆动，从动件 *CD* 上 *E* 点的运动轨迹为以 *D* 点为圆心，以 *DE* 为半径的圆弧，不能用于冲床运动，添加杆组 *EF*、*FG* 后，*FG* 杆的运动就变成垂直于机架的直线运动，可以满足冲床的工作要求。

2. 增大力量

图 5-44b 所示为手动冲床机构运动简图，该机构是一个六杆机构，由两个四杆机构串联组成。由杠杆定理可知，作用在手柄 *AB* 杆处的力，通过构件 1 和构件 3 进行了两次放大，从而使得冲头杆 6 的力量增大。

3. 扩大行程

图 5-45 所示为由六杆机构组成的热轧钢料运输机，是在曲柄摇杆机构 1-2-3-4 基础上添加杆组 5-6 组成的。其中 6 为滑块，即运输钢料的平台，该机构在运输过程中对钢料进行冷却。可以看出，如直接采用对心曲柄滑块机构，因行程 *s* 是曲柄长度的 2 倍，要获得较长的行程 *s*，则需很大的曲柄，显然不合理。现采用六杆机构，在摇杆 3 上添加杆组后，摇杆的摆动转变为滑块的移动，增大了行程。

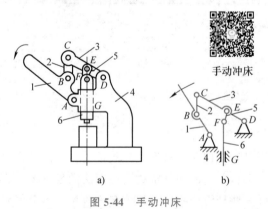

手动冲床

图 5-44　手动冲床

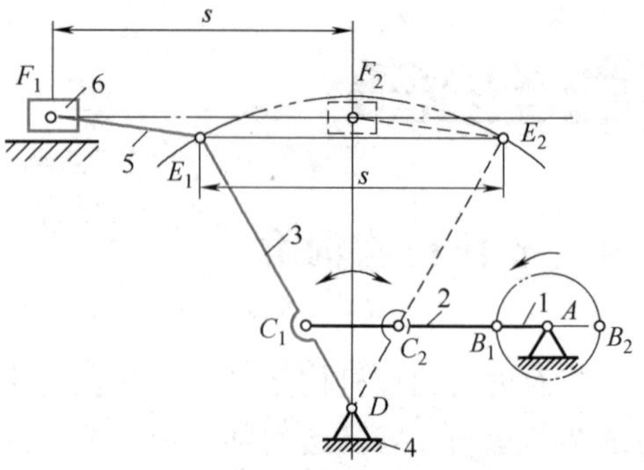

图 5-45　热轧钢料运输机

多杆机构除用于工程机械设备外，在体育健身器材上也有大量应用，图 5-46 所示为自重式训练器，除手持的开式运动链外，其主要组成机构是由曲柄摇杆机构 *ABCD* 和双曲柄机

构 *DEFG* 组成的六杆机构，前一个机构 *ABCD* 的摇杆就是后一个机构 *DEFG* 的主动曲柄。如图 5-47 所示的划船器也是一个六杆机构。

划船器

自重训练
器-坐式

自重训练
器-立式

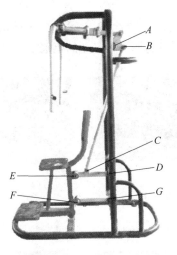

图 5-46　自重式训练器

图 5-47　划船器

小提示

观察健身器材等常见运动机构，多为四杆或六杆机构，分析其运动原理，基本上都属于铰链四杆机构的三种基本形式。

关键知识点

常见的多杆机构可以理解为由两个或两个以上的四杆机构串联组成，多用由两个四杆机构组成的多杆机构。这种多杆机构的特点是前一个四杆机构的从动件往往是后一个四杆机构的原动件，这种多杆机构的自由度为1，即只需一个原动件。

开阔眼界

5.5* 其他机构简介

1. 开式机构

前面讲到的机构均为封闭式运动链的四杆机构或多杆机构，在日常生活和工业生产实践中，还经常用到一些开式运动链的杆件机构。图 5-48a 所示为坏卫工人捡拾垃圾用的手动环保夹子，该夹子就是一个开式机构。当夹子手把处的手柄被握紧，即拉杆（实物为一根钢丝，如图 5-48b 所示）向上运动时，会牵动组成夹子的两个构件绕各自的连接轴摆动（图 5-48c），使得夹子口收紧夹起物品。

🔹 **小提示**

通过观察、分析日常生活中见到的应用实例，了解各类机构应用的场合，激发学习和创新机构的兴趣。

建筑行业中用来剪钢筋的大钳子也是开式机构，如图 5-49 所示。该钳子利用杠杆机构对力的放大作用进行工作，一般人用正常的力量便可剪断 6~8mm 的钢筋。

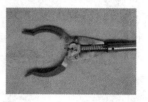

a)   b)   c)

图 5-48 手动环保夹子

手动环保夹子

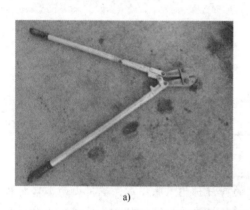

a)   b)

图 5-49 剪钢筋的大钳子

大钳子

2. 机械手

随着现代工业的兴起和发展，装配机械手得到广泛的应用，既提高了劳动生产率，又提高了装配精度，从而提高了整体的装配质量。机械手装置除控制部分使用电脑或专用控制装置外，其运动部分多为开式运动链机构，开式运动链末端构件的运动和闭式运动链中构件的运动相比，更为灵活和复杂。机械手的运动已不仅仅是平面运动，而属于空间运动，机械手各部分的连接多采用空间运动副。图 5-50 所示为一般装配流水生产线上使用的装配用机械手。

3. 工业机器人

随着智能化生产的发展和机电技术一体化应用水平的提高，工业机器人在多个自动化生产领域得到广泛的应用。工业机器人是指面向工业领域的多关节机械手或多自由度的机器人。工业机器人是自动执行工作的机器装置，是靠自身动力和控制能力来实现各种功能的一种机器。它可以接受人类指挥，也可以按照预先编排的程序运行，现代的工业机器人还可以根据人工智能技术制定的原则纲领行动。

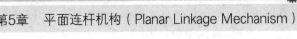

a)

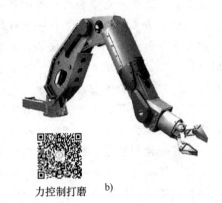

b)

搬运码垛　　　力控制打磨

图 5-50　机械手

工业机器人的控制系统由电脑芯片和各种控制电路组成，但执行部分及行走部分等则由多种复杂的机械装置组成，可以说工业机械人是机械系统和控制系统完美组合的产物。简单地讲，工业机器人由主体、驱动系统和控制系统三个基本部分组成。主体即机座和执行机构，包括臂部、腕部和手部，有的机器人还有行走机构，大多数工业机器人有 3~6 个运动自由度，其中腕部通常有 1~3 个运动自由度；驱动系统包括动力装置和传动机构，用以使执行机构产生相应的动作；控制系统可按照输入的程序对驱动系统和执行机构发出指令信号，并进行控制。图 5-51 所示为焊接机器人。

焊接机器人

图 5-51　焊接机器人

工业机器人在工业生产中能代替操作人员做某些单调、频繁和重复的长时间作业，或是危险、恶劣环境下的作业。例如在冲压、压力铸造、热处理、焊接、涂装、塑料制品成型、机械加工和简单装配等工序中，以及在原子能工业等相关部门中，工业机器人可完成对人体有害物料的搬运或工艺操作。

从功能和外形角度看，除行走的非工业用机器人外，工业机械手和工业机器人并没有本质上的区别，只是在复杂程度和使用场合上有一定差异，故在生产实践中有时也很难严格界定和区分两者。

由于机械手和机器人所涉及的知识面很广，理论很深，限于篇幅，本小节仅在介绍开式运动链机构时对其做简单介绍，不做深入的研究。

　拓展内容

中国空间站机械臂

空间站机械臂是我国航天事业发展的新领域之一，空间站机械臂本身就是一个智能机器人，具备精确操作能力和视觉识别能力，既可自主分析决策也可由航天员进行遥控，是集机

械、视觉、动力学、电子和控制等学科于一体的高端航天装备。

机械臂分为三个肩部关节、一个肘部关节和三个腕部关节，再加两个末端执行机构，具有肩部3个自由度、肘部1个自由度和腕部3个自由度共7个自由度，最大抓举质量为25t。空间站机械臂最大长度为14.5m，活动范围可覆盖空间站三个舱段，满足航天员出舱活动和随时实现对空间站舱体表面的巡检。

除了灵活的手臂，机械臂还有高清视觉系统，以及敏锐的触觉神经，机械臂的肩部和腕部各有一个末端执行器，它可以像人的手掌一样抓取在轨的舱段或货物。

机械臂的控制装置在肘部，它包括一个关节和一个中央控制器，中央控制器相当于机械臂的大脑，机械臂的运动和信息的传输都是靠中央控制器来传递的。

小机械臂还可通过组合臂转换件实现与大机械臂的级联组合，实现航天员和载荷的大范围作业，如后续需要在舱外安装设备，可以通过货运飞船上行至梦天舱的货物气闸舱，通过组合臂的抓取和转移，完成在舱外载荷平台上的安装。此外，大小机械臂可协同开展舱外操作任务，还能完成互巡互检的自身维护工作，有效提高了机械臂系统的可靠性。

通过学习中国空间站机械臂的内容，可以看到我国的科学家们那种克服重重困难搞科研和勇于创新的不屈不挠的精神，正是有这样忘我工作、乐于奉献的科学家们，我国的航天事业才能取得辉煌的成就，我们应该向这些科学家们学习，向这些科学家们致敬！

中国空间站机械臂

有关中国空间站机械臂的具体内容请自行搜索"[正午国防军事] 中国空间站航天员首次出舱活动 机械臂配合航天员完成出舱任务"，观看视频。

实 例 分 析

实例一 图 5-52 所示为牛头刨床的实物图，图 5-53 所示为牛头刨床的结构示意图，试分析牛头刨床的主运动机构，画出机构运动简图并计算自由度。

图 5-52 牛头刨床实物图

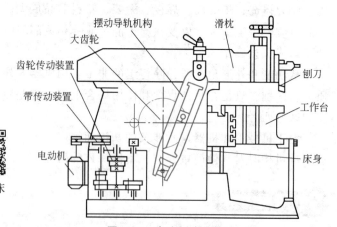

图 5-53 牛头刨床结构图

解 分析牛头刨床的主运动机构。该牛头刨床原动部分是电动机，传动部分有带传动装置和齿轮传动装置，执行部分是摆动导杆机构带动滑枕做往复移动。刨刀安装在滑枕上，随着滑枕的往复移动来刨削零件。可以看出，牛头刨床工作的主运动是滑枕的往复移动，带动滑枕做往复移动的机构是摆动导杆机构。

小提示

运用所学机构知识来分析生产实践中的设备，可以更好地认识设备、熟悉设备、用好设备，并有助于对设备进行技术革新或改造。

图 5-54 所示为牛头刨床摆动导杆机构的结构示意图，可以看出，摆动导杆机构是由多个构件（大齿轮、滑块、导杆、摇块、滑枕等）通过不同的运动副连接组成的。带传动装置和齿轮传动装置把电动机的转速转变成工作需要的转速，最后由大齿轮上的滑块带动摆动导杆机构运动。变换齿轮传动装置中不同的齿轮啮合，大齿轮的转速就会不同，导杆摆动的速度也就不一样，牵连刨刀的移动速度也会发生变化，从而满足不同工件的加工需要。

画机构运动简图并计算自由度。分析摆动导杆机构的运动情况，以及其组成构件和运动副的情况，选择如图 5-54 所示的平面为视图平面画出摆动导杆机构的机构运动简图，如图 5-55 所示。

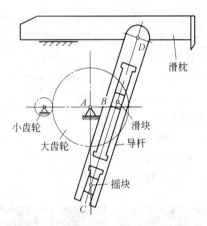

图 5-54 摆动导杆机构结构示意图

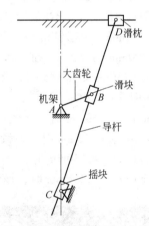

图 5-55 摆动导杆机构运动简图

该机构有 5 个活动构件，7 个低副，则机构自由度为

$$F = 3n - 2P_1 - P_H = 3 \times 5 - 2 \times 7 - 0 = 1$$

该机构自由度为 1，从图 5-55 中看大齿轮为机构的主动件，实际上电动机是整个机器的原动件，因此满足机构具有确定运动的条件。

实例二 如图 5-56 所示的铰链四杆机构中，已知 $l_{BC} = 500$mm，$l_{CD} = 350$mm，$l_{AD} = 300$mm，l_{AB} 为变值。试讨论：

1）l_{AB} 值在哪些范围内该铰链四杆机构为曲柄摇杆机构？

2）l_{AB} 值在哪些范围内该铰链四杆机构为双曲柄机构？

3）l_{AB} 值在哪些范围内该铰链四杆机构为双摇杆机构？

解 1）该机构为曲柄摇杆机构的情况。

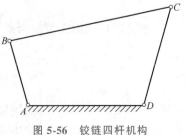

图 5-56 铰链四杆机构

根据题意取 BC 最长，AB 最短，则有 $l_{BC}+l_{AB}\leqslant l_{CD}+l_{AD}$，即 $l_{AB}\leqslant l_{CD}+l_{AD}-l_{BC}=350\text{mm}+300\text{mm}-500\text{mm}=150\text{mm}$。

因此，$0\text{mm}<l_{AB}\leqslant150\text{mm}$ 时，该机构为曲柄摇杆机构。

2）该机构为双曲柄机构的情况。

① 假设 BC 最长，AD 最短，则有 $l_{BC}+l_{AD}\leqslant l_{CD}+l_{AB}$，即 $l_{AB}\geqslant l_{BC}+l_{AD}-l_{CD}=500\text{mm}+300\text{mm}-350\text{mm}=450\text{mm}$，该条件下 l_{AB} 的取值范围为 $450\text{mm}\leqslant l_{AB}$。

② 假设 AB 最长，AD 最短，则有 $l_{AB}+l_{AD}\leqslant l_{CD}+l_{BC}$，即 $l_{AB}\leqslant l_{CD}+l_{BC}-l_{AD}=350\text{mm}+500\text{mm}-300\text{mm}=550\text{mm}$，该条件下 l_{AB} 的取值范围为 $l_{AB}\leqslant550\text{mm}$。

因此，$450\text{mm}\leqslant l_{AB}\leqslant550\text{mm}$ 时，该机构为双曲柄机构。

3）该机构为双摇杆机构的情况。

① 假设 BC 最长，AB 最短，则有 $l_{BC}+l_{AB}>l_{CD}+l_{AD}$，即 $l_{AB}>l_{CD}+l_{AD}-l_{BC}=350\text{mm}+300\text{mm}-500\text{mm}=150\text{mm}$，该条件下 l_{AB} 的取值范围为 $150\text{mm}<l_{AB}$。

② 假设 BC 最长，AD 最短，则有 $l_{BC}+l_{AD}>l_{AB}+l_{CD}$，即 $l_{AB}<l_{BC}+l_{AD}-l_{CD}=500\text{mm}+300\text{mm}-350\text{mm}=450\text{mm}$，该条件下 l_{AB} 的取值范围为 $l_{AB}<450\text{mm}$。

③ 假设 AB 最长，AD 最短，则有 $l_{AB}+l_{AD}>l_{BC}+l_{CD}$，即 $l_{AB}>l_{BC}+l_{CD}-l_{AD}=500\text{mm}+350\text{mm}-300\text{mm}=550\text{mm}$，根据铰链四杆机构的几何特性，还应满足 $l_{AB\max}\leqslant l_{BC}+l_{CD}+l_{AD}=500\text{mm}+350\text{mm}+300\text{mm}=1150\text{mm}$，所以该条件下 l_{AB} 的取值范围为 $550\text{mm}<l_{AB}\leqslant1150\text{mm}$。

因此，$150\text{mm}<l_{AB}<450\text{mm}$ 及 $550\text{mm}<l_{AB}\leqslant1150\text{mm}$ 时，该机构为双摇杆机构。

由上面计算可知：

$0\text{mm}<l_{AB}\leqslant150\text{mm}$ 时，该铰链四杆机构为曲柄摇杆机构；

$150\text{mm}<l_{AB}<450\text{mm}$ 时，该铰链四杆机构为双摇杆机构；

$450\text{mm}\leqslant l_{AB}\leqslant550\text{mm}$ 时，该铰链四杆机构为双曲柄机构；

$550\text{mm}<l_{AB}\leqslant1150\text{mm}$ 时，该铰链四杆机构为双摇杆机构。

知 识 小 结

1. 平面四杆机构
- 铰链四杆机构
  - 曲柄摇杆机构
  - 双曲柄机构
  - 双摇杆机构
- 滑块四杆机构
  - 单滑块机构——曲柄滑块机构
    - 对心曲柄滑块机构
    - 偏置曲柄滑块机构
  - 双滑块机构

2. 铰链四杆机构类型的判别
- 满足杆长条件
  - 最短杆为连架杆——曲柄摇杆机构
  - 最短杆为机架——双曲柄机构
  - 最短杆为连杆——双摇杆机构
- 不满足杆长条件——双摇杆机构

3. 曲柄滑块机构变形
- 导杆机构
  - 转动导杆机构
  - 摆动导杆机构
- 摇块机构
- 定块机构

4. 平面四杆机构的基本特性 $\left\{\begin{array}{l}\text{急回特性}\\\text{压力角、传动角}\\\text{死点位置}\end{array}\right.$

5. 多杆机构 $\left\{\begin{array}{l}\text{改变运动特性}\\\text{增大力量}\\\text{扩大行程}\end{array}\right.$

6. 其他机构 $\left\{\begin{array}{l}\text{开式机构}\\\text{机械手}\\\text{工业机器人}\end{array}\right.$

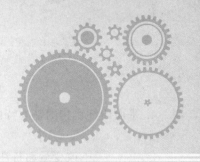

第 6 章

凸轮机构及其他常用机构
（Cam mechanism and other commonly used mechanisms）

教学要求

★ 能力目标

1. 分析凸轮机构工作原理的能力。
2. 用图解法绘制凸轮轮廓的能力。
3. 分析棘轮机构、槽轮机构工作原理的能力。
4. 分析不完全齿轮、螺旋机构工作原理的能力。

★ 知识要素

1. 凸轮机构的结构、特点、应用及分类。
2. 从动件常用运动规律及其选择。
3. 反转法原理、图解法绘制凸轮轮廓曲线的方法。
4. 棘轮机构、槽轮机构工作原理、类型和应用。
5. 不完全齿轮机构、螺旋机构的工作原理、类型和应用。

★ 学习重点与难点

1. 各类凸轮机构的应用场合和基本特性。
2. 反转法原理、图解法绘制凸轮轮廓曲线。
3. 棘轮机构、螺旋机构等机构的工作原理、特点、类型和应用。

★ 价值情感目标

通过凸轮机构轮廓设计，引导学生感悟分析问题和解决问题的基本方法，感受凸轮机构在生活中的应用，体验成功的喜悦，增强学生的自信心。

通过分析"饸饹机"机构的组成，引导学生在生活实践背景下开展机构学习，激发学生的创新意识。

技能要求

1）图解法绘制盘形凸轮轮廓。
2）盘形凸轮轮廓压力角的检验。
3）判别螺旋机构的旋向。

本章导读

工程实践和日常生活中，除了常用平面连杆机构外，还广泛应用其他机构，如凸轮机构。凸轮机构是机械传动中的一种常用机构，在许多机器中，特别是各种自动化和半自动化机械、仪表和操纵控制装置中，为实现各种复杂的运动要求，常采用凸轮机构。

图6-1所示为钉鞋机，钉鞋机主要是由凸轮机构和杆机构组成，转动手柄（固定在由几个凸轮组成的转盘上），几套凸轮机构同时工作，带动各种杆机构完成钉鞋的全套动作。

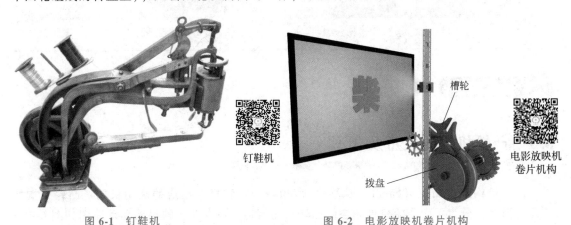

图6-1 钉鞋机　　　　　　图6-2 电影放映机卷片机构

图6-2中的电影放映机卷片机构，胶片在放映窗口短暂停留后需很快地向前移动，这里用的是槽轮机构。拨盘转一圈，槽轮转过90°，带动胶片移动一格。正常放映时，电影胶片1s应放映24格，即要求拨盘1s转24圈。这种主动构件连续转动而从动构件时停时动的机构称为间歇运动机构。

在各种自动和半自动机械中，还经常会遇到诸如不完全齿轮机构、螺旋机构等各种类型繁多、功能各异的机构。

本章主要介绍这些常用机构的工作原理、特点、类型及应用场合。

小常识

1895年，法国的奥古斯特·卢米埃尔和路易·卢米埃尔兄弟在爱迪生的"电影视镜"和他们自己研制的"连续摄影机"的基础上，研制成功了"活动电影机"。电影是人类史上的重要发明，它借助了多门学科的知识和原理，利用了人类眼睛的"视觉暂留"作用。科学实验证明，人眼在某个视像消失后，仍可使该物像在视网膜上滞留0.1~0.4s。电影胶片以每秒24格画面匀速转动，一系列静态画面就会因"视觉暂留"作用而造成一种连续的视觉印象，产生逼真的动感，将原静态的单独图片变成了连续的场景式视频。图6-3所示为老式的"胶片式电影放映机"，使用的胶片宽度是16mm，待放映的影片卷在供片盘上，由槽轮机构带动影片经过放映窗口将影像投射在屏幕上，放映过的影片在收片盘上收集，再次放映时要将影片重新卷绕在供片盘上，俗称"倒片"。我国使用的电影胶片的宽度除16mm外，还有8.75mm和35mm两种。图6-3所示为户外放映使用的电影放映机；电影院使用的是固定式35mm电影放映机。现在这种老式的胶片式放映机已被淘汰，目前电影院使用的是数字放映机，数字放映机放映时有关部门可在线监测和统计。图6-4所示为电影胶片。

胶片式电影放映机

图 6-3 胶片式电影放映机

图 6-4 电影胶片

基本内容

6.1 凸轮机构的应用及类型

凸轮机构是由凸轮（cam）、从动件（follower）和机架组成的高副机构。凸轮机构按其运动形式，分为平面凸轮机构和空间凸轮机构两种，各自对应的机构运动简图如图6-5所示，本章研究对象主要是平面凸轮机构。

6.1.1 凸轮机构的应用及特点

图6-6所示为用于内燃机配气的凸轮机构。盘形凸轮（原动件）等速回转时，由于其轮廓向径是变化的，会迫使气门挺杆（从动件）上、下移动，从而控制气门的启闭，以满足配气时间和气门挺杆运动规律的要求。

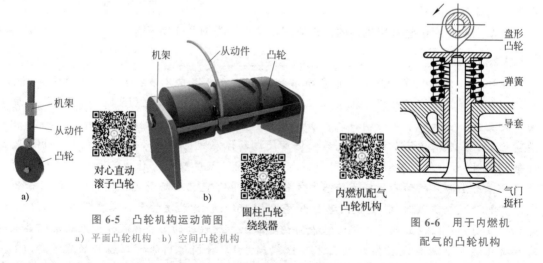

图 6-5 凸轮机构运动简图
a）平面凸轮机构 b）空间凸轮机构

对心直动滚子凸轮

圆柱凸轮绕线器

内燃机配气凸轮机构

图 6-6 用于内燃机配气的凸轮机构

图6-7所示为靠模车削加工机构。移动凸轮用作靠模板，在车床上固定，被加工件回转时，刀架（从动件）依靠滚子在移动凸轮曲线轮廓的驱使下做横向进给，从而切削出与靠

模板曲线轮廓一致的工件。

图 6-8 所示为绕线机的引线机构。绕线轴快速转动，经蜗杆传动带动盘形凸轮低速转动，通过尖顶 A 驱使引线杆（从动件）做往复摆动，从而将线均匀地卷绕在绕线轴上。

图 6-9 所示为机床自动进给机构。圆柱凸轮做等速回转，其上的凹槽迫使扇形齿轮（从动件）往复摆动，进而通过齿轮齿条机构驱使刀架按一定运动规律完成进刀、退刀和停歇的加工动作。由于该凸轮机构的运动不是在同一平面内完成的，所以该机构属于空间凸轮机构。

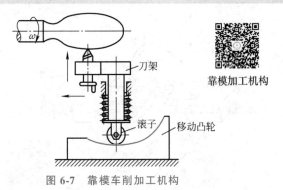

靠模加工机构

图 6-7　靠模车削加工机构

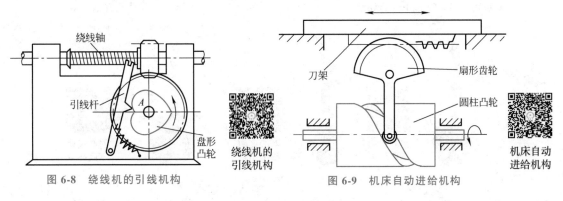

图 6-8　绕线机的引线机构　　　　　图 6-9　机床自动进给机构

图 6-10 所示为自动车床中的凸轮组。该机构由两个凸轮机构组成，用以控制前、后刀架的进刀、退刀和停歇动作，从而实现自动车削的目的。

由以上各例可知，凸轮机构可以通过凸轮的曲线轮廓或曲线凹槽驱使从动件进行连续或不连续的运动，以精确实现预期的运动规律。

与平面连杆机构相比，凸轮机构的优点是：结构简单、紧凑，工作可靠，只要设计适当的凸轮轮廓或凹槽形状就可以精确实现任意复杂的运动规律。因此，凸轮机构作为控制机构得到了广泛的应用。但是，由于凸轮与从动件之间为高副接触，易磨损，因而凸轮机构只适用于传力不大的场合。

6.1.2　凸轮机构的类型

凸轮机构的类型很多，可按如下方法分类：

1）按凸轮形状分类，可分为盘形凸轮（图 6-6a）、移动凸轮（图 6-11a）和端面圆柱凸轮（图 6-11b）三种。

2）按从动件端部形状分类，可分为尖端从动件凸轮、滚子从动件凸轮和平底从动件凸轮三种。按对心方式分类，可分为对心和偏置两种，具体形式如图 6-12 所示。

3）按从动件的运动方式分类，可分为直动从动件凸轮和摆动从动件凸轮（图 6-13）两种。

4）按从动件与凸轮轮廓保持接触的封闭方式分类，可分为力锁合凸轮和形锁合凸轮两种，如图 6-14 所示。

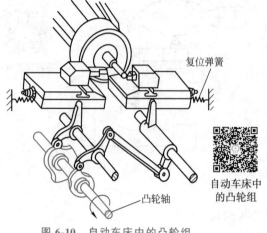

图 6-10　自动车床中的凸轮组

图 6-11　按凸轮形状分类

a）移动凸轮　b）端面圆柱凸轮

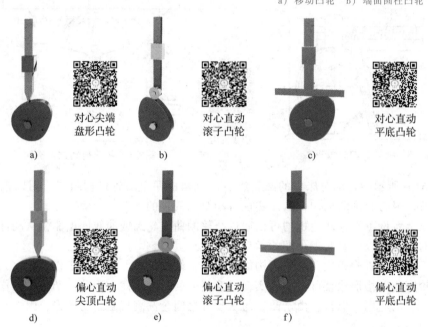

图 6-12　按从动件端部形状和对心方式分类

a）尖端对心从动件凸轮　b）滚子对心从动件凸轮　c）平底对心从动件凸轮
d）尖端偏置从动件凸轮　e）滚子偏置从动件凸轮　f）平底偏置从动件凸轮

图 6-13　摆动从动件凸轮

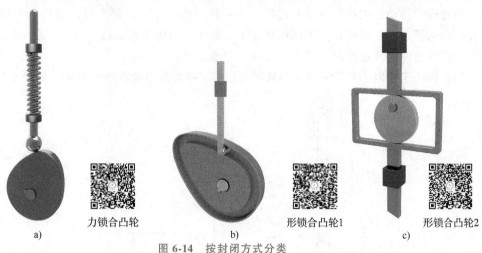

力锁合凸轮   形锁合凸轮1   形锁合凸轮2

a)   b)   c)

图 6-14　按封闭方式分类

a）力锁合凸轮　b）形锁合凸轮 1　c）形锁合凸轮 2

 **关键知识点**

　　凸轮是一个具有曲线轮廓或曲线凹槽的构件，其从动件端部的形状可分为尖端、滚子和平底三种；其对心方式有对心和偏置两种；其从动件的运动方式可分为直动和摆动两种。凸轮机构可以将凸轮的连续转动（或移动）转变为从动件的直线移动或摆动，多用于控制机构中。

分析机构

6.2　凸轮机构工作过程及从动件运动规律

6.2.1　凸轮机构的工作过程

　　图 6-15a 所示为对心直动尖端从动件盘形凸轮机构。其工作过程如下：

　　在凸轮上，以凸轮回转中心为圆心，从凸轮轮廓最小向径为半径所作的圆，称为基圆，r_b 为基圆半径。

　　取基圆与轮廓的交点 A 为起始点，当凸轮逆时针方向转动时，从动件从 A 点开始上升，当凸轮以等角速度转过角度 δ_0 时，凸轮的 AB 段轮廓按一定运动规律将从动件从 A 点推至最远位置 B′ 点，该过程称为推程；从动件上升的距离 h 称为行程；凸轮所转过的角度 δ_0 称为推程运动角。

　　凸轮继续转过角度 δ_s 时，因凸轮的 BC 段轮廓向径不变，所以从动件停在最远位置 B′ 点不动，该过程称为远停程；凸轮所转过的角度 δ_s 称为远停程角。

　　凸轮又继续转过角度 δ_0' 时，从动件在外力作用下，沿凸轮的 CD 段轮廓按一定运动规律由最远位置 B′ 点回到最近位置 D 点，该过程称为回程；凸轮所转角度 δ_0' 称为回程运动角。

　　凸轮再继续转过角度 δ_s' 时，从动件又在最近位置 A 停止不动，该过程称为近停程；凸轮所转角度 δ_s' 称为近停程角。

凸轮连续转动，则从动件重复进行"升—停—降—停"的循环运动过程。一般情况下，推程是凸轮机构的工作行程。本例仅描述了一种典型凸轮机构的运动过程，在实际凸轮机构中是否需要远停程或近停程，则要视具体工作要求而定。

凸轮机构工作时，凸轮转角 δ 与从动件位移 s 的关系用位移线图表示，如图 6-15b 所示。

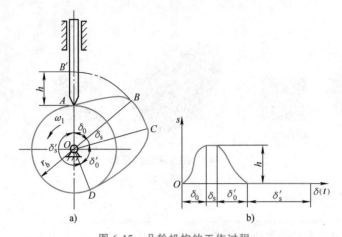

图 6-15　凸轮机构的工作过程

a）对心直动尖端从动件盘形凸轮机构　b）位移线图

6.2.2　从动件常用的运动规律（law of motion）

从动件的位移、速度和加速度随时间 t（或凸轮转角 δ）的变化规律，称为从动件的运动规律。从动件运动规律有很多，下面仅就从动件上升的推程来分析几种常用的从动件运动规律，并假设在推程前后存在近停程和远停程，即从动件经历了"停—升—停"的运动过程。

1. 等速运动规律

从动件在推程（上升）或回程（下降）中运动速度不变的运动规律，称为等速运动规律。

推程中从动件等速运动规律的运动线图如图 6-16 所示，其位移线图为一条过原点的斜直线。由图 6-16b、c 可知，在推程开始时，从动件运动速度由零突变为 v_0，此时加速度为正无穷大；同理，在推程终止时，从动件运动速度又由 v_0 突变为零，其加速度为负无穷大。因此，等速运动规律下，在从动件运动的始、末两处由加速度引起的惯性力在理论上为无穷大，由此产生的冲击称为刚性冲击。故单纯的等速运动规律只适用于低速、轻载的场合。在实际应用时，可将位移曲线的始末两端用圆弧等曲线光滑过渡，以缓和冲击。

2. 等加速等减速运动规律

从动件在推程的前半段做等加速运动，在后半段做等减速运动的运动规律，称为等加速等减速运动规律。通常，推程前半段和后半段中从动件的位移相等，加速

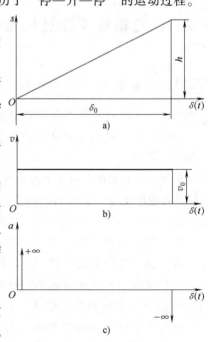

图 6-16　等速运动规律线图

运动和减速运动加速度的绝对值也相等。

推程中从动件等加速等减速运动规律线图如图 6-17 所示，其位移线图由两段光滑相接的反向抛物线组成，速度线图由两段斜率相反的斜直线组成。图 6-17a 所示位移线图的简易画法：选取角度比例尺，在横坐标轴上作出推程运动角 δ_0；选取长度比例尺，在 $\delta_0/2$ 处作长度为行程 h 的铅垂线段，将其二等分，再将其下半段 $0 \sim h/2$ 分为若干等份（图中为四等份），得 1、2、3、4 各点，连接 $O1$、$O2$、$O3$、$O4$；将横坐标轴上 $0 \sim \delta_0/2$ 的线段分成四等份得 1′、2′、3′、4′各点，过各点作铅垂线，与 $O1$、$O2$、$O3$、$O4$ 对应相交，分别得 1″、2″、3″ 和 4″四个交点，将各交点用光滑曲线连接，即得从动件等加速段的位移曲线。相类似地，可以作出等减速段的位移曲线，如图 6-17a 所示。

由图 6-17c 所示的加速度线图可知，从动件在 A、B、C 三处加速度发生有限的突变，也会对机构造成一定的冲击，此时机构中产生的冲击称为柔性冲击。与等速运动规律相比，冲击次数虽然增加了一次，但冲击程度却大为减小。因此，等加速等减速运动规律多用于中速、轻载的场合。

3. 简谐运动规律（余弦加速度运动规律）

质点在圆周上做等速运动时，它在该圆直径上的投影所构成的运动称为简谐运动。按简谐运动的定义可作出推程中从动件简谐运动规律下的运动线图，如图 6-18 所示。图 6-18a 所示位移线图的作法如下：选取角度比例尺，在横坐标轴上作出推程运动角 δ_0，并将其分为六等份，得 1、2、3、4、5、6 各点，过各点作铅垂线；选取长度比例尺，在纵坐标轴上取长度为从动件行程 h 的线段 $06'$，以 $h/2$ 点为圆心，以 $h/2$ 为半径作一半圆，并将其分成六等份，得 1′、2′、3′、4′、5′、6′各点，过各点作水平线与之前所作铅垂线对应相交得六个

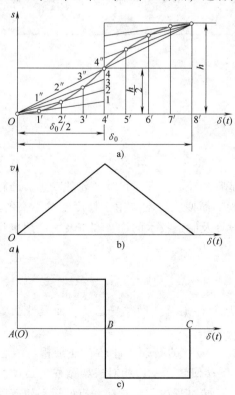

图 6-17　等加速等减速运动规律线图

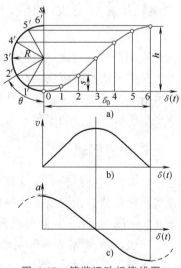

图 6-18　简谐运动规律线图

交点，将各交点用光滑曲线连接，即得从动件简谐运动规律的位移线图。

从动件做简谐运动时，其加速度曲线为余弦曲线（图 6-18c），故又称为余弦加速度运动规律。

由图 6-18c 可知，在加速度线图的始末两处加速度不为零，考虑到凸轮机构的工作过程为"停—升—停"，前接和后续工作过程的加速度等于零，因此在运动始、末两处加速度值会有有限突变，也会产生柔性冲击。因此，简谐运动规律适用于中速、中载的场合。只有当从动件做无停留区间的"升—降—升"连续往复运动时，才可以获得连续的加速度曲线（如图 6-18c 中虚线所示），此时可用于高速运动。

4. 从动件运动规律的选择

工程中实际应用的从动件运动规律还有很多，例如既无刚性冲击、也无柔性冲击的摆线运动规律（正弦加速度运动规律）、复杂多项式运动规律等。在选择从动件的运动规律时，应主要从机器的工作要求、凸轮机构的运动性能和凸轮轮廓的易加工性三个方面考虑。例如，如图 6-9 所示的机床自动进给机构，为保证稳定的加工质量，要求从动件做等速运动。此外，为避免冲击或获得更好的运动性能，还可将几种基本运动规律组合起来应用。例如，对原始曲线中产生冲击的位置用其他曲线（如正弦曲线等）进行修正，可得到诸如改进等速运动规律、改进梯形加速度运动规律等综合运动规律。同时，随着数控技术的发展，凸轮的加工也已变得越来越容易。

关键知识点

凸轮机构工作时依靠凸轮轮廓的变化使从动件实现不同的运动要求。凸轮轮廓的形状取决于从动件的运动规律，从动件常用的运动规律有三种：等速运动规律、等加速等减速运动规律、简谐运动规律。

设计机构

6.3 图解法设计盘形凸轮轮廓

确定了从动件的运动规律、凸轮的转向和基圆半径后，即可设计凸轮的轮廓。凸轮轮廓的设计方法有图解法和解析法两种。图解法直观、简便，经常应用于精度要求不高的场合；解析法虽然精确但计算繁杂，随着计算机辅助设计及制造技术的进步和普及，应用也日益广泛。本节介绍图解法设计的原理和方法。

6.3.1 反转法的原理

凸轮机构工作时，凸轮以角速度 ω 旋转，从动件则对应做往复运动。而设计凸轮轮廓时，则希望凸轮保持静止，以便绘制出其轮廓。

如图 6-19 所示，假设给整个机构叠加一个"$-\omega$"的转速，即凸轮处于相对静止的状态；从动件一边以角速度"$-\omega$"绕凸轮基圆圆心 O 回转，一边相对机架做往复运动。由于从动件与凸轮轮廓始终保持接触，因此从动件在反转过程中与凸轮接触点的运动轨迹就是所要求的凸轮轮廓。这就是用图解法设计盘形凸轮轮廓的"反转法"原理。

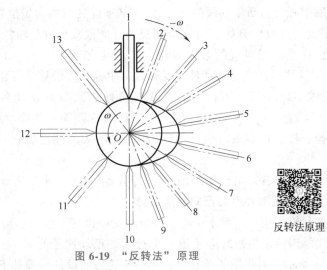

图 6-19　"反转法"原理

6.3.2　直动从动件盘形凸轮轮廓设计

1. 对心直动尖端从动件盘形凸轮轮廓设计

已知条件：从动件的运动规律，凸轮以等角速度 ω 按顺时针方向回转，凸轮基圆半径为 r_b。对心尖端从动件盘形凸轮轮廓的设计步骤如下：

1）选取适当的比例尺 μ_1，根据从动件运动规律，作出从动件的位移线图，如图 6-20b 所示。

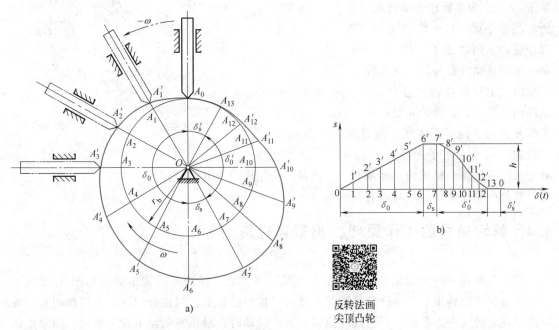

图 6-20　对心直动尖端从动件盘形凸轮轮廓设计

a）设计过程　b）位移线图

2）取与位移线图相同的比例尺μ_1，以O为圆心，以r_b为半径作基圆。作从动件移动导路中心线，并取中心线与凸轮基圆的交点A_0为从动件尖端的初始位置。

3）在基圆上，自OA_0开始，沿与ω相反的方向依次量取凸轮各运动角δ_0、δ_s、δ_0'、δ_s'，并将其分成与位移线图相对应的若干等份，与基圆交于A_1、A_2、A_3…各点，作射线OA_1、OA_2、OA_3…，则这些射线就是从动件在反转过程中各位置的移动导路中心线。

4）在各射线OA_1、OA_2、OA_3…上自基圆向外依次量取从动件各位置对应的位移量$A_1A_1'=11'$、$A_2A_2'=22'$、$A_3A_3'=33'$…。因为从动件的位移等于各接触点处凸轮轮廓向径长度减去基圆的半径长度，所以A_1'、A_2'、A_3'…各点就是从动件反转过程中其尖端所处的各个位置。

5）将A_1'、A_2'、A_3'…各点用光滑曲线连接，即得到所求对心尖端从动件盘形凸轮轮廓。

2. 对心直动滚子从动件盘形凸轮轮廓设计

滚子从动件凸轮机构中，滚子中心始终与从动件保持一致的运动规律，且滚子中心到滚子与凸轮轮廓接触点的距离始终等于滚子半径r_T。已知滚子半径r_T，其余已知条件同上例所述。如图6-21所示，对心滚子从动件盘形凸轮轮廓的设计步骤如下：

1）首先，将滚子中心视作尖端从动件的尖端，按上例步骤作出该尖端从动件对应的盘形凸轮轮廓β_0。对于滚子从动件凸轮机构而言，β_0为滚子中心在反转过程中的运动轨迹，而非凸轮的实际轮廓，故称其为凸轮的理论轮廓曲线。

2）以理论轮廓曲线β_0上的点为圆心，以滚子半径r_T为半径作一系列的"滚子"。显然，所求凸轮轮廓应与这些"滚子"都相切，因此再作这一系列"滚子"的内包络线，即为所求对心滚子从动件盘形凸轮的实际轮廓曲线β。

由以上分析及作图过程可知，对于滚子从动件凸轮机构，其理论轮廓曲线β_0与实际轮廓曲线β互为法向等距曲线，两者在法线方向上相距的距离等于滚子半径r_T。需要注意的是，对于滚子从动件凸轮机构，其基圆半径应从理论轮廓曲线β_0上量取。

其他凸轮轮廓设计可参阅有关资料。

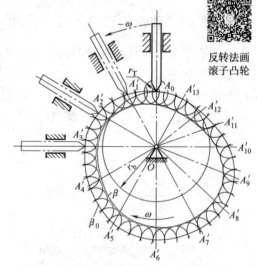

反转法画滚子凸轮

图6-21 对心直动滚子从动件盘形凸轮轮廓设计

6.4 棘轮机构的工作原理、类型和应用

棘轮机构是一种间歇运动机构。主要由棘轮、棘爪、摇杆和机架组成。如图6-22所示的外啮合棘轮机构中，主动件棘爪铰接在连杆机构的摇杆上，当摇杆顺时针方向摆动时，棘爪推动棘轮转过一定角度。而当摇杆逆时针方向摆动时，棘爪在棘齿齿背上滑过，同时止回棘爪抵住棘轮，防止其反转，此时棘轮停歇不动。因此，当摇杆做往复摆动时，棘轮做时动时停的单向间歇转动。

6.4.1 棘轮机构的换向

棘轮的轮齿形状有锯齿形（图6-22）和矩形（图6-23）两种。做单向间歇运动的棘轮用锯齿形齿，需要换向的棘轮可采用矩形齿。图6-23所示为牛头刨床工作台横向进给机构中的棘轮机构，该机构采用矩形棘轮齿，将棘爪提起并转动180°后放下，可使棘轮做反向间歇运动，从而可实现工作台的往复移动。

图6-24所示的机构设有对称爪端的棘爪，将其翻转至双点画线位置，也可用来实现棘轮的反向间歇运动。

图6-22 外啮合棘轮机构

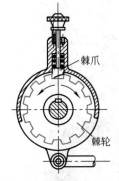

图6-23 牛头刨床工作台横向进给机构中的棘轮机构

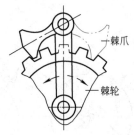

图6-24 可换向棘轮机构

6.4.2 快动棘轮机构

图6-25所示的棘轮机构在摇杆上安装有两个棘爪，摇杆一次往复摆动带动两个棘爪交替推动棘轮转动，可提高棘轮的运动次数并缩短其停歇时间，所以该机构又称为快动棘轮机构。

6.4.3 棘轮机构的转角调节

棘轮机构中，棘轮转角的大小可以进行有级调节。如图6-26所示的机构利用覆盖罩遮挡部分棘齿，可实现棘轮转角大小的调节，控制棘轮的转速。

快动棘轮机构　用覆盖罩调节棘轮机构

图6-25 单向快动棘轮机构

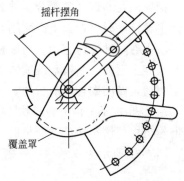

图6-26 利用覆盖罩调节棘轮转角

如图 6-27 所示的机构通过改变曲柄长度来改变摇杆摆角的大小，摇杆摆角的变化也会改变棘轮的转角。

6.4.4　棘轮机构的超越特性

图 6-28 所示的内啮合棘轮机构是自行车后轮上的"飞轮"机构，小链轮和内棘轮是一体，内圈和自行车后轮轮毂固结在一起。脚踏板转动时，经大链轮带动小链轮顺时针方向转动，内棘轮通过棘爪驱动内圈（轮毂）同速同向转动，自行车前行。当自行车后轮的转速超过小链轮（内棘轮）的转速（或自行车前行而脚踏板不动）时，轮毂便会超越链轮而自行转动，棘爪在棘轮齿背上滑动，这种从动件可以超越主动件转动的特性，称为棘轮机构的超越（surpass）运动特性。

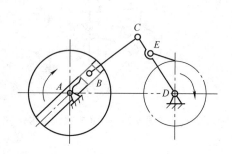

图 6-27　改变曲柄长度调节棘轮转角

内啮合棘轮机构

图 6-28　内啮合棘轮机构

6.5　槽轮机构的工作原理、类型和应用

如图 6-29 所示，槽轮机构（meltese mechanism）由带圆柱销的拨盘、具有径向槽的槽轮和机架组成。

拨盘为原动件，做匀速转动。在圆柱销未进入径向槽时，拨盘的凸圆弧转入槽轮的凹弧，槽轮因受凸凹两弧锁合，故静止不动。当拨盘顺时针方向转动，圆柱销即将进入径向槽驱动槽轮转动时，拨盘上凸弧刚好即将离开槽轮凹弧，凸凹两弧的锁止作用终止，槽轮在拨盘带动下逆时针方向转动。当圆柱销开始脱离径向槽时，拨盘上的凸弧又开始将槽轮锁住，槽轮又静止不动。当拨盘继续转动时，上述过程重复出现，从而实现了在拨盘连续转动的情况下，槽轮做间歇转动的目的。

图 6-30 所示为内槽轮机构，带圆柱销的拨盘在槽轮的内部，其工作原理同外槽轮机构。内槽轮机构的槽轮转动方向与拨盘转动方向相同。

图 6-31 所示为双圆柱销外槽轮机构。该槽轮机构工作时，拨盘转一周，槽轮反向转动两次。

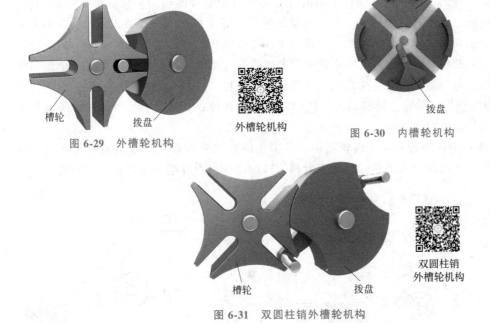

图 6-29 外槽轮机构   图 6-30 内槽轮机构

外槽轮机构   内槽轮机构

图 6-31 双圆柱销外槽轮机构

双圆柱销外槽轮机构

图 6-32 所示为转塔车床刀架转位机构，刀架上装有六种刀具，槽轮上具有六条径向槽。当拨盘回转一周时，槽轮转过 60°，从而将下一工序所需刀具转换到工作位置。

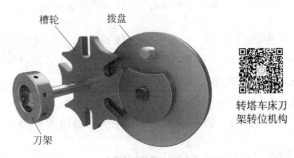

图 6-32 转塔车床刀架转位机构

转塔车床刀架转位机构

关键知识点

棘轮机构和槽轮机构都是间歇运动机构，棘轮机构是把摆动转变为间歇转动的机构，槽轮机构是把连续转动转变为间歇转动的机构。棘轮机构从动件的转角是可以调节的，槽轮机构从动件的转角是不可以调节的。

6.6* 不完全齿轮机构的工作原理、类型和应用

不完全齿轮机构是由渐开线齿轮机构演变而成的一种间歇运动机构，可分为外啮合和内啮合两种类型。

图 6-33 所示为外啮合不完全齿轮机构,在主动轮上只制出一个或数个轮齿,并根据运动时间与停歇时间的要求,在从动轮上制出与主动轮齿相啮合的齿间。在从动轮停歇期间,两轮轮缘上的锁止弧发挥锁止作用,防止从动轮转动,起定位作用。图 6-33a 所示的不完全齿轮机构中,主动轮上只有一个轮齿,从动轮上有 8 个齿间,故主动轮每转一周,从动轮只转 1/8 周。图 6-33b 所示的不完全齿轮机构中主动轮上有 4 个轮齿,从动轮上有 4 个运动段和 4 个停歇段,每个运动段有 4 个齿间与主动轮轮齿相啮合,故主动轮每转一周,从动轮转 1/4 周,从而实现当主动轮连续转动时,从动轮做转向相反的间歇转动。图 6-33c 所示为不完全齿轮机构的运动简图。

图 6-34 所示为内啮合不完全齿轮机构,其工作原理与外啮合不完全齿轮机构相似。不完全齿轮机构的主动轮和从动轮,内啮合时两轮转向相同,而外啮合时两轮转向相反。

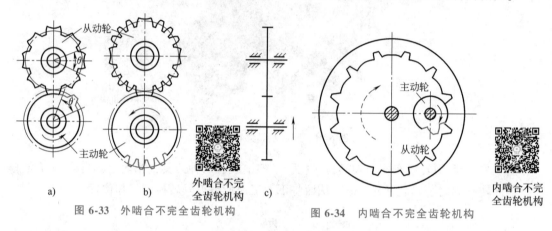

图 6-33 外啮合不完全齿轮机构   图 6-34 内啮合不完全齿轮机构

不完全齿轮机构的特点有:工作可靠、传递力大;从动轮停歇次数、停歇时间及转角大小的变化范围都比槽轮机构大得多,只要适当设计均可实现;但是不完全齿轮机构加工工艺较复杂,从动轮在运动开始和终止时会产生较大的冲击。

不完全齿轮机构一般用于低速、轻载的场合。如在自动机械和半自动机械中,不完全齿轮机构可用作工作台的间歇转位机构、间歇进给机构以及计数装置等。

6.7 螺旋机构 (screw mechanism)

由螺杆、螺母和机架组成,能实现回转运动与直线运动变换和动力传递的机构,称为螺旋机构。螺旋机构按螺旋副的摩擦性质,可分为滑动螺旋机构、滚动螺旋机构和静压螺旋机构三种类型;按机构用途,又可分为传力螺旋、传导螺旋和调整螺旋等类型。

螺旋机构具有结构简单,工作连续、平稳,承载能力大,传动精度高,易于自锁等优点,故在机械设备中有着广泛的应用。其缺点是磨损大、效率低,但随着滚珠螺旋的应用和发展,磨损和效率问题已得到了很大程度的改善。

6.7.1 螺纹 (screw) 的基本知识

1. 螺纹的形成和分类

如图 6-35 所示,将底边长等于 πd_2 的直角三角形绕在直径为 d_2 的圆柱体上,并使其底边与圆柱体底边重合，则其斜边 ac 会在圆柱体表面形成空间曲线，这条曲线称为螺旋线。

　　根据螺旋线的旋行方向，螺纹可分为右旋（dextrorotary）和左旋（levorotary）两种，其中常用的是右旋螺纹。螺纹旋向的判别方法为：将螺杆直竖，螺旋线右高左低为右旋，如图 6-36a 所示；反之则为左旋，如图 6-36b 所示。螺纹螺旋线的线数，可分为单线、双线和多线，如图 6-36 所示。

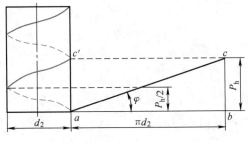

图 6-35　螺旋线的形成

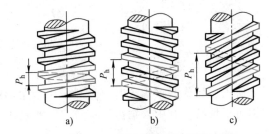

图 6-36　螺纹的旋向与线数

a）右旋单线　b）左旋双线　c）右旋三线

2. 螺纹的主要参数

　　如图 6-37 所示，螺纹主要有以下参数。

　　（1）大径（major diameter）　与外螺纹牙顶或内螺纹牙底相切的假想圆柱或圆锥的直径，此直径为标准中规定的公称直径。外螺纹大径记为 d，内螺纹大径记为 D。

　　（2）小径（minor diameter）　与外螺纹牙底或内螺纹牙顶相切的假想圆柱或圆锥的直径，也是螺纹强度计算时危险截面的直径。外螺纹小径记为 d_1，内螺纹小径记为 D_1。

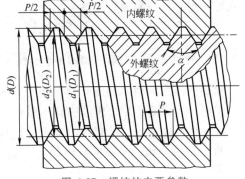

图 6-37　螺纹的主要参数

　　（3）中径（pitch diameter）　母线通过圆柱（或圆锥）螺纹上牙厚和牙槽宽相等处的假想圆柱的直径。外螺纹中径记为 d_2，内螺纹中径记为 D_2。

　　（4）螺距（screw pitch）P　相邻两牙体上的对应牙侧与中径线相交两点间的轴向距离。

　　（5）导程（lead）P_h　同一条螺旋线上，相邻两牙体相同牙侧与中径线相交两点间的轴向距离。导程与螺距的关系为 $P_h = nP$，式中 n 为螺纹的线数。

　　（6）螺纹升角 φ　中径圆柱或中径圆锥上，螺旋线切线与垂直于螺纹轴线的平面间的夹角称为螺纹升角，其值为

$$\tan\varphi = \frac{P_h}{\pi d_2} = \frac{nP}{\pi d_2} \tag{6-1}$$

　　（7）牙型角 α　螺纹轴线平面内，螺纹牙型上两相邻牙侧间的夹角。常用的螺纹牙型有三角形、矩形、梯形和锯齿形等，分别对应不同的牙型角，如图 6-38 所示。

　　牙型角越大，则螺纹的当量摩擦因数越大，因此螺纹的自锁性能越好，但传动效率也越

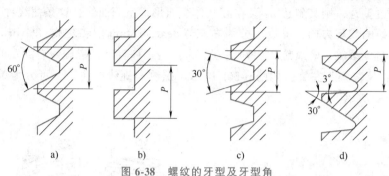

图 6-38 螺纹的牙型及牙型角

a）三角形螺纹 b）矩形螺纹 c）梯形螺纹 d）锯齿形螺纹

低。所以，用作联接螺纹时，一般采用三角形螺纹；而螺旋传动机构中则多采用矩形、梯形和锯齿形螺纹。其中，锯齿形螺纹只能承受单方向的轴向载荷。

关键知识点

　　螺纹按螺旋线的旋向可分为左旋和右旋，按螺旋线的线数可分为单线、双线和多线。螺纹的牙型有三角形、矩形、梯形和锯齿形等。联接螺纹一般采用三角形螺纹，而螺旋传动则多采用矩形、梯形和锯齿形螺纹。

6.7.2　滑动螺旋机构（sliding screw mechanism）

　　螺旋副内为滑动摩擦的螺旋机构，称为滑动螺旋机构。滑动螺旋机构所采用的螺纹为传动性能好、效率高的矩形螺纹、梯形螺纹和锯齿形螺纹。

　　按螺杆上螺旋副的数目，滑动螺旋机构可分为单螺旋机构和双螺旋机构两种类型。

　　（1）单螺旋机构　根据机构的组成情况及运动方式，单螺旋机构又分为以下两种基本形式：

　　1）螺母固定的单螺旋机构。其螺母与机架固联，螺杆回转并做直线运动。如台式虎钳（图 6-39）、螺旋压力机（图 6-40）等，都是这种单螺旋机构的应用实例。螺母固定的单螺旋机构主要用于传递动力，所以又称为传力螺旋机构。传力螺旋机构一般要求有较高的强度和自锁性能。

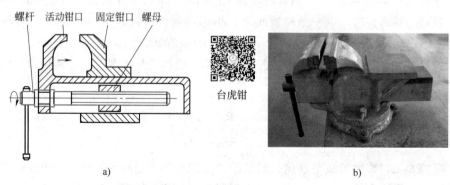

图 6-39　台式虎钳

a）示意图　b）实物图

2）螺杆轴向固定的单螺旋机构。其螺杆仅能够相对机架做回转运动，螺母则相对机架做轴向移动，如车床丝杠进给机构，如图 6-41 所示。此外，摇臂钻床中摇臂的升降机构、牛头刨床工作台的升降机构等，也都是这种单螺旋机构的实际应用。螺杆轴向固定的单螺旋机构主要用于传递运动，所以又称为传导螺旋机构。传导螺旋机构一般要求有较高的精度和传动效率，常采用多线螺纹来提高效率。传导螺旋机构中，螺母的移动距离可按下式计算：

$$L = nPz \qquad (6-2)$$

式中　L——螺母移动距离（mm）；

　　　n——螺纹的线数；

　　　P——螺纹的螺距（mm）；

　　　z——螺杆回转的圈数。

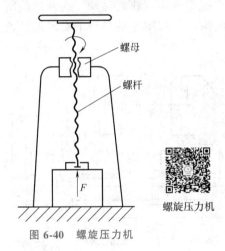

螺旋压力机

图 6-40　螺旋压力机

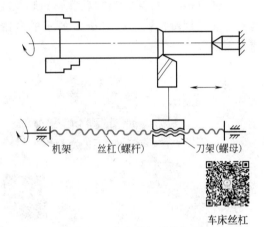

车床丝杠

图 6-41　车床丝杠进给机构

（2）双螺旋机构　螺杆上有两段螺距不同的螺纹，分别与螺母 1、螺母 2 组成两个螺旋副，这样的螺旋机构称为双螺旋机构。图 6-42 所示的机构中，螺母 2 兼作机架，螺杆转动时，一方面相对螺母 2（机架）移动，同时又带动不能回转的螺母 1 相对螺杆移动。按双螺旋机构中两螺旋副中螺纹旋向的不同，双螺旋机构可分为差动螺旋机构和复式螺旋机构，常分别用于微调装置和机床上的夹紧装置中。

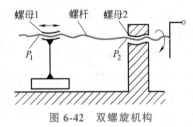

图 6-42　双螺旋机构

在调整螺旋机构中，有时要求主动件转动较大角度时，从动件做微量移动，如分度机构和机床刀具的微调机构，此时可采用差动螺旋机构。

如图 6-43 所示的微调差动螺旋机构中，螺杆分别与机架及活动螺母组成 A、B 两段螺旋副。A 段螺旋副中机架为固定螺母；B 段螺旋副中的螺母为活动螺母，它不能转动但能沿机架导向在槽内移动。两段螺旋副螺纹旋向相同时，螺杆转动，活动螺母的实际移动距离为

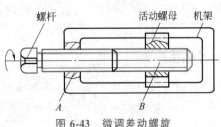

图 6-43　微调差动螺旋

$$L = z(P_{hA} - P_{hB}) \tag{6-3}$$

如两段螺旋副螺纹旋向相反时，活动螺母的实际移动距离为

$$L = z(P_{hA} + P_{hB}) \tag{6-4}$$

式中　　L——活动螺母实际移动距离（mm）；

　　　　z——螺杆回转圈数；

　　P_{hA}——固定螺母的导程；

　　P_{hB}——活动螺母的导程。

由式（6-3）可知，当两螺旋副螺纹旋向相同时，若 P_{hA} 和 P_{hB} 相差很小，则螺母的位移可以达到很小，因此可以实现微调。这种螺旋机构称为差动螺旋机构（或微动螺旋机构）。如图 6-44 所示千分尺的微调机构就利用了这种微调功能。

由式（6-4）可知，当两螺旋副的螺纹旋向相反时，螺母可实现快速移动。这种螺旋机构称为复式螺旋机构。如图 6-45 所示的台钳定心夹紧机构就是利用这种特性来实现工件快速夹紧的。

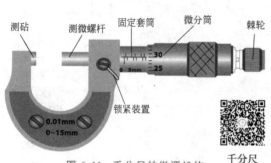

图 6-44　千分尺的微调机构

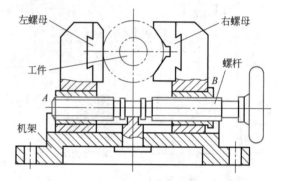

图 6-45　台钳定心夹紧机构

此外，还可以根据需要将螺旋机构设计成具有自锁性能的传力机构，如螺旋千斤顶，对主动件螺杆施加一个较小的转矩，即可在托杯上（沿螺杆轴线方向）获得一个很大的推力。通过上述应用实例分析可以看出螺旋机构结构简

复式螺旋机构

单、传动平稳的特点，因此，它在各种机械中获得广泛的应用。但是，滑动螺旋机构的磨损大、效率低，尤其是具有自锁性能的螺旋机构的效率低于50%，因此，螺旋机构不能用来传递很大的功率。

关键知识点

滑动螺旋机构可分为单螺旋机构和双螺旋机构。双螺旋机构根据两螺旋副中螺纹旋向是否相同，又可分为差动螺旋机构和复式螺旋机构：当旋向相同时，为差动螺旋机构，机构具有微调功能；当旋向相反时，为复式螺旋机构，可实现螺母快速移动。

小应用

图 6-46 所示为一般家用轿车配备的剪式千斤顶（也称支架千斤顶），转动螺杆，可使千斤顶托起或放下重物。例如在更换汽车轮胎时就可以用剪式千斤顶托起汽车，方便操作。

图 6-46 剪式千斤顶

6.7.3 其他螺旋传动

上述滑动螺旋机构，因螺旋副间存在较大的滑动摩擦，机构传动效率低（一般为 0.3～0.4）。本小节介绍的滚动螺旋机构和静压螺旋机构便是通过改变螺旋副间摩擦状态，来减少摩擦损耗的。这两种螺旋传动共同的特点是起动转矩小，传动平稳、轻便，寿命长，传动效率高。滚动螺旋传动效率在 0.9 以上，静压螺旋传动效率则可达 0.99。其缺点是结构复杂，制造困难，成本较高。故只宜用于要求高效率、高精度的重要传动中，如数控机床、精密机床中的螺旋传动和汽车的转向机构等。

（1）滚动螺旋传动 如图 6-47 所示，滚动螺旋机构（rolling screw mechanism）中螺杆和螺母的螺纹做成了滚道的形状，且在滚道内装满滚动体，螺旋机构工作时，螺杆和螺母间为滚动摩擦。同时，机构中有附加的滚动体返回通道及反向辅助装置，以使滚动体在滚道内能循环滚动。

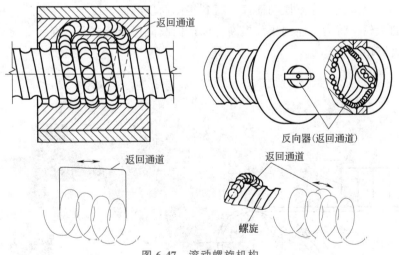

图 6-47 滚动螺旋机构

（2）静压螺旋传动 如图 6-48 所示，静压螺旋机构（hydrostatic screw mechanism）的螺杆仍为普通螺杆，但螺母每圈螺纹牙的两个侧面上都开有 3～4 个油腔。通过一套附加的供油系统向油腔内供油，可使螺母依靠压力油的油压来承受外载荷。因此，静压螺旋机构工作时，螺旋副之间为液体摩擦。

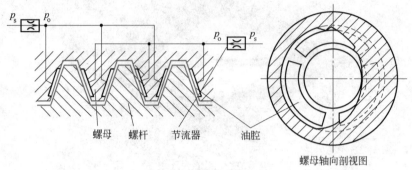

图 6-48　静压螺旋机构

实 例 分 析

　　实例一　图 6-49 所示为铸造车间的浇注自动线步进装置。该装置利用棘轮机构的间歇运动特性，实现浇注（停止）和输送（运动）交替进行的工作要求，装置中棘爪是利用液压缸的活塞杆来推动的。

　　实例二　北方有一种面食叫"饸饹"，压制这种面食的专用设备叫"饸饹机"，如图 6-50 所示。饸饹机由齿轮-齿条机构、链传动机构、棘轮机构等机构组成。工作过程如下：向下摆动摇杆，棘爪推动棘轮顺时针方向转动，如图 6-51 所示；棘轮进一步带动链传动机构中小链轮顺时针方向转动，链传动的大链轮和齿轮齿条机构的齿轮同轴，因此最终带动齿轮转动使得齿条向下移动；齿条下端的圆形压片（图 6-51b）继续向下挤压圆筒里的面，通过圆筒底部的成形板（图 6-51c），把面挤压成一定粗细的面条；当摇杆向上摆动时，棘爪在棘轮齿背上滑过，往复摆动摇杆，直到将圆筒里的面挤压干净。然后，释放棘爪，转动链传动上的手轮，将齿条连同压片提高，以便向圆筒里继续放面，继续上述动作过程，直到压制的面食够用为止。

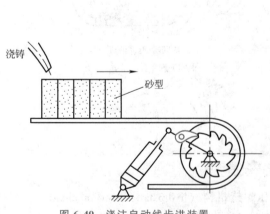

图 6-49　浇注自动线步进装置

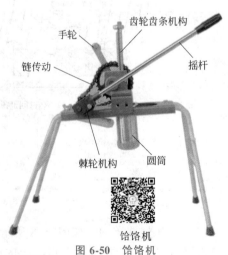

图 6-50　饸饹机

棘轮 棘爪

a)

饸饹机的
棘轮机构

b)

c)

图 6-51 饸饹机部分组件

a）饸饹机中的棘轮机构 b）饸饹机中的圆形压片 c）饸饹机中的成形板

知 识 小 结

1. 凸轮机构的类型

- 按凸轮形状可分为
  - 盘形凸轮
  - 移动凸轮
  - 端面圆柱凸轮
- 按从动件端部形状可分为
  - 尖端从动件凸轮
  - 滚子从动件凸轮
  - 平底从动件凸轮

2. 凸轮机构按对心方式可分为

- 对心
  - 尖端对心从动件凸轮
  - 滚子对心从动件凸轮
  - 平底对心从动件凸轮
- 偏置
  - 尖端偏置从动件凸轮
  - 滚子偏置从动件凸轮
  - 平底偏置从动件凸轮

3. 凸轮机构按从动件运动方式可分为

- 直动从动件凸轮
- 摆动从动件凸轮

4. 按封闭方式可分为

- 力锁合凸轮
- 形锁合凸轮

5. 从动件运动规律和凸轮轮廓的设计

- 凸轮机构的工作过程
- 从动件常用的运动规律
  - 等速运动规律
  - 等加速等减速运动规律
  - 简谐运动规律
- 凸轮轮廓的设计

$$
\text{6. 间歇运动机构}\begin{cases}\text{棘轮机构}\begin{cases}\text{外棘轮机构}\\\text{内棘轮机构}\\\text{可换向棘轮机构}\\\text{快动棘轮机构}\end{cases}\\\text{槽轮机构}\begin{cases}\text{外槽轮机构}\\\text{内槽轮机构}\\\text{双圆柱销槽轮机构}\end{cases}\\\text{不完全齿轮机构}\end{cases}
$$

$$
\text{7. 螺旋机构}\begin{cases}\text{螺纹基本知识}\\\text{滑动螺旋}\begin{cases}\text{单螺旋}\begin{cases}\text{传力螺旋}\\\text{传导螺旋}\end{cases}\\\text{双螺旋}\begin{cases}\text{差动螺旋}\\\text{复式螺旋}\end{cases}\end{cases}\\\text{滚动螺旋：螺旋副间为滚动摩擦，传动效率高}\\\text{静压螺旋：螺旋副间为液体摩擦，传动效率高}\end{cases}
$$

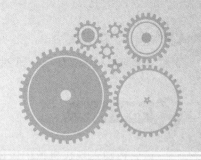

第 7 章

齿轮机构及传动
（Gear Mechanism and
Transmission）

　　齿轮传动是现代机械中应用最广泛的一种机械传动形式。齿轮传动在改变运动速度的同时还可以改变运动方向，以满足工作需要，故在机床和汽车变速器等机械中被普遍应用，图 7-1 所示为齿轮传动示意图。

　　如图 7-2 所示，牛头刨床的主传动装置就是齿轮传动系统。电动机通过 V 带传动将转动传给齿轮减速箱，通过减速箱里不同齿轮组合的啮合传动，把电动机的高速转动变成工作机需要的转速。摆动导杆机构的摆动运动由小齿轮与大齿轮组成的齿轮传动系统驱动，主动件小齿轮带动大齿轮转动，安

齿轮传动

图 7-1　齿轮传动

装在大齿轮上的滑块进而带动摆动导杆机构做往复摆动，完成牛头刨床的刨削加工。

　　本章主要介绍直齿圆柱齿轮机构的各种类型及应用，以及齿轮失效形式、齿轮强度设计的基本知识，并简要介绍变位齿轮及齿轮安装、维护等方面的综合知识。

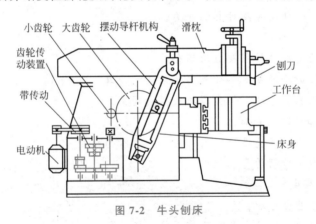

牛头刨床

图 7-2　牛头刨床

7.1　概述

7.1.1　齿轮传动的特点

　　齿轮传动依靠主动齿轮与从动齿轮的啮合传递运动和动力，与其他传动形式相比，齿轮传动有下列优点：

　　1）两轮瞬时传动比（transmission ratio）（角速度之比）恒定。

　　2）适用的圆周速度和传动功率范围较大。

3）传动效率较高、寿命较长。

4）能实现平行、相交、交错的轴间传动。

与其他传动形式相比，齿轮传动有下列缺点：

1）制造和安装的精度要求较高，成本也高。

2）不适用于较远距离的运动和动力传动。

7.1.2 齿轮传动的类型

齿轮传动按两齿轮轴线的相对位置进行分类，可分为两轴线平行齿轮传动、两轴线相交齿轮传动和两轴线交错齿轮传动三种类型；按齿轮轮齿的齿向进行分类，可分为直齿轮传动、斜齿轮传动、人字形齿轮传动和曲线齿齿轮传动四种类型。具体齿轮传动的类型及名称如图7-3所示。

图 7-3 齿轮传动的类型

a）直齿外齿轮传动 b）直齿内齿轮传动 c）齿轮齿条传动 d）斜齿轮传动 e）人字形齿轮传动
f）直齿锥齿轮传动 g）曲线齿锥齿轮传动 h）交错轴斜齿轮传动 i）蜗杆传动

7.2 渐开线齿廓的啮合特性

理论上可作为齿轮齿廓的曲线有许多种，但由于轮齿加工、测量和强度要求等方面的原因，实际上可选用的齿廓曲线仅有渐开线（involute）、摆线、圆弧线和抛物线等几种，其中渐开线齿廓应用最广。渐开线齿廓具有以下特性。

小知识

渐开线的形成及其特性

渐开线的形成及其特性

1. 渐开线齿廓可保证传动比恒定不变

图 7-4 所示为一对渐开线齿轮啮合。设两渐开线齿轮基圆半径分别为 r_{b1} 和 r_{b2}，两轮齿齿廓在 K 点接触，由于两轮基圆的大小和安装位置均已固定，过齿廓接触点所作两轮基圆的公切线只有一条，则该公切线与两轮连心线 O_1O_2 的交点 P 必为定点，传动比为

$$i_{12} = \frac{\omega_1}{\omega_2} = \frac{\overline{O_2P}}{\overline{O_1P}} = \frac{r_{b2}}{r_{b1}} = \frac{z_2}{z_1} = 常数 \qquad (7-1)$$

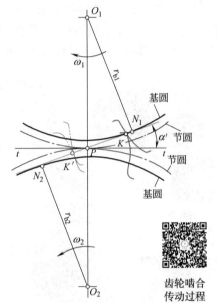

两轮齿啮合时的接触点又称为啮合点。渐开线齿轮在啮合过程中，啮合点沿着两轮基圆的公切线 N_1N_2 移动，N_1N_2 为啮合点的轨迹线，称为啮合线。啮合线与两节圆公切线 t-t 所夹的锐角 α' 称为啮合角。显然，啮合角 α' 即为节点 P 处的压力角。

齿轮啮合
传动过程

图 7-4 渐开线齿轮啮合

2. 渐开线齿轮传动中心距具有可分性

当一对渐开线齿轮制成后，两轮的基圆半径已确定，则即使安装时两轮中心距有一些变化，由式（7-1）可知，其传动比一定不变。渐开线齿轮中心距的改变不影响传动比的这种性质，称为渐开线齿轮传动中心距的可分性。这一特性为齿轮制造和安装带来极大的方便，也是渐开线齿轮得到广泛应用的原因之一。

3. 啮合时保证传递压力的方向不变

一对渐开线齿轮啮合过程中，啮合点一定在啮合线 N_1N_2 上，N_1N_2 又是渐开线齿廓上过啮合点的公法线，所以齿廓之间传递的压力一定沿着公法线 N_1N_2 的方向。这表明，一对渐开线齿轮在啮合时，无论啮合点在何处，两轮齿间传递压力的方向始终不变，因此传动平稳。

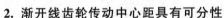**小知识**

渐开线齿轮传动中心距的可分性是指在一定的条件下，在加工的公差范围内，不会出现误差在毫米单位以上。港珠澳大桥重达 6000 多吨的沉管隧道最后接头在水下 30m 对接的最小误差是 0.8mm，我们一般的机械加工误差可以控制在百分之一毫米之内。

拓展内容

中国骄傲——港珠澳大桥

港珠澳大桥是一座跨海大桥，连接香港大屿山、澳门半岛和广东省珠海市，桥隧全长55千米，其中主桥29.6千米、海底隧道长约6.75千米；桥面为双向六车道高速公路，设计速度100千米/小时；工程项目总投资额1269亿元。该大桥是集桥、岛、隧道于一体，是世界上最长的跨海大桥，是中国建设史上里程最长、投资最多、施工难度最大的跨海桥梁，对促进香港、澳门和珠江三角洲西岸地区经济上的进一步发展具有重要的战略意义。

2009年12月15日，港珠澳大桥主体建造工程开工建设；2017年7月7日，港珠澳大桥实现了主体工程全线贯通；2018年10月23日举行通车典礼。

2017年5月2日5时50分，海底隧道的沉管接头开始安装，如沿用欧洲百年不变的施工方式，完成这项安装要4个多月，工程技术人员在新方法的指导下，重达6000多吨的港珠澳大桥沉管隧道最后接头仅仅经过16个多小时的吊装沉放，于22时33分安装成功。在水下30m处，对接的最大误差只有2.6mm，最小误差是0.8mm，这是全世界最小的误差，史无前例。港珠澳大桥沉管需要埋到海床下40多米，第一次做到了海底隧道"滴水不漏"。

港珠澳大桥的建设难度巨大，从设计到建成历时14年，是我国工程技术人员克服重重困难建成的世界上最长的跨海大桥，获得多项技术专利，为世界海底隧道工程技术提供了独特的样本和宝贵的经验。

有关港珠澳大桥建设的艰辛和伟大意义请扫描二维码学习。

课程思政
知识点
中国骄傲——
港珠澳大桥

7.3 渐开线标准直齿圆柱齿轮的基本参数

7.3.1 齿轮各部分的名称

渐开线标准直齿圆柱齿轮的齿廓由形状相同的两反向渐开线曲面组成。齿轮各部分的名称如图7-5所示，齿轮各部分的名称及符号见表7-1。

表7-1 齿轮各部分名称及符号

名　称	符　号	名　称	符　号
齿顶圆（addendum circle）直径	d_a	齿高	h
齿根圆（dedendum circle）直径	d_f	齿厚（分度圆）	s
分度圆（pitch circle）直径	d	槽宽（分度圆）	e
基圆（base circle）直径	d_b	齿距（分度圆）	p
齿顶高	h_a	齿宽	b
齿根高	h_f		

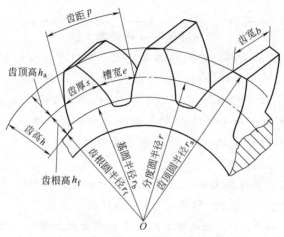

图 7-5 齿轮各部分的名称

7.3.2 基本参数

1. 齿数 z

形状相同，沿齿轮圆周方向均匀分布的轮齿个数，称为齿数，用 z 表示。

2. 模数（modulus）m

已知分度圆直径 d、齿距 p 与齿轮齿数 z，则分度圆周长 $\pi d = zp$，可得

$$d = \frac{p}{\pi} z$$

π 为无理数，为方便计算和测量，令 $p/\pi = m$，称为模数，于是上式可改写为

$$d = mz \qquad (7\text{-}2)$$

齿轮的模数为标准值，国家标准 GB/T 1357—2008 规定的齿轮标准模数系列见表 7-2。

表 7-2 齿轮标准模数系列　　　　　　　　　　　（单位：mm）

第一系列	1	1.25	1.5	2	2.5	3	4	5	6
	8	10	12	16	20	25	32	40	50
第二系列	1.125	1.375	1.75	2.25	2.75	3.5	4.5	5.5	(6.5)
	7	9	11	14	18	22	28	36	45

注：1. 本表适用于渐开线圆柱齿轮，对斜齿轮而言，表中数据指法向模数。
　　2. 优先选用第一系列，其次考虑第二系列，但尽可能不用括号内模数。

模数 m 是齿轮的重要参数，其单位为 **mm**。齿数不变的前提下，模数越大，则轮齿的尺寸越大，同齿数不同模数齿轮大小的比较如图 7-6 所示。

3. 标准压力角

我国国家标准规定，分度圆上的压力角为标准压力角，标准值为 $\alpha = 20°$。

4. 齿顶高系数、顶隙系数

标准齿轮轮齿的齿顶高和齿根高由下式确定

$$\begin{cases} h_a = h_a^* m \\ h_f = h_a^* m + c = (h_a^* + c^*) m \end{cases} \qquad (7\text{-}3)$$

式中 h_a^* ——齿顶高系数；

c ——顶隙，指一对齿轮啮合时，一齿轮的齿顶圆与另一齿轮的齿根圆之间的径向间隙，如图 7-7 所示，用以避免两齿轮啮合顶撞，并能储存润滑油；

c^* ——顶隙系数。

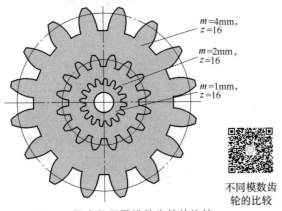

图 7-6 同齿数不同模数齿轮的比较

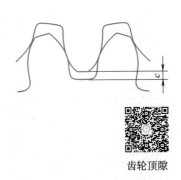

图 7-7 齿轮顶隙

国家标准 GB/T 1356—2001 规定了齿顶高系数和顶隙系数的标准值，正常齿制下，$h_a^* = 1.0$，$c^* = 0.25$；短齿制下，$h_a^* = 0.8$，$c^* = 0.3$。

标准齿轮的 m、α、h_a^* 和 c^* 均为标准值，且分度圆上齿厚与齿槽宽相等，$s = e$。

由上述可知，正常齿制的标准齿轮基本参数中，α、h_a^*、c^* 均有唯一确定值，只有 m 和 z 可以变化，其中，m 按标准系列取值。渐开线标准直齿圆柱齿轮各部分的尺寸可全部通过五个基本参数计算得出，具体的几何尺寸计算公式见表 7-3。

内齿轮的结构和几何尺寸关系如图 7-8 所示。

a)

内齿轮

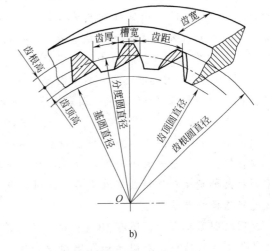

b)

图 7-8 内齿轮的结构和几何尺寸关系

表 7-3　渐开线标准直齿圆柱齿轮几何尺寸计算公式

名称	符号	计算公式	
		外齿轮	内齿轮
基本参数　齿数	z	$z_{\min}=17$。通常小齿轮齿数 z_1 在 $20\sim28$ 范围内选取，$z_2=iz_1$	
基本参数　模数	m	根据强度计算确定，按表 7-2 选取标准值。动力传动中，$m\geqslant2\text{mm}$	
基本参数　压力角	α	取标准值，$\alpha=20°$	
基本参数　齿顶高系数	h_a^*	取标准值，对于正常齿，$h_a^*=1.0$，对于短齿，$h_a^*=0.8$	
基本参数　顶隙系数	c^*	取标准值，对于正常齿，$c^*=0.25$，对于短齿，$c^*=0.3$	
几何尺寸　槽宽	e	$e=p/2=(\pi m)/2$	
几何尺寸　齿厚	s	$s=p/2=(\pi m)/2$	
几何尺寸　齿距	p	$p=\pi m$	
几何尺寸　齿高	h	$h=h_a+h_f=(2h_a^*+c^*)m$	
几何尺寸　齿顶高	h_a	$h_a=h_a^*m$	
几何尺寸　齿根高	h_f	$h_f=(h_a^*+c^*)m$	
几何尺寸　分度圆直径	d	$d=mz$	
几何尺寸　基圆直径	d_b	$d_b=d\cos\alpha=mz\cos\alpha$	
几何尺寸　齿顶圆直径	d_a	$d_a=d+2h_a=(z+2h_a^*)m$	$d_a=d-2h_a=(z-2h_a^*)m$
几何尺寸　齿根圆直径	d_f	$d_f=d-2h_f=(z-2h_a^*-2c^*)m$	$d_f=d+2h_f=(z+2h_a^*+2c^*)m$
几何尺寸　中心距	a	$a=(d_1+d_2)/2=m(z_1+z_2)/2$	$a=(d_2-d_1)/2=m(z_2-z_1)/2$

国家标准的内涵及其在生产实践中的指导意义

中华人民共和国国家标准，简称国标，强制性国家标准的代号为"GB"，推荐性国家标准的代号为"GB/T"。国家标准的编号由国家标准的代号、国家标准发布的顺序号和国家标准发布的年号（发布年份）构成。在 1994 年及之前发布的标准，以 2 位数字代表年份。1995 年开始发布的标准，改为 4 位数字代表年份。

《中华人民共和国标准化法》将中国标准分为国家标准、行业标准、地方标准（D）、团体标准（T）、企业标准（Q）五级。国家标准是在全国范围内统一的技术要求，由国务院标准化行政主管部门编制计划，协调项目分工，组织制定和修订，统一审批、编号、发布。

国家标准 GB/T 1357—2008 中，模数有第一系列值、第二系列值和括号值三种数值供选取，要根据生产批量的大小合理选择模数值。一般的选择原则是单件小批量产品模数选取第一系列；大批量生产的模数可以选第二系列；专门化生产的产品在充分满足强度的条件下，模数也可选括号值。

我国除国家标准外，还有 JB（机械行业标准）等行业标准。国外的标准有德标、美标、日标等。工程实践中还有国际标准化组织的国际标准（ISO）。这些标准都是千锤百炼形成的，是指导生产的具有法律保护的文件，同学们在以后的工作中无论做什么设计都要严格遵循国家标准，涉外产品还要遵循国外相应的标准。通过学习，同学们要认识到国家标准的重要性、规范性，并自觉遵守，确保安全生产。

例 7-1　某国产机床的传动系统，需更换一个损坏的齿轮。测得其齿数 $z = 24$，齿顶圆直径 $d_a = 77.95\text{mm}$，已知为正常齿制，试计算齿轮的模数和主要尺寸。

解　国产机床的齿轮为标准齿轮，故齿轮压力角为 $20°$，正常齿制，可知 $h_a^* = 1.0$，$c^* = 0.25$。

1）计算齿轮的模数。

根据表 7-3，得

$$m = \frac{d_a}{z + 2h_a^*} = \frac{77.95}{24 + 2 \times 1}\text{mm} = 2.998\text{mm}$$

查表 7-2 并圆整为标准值，取 $m = 3\text{mm}$。

2）计算齿轮主要尺寸。

$$d = mz = 3 \times 24\text{mm} = 72\text{mm}$$

$$d_a = m(z + 2h_a^*) = 3 \times (24 + 2)\text{mm} = 78\text{mm}$$

$$d_f = m(z - 2h_a^* - 2c^*) = 3 \times (24 - 2.5)\text{mm} = 64.5\text{mm}$$

$$d_b = d\cos\alpha = 72\text{mm} \times \cos20° = 67.66\text{mm}$$

$$p = \pi m = 3.14 \times 3\text{mm} = 9.42\text{mm}$$

$$s = e = \frac{\pi m}{2} = \frac{3.14}{2} \times 3\text{mm} = 4.71\text{mm}$$

关键知识点

齿轮齿廓曲线一般选用渐开线，优点是能保证传动比恒定不变、传动中心距具有可分性且能保证传递压力的方向不变。齿轮的基本参数有五个：齿数 z、模数 m、压力角 α、齿顶高系数 h_a^*、顶隙系数 c^*。模数 m 是齿轮的重要参数，其单位是 mm，模数越大，同齿数齿轮的轮齿尺寸越大。压力角标准值为 $\alpha = 20°$。正常齿制下，$h_a^* = 1.0$，$c = 0.25$。

7.4　渐开线标准直齿圆柱齿轮的啮合传动

一对渐开线齿廓能保证瞬时传动比恒定，但是齿廓长度是有限的，因此必然会出现前后轮齿交替啮合。为了保证啮合交换时传动连续、平稳且不发生轮齿干涉，还必须满足下列条件。

7.4.1　正确啮合条件

如图 7-9 所示，一对渐开线齿轮同时有两对轮齿参加啮合，前一对轮齿在 K' 点相啮合，后一对齿在 K 点相啮合。两个啮合点都在啮合线 N_1N_2 上，只有当两轮相邻两齿的同侧齿廓间法向距离相等，即 $K_1K_1' = K_2K_2'$ 时，才能保证两轮正确啮合。K_1K_1' 和 K_2K_2' 为两齿轮的法向齿距，由渐开线相关性质得

$$K_1K_1' = K_2K_2' = p_{b1} = p_{b2}$$

式中，p_{b1}、p_{b2} 分别为两轮基圆上相邻两齿同侧齿廓间的弧长，称为基圆齿距，则有

$$p_b = \frac{\pi d_b}{z} = \pi m \cos\alpha$$

因此有

$$m_1 \cos\alpha_1 = m_2 \cos\alpha_2$$

由于齿轮模数和压力角已标准化，要使上式成立，必须满足

$$\begin{cases} m_1 = m_2 = m \\ \alpha_1 = \alpha_2 = \alpha \end{cases} \tag{7-4}$$

7.4.2　连续传动条件

如图 7-10 所示，一对渐开线齿轮啮合传动，其中齿轮 1 为主动轮，齿轮 2 为从动轮。两轮啮合时，对于刚进入啮合状态的一对轮齿，首先由主动轮的齿根推动从动轮的齿顶，即从动轮齿顶圆与啮合线的交点 B_2 为开始啮合点。随着轮 1 推动轮 2 转动，当啮合点移动到主动轮齿顶圆与啮合线的交点 B_1 时，这一对轮齿的啮合终止。

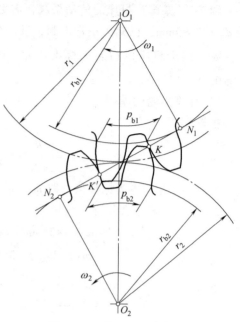

图 7-9　齿轮正确啮合条件

线段 $\overline{B_2 B_1}$ 为啮合点的实际轨迹，称为实际啮合线段，$N_1 N_2$ 称为理论啮合线。

要使齿轮实现连续传动，至少要求前一对轮齿在 B_1 点退出啮合时，后一对轮齿已在 B_2 点进入啮合，传动才能连续进行。这时实际啮合线段 $\overline{B_2 B_1}$ 不得小于齿轮的法向齿距。如果实际啮合线段小于齿轮的法向齿距，则啮合将会发生中断而产生冲击。由于法向齿距与基圆齿距 p_b 相等，故齿轮连续传动的条件也可表达为 $\overline{B_2 B_1} \geq p_b$。

实际啮合线段与基圆齿距之比称为重合度，用 ε 表示，即

$$\varepsilon = \frac{\overline{B_2 B_1}}{p_b} \geq 1 \tag{7-5}$$

齿轮传动重合度越大，说明同时参与啮合的轮齿越多，传动也越平稳。对于标准齿轮采用标准中心距安装，齿数 $z > 12$ 时，其重合度恒大于 1。

7.4.3　标准安装

保证无齿侧间隙的安装称为标准安装。

一对渐开线标准直齿圆柱齿轮外啮合传动标准安装时（图 7-11），节圆与分度圆重合，其中心距为

$$a = r_1' + r_2' = r_1 + r_2 = m(z_1 + z_2)/2$$

此时的中心距 a 为标准中心距，其啮合角 $\alpha' = \alpha$。

应该指出，单个齿轮只有分度圆和压力角，不存在节圆和啮合角。如果不按标准中心距安装，则虽然两齿轮的节圆仍然相切，但两轮的分度圆并不相切，此时两啮合齿轮的实际中心距为

$$a' = r_1' + r_2' \neq r_1 + r_2$$

当然，啮合角 $\alpha' \neq \alpha$。

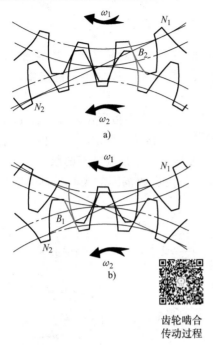

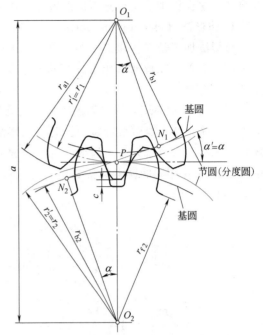

图 7-10 齿轮啮合传动过程

a）进入啮合 b）退出啮合

图 7-11 渐开线标准直齿圆
柱齿轮外啮合传动

关键知识点

渐开线直齿圆柱齿轮的正确啮合条件是 $m_1 = m_2 = m$，$\alpha_1 = \alpha_2 = \alpha$。标准齿轮采用标准中心距安装，只要齿数 $z > 12$，其重合度恒大于 1，即可保持连续传动。渐开线标准直齿圆柱齿轮标准安装时，节圆与分度圆重合，啮合角 α' 等于压力角 α。

小技能

标准直齿圆柱齿轮的公法线长度和分度圆弦齿厚的测量

渐开线标准直齿圆柱齿轮的
公法线长度和分度圆弦齿厚

公法线长
度测量

分度圆弦齿厚
和弦齿高测量

延伸齿轮

7.5 渐开线齿轮加工原理和根切现象

7.5.1 齿轮轮齿的加工方法及其原理

齿轮轮齿的加工方法很多，如精密铸造、模锻、热轧、冷冲和切削加工等，生产中常用的是切削法，切削法又可分为仿形法和展成法两类。

1. 仿形法（forming method）

仿形法加工是在普通铣床上，用与齿廓形状相同的成形铣刀对轮坯进行铣削加工。这种方法加工简单，在普通铣床上便可进行；但生产率低，精度差，故常用于机械修配和单件生产。

图 7-12 所示为用盘形铣刀加工齿轮的情形，图 7-13 所示为用指形铣刀加工齿轮的情形。加工时，铣刀绕本身轴线旋转，同时，轮坯沿齿轮轴线方向移动。铣出一个齿槽以后，将齿坯转过 $360°/z$，再铣第二个齿槽，直至全部齿槽加工完毕。为了控制铣刀的数量，实际生产中对于 m 和 α 相同的铣刀只备 8 把，每把铣刀可加工一定齿数范围的齿轮，具体对应关系见表 7-4。

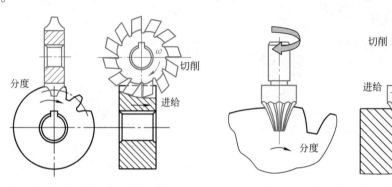

盘形铣刀
加工齿轮

图 7-12　盘形铣刀加工齿轮　　　　图 7-13　指形铣刀加工齿轮

指形铣刀
加工齿轮

表 7-4　各号铣刀可加工的齿数范围

刀　号	1	2	3	4	5	6	7	8
齿数范围	12、13	14~16	17~20	21~25	26~34	35~54	55~134	≥135

2. 展成法（generating method）

展成法加工是利用一对齿轮（包括齿轮与齿条）啮合时，其齿廓互为包络线的原理来加工齿轮的。

（1）插齿（geen shaping）　图 7-14 所示为用齿轮插刀加工齿轮的情形。插齿时，插刀与齿坯严格按一对齿轮啮合的定比传动要求做旋转运动，即展成运动；同时插刀沿齿坯的轴线方向做上下切削运动；为了防止插刀退刀时划伤已加工的齿廓表面，在退刀时，齿坯还需做小距离的让刀运动；此外，为了切出轮齿的整个高度，插刀还需要向轮坯中心方向移动，做径向进给运动。

小提示

学习本节内容时，应配合展成仪（也称为范成仪）加工齿轮的实验。

当齿轮插刀的齿数增加到无穷多时，其基圆半径变为无穷大，则齿轮插刀演变成齿条插刀。如图 7-15 所示，齿条插刀切制齿廓时，刀具与齿坯的展成运动相当于齿条与齿轮的啮合传动，其切齿原理与齿轮插刀加工齿轮的原理相同。

（2）滚齿（hobbing） 用插齿刀具加工齿轮的过程为断续切削，生产效率较低。滚齿加工是利用滚刀与齿坯的展成运动加工齿轮的，如图 7-16 所示。在垂直于齿坯轴线并通过滚刀轴线的主剖面内，滚刀与齿坯的运动相当于齿条（刀具刃形）与齿轮的啮合。滚齿加工过程接近于连续，故生产效率较高。

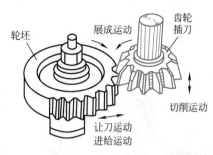

7.5.2 根切现象与最少齿数

当用展成法加工齿轮时，如果工件的齿数太少，则刀具的齿顶会将齿坯的根部过多地切去，如图 7-17a 所示，这种现象称为根切。轮齿发生根切后，齿根抗弯强度降低；根切会切去

齿轮插刀　插齿、插齿机　插齿全过程　范成法加工原理

图 7-14　齿轮插刀加工齿轮

齿根部分的渐开线，还会使一对轮齿的啮合过程缩短，降低重合度，从而影响传动的平稳性。

用齿条插刀或齿轮滚刀加工齿轮时，当 $\alpha = 20°$、$h_a^* = 1$ 时，由图 7-17b 可推得不产生根切的最少齿数为

$$z_{\min} = \frac{2h_a^*}{\sin^2\alpha} = \frac{2 \times 1}{\sin^2 20°} \approx 17 \tag{7-6}$$

为避免根切，正常齿制标准齿轮的齿数不小于 **17**。

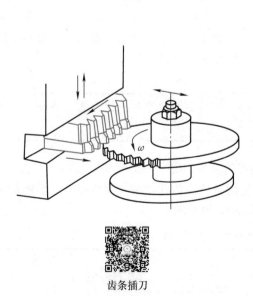

齿条插刀

图 7-15　齿条插刀加工齿轮

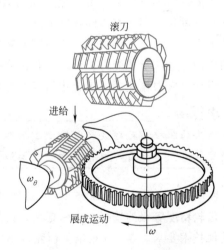

滚齿　　　　　滚齿机

图 7-16　齿轮滚刀加工齿轮

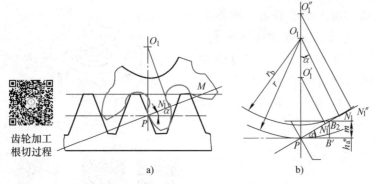

齿轮加工
根切过程

a)

b)

图7-17　根切现象与切齿干涉的参数关系

a) 根切现象　b) 切齿干涉的参数关系

小知识

变位直齿圆柱齿轮传动

变位直齿圆柱齿轮传动

变位齿轮

7.6* 圆柱齿轮精度简介

在齿轮加工过程中，由于轮坯与刀具在机床上的安装误差和机床自身误差等方面的原因，不可避免地存在着不同程度的加工误差，影响齿轮精度。齿轮精度的选择取决于齿轮传动的类型，不同的传动类型需要不同的精度等级。生产实践中，若齿轮精度过低，将影响齿轮的传动质量和承载能力；反之，若精度要求过高，会使加工更加复杂，提高生产成本。因此，设计时应根据使用要求选定恰当的精度等级，以控制齿轮的误差。

小提示

这里的圆柱齿轮精度只是给出了很粗浅的知识，要想全面理解该知识内容，正确选择齿轮精度等级，请查看其他相关资料或手册。

我国国家标准 GB/T 10095.1—2022 规定齿轮精度等级共11级，从高到低为1级到11级。

齿轮精度等级的选择，应考虑传动的用途、使用条件、传动功率、圆周速度、性能指标及其他技术要求。表7-5 给出了齿轮常用精度等级的应用举例。

表7-5　齿轮常用精度等级及其应用举例

精度等级	圆周速度 $v/(\text{m/s})$			应用举例
	直齿圆柱齿轮	斜齿圆柱齿轮	直齿锥齿轮	
6	≤15	≤30	≤9	高速重载的齿轮传动，如机床、汽车和飞机中的重要齿轮，分度机构的齿轮，高速减速器的齿轮等

（续）

精度等级	圆周速度 v/(m/s)			应用举例
	直齿圆柱齿轮	斜齿圆柱齿轮	直齿锥齿轮	
7	≤10	≤20	≤6	高速中载或中速重载的齿轮传动，如标准系列减速器的齿轮，机床和汽车变速器中的齿轮等
8	≤5	≤9	≤3	一般机械中的齿轮传动，如机床、汽车和拖拉机中一般的齿轮，起重机械中的齿轮，农业机械中的重要齿轮等
9	≤3	≤6	≤2.5	低速重载的齿轮，低精度机械中的齿轮等

注：国家标准 GB/T 10095.1—2022 中规定齿轮精度等级为 11 级，从高到低为 1 级到 11 级；测量方法基于单个圆柱齿轮单侧齿面的坐标式测量，使用坐标示测量仪。本表中的精度等级采用 GB/T 10095.1—2008。

拓展内容

"精益精神"——大国工匠周建民

周建民，中国兵器淮海工业集团有限公司工具钳工，高级技师，中国兵器首席技师，正高级工程师。参加工作 40 多年来，共完成 16000 余项专用量规的制造，创新成果 1100 余项，为公司创造价值 3100 余万元。是山西省第一位大国工匠，第一个国家级技能大师工作室的带头人。先后荣获全国劳动模范、全国优秀共产党员、全国五一劳动奖章、中华技能大奖、国家技能人才培育突出贡献个人、大国工匠年度人物等，享受国务院特殊津贴，是党的十八大、十九大代表。

为了大力弘扬劳模精神、劳动精神、工匠精神，扎实推进产业工人队伍建设改革，团结动员广大职工以实际行动迎接党的二十大胜利召开，中华全国总工会、中央广播电视总台共同举办了 2021 年"大国工匠年度人物"发布仪式，最终评选出了十位"大国工匠年度人物"。

周建民是此次十位荣获大国工匠年度人物之一，中央一台 2022 年 3 月 2 日播出了颁奖仪式。

周建民大师的事迹很多，可扫描"精益精神——大国工匠周建民"二维码，或在百度搜索"［2021 年大国工匠年度人物发布仪式］钳工周建民：周氏精度　如琢如磨"，回看中央一台播出的颁奖仪式。

"精益精神"——
大国工匠周建民

设计齿轮

7.7　齿轮传动的失效形式、设计准则与材料选择

7.7.1　齿轮传动的失效形式

齿轮传动失效多发生在轮齿上。分析研究其失效形式有助于建立齿轮传动设计准则，及时采取防止或减缓失效的措施。

轮齿的主要失效形式有轮齿折断、齿面点蚀、齿面胶合、齿面磨损及齿面塑性变形等，

现分述如下：

1. 轮齿折断 （gear broken）

齿轮工作时，轮齿根部受到交变的弯曲应力，并且在齿根的过渡圆角处存在较大的应力集中。因此，在载荷多次重复作用下，当应力值超过弯曲疲劳极限时，将产生疲劳裂纹（图 7-18）。

裂纹的不断扩展，最终将引起轮齿折断，这种折断称为弯曲疲劳折断。图 7-19 所示为齿轮轴轮齿折断的实际失效情况。

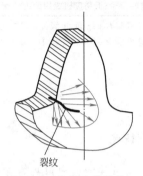

图 7-18　齿根疲劳裂纹

图 7-19　齿轮轴轮齿折断

为提高齿轮轮齿抗折断的能力，可通过提高材料的疲劳强度、增强轮齿心部的韧性、加大齿根过渡圆角半径、提高齿面制造精度、增大模数以加大齿根厚度、进行齿面喷丸处理等方法来实现。

2. 齿面点蚀 （pitting on tooth surface）

在接触应力长时间的反复作用下，齿面表层出现裂纹，加之润滑油渗入裂纹并持续受到挤压，加速了裂纹的扩展，从而导致齿面金属以甲壳状的小微粒剥落，形成麻点，这种现象称为齿面点蚀。闭式齿轮传动的主要失效形式便是齿面点蚀，图 7-20 所示为斜齿轮齿面点蚀的实际失效情况。

为防止过早出现齿面点蚀，可通过增大齿轮直径、提高齿面硬度、降低齿面的表面粗糙度值和采用高黏度润滑油等方法进行预防。

3. 齿面胶合 （glue of gears）

高速或低速重载的齿轮传动中，由于齿面间接触压力很大，因此相对滑动摩擦会使齿面工作区产生局部瞬时高温，致使齿面间的油膜破裂，造成齿面金属

图 7-20　斜齿轮齿面点蚀

直接接触并相互粘连。重载条件下，齿轮两齿面相对滑动时，较软齿面的金属沿滑动方向被撕下而在齿面上形成沟纹，这种现象称为胶合。图 7-21 所示为齿面胶合的实际失效情况。

为防止胶合的发生，可采用良好的润滑方式、限制油温和采用含抗胶合添加剂的合成润滑油；也可采用不同材料制造的齿轮进行搭配传动，或对同种材料制造的齿轮进行不同硬度的处理。

4. 齿面磨损 （tooth wear）

由于啮合齿面的相对滑动，引起齿面的摩擦磨损。开式齿轮传动的主要失效形式是磨损，图 7-22 所示为轮齿齿面磨损的实际失效情况。

图 7-21　齿面胶合

图 7-22　齿面磨损

为防止齿面过快磨损，可采用保证工作环境清洁、定期更换润滑油、提高齿面硬度、增大模数以加大齿厚等方法。

5. 齿面塑性变形（tooth surface deformation）

在过大的应力作用下，轮齿表面因摩擦而产生塑性变形，致使啮合不平稳，噪声和振动增大，破坏了齿轮的正常啮合传动。这种失效形式常见于重载、频繁起动和齿面硬度较低的齿轮传动中。图 7-23 所示为齿面塑性变形的机理示意图。

图 7-24 为主动轮齿面下凹的实际失效情况，图 7-25 所示为从动轮齿面凸起的实际失效情况。

为防止齿面塑性变形，可通过提高齿面硬度或采用较高黏度的润滑油等方法来实现。

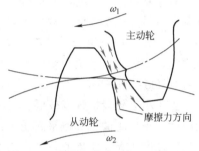

图 7-23　齿面塑性变形机理示意图

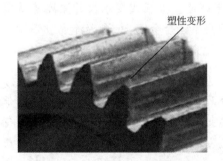

图 7-24　主动轮齿面塑性变形

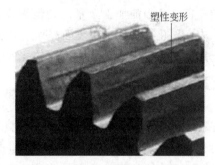

图 7-25　从动轮齿面塑性变形

7.7.2　齿轮传动的设计准则

轮齿的失效形式很多，但它们往往不可能同时发生，所以必须具体情况具体分析，针对主要失效形式确立相应的设计准则。

闭式齿轮传动分两种，对软齿面（硬度≤350HBW）齿轮，其主要失效形式是齿面点蚀，通常按齿面接触疲劳强度进行设计，然后按齿根弯曲疲劳强度进行校核；对硬齿面（硬度>350HBW）齿轮，其主要失效形式是轮齿折断，此时按齿根弯曲疲劳强度进行设计，然后按齿面接触疲劳强度进行校核。

开式齿轮传动主要失效形式是齿面磨损。由于目前对齿面磨损尚无行之有效的计算方法和设计数据,故通常按齿根弯曲疲劳强度进行设计,同时考虑磨损因素,适当将模数增大10%~20%。

7.7.3 齿轮常用材料的选择

常用的齿轮材料是优质碳素钢（quality carbon steel）和合金结构钢（alloy structure steel），其次是铸钢和铸铁。除尺寸较小、普通用途的齿轮采用圆轧钢外,大多数齿轮都采用锻钢制造;对形状复杂、直径较大（$d \geqslant 500mm$）和不易锻造的齿轮,可采用铸钢（cast steel）;传递功率不大、低速、无冲击及开式齿轮传动中的齿轮,可选用灰铸铁（gray cast iron）。

非铁金属仅用于制造有特殊要求（如耐蚀、防磁性等）的齿轮。

对高速、轻载及精度要求不高的齿轮,为减小噪声,也可采用非金属材料（如塑料、尼龙、夹布胶木等）做成小齿轮,但大齿轮仍用钢或铸铁制造。

对于软齿面（soft-toothed surface）（硬度不超过350HBW）齿轮,可以在热处理后切齿,其制造容易、成本较低,常用于对传动尺寸无严格限制的一般传动。常用的齿轮材料有35、45、35SiMn、40Cr钢等,其热处理方法为调质或正火处理,切齿后的精度一般为8级,精切时可达7级。为了便于切齿和防止刀具切削刃迅速磨损变钝,调质处理后的材料硬度一般不超过280~300HBW。

由于小齿轮齿根强度较弱,转速较高,其齿面受载次数较多,故当两齿轮材料及热处理相同时,小齿轮的失效概率高于大齿轮。在传动中,为使大、小齿轮的寿命相当,常使小齿轮齿面硬度比大齿轮齿面硬度高出30~50HBW,传动比大时,其硬度差还应更大些。

硬齿面（hard-toothed surface）（硬度大于350HBW）齿轮通常是在调质后切齿,然后进行表面硬化处理。有的齿轮在硬化处理后还要进行精加工（如磨齿、珩齿等）,故调质后的切齿应留有适当的加工余量。硬齿面齿轮主要用于高速、重载或要求尺寸紧凑等重要传动中。表面硬化处理常采用表面淬火（适用于中碳钢及中碳合金钢）、渗碳淬火（适用于低碳合金钢）和渗氮处理（适用于含铬、钼、铝等合金元素的渗氮钢）等方法。

🔧 关键知识点

软齿面闭式传动的齿轮,其主要失效形式是齿面点蚀,可通过提高齿面硬度、降低齿面的表面粗糙度值和采用高黏度润滑油等方法来预防失效。常用的齿轮材料是优质碳素钢和合金结构钢,其次是铸钢和铸铁。确定齿面硬度时,为使大、小齿轮的寿命相当,常使小齿轮齿面硬度比大齿轮齿面硬度高出30~50HBW。

常用的齿轮材料、热处理后的硬度及其应用范围,可参见表7-6。

表7-6 常用齿轮材料及其力学性能

材料类别	材料牌号	热处理	力学性能				应用范围
			硬度	抗拉强度 R_m/MPa	屈服强度 R_{eL}/MPa	疲劳极限 σ_{-1}/MPa	极限循环次数/次	
优质碳素钢	35	正火	150~180HBW	500	320	240	10^7	一般传动
		调质	190~230HBW	650	350	270		
	45	正火	170~200HBW	610~700	360	260~300		
		调质	220~250HBW	750~900	450	320~360		

（续）

材料类别	材料牌号	热处理	力学性能					应用范围
			硬度	抗拉强度 R_m/MPa	屈服强度 R_{eL}/MPa	疲劳极限 σ_{-1}/MPa	极限循环次数/次	
优质碳素钢	45	整体淬火	40~45HRC	1000	750	430~450	$(3\sim4)\times10^7$	体积小的闭式齿轮传动、重载、无冲击
		表面淬火	45~50HRC	750	450	320~360	$(6\sim8)\times10^7$	体积小的闭式齿轮传动、重载、有冲击
合金钢	35SiMn	调质	200~260HBW	750	500	380	10^7	一般传动
	40Cr 42SiMn 40MnB	调质	250~280HBW	900~1000	800	450~500		一般传动
		整体淬火	45~50HRC	1400~1600	1000~1100	550~650	$(4\sim6)\times10^7$	体积小的闭式齿轮传动、重载、无冲击
		表面淬火	50~55HRC	1000	850	500	$(6\sim8)\times10^7$	体积小的闭式齿轮传动、重载、有冲击
	20Cr 20SiMn 20MnB	渗碳淬火	56~62HRC	800	650	420	$(9\sim15)\times10^7$	冲击载荷
	20CrMnTi 20MnVB	渗碳淬火	56~62HRC	1100	850	525		高速、中载、大冲击
	12CrNi3	渗碳淬火	56~62HRC	950		500~550		
铸钢	ZG 270-500	正火	140~176HBW	500	270	230		$v<6\sim7$m/s 的一般传动
	ZG 310-570	正火	160~210HBW	570	310	240		
	ZG 340-640	正火	180~210HBW	640	340	260		
铸铁	HT200		170~230HBW	200		100~120	10^7	$v<3$m/s 的不重要传动
	HT300		190~250HBW	300		130~150		
	QT400-15	正火	156~200HBW	400	300	200~220		$v<4\sim5$m/s 的一般传动
	QT600-3	正火	200~270HBW	600	420	240~260		
夹布胶木			30~40HBW	85~100				高速、轻载
塑料	MC尼龙		20HBW	90	60			中、低速、轻载

7.8 标准直齿圆柱齿轮传动的疲劳强度计算

7.8.1 轮齿受力分析

如图 7-26 所示，在一对标准安装的标准齿轮传动中，若不计摩擦力，则作用在轮齿上的法向力 F_n 垂直作用于齿面。设小齿轮 1 为主动轮，为方便分析计算，在节点 C 上将 F_n 分解成与节圆（与分度圆重合）相切的圆周力 F_t 和沿齿轮直径方向的径向力 F_r，则

$$\begin{cases} \text{圆周力（peripheral force）} \quad F_{t1} = \dfrac{2T_1}{d_1} \\[2mm] \text{径向力（radial force）} \quad F_{r1} = F_{t1} \cdot \tan\alpha \\[2mm] \text{法向力（normal force）} \quad F_n = \dfrac{F_{t1}}{\cos\alpha} \end{cases} \tag{7-7}$$

式中 T_1——小齿轮上的转矩（N·mm），$T_1 = 9.55\times10^6\dfrac{P}{n_1}$；

  d_1——小齿轮分度圆直径（mm）；

  α——分度圆压力角，$\alpha = 20°$；

  P——传递的功率（kW）；

  n_1——小齿轮的转速（r/min）。

如图 7-26 所示，主动轮上圆周力 F_t 的方向与啮合点运动方向相反，从动轮上圆周力 F_t 的方向与啮合点运动方向相同。径向力 F_r 的方向，分别由啮合点指向各自的轮心。

7.8.2 齿面接触疲劳强度（fatigue strength）计算

为了防止齿面点蚀的发生，就必须限制啮合齿面的接触应力。考虑到点蚀多发生在节点附近，故取节点处的接触应力为计算依据。根据弹性力学接触应力的公式，代入齿轮参数，经推导整理可得一对钢制标准直齿圆柱齿轮在节点处最大接触应力的验算公式

$$\sigma_H = 671\sqrt{\dfrac{KT_1}{bd_1^2}\dfrac{i\pm1}{i}} \leqslant [\sigma_H] \tag{7-8}$$

若令式（7-8）中 $b = \psi_d d_1$，则设计公式为

$$d_1 \geqslant \sqrt[3]{\left(\dfrac{671}{[\sigma_H]}\right)^2\dfrac{KT_1}{\psi_d}\dfrac{i\pm1}{i}} \tag{7-9}$$

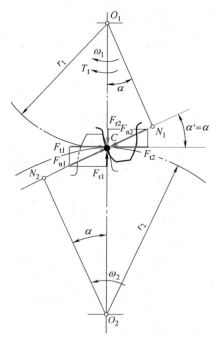

图 7-26 直齿圆柱齿轮传动受力分析

式中 K——载荷系数，取值参见表 7-7；

  b——齿宽（mm）；

  T_1——主动轮转矩（N·mm）；

  ψ_d——齿宽系数，取值参见表 7-8；

  i——传动比，$i = z_2/z_1$；

  "+"用于外啮合传动；

  "–"用于内啮合传动。

  $[\sigma_H]$——许用接触应力（MPa），$[\sigma_H] = 0.9\sigma_{Hlim}$，$\sigma_{Hlim}$ 为试验齿轮的接触疲劳极限，各种材料齿轮在不同加工方法及热处理条件下的 σ_{Hlim} 可由图 7-27 查得。

考虑到齿轮的安装误差，通常小齿轮齿宽 b_1 比大齿轮齿宽 b_2 宽 5~10mm，故计算时 b 应按 b_2 值代入。

表 7-7　载荷系数 K

原动机工作特性	工作机工作特性		
	平稳或轻微冲击	中等冲击	强烈冲击
工作平稳或轻微冲击（如电动机、汽轮机等）	1~1.2	1.2~1.6	1.6~1.8
中等冲击（如多缸内燃机）	1.2~1.6	1.6~1.8	1.9~2.1
强烈冲击（如单缸内燃机）	1.6~1.8	1.8~2.0	2.2~2.4

注：斜齿圆柱齿轮、圆周速度较低、传动精度高、齿宽系数较小时以及齿轮在两轴承之间呈对称布置时，取较小值。
　　齿轮在两轴承之间呈不对称布置时，取较大值。

表 7-8　齿宽系数 ψ_d

齿轮相对于轴承的位置	齿面硬度	
	软齿面（硬度不超过350HBW）	硬齿面（硬度大于350HBW）
对称布置	0.8~1.4	0.4~0.9
非对称布置	0.6~1.2	0.3~0.6
悬臂布置	0.3~0.4	0.2~0.25

注：直齿齿轮取较小值，斜齿齿轮取较大值；载荷平稳、轴刚度大的齿轮取较大值；反之，取较小值。

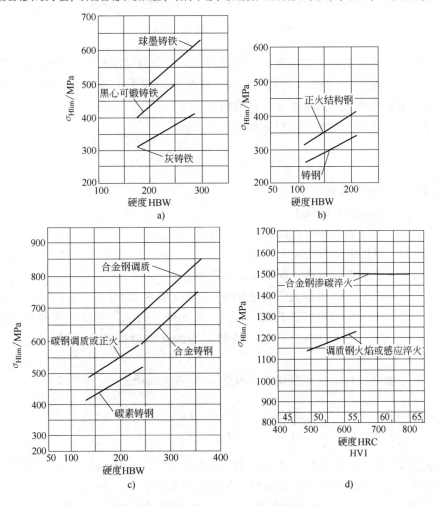

图 7-27　试验齿轮接触疲劳极限

a）铸铁　b）正火结构钢和铸钢　c）调质钢和铸钢　d）碳钢及表面淬火钢

应用式（7-8）和式（7-9）计算时应注意以下几点：

1）两齿轮啮合时接触处的接触应力相等，即 $\sigma_{H1} = \sigma_{H2}$，但两齿轮的材料及齿面硬度不同，许用应力也不同，应将 $[\sigma_{H1}]$、$[\sigma_{H2}]$ 中的较小值代入式（7-8）和式（7-9）。

2）如配对齿轮并非钢制，则验算公式及设计公式中的常数 671 应修正为 $671 \times \dfrac{Z_E}{189.8}$，$Z_E$ 为材料系数，取值参见表 7-9。

表 7-9　材料系数 Z_E　　　　　　　　　（单位：$\sqrt{MPa}$）

小齿轮材料	大齿轮材料			
	钢	铸钢	球墨铸铁	灰铸铁
钢	189.8	188.9	181.4	162.0
铸钢		188.0	180.5	161.4
球墨铸铁			173.9	156.6
灰铸铁				143.7

注：设计时将假设大、小齿轮强度基本相等，故表中只取小齿轮材料强度优于大齿轮的组合。

7.8.3　齿根弯曲疲劳强度计算

轮齿折断与齿根弯曲疲劳强度有关。计算齿根弯曲疲劳强度时，假设全部载荷仅由一对轮齿承担，并认为载荷 F_n 作用于轮齿的齿顶，将受载轮齿视作悬臂梁。折断现象通常出现在轮齿根部，故将齿根所在的截面定为危险截面。

经推导整理，可得齿根弯曲疲劳强度的验算公式

$$\sigma_F = \frac{M}{W} = \frac{KF_{t1}Y_{FS}}{bm} = \frac{2KT_1Y_{FS}}{d_1 bm} \leqslant [\sigma_F] \qquad (7\text{-}10)$$

式中　K、T_1、b 三个参数含义同前；

$\quad M$——危险截面的最大弯矩（N·mm）；

$\quad W$——危险截面的抗弯截面系数，（mm^3）；

$\quad \sigma_F$——齿根最大弯曲应力（MPa）；

$\quad Y_{FS}$——复合齿形系数，取值参见图 7-28；

$\quad [\sigma_F]$——轮齿的许用弯曲应力（MPa），轮齿单向受力时，$[\sigma_F] = 0.7\sigma_{Flim}$；轮齿双向受力或开式齿轮 $[\sigma_F] = 0.5\sigma_{Flim}$，$\sigma_{Flim}$ 为试验齿轮的弯曲疲劳极限，各种材料齿轮在不同加工方法及热处理条件下的 σ_{Flim} 可由图 7-29 查得。

引入齿宽系数 $\psi_d = b/d_1$，可推得计算模数 m 的简化设计公式

$$m \geqslant \sqrt[3]{\frac{2KT_1}{\psi_d z_1^2}\frac{Y_{FS}}{[\sigma_F]}} \qquad (7\text{-}11)$$

齿宽系数 ψ_d 取值参见表 7-8。材料系数 Z_E 取值参见表 7-9。

应用式（7-10）和式（7-11）计算时应注意以下几点：

1）由于两齿轮齿面硬度和齿数不同，故大、小齿轮的许用应力及复合齿形系数也不相等，所以应分别用式（7-10）验算大、小齿轮的弯曲强度，即应同时满足 $\sigma_{F1} \leqslant [\sigma_{F1}]$ 和

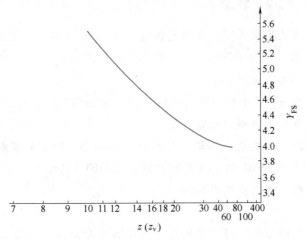

图 7-28　外齿轮的复合齿形系数

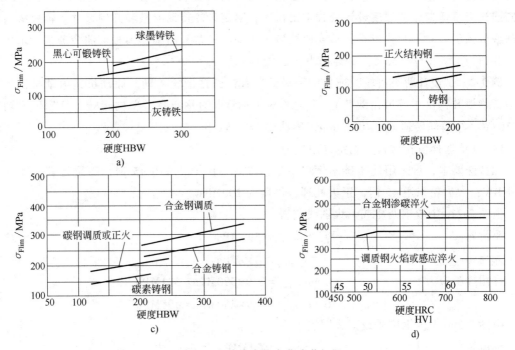

图 7-29　试验齿轮弯曲疲劳极限

a）铸铁　b）正火结构钢和铸钢　c）调质钢和铸钢　d）碳钢及表面淬火钢

$\sigma_{F2} \leqslant [\sigma_{F2}]$。

2）应用式（7-11）求出的模数 m 应圆整成标准值。

3）在应用式（7-11）时，由于配对齿轮的齿数和材料不同，应将 $Y_{FS1}/[\sigma_{F1}]$ 和 $Y_{FS2}/[\sigma_{F2}]$ 中的较大值代入。

7.8.4　直齿圆柱齿轮传动设计的参数选择和设计步骤

1. 参数选择

1）传动比 i。对于单级减速传动，一般传动比取值范围为 $i \leqslant 8$；当 $i > 8$ 时，宜采用两级传动。

2）齿轮宽度 b。b 为啮合齿宽，大齿轮齿宽 b_2 按不小于啮合齿宽的数值选取。为便于安装和补偿轴向尺寸误差，小齿轮齿宽 b_1 要比大齿轮齿宽 b_2 加大 5～10mm。需要注意的是，强度校核公式中的齿宽 b 取 b_2。

3）齿数 z_1 和模数 m。对于软齿面（硬度不超过 350HBW）的闭式齿轮传动，z_1 的取值范围通常为 20～28。在满足齿根弯曲疲劳强度条件下，适当增加齿数，减小模数，可以提高重合度，有利于提高传动平稳性；同时，齿顶圆直径减小，可省材料。对于开式齿轮传动，及硬齿面（硬度大于 350HBW）齿轮或铸铁齿轮的闭式传动，通常选齿数 $z_1 \geqslant 17$，并适当减少齿数，增大模数，以防止轮齿折断。

2. 设计步骤

对于软齿面闭式齿轮传动，可首先通过齿面接触疲劳强度设计公式初估分度圆直径 d，确定齿轮传动参数和几何尺寸，再进行齿根弯曲疲劳强度校核；对于硬齿面闭式齿轮传动，首先通过齿根弯曲疲劳强度设计公式求出模数，确定齿轮传动参数和几何尺寸，再校核齿面接触疲劳强度。对于开式齿轮传动或铸铁齿轮传动，通常只需根据齿根弯曲疲劳强度求出模数，并适当加大 10%～30%，最终按表 7-2 取标准值。

例 7-2 试设计两级齿轮减速器中一对低速直齿圆柱齿轮传动。原动机是电动机，工作机是货物提升机（中等冲击载荷）。齿轮相对于轴承非对称布置，单向运转。已知传递功率 $P = 10$kW，小齿轮转速 $n_1 = 400$r/min，传动比 $i = 3.5$。

解 1）选择齿轮材料，确定许用应力。

无特殊要求，可采用优质碳素钢。参照表 7-6，小齿轮采用 45 钢，调质处理，硬度为 240HBW；大齿轮采用 45 钢，正火处理，硬度为 200HBW。

由图 7-27c 中碳钢调质或正火图线查得

小齿轮 $\sigma_{Hlim1} = 590$MPa

大齿轮 $\sigma_{Hlim2} = 550$MPa

许用接触应力 $[\sigma_{H1}] = 0.9\sigma_{Hlim1} = 0.9 \times 590$MPa $= 531$MPa

$[\sigma_{H2}] = 0.9\sigma_{Hlim2} = 0.9 \times 550$MPa $= 495$MPa

由图 7-29c 中碳钢调质或正火图线查得

小齿轮 $\sigma_{Flim1} = 225$MPa

大齿轮 $\sigma_{Flim2} = 210$MPa

许用弯曲应力 $[\sigma_{F1}] = 0.7\sigma_{Flim1} = 0.7 \times 225$MPa $= 157.5$MPa

$[\sigma_{F2}] = 0.7\sigma_{Flim2} = 0.7 \times 210$MPa $= 147$MPa

2）按齿面接触疲劳强度设计计算。

对钢制、软齿面闭式齿轮传动，按齿面接触疲劳强度设计公式（7-9）计算小齿轮直径 d_1。

由表 7-7 查得 电动机驱动，中等冲击载荷，取 $K = 1.5$

由表 7-8 查得 软齿面，相对于轴承非对称布置，取 $\psi_d = 1$

$[\sigma_H]$ 取较小的 $[\sigma_{H2}] = 495$MPa 代入

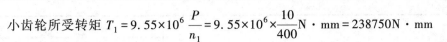

小齿轮所受转矩 $T_1 = 9.55 \times 10^6 \dfrac{P}{n_1} = 9.55 \times 10^6 \times \dfrac{10}{400} \text{N} \cdot \text{mm} = 238750 \text{N} \cdot \text{mm}$

$$d_1 \geqslant \sqrt[3]{\left(\dfrac{671}{[\sigma_H]}\right)^2 \dfrac{KT_1}{\psi_d} \dfrac{i+1}{i}} = \sqrt[3]{\left(\dfrac{671}{495}\right)^2 \times \dfrac{1.5 \times 238750}{1} \times \dfrac{3.5+1}{3.5}} \text{mm} = 94.58 \text{mm}$$

3）确定齿轮主要参数，计算主要尺寸。

① 选齿数。

取 $z_1 = 27$，$z_2 = iz_1 = 3.5 \times 27 = 94.5$，取 $z_2 = 95$

② 确定模数。

$$m = \dfrac{d_1}{z_1} = \dfrac{94.58}{27} \text{mm} = 3.5 \text{mm}，参照表 7-2，取模数 } m = 4 \text{mm}$$

③ 确定中心距。

$$a_0 = \dfrac{m}{2}(z_1 + z_2) = \dfrac{4}{2} \times (27 + 95) \text{mm} = 244 \text{mm}$$

④ 计算传动的主要尺寸。

$$d_1 = z_1 m = 27 \times 4 \text{mm} = 108 \text{mm}$$

$$d_2 = z_2 m = 95 \times 4 \text{mm} = 380 \text{mm}$$

$$d_{a1} = m(z_1 + 2h_a^*) = 4 \times (27 + 2) \text{mm} = 116 \text{mm}$$

$$d_{a2} = m(z_2 + 2h_a^*) = 4 \times (95 + 2) \text{mm} = 388 \text{mm}$$

$$b = \psi_d d_1 = 108 \text{mm}，取 } b_2 = 108 \text{mm}$$

$$b_1 = b_2 + (5 \sim 10) \text{mm} = 113 \sim 118 \text{mm}，取 } b_1 = 113 \text{mm}$$

其他尺寸略。

4）校核齿根弯曲疲劳强度。

$z_1 = 27$，$z_2 = 95$，由图 7-28 查得复合齿形系数 $Y_{FS1} = 4.16$，$Y_{FS2} = 3.96$，由式（7-10）得

$$\sigma_{F1} = \dfrac{2KT_1 Y_{FS1}}{d_1 bm} = \dfrac{2 \times 1.5 \times 238750 \times 4.16}{108 \times 108 \times 4} \text{MPa} = 63.86 \text{MPa} < [\sigma_{F1}]$$

$$\sigma_{F2} = \sigma_{F1} \dfrac{Y_{FS2}}{Y_{FS1}} = 63.86 \times \dfrac{3.96}{4.16} \text{MPa} = 60.79 \text{MPa} < [\sigma_{F2}]$$

$\sigma_{F1} < [\sigma_{F1}]$，$\sigma_{F2} < [\sigma_{F2}]$，故齿根弯曲疲劳强度满足要求。

5）确定齿轮精度。

齿轮圆周速度

$$v = \dfrac{\pi d_1 n_1}{60 \times 1000} = \dfrac{3.14 \times 108 \times 400}{60000} \text{m/s} = 2.26 \text{m/s}$$

查表 7-5，选择 8 级精度。

6）齿轮结构设计。

图 7-30 所示为大齿轮工作图。

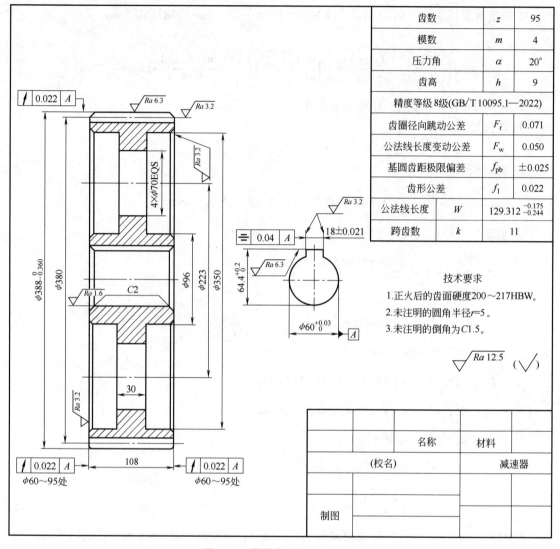

齿数	z	95
模数	m	4
压力角	α	20°
齿高	h	9
精度等级 8级(GB/T 10095.1—2022)		
齿圈径向跳动公差	F_r	0.071
公法线长度变动公差	F_w	0.050
基圆齿距极限偏差	f_{pb}	±0.025
齿形公差	f_1	0.022
公法线长度	W	$129.312^{-0.175}_{-0.244}$
跨齿数	k	11

技术要求

1. 正火后的齿面硬度200～217HBW。
2. 未注明的圆角半径$r=5$。
3. 未注明的倒角为$C1.5$。

	名称	材料	
(校名)		减速器	
制图			

图 7-30 圆柱齿轮零件工作图

学习斜齿圆柱齿轮

7.9 斜齿圆柱齿轮传动

7.9.1 斜齿圆柱齿轮齿廓的形成及其啮合

前面研究的渐开线齿形实际上只是直齿圆柱齿轮的端面齿形,其实际齿廓是这样形成的:如图 7-31a 所示,当与基圆柱相切的发生面 S 绕基圆柱做纯滚动时,发生面上一条与基圆柱母线 CC′平行的直线 BB′的轨迹为一渐开线曲面(BB′上任一点的轨迹均为一条渐开

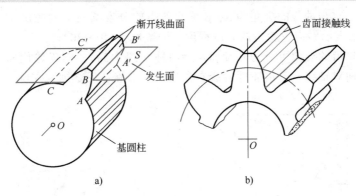

图 7-31　直齿圆柱齿轮

a）齿廓曲面的形成　b）接触线

线），对称的两反向渐开线曲面即构成了直齿圆柱齿轮的一个齿廓。

斜齿圆柱齿轮齿廓曲面的形成与此相仿，只是直线 BB' 不与母线 CC' 平行，而与之成一交角 β_b（图 7-32a）。当发生面 S 绕基圆柱做纯滚动时，直线 BB' 就展出一螺旋形的渐开螺旋面，即为斜齿圆柱齿轮齿廓曲面。β_b 称为基圆柱上的螺旋角。

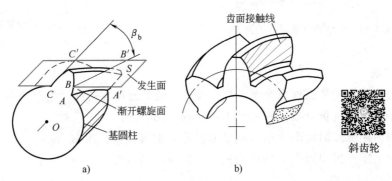

图 7-32　斜齿圆柱齿轮

a）齿廓曲面的形成　b）接触线

由直齿圆柱齿轮齿廓曲面的形成原理可知，直齿圆柱齿轮的一对轮齿在啮合过程中，每一瞬时都是直线接触，接触线均为平行于轴线的直线（图 7-31b），在啮合开始或终了的瞬时，一对轮齿沿整个齿宽同时开始啮合或同时脱离啮合，因此轮齿所受的力具有突变性，故传动的平稳性较差。

由斜齿圆柱齿轮齿廓曲面的形成原理可知，平行轴斜齿轮的一对轮齿在啮合过程中，除去啮合始点和啮合终点外，每一瞬时也是直线接触，但各接触线均不与轴线平行。如图 7-32b 所示，从开始啮合到脱离啮合，接触线的长度先从零逐渐增到最大值，然后由最大值逐渐减小到零，所以斜齿轮所受的力不具有突变性；由于斜齿圆柱齿轮的螺旋形轮齿使一对轮齿的啮合过程延长、重合度增大，因此斜齿圆柱齿轮较直齿圆柱齿轮传动更平稳、承载能力更大。

7.9.2　斜齿圆柱齿轮的基本参数和几何尺寸

1. 螺旋角（pitch angle）

设想将斜齿轮沿其分度圆柱面展开（图 7-33），这时分度圆柱面与轮齿相贯的螺旋线展开成一条斜直线，它与轴线的夹角为 β，β 称为斜齿轮分度圆柱上的螺旋角，简称斜齿轮的螺旋角。β 常用来表示斜齿轮轮齿的倾斜程度，一般取 $\beta = 8° \sim 20°$。

斜齿轮按其轮齿的旋向可分为右旋和左旋两种（图 7-34）。斜齿轮旋向的判别与螺旋旋向的判别相同：面对轴线，若齿轮螺旋线右高左低为右旋；反之则为左旋。

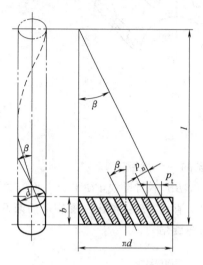

图 7-33 斜齿轮分度圆柱面展开图

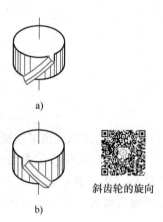

斜齿轮的旋向

图 7-34 斜齿轮的旋向
a）右旋 b）左旋

2. 模数

与轴线垂直的平面称为端面，与齿线垂直的平面称为法面。由于轮齿的倾斜，斜齿轮端面上的端面齿形（渐开线）和法面上的法向齿形不同。

端面齿距除以圆周率 π 所得到的商，称为端面模数，用 m_t 表示。

法向齿距除以圆周率 π 所得到的商，称为法向模数，用 m_n 表示。

由图 7-33 可得

$$p_n = p_t \cos\beta \tag{7-12}$$

因为

$$m_n = \frac{p_n}{\pi} \qquad m_t = \frac{p_t}{\pi}$$

所以

$$m_n = m_t \cos\beta \tag{7-13}$$

3. 压力角

以 α_n 和 α_t 分别表示法向压力角和端面压力角，则它们之间有如下关系

$$\tan\alpha_n = \tan\alpha_t \cos\beta \tag{7-14}$$

4. 齿顶高系数和顶隙系数

斜齿轮的齿顶高和齿根高，不论从法向还是端面来看都是相同的，因此

$$h_a = h_{an}^* m_n = h_{at}^* m_t \tag{7-15}$$

$$h_f = (h_{an}^* + c_n^*) m_n = (h_{at}^* + c_t^*) m_t \tag{7-16}$$

式（7-15）和式（7-16）中，对于正常齿制斜齿轮，法向齿顶高系数 $h_{an}^* = 1$，法向顶隙系数 $c_n^* = 0.25$。

斜齿轮的切制是顺着螺旋齿槽方向进给的，因此标准刀具的刃形参数必然与斜齿轮的法向参数相同，即法向参数为标准值。

5. 当量齿数

如图 7-35 所示，过斜齿轮分度圆上一点 P 作齿的法向剖面 n—n，该平面与分度圆柱面的交线为一椭圆，以椭圆在 P 点的曲率半径 ρ 为分度圆半径，以斜齿轮的法向模数 m_n 为模数，以法向压力角 α_n 为压力角作一直齿圆柱齿轮，其齿形最接近于斜齿轮的法向齿形，则称这一假想的直齿圆柱齿轮为该斜齿轮的当量齿轮，其齿数为该斜齿轮的当量齿数，用 z_v 表示，推导整理得

$$z_v = \frac{z}{\cos^3 \beta} \qquad (7-17)$$

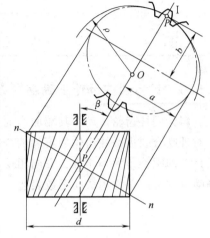

图 7-35　斜齿轮的当量齿轮

式中　z——斜齿轮的实际齿数。

标准斜齿圆柱齿轮不发生根切的最少齿数 z_{min} 可由其当量齿轮的最少齿数求出，即

$$z_{min} = z_{vmin} \cos^3 \beta = 17 \cos^3 \beta \qquad (7-18)$$

由此可见，斜齿轮不根切的最少齿数小于 17，这是斜齿轮传动的优点之一。

基于上述关系，根据直齿圆柱齿轮的几何尺寸计算方法，推导出外啮合标准斜齿圆柱齿轮的几何尺寸计算公式，见表 7-10。

表 7-10　外啮合标准斜齿圆柱齿轮主要几何尺寸计算公式

名　　称	符　　号	计　算　公　式
法向模数	m_n	根据强度计算或结构要求确定，按表 7-2 选取标准值
法向压力角	α_n	取标准值，$\alpha_n = 20°$
螺旋角	β	通常取 $\beta = 8° \sim 20°$
法向齿顶高系数	h_{an}^*	取标准值，对于正常齿，$h_{an}^* = 1.0$
法向顶隙系数	c_n^*	取标准值，对于正常齿，$c_n^* = 0.25$
齿顶高	h_a	$h_a = h_{an}^* m_n = m_n$
齿根高	h_f	$h_f = (h_{an}^* + c_n^*) m_n = 1.25 m_n$
齿高	h	$h = h_a + h_f = (2 h_{an}^* + c_n^*) m_n = 2.25 m_n$
分度圆直径	d	$d = m_t z = m_n \dfrac{z}{\cos\beta}$
齿顶圆直径	d_a	$d_a = d + 2 h_a = m_n \left(\dfrac{z}{\cos\beta} + 2 \right)$

（续）

名　称	符　号	计　算　公　式
齿根圆直径	d_f	$d_f = d - 2h_f = m_n \left(\dfrac{z}{\cos\beta} - 2.5 \right)$
中心距	a	$a = \dfrac{d_1 + d_2}{2} = \dfrac{m_n}{2\cos\beta}(z_1 + z_2)$

7.9.3　斜齿圆柱齿轮正确啮合条件

斜齿圆柱齿轮传动，其端面内的运动传递可看作一对直齿圆柱齿轮的啮合传动。因此，一对外啮合斜齿圆柱齿轮的正确啮合条件是：两齿轮的端面模数和端面压力角分别相等，且两齿轮的螺旋角大小相等，方向相反（内啮合时方向相同）。因端面参数不是标准值，故正确啮合的常用条件用法向参数表述

$$\begin{cases} m_{n1} = m_{n2} = m_n \\ \alpha_{n1} = \alpha_{n2} = \alpha_n \\ \beta_1 = \pm\beta_2 \end{cases} \tag{7-19}$$

式中，"－"表示外啮合的两齿轮旋向相反，"＋"表示内啮合的两齿轮旋向相同。

外啮合斜齿圆柱齿轮传动若满足前两项条件，不满足第三项条件，即 $\beta_1 \neq -\beta_2$ 时，则成为交错轴斜齿轮传动。

交错轴斜齿轮

关键知识点

斜齿圆柱齿轮分左旋和右旋两种，一般取螺旋角 $\beta = 8° \sim 20°$。法向参数为标准值，端面参数用于计算几何尺寸。斜齿圆柱齿轮的正确啮合条件是两轮的法向模数和法向压力角分别相等，螺旋角大小相等，外啮合时旋向相反，内啮合时旋向相同。进行强度设计计算时，采用当量齿数查询相关参数。

7.9.4　斜齿圆柱齿轮传动的强度计算

1. 受力分析

图 7-36 所示为一对标准斜齿圆柱齿轮传动中主动齿轮的受力情况，若不计摩擦力，分析轮齿在分度圆上的受力情况，作用于齿宽中点处的法向力 F_n 垂直于齿面。为了便于分析计算，把 F_n 分解为互相垂直的三个分力

$$\begin{cases} \text{圆周力 } F_{t1} = \dfrac{2T_1}{d_1} \\ \text{径向力 } F_{r1} = F_{t1}\tan\alpha_n / \cos\beta \\ \text{轴向力 } F_{x1} = F_{t1}\tan\beta \end{cases} \tag{7-20}$$

式中　T_1——主动轮所传递的转矩（N·mm）；

d_1——主动轮分度圆直径（mm）；

α_n——法向压力角，$\alpha_n = 20$；

β——螺旋角。

根据作用与反作用定律可知，两齿轮所受法向力 F_n，及其分力圆周力 F_t、径向力 F_r、轴向力 F_x 大小分别相等，方向分别相反。主动轮和从动轮所受圆周力、径向力的方向，与直齿圆柱齿轮传动情况相同。所受轴向力的方向则取决于轮齿的螺旋线方向和齿轮的转向，可用下面方法确定：

根据主动轮轮齿螺旋线方向对应选择左手或右手，四指弯曲方向对应主动轮的转向，则大拇指沿轴向伸直所指方向即为主动轮所受轴向力的方向，以右旋主动齿轮为例，已知其转向，其轴向力方向判定如图 7-37 所示。

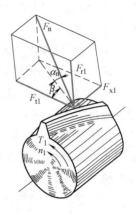

图 7-36　斜齿圆柱齿轮传动受力分析

2. 齿面接触疲劳强度计算

斜齿轮的齿面接触疲劳强度计算与直齿轮基本相似。对于一对钢制齿轮，其齿面接触疲劳强度验算公式为

$$\sigma_H = 590 \sqrt{\frac{KT_1}{bd_1^2} \frac{i \pm 1}{i}} \leqslant [\sigma_H] \qquad (7\text{-}21)$$

齿面接触疲劳强度设计公式为

$$d_1 \geqslant \sqrt[3]{\left(\frac{590}{[\sigma_H]}\right)^2 \frac{KT_1}{\psi_d} \frac{i \pm 1}{i}} \qquad (7\text{-}22)$$

图 7-37　斜齿圆柱齿轮传动主动轮轴向力方向判定

当配对齿轮不是钢制齿轮时，验算公式及设计公式中的常数 590 可根据材料系数 Z_E（表 7-9）修正为 $590Z_E/189.8$。

式中各符号的意义、单位和确定方法与直齿圆柱齿轮传动相同。

3. 齿根弯曲疲劳强度计算

斜齿圆柱齿轮的齿根弯曲疲劳强度，按其法向当量直齿圆柱齿轮计算。对于一对钢制的标准斜齿齿轮传动，其齿根弯曲疲劳强度验算公式为

$$\sigma_F = \frac{1.6KT_1Y_{FS}}{d_1m_nb} = \frac{1.6KT_1Y_{FS}\cos\beta}{bm_n^2z_1} \leqslant [\sigma_F] \qquad (7\text{-}23)$$

式中　m_n——法向模数（mm）；

Y_{FS}——复合齿形系数，应根据当量齿数 z_v 由图 7-28 查取；

$[\sigma_F]$——许用弯曲应力（MPa），与直齿圆柱齿轮传动的计算方法相同。

由于配对大、小齿轮的复合齿形系数 Y_{FS} 和许用弯曲应力不同，因此应分别进行验算。

齿根弯曲疲劳强度设计公式为

$$m_n \geqslant \sqrt[3]{\frac{1.6KT_1Y_{FS}\cos^2\beta}{\psi_dz_1^2[\sigma_F]}} \qquad (7\text{-}24)$$

式（7-23）和式（7-24）中其余各符号的意义、单位和确定方法与直齿圆柱齿轮传动相同。

例 7-3 已知条件同例 7-2，同时要求结构紧凑，试设计符合条件的斜齿圆柱齿轮传动。

解 1）选择齿轮材料，确定许用应力。

因要求机构结构紧凑，故采用硬齿面。参照表 7-6，小齿轮选用 20CrMnTi，渗碳淬火处理，硬度为 59HRC；大齿轮选用 45 钢，表面淬火处理，硬度为 48HRC。

由图 7-27d 中合金钢渗碳淬火图线查得，小齿轮 $\sigma_{Hlim1} = 1500MPa$；由调质钢火焰或感应淬火图线查得，大齿轮 $\sigma_{Hlim2} = 1150MPa$。

许用接触应力
$$[\sigma_{H1}] = 0.9\sigma_{Hlim1} = 0.9 \times 1500MPa = 1350MPa$$
$$[\sigma_{H2}] = 0.9\sigma_{Hlim2} = 0.9 \times 1150MPa = 1035MPa$$

由图 7-29d 中合金钢渗碳淬火图线，小齿轮 $\sigma_{Flim1} = 430MPa$；由调质钢火焰或感应淬火图线查得，大齿轮 $\sigma_{Flim2} = 350MPa$。

许用弯曲应力
$$[\sigma_{F1}] = 0.7\sigma_{Flim1} = 0.7 \times 430MPa = 301MPa$$
$$[\sigma_{F2}] = 0.7\sigma_{Flim2} = 0.7 \times 350MPa = 245MPa$$

2）按齿根弯曲疲劳强度设计计算。

初选螺旋角和齿数。

选螺旋角 $\beta = 15°$，取 $z_1 = 20$，$z_2 = iz_1 = 3.5 \times 20 = 70$。

确定载荷系数 K 和齿宽系数 ψ_d。

由表 7-7 查得，斜齿轮传动，取 $K = 1.4$；由表 7-8 查得，硬齿面，相对于轴承非对称布置，取 $\psi_d = 0.6$，确定 $\dfrac{Y_{FS}}{[\sigma_F]}$。

当量齿数 $z_{v1} = \dfrac{z_1}{\cos^3\beta} = \dfrac{20}{\cos^3 15°} \approx 22$；$z_{v2} = \dfrac{z_2}{\cos^3\beta} = \dfrac{70}{\cos^3 15°} \approx 78$。由图 7-28 查得复合齿形系数 $Y_{FS1} = 4.30$，$Y_{FS2} = 3.98$。

$\dfrac{Y_{FS1}}{[\sigma_{F1}]} = \dfrac{4.30}{301} = 0.0143$；$\dfrac{Y_{FS2}}{[\sigma_{F2}]} = \dfrac{3.98}{245} = 0.0162$，选其中较大值。

$$m_n \geq \sqrt[3]{\dfrac{1.6KT_1Y_{FS}\cos^2\beta}{\psi_d z_1^2 [\sigma_F]}} = \sqrt[3]{\dfrac{1.6 \times 1.4 \times 238750 \times \cos^2 15° \times 0.0162}{0.6 \times 20^2}}mm \approx 3.23mm$$

参照表 7-2，取法向模数 $m_n = 3.5mm$。

3）确定齿轮主要参数，计算主要尺寸。

中心距

$$a = \dfrac{m_n}{2\cos\beta}(z_1 + z_2) = \dfrac{3.5}{2\cos 15°}(20 + 70)mm = 163.056mm$$

取 $a = 160mm$。

求螺旋角

$$\cos\beta = \dfrac{m_n}{2a}(z_1 + z_2) = \dfrac{3.5}{2 \times 160}(20 + 70) = 0.9844$$

$$\beta = 10°8'30''$$

> **小常识**
>
> 　　角度的表示法有两种：一种是显示度、分、秒；另一种是带小数点。机械加工里的角度要精确到度、分、秒，但现在手机上的计算器查三角函数值时用的角度是带小数点的表示方法。要注意两种表示方法之间的转换，如 $10°8'30' = 10.14166667°$。

参照表 7-10，得

分度圆直径

$$d_1 = m_t z_1 = m_n \frac{z_1}{\cos\beta} = 3.5mm \times \frac{20}{\cos 10°8'30''} = 71.11mm$$

$$d_2 = m_t z_2 = m_n \frac{z_2}{\cos\beta} = 3.5mm \times \frac{70}{\cos 10°8'30''} = 248.89mm$$

齿顶圆直径

$$d_{a1} = m_n \left(\frac{z_1}{\cos\beta} + 2h_{an}^* \right) = 3.5mm \times \left(\frac{20}{\cos 10°8'30''} + 2 \right) = 78.11mm$$

$$d_{a2} = m_n \left(\frac{z_2}{\cos\beta} + 2h_{an}^* \right) = 3.5mm \times \left(\frac{70}{\cos 10°8'30''} + 2 \right) = 255.88mm$$

齿根圆直径 　$d_{f1} = m_n \left(\frac{z_1}{\cos\beta} - 2h_{an}^* - 2c_n^* \right) = 3.5mm \times \left(\frac{20}{\cos 10°8'30''} - 2.5 \right) = 62.36mm$

$$d_{f2} = m_n \left(\frac{z_2}{\cos\beta} - 2h_{an}^* - 2c_n^* \right) = 3.5mm \times \left(\frac{70}{\cos 10°8'30''} - 2.5 \right) = 240.13mm$$

齿宽　　　　　　　$b = \psi_d d_1 = 0.6 \times 71.11mm = 42.67mm$，取 $b_2 = 45mm$

$$b_1 = b_2 + (5 \sim 10)\ mm = 50 \sim 55mm，取 b_1 = 50mm$$

其他几何尺寸略。

　　4）校核齿面接触疲劳强度。

　　由式（7-21），验算齿面接触应力

$$\sigma_H = 590 \sqrt{\frac{KT_1}{bd_1^2} \frac{i+1}{i}} = 590 \times \sqrt{\frac{1.4 \times 238750 \times (3.5+1)}{45 \times 71.11^2 \times 3.5}} MPa = 810.82MPa$$

$[\sigma_{H1}] > [\sigma_{H2}]$，取 $[\sigma_H] = [\sigma_{H2}] = 1035MPa$，$\sigma_H < [\sigma_H]$，齿面接触疲劳强度满足要求。

　　5）确定齿轮精度方法同直齿圆柱齿轮，略。

结构设计

7.10　圆柱齿轮的结构设计和齿轮传动的维护

7.10.1　圆柱齿轮的结构

　　考虑材料、制造工艺等因素，确定齿轮的结构形状及其尺寸是齿轮设计的任务之一。根据强度条件和传动比要求可以初步确定齿轮的模数、齿数等基本参数，进而计算出齿轮传动的主要尺寸。齿轮的结构形式一般根据齿顶圆直径的大小选定；结构尺寸一般根据强度及工艺要求，由经验公式确定。

1. 齿轮轴

对于直径较小的钢制齿轮，当齿槽底到键槽顶的距离 $\delta \leqslant 2.5m$，或齿轮直径与相配轴的直径相差很小时，可将齿轮与轴制成一体，即为齿轮轴，如图 7-38 所示。

2. 实心式齿轮

对于齿顶圆直径 $d_a \leqslant 200mm$ 的中、小尺寸的钢制齿轮，一般采用锻造毛坯的实心式结构。实心式圆柱齿轮如图 7-39 所示。

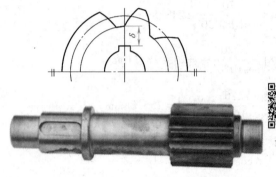

齿轮轴

实心式圆柱齿轮

图 7-38 齿轮轴

图 7-39 实心式圆柱齿轮

3. 腹板式圆柱齿轮

齿轮齿顶圆直径 $d_a \leqslant 500mm$ 时，一般采用锻造方法做成腹板式圆柱齿轮，如图 7-40 所示，有些不重要的铸造齿轮也可以做成腹板式结构。有关结构尺寸参考图 7-40 中给出的经验公式确定。

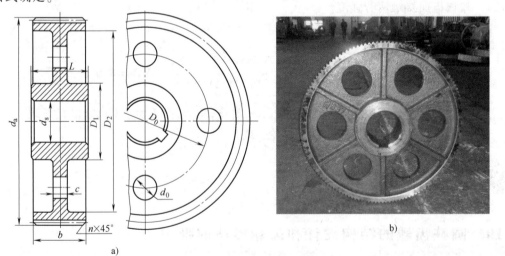

a)

图 7-40 腹板式圆柱齿轮

a) 结构图 b) 实物图

$$D_1 = 1.6d_s; \quad D_2 = d_a - 10m; \quad D_0 = 0.5(D_1 + D_2);$$

$$c = (0.2 \sim 0.3)b(模锻), \quad c = 0.3b(自由锻); \quad n = 0.5m_n; \quad d_0 = 0.25(D_2 - D_1);$$

$$L = (1.2 \sim 1.5)d_s, \quad L > b$$

腹板式圆柱齿轮

腹板式圆柱齿轮

4. 轮辐式圆柱齿轮

齿轮齿顶圆直径 $d_a > 500\text{mm}$ 时，齿轮毛坯因受锻压设备限制而常用铸造方法，做成轮辐式结构，如图 7-41 所示。根据强度要求不同，可采用铸钢或铸铁进行浇注。有关结构尺寸参考图 7-41 中给出的经验公式确定。

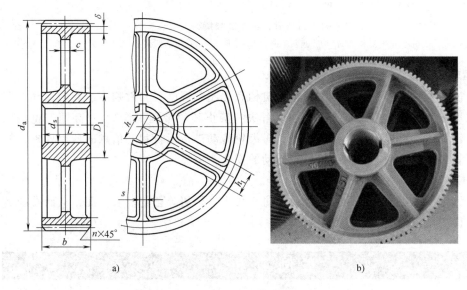

轮辐式圆柱齿轮

图 7-41 轮辐式圆柱齿轮

a）结构图 b）实物图

$D_1 = 1.6d_s$（铸钢），$D_1 = 1.8d_s$（铸铁），$\delta = (2.5 \sim 4) m_n$，但不小于 8mm；$h = 0.8d_s$；$c = 0.2h$；$n = 0.5m_n$，

$h_1 = 0.8h$；$L = (1.2 \sim 1.5) d_s$，$L > b$；$s = h/6 (\geqslant 10\text{mm})$

7. 10. 2 齿轮传动的维护

正确的维护是保证齿轮传动正常工作、延长齿轮使用寿命的必要条件。齿轮传动的日常维护工作主要有以下内容：

1. 安装与磨合

齿轮、轴承、键等零件安装在轴上，应保证其定位和固定都符合技术要求。使用一对新齿轮进行啮合传动，先磨合运转，即在空载及逐步加载的方式下，运转十几至几十小时，然后清洗箱体，更换新油，再正式投入使用。

2. 检查齿面接触情况

采用涂色法进行齿面接触情况检查。若色迹处于齿宽中部，且接触面积较大，如图 7-42a 所示，说明啮合齿轮装配良好。若接触面积过小或接触部位不合理，如图 7-42b、c、d 所示，则说明存在载荷分布不均的情况，通常可通过调整轴承座位置以及修理齿面等方法解决。

3. 保证正常润滑

按规定润滑方式，定时、定质、定量地添加润滑油。对采用自动润滑方式的齿轮传动，应注意油路是否畅通，润滑机构是否灵活。

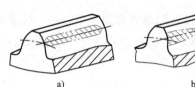 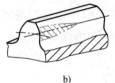 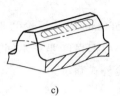 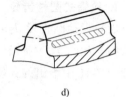

图 7-42　圆柱齿轮齿面接触情况

a）正确安装　b）轴线倾斜　c）中心距偏大　d）中心距偏小

4. 监控运转状态

通过看、摸、听等感官检验方法监视齿轮机构有无超常温度、异常响声、异常振动等不正常现象。发现异常现象，应及时检查并加以解决，禁止其"带病工作"。对高速、重载或重要场合的齿轮传动，可采用自动监测装置，对齿轮传动进行运行状态信息的搜集处理、故障诊断及报警等，实现自动控制，确保齿轮传动的安全、可靠。

5. 装防护罩

对于开式齿轮传动机构，应装防护罩，以防止灰尘、切屑等杂物侵入齿面，从而减少齿面磨损，同时保护操作人员的人身安全。

实 例 分 析

实例一　某机器上有一对标准直齿圆柱齿轮机构，已知基本参数为 $z_1=20$，$z_2=40$，$m=4mm$，$\alpha=20°$，$h_a^*=1$。为提高齿轮机构传动的平稳性，要求在传动比 i_{12} 和模数 m 都不变的前提下，把标准直齿圆柱齿轮机构改换为标准斜齿圆柱齿轮机构，试计算这对斜齿轮的 z_1、z_2、β 及分度圆直径 d_1、d_2、齿顶圆直径 d_{a1}、d_{a2} 和齿根圆 d_{f1}、d_{f2}。

解　标准直齿圆柱齿轮机构的中心距为

$$a=\frac{m}{2}(z_1+z_2)=\frac{4}{2}\times(20+40)\,mm=120mm$$

改换成标准斜齿圆柱齿轮机构后，中心距 a、传动比 i_{12} 和模数 m 都保持不变，则螺旋角 β 为

$$\beta=\arccos\frac{m_n(z_1+z_2)}{2a}$$

齿数必须是整数，且 z_1 应小于 20，则这对斜齿轮的齿数有下列各组可供选择

$$z_1=19、18、17……$$
$$z_2=38、36、34……$$

第一组：$z_1=19$，$z_2=38$，其螺旋角 β 为

$$\beta=\arccos\frac{m_n(z_1+z_2)}{2a}=\arccos\frac{4\times(19+38)}{2\times120}=18°11'42''$$

第二组：$z_1=18$，$z_2=36$，其螺旋角 β 为

$$\beta=\arccos\frac{m_n(z_1+z_2)}{2a}=\arccos\frac{4\times(18+36)}{2\times120}=25°50'31''$$

第三组：$z_1 = 17$，$z_2 = 34$，其螺旋角 β 为

$$\beta = \arccos \frac{m_n(z_1+z_2)}{2a} = \arccos \frac{4 \times (17+34)}{2 \times 120} = 31°47'18''$$

β 角太小将失去斜齿轮的优点，但太大将引起很大的轴向力，所以选取第一组参数比较合适。取 $z_1 = 19$，$z_2 = 38$，$\beta = 18°11'42''$，则

$$d_1 = m_n z_1 / \cos\beta = (4 \times 19 / \cos 18°11'42'') \, \text{mm} = 80\text{mm}$$

$$d_2 = m_n z_2 / \cos\beta = (4 \times 38 / \cos 18°11'42'') \, \text{mm} = 160\text{mm}$$

$$d_{a1} = d_1 + 2h_{an}^* m_n = (80 + 2 \times 1 \times 4) \, \text{mm} = 88\text{mm}$$

$$d_{a2} = d_2 + 2h_{an}^* m_n = (160 + 2 \times 1 \times 4) \, \text{mm} = 168\text{mm}$$

$$d_{f1} = d_1 - 2(h_{an}^* + c_n^*) m_n = [80 - 2(1+0.25) \times 4] \, \text{mm} = 70\text{mm}$$

$$d_{f2} = d_2 - 2(h_{an}^* + c_n^*) m_n = [160 - 2(1+0.25) \times 4] \, \text{mm} = 150\text{mm}$$

饸饹机

实例二　日常生活中，我们可以见到很多齿轮的应用实例，如由齿轮机构和棘轮机构组成的"饸饹机"。扫描二维码观看"饸饹机"实体视频。

知 识 小 结

1. 概述
- 齿轮传动的特点——瞬时传动比恒定；适用的圆周速度及传动功率范围较大；传动效率高，寿命长；能实现平行、相交、交错的轴间传动
- 齿轮传动的类型
  - 直齿外齿轮传动、直齿内齿轮传动
  - 齿轮齿条传动、斜齿轮传动
  - 人字形齿轮传动、直齿锥齿轮传动
  - 曲齿锥齿轮传动、交错轴斜齿轮传动
  - 蜗杆传动
- 渐开线齿轮传动比—— $i_{12} = \dfrac{\omega_1}{\omega_2} = \dfrac{r_{b2}}{r_{b1}} = \dfrac{z_2}{z_1}$

2. 渐开线标准直齿圆柱齿轮的基本参数
- 齿轮各部分名称
  - 齿顶圆、齿根圆、分度圆
  - 基圆、齿顶高、齿根高
  - 齿高、齿厚、槽宽
  - 齿距、齿宽
- 基本参数
  - 齿数
  - 模数
  - 标准压力角
  - 齿顶高系数
  - 顶隙系数

3. 渐开线标准直齿圆柱齿轮正确啮合条件 $\begin{cases} m_1 = m_2 = m \\ \alpha_1 = \alpha_2 = \alpha \end{cases}$

4. 渐开线齿轮的切齿原理 $\begin{cases} \text{仿形法} \begin{cases} \text{指形铣刀} \\ \text{盘形铣刀} \end{cases} \\ \text{展成法} \begin{cases} \text{插齿} \begin{cases} \text{齿轮插刀} \\ \text{齿条插刀} \end{cases} \text{根切现象与最少齿数} \\ \text{滚齿} \end{cases} \end{cases}$

5. 齿轮传动的失效形式、材料选择 $\begin{cases} \text{齿轮传动的失效形式} \begin{cases} \text{轮齿折断} \\ \text{齿面点蚀} \\ \text{齿面胶合} \\ \text{齿面磨损} \\ \text{齿面塑性变形} \end{cases} \\ \text{齿轮常用材料} \begin{cases} \text{优质碳素钢} \\ \text{合金结构钢} \\ \text{铸钢} \\ \text{铸铁} \end{cases} \end{cases}$

6. 圆柱齿轮传动设计（闭式传动） $\begin{cases} \text{软齿面齿轮——根据齿面接触疲劳强度初估 } d_1\text{，确定几何尺寸后再校核齿根弯曲疲劳强度} \\ \text{硬齿面齿轮——根据齿根弯曲疲劳强度初估 } m\text{，确定几何尺寸后再校核齿面接触疲劳强度} \end{cases}$

7. 斜齿圆柱齿轮传动 $\begin{cases} \text{斜齿圆柱齿轮齿廓的形成} \\ \text{基本参数及几何尺寸} \\ \text{斜齿圆柱齿轮正确啮合条件} \\ \text{强度计算} \end{cases}$

8. 圆柱齿轮结构 $\begin{cases} \text{齿轮轴} \\ \text{实心式齿轮} \\ \text{腹板式齿轮} \\ \text{轮辐式齿轮} \end{cases}$

9. 齿轮传动的维护 $\begin{cases} \text{安装与磨合} \\ \text{检查齿面接触情况} \\ \text{保证正常润滑} \\ \text{监控运转状态} \\ \text{装防护罩} \end{cases}$

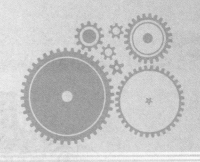

第 8 章

其他齿轮机构及传动
（Other Gear Mechanism and Transmission）

本章导读

空间齿轮传动，指的是相啮合的两齿轮轴线不平行的传动，两齿轮的相对运动为空间运动。空间齿轮传动的类型有：两轴线相交的锥齿轮传动；两轴线交错的斜齿轮传动；两轴线垂直交错的蜗杆传动等。本章只介绍直齿锥齿轮传动和蜗杆传动。

图 8-1 所示为由蜗轮蜗杆、直齿锥齿轮和圆柱齿轮组成的传动系统。

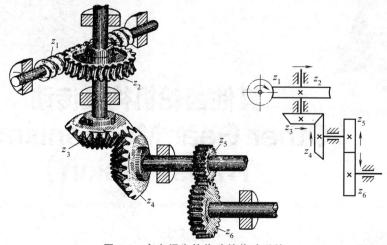

图 8-1 含空间齿轮传动的传动系统

基本内容

8.1 锥齿轮传动

8.1.1 锥齿轮传动的特点和应用

锥齿轮用于轴线相交的传动，两轴交角 Σ 可由传动要求确定，常用的轴交角 $\Sigma = 90°$（图 8-2）。锥齿轮的特点是轮齿分布在圆锥面上，轮齿的齿形从大端到小端逐渐缩小。锥齿轮的轮齿有直齿、斜齿和曲齿三种类型，其中直齿锥齿轮应用较广。本节仅介绍常用的轴交角 $\Sigma = 90°$ 的直齿锥齿轮传动。

直齿锥齿轮传动

图 8-2 直齿锥齿轮传动

8.1.2 直齿锥齿轮的当量齿数

直齿锥齿轮的齿廓曲线为空间的球面渐开线。由于球面无法展开为平面，这给设计计算及制造带来不便，故采用近似方法来解决。

图 8-3 所示为锥齿轮的轴向剖视图，大端球面齿廓与轴向剖面的交线为圆弧 $\overset{\frown}{acb}$，过 c 点作切线与轴线交于 O'，以 $O'c$ 为母线，绕轴线旋转所得与球面齿廓相切的圆锥体，称为背锥。投影在背锥面上的

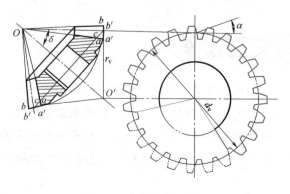

图 8-3 背锥与当量齿轮

齿形可近似代替大端球面上的齿形。将背锥展开，形成一个平面扇形齿轮；如将此扇形齿轮补足轮齿为完整的齿轮，则所得的平面齿轮称为直齿锥齿轮的当量齿轮。当量齿轮分度圆直径用 d_v 表示，其模数为大端模数，压力角为标准值，所得齿数 z_v 称为当量齿数（equivalent number of teeth）。

当量齿数 z_v 与实际齿数 z 的关系为

$$z_v = \frac{z}{\cos\delta} \qquad (8-1)$$

式中　δ——分锥角。

8.1.3 直齿锥齿轮的基本参数及几何尺寸

图 8-4 所示为一对标准直齿锥齿轮，其节圆锥与分度圆锥重合，轴交角 $\Sigma = \delta_1 + \delta_2 = 90°$。由于大端轮齿尺寸

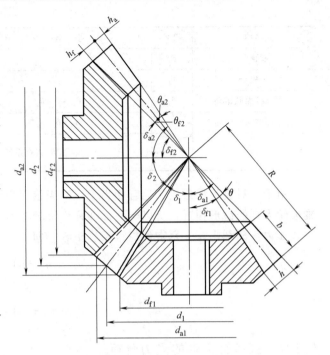

图 8-4　（不等顶隙收缩齿）标准直齿锥齿轮的几何尺寸

大，计算和测量时相对误差小，同时也便于确定齿轮外部尺寸，定义大端参数为标准值。标准模数 m 由表 8-1 查取，表中自标准文件摘取 $m \geqslant 1$ 的部分，对应压力角 $\alpha = 20°$，齿顶高系数 $h_a^* = 1$，顶隙系数 $c^* = 0.2$。

表 8-1　锥齿轮的标准模数（摘自 GB/T 12368—1990）　　　　（单位：mm）

1	1.125	1.25	1.375	1.5	1.75	2	2.25	2.5	2.75
3	3.25	3.5	3.75	4	4.5	5	5.5	6	6.5
7	8	9	10	11	12	14	16	18	20
22	25	28	30	32	36	40	45	50	

对于 $m \geqslant 1$ 的具有不等顶隙收缩齿的标准直齿锥齿轮，其几何尺寸计算公式见表 8-2（$\Sigma = \delta_1 + \delta_2 = 90°$）。

表 8-2　标准直齿锥齿轮的几何尺寸计算公式

名称	符号	小　齿　轮	大　齿　轮
齿数	z	z_1	z_2
齿数比	i	\multicolumn{2}{c}{$i = z_2/z_1 = \cot\delta_1 = \tan\delta_2$}
分度圆锥角	δ	$\delta_1 = \arctan(z_1/z_2)$	$\delta_2 = \arctan(z_2/z_1)$
齿顶高	h_a	\multicolumn{2}{c}{$h_a = h_a^* m = m$}
齿根高	h_f	\multicolumn{2}{c}{$h_f = (h_a^* + c^*)m = 1.2m$}
分度圆直径	d	$d_1 = z_1 m$	$d_2 = z_2 m$
齿顶圆直径	d_a	$d_{a1} = d_1 + 2h_a\cos\delta_1 = m(z_1 + 2\cos\delta_1)$	$d_{a2} = d_2 + 2h_a\cos\delta_2 = m(z_2 + 2\cos\delta_2)$
齿根圆直径	d_f	$d_{f1} = d_1 - 2h_f\cos\delta_1 = m(z_1 - 2.4\cos\delta_1)$	$d_{f2} = d_2 - 2h_f\cos\delta_2 = m(z_2 - 2.4\cos\delta_2)$
锥距	R	\multicolumn{2}{c}{$R = \frac{1}{2}\sqrt{d_1^2 + d_2^2} = \frac{d_1}{2}\sqrt{i^2 + 1} = \frac{m}{2}\sqrt{z_1^2 + z_2^2}$}

(续)

名称	符号	小 齿 轮	大 齿 轮
齿顶角	θ_a	$\theta_a = \arctan(h_a/R)$	
齿根角	θ_f	$\theta_f = \arctan(h_f/R)$	
齿顶圆锥面圆锥角	δ_a	$\delta_{a1} = \delta_1 + \theta_a$	$\delta_{a2} = \delta_2 + \theta_a$
齿根圆锥面圆锥角	δ_f	$\delta_{f1} = \delta_1 - \theta_f$	$\delta_{f2} = \delta_2 - \theta_f$
齿宽	b	$b = \psi_R R$,齿宽系数 $\psi_R = b/R$,一般 $\psi_R = \frac{1}{4} \sim \frac{1}{3}$;$b \leqslant 10m$	

由于一对直齿锥齿轮的啮合相当于一对当量直齿圆柱齿轮的啮合,而当量齿轮的齿形和锥齿轮大端的齿形相近,所以一对标准直齿锥齿轮的正确啮合条件为:两个锥齿轮大端的模数和压力角分别相等,两锥齿轮锥距也相等。即

$$\left. \begin{array}{l} m_1 = m_2 = m \\ \alpha_1 = \alpha_2 = \alpha \\ R_1 = R_2 = R \end{array} \right\} \tag{8-2}$$

8.1.4 直齿锥齿轮的受力分析

如图 8-5a 所示,为方便设计计算,忽略摩擦力的影响,将主动锥齿轮齿面所受的法向载荷简化为集中力 F_n,作用在齿宽中点处的法向剖面 N—N 内。将法向力 F_n 在法向剖面内分解为圆周力 F_{t1} 和力 F',再将力 F' 在锥齿轮的轴向剖面内分解为沿锥齿轮轴线方向的轴向力 F_{x1} 和沿半径方向的径向力 F_{r1}。可推知小齿轮上各分力的大小为

$$\left. \begin{array}{ll} \text{圆周力} & F_{t1} = \dfrac{2T_1}{d_{m1}} \\[2mm] \text{轴向力} & F_{x1} = F'\sin\delta_1 = F_{t1}\tan\alpha\sin\delta_1 \\[2mm] \text{径向力} & F_{r1} = F'\cos\delta_1 = F_{t1}\tan\alpha\cos\delta_1 \end{array} \right\} \tag{8-3}$$

式中 T_1——小齿轮传递的转矩(N·mm),$T_1 = 9.55 \times 10^6 \dfrac{P_1}{n_1}$;

d_{m1}——小齿轮齿宽中点处的分度圆直径,由几何关系可知,$d_{m1} = d_1(1 - 0.5b/R) = d_1(1 - 0.5\psi_R)$。其中,齿宽系数 $\psi_R = b/R$,一般可取 $\psi_R = 0.25 \sim 0.3$。

根据作用力和反作用力的关系可知,大齿轮上所受的力为 $F_{t2} = -F_{t1}$,$F_{x2} = -F_{r1}$,$F_{r2} = -F_{x1}$。如图 8-5b 所示,两锥齿轮的受力方向判别如下:圆周力的方向,在主动轮上与其转动方向相反,在从动轮上与其转动方向相同;径向力的方向,分别指向两轮各自的轮心;轴向力的方向,沿各自轴线方向由各自轮齿小端指向大端。

8.1.5 标准直齿锥齿轮传动的强度计算

直齿锥齿轮传动的强度计算,可按齿宽中点处的一对当量直齿圆柱齿轮进行近似计算。其简化强度计算公式如下:

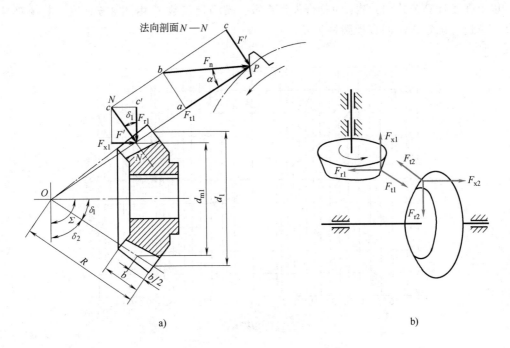

法向剖面 $N-N$

a)

b)

图 8-5 直齿锥齿轮的受力分析

1. 齿面接触疲劳强度计算

校核公式

$$\sigma_{\mathrm{H}} = \sqrt{\left(\frac{195.1}{d_1}\right)^3 \frac{KT_1}{i}} \leqslant [\sigma_{\mathrm{H}}] \qquad (8\text{-}4)$$

设计公式

$$d_1 \geqslant 195.1 \sqrt[3]{\frac{KT_1}{i[\sigma_{\mathrm{H}}]^2}} \qquad (8\text{-}5)$$

以上两式中的常数 195.1 包含有材料系数，是按两锥齿轮都为钢制齿轮计算得出的。如锥齿轮的材料配对为钢对铸铁或铸铁对铸铁，应将 195.1 相应替换为 175.6 或 163.9。

2. 齿根弯曲疲劳强度计算

校核公式

$$\sigma_{\mathrm{F}} = \left(\frac{3.2}{m}\right)^3 \frac{KT_1 Y_{\mathrm{FS}}}{z_1^2 \sqrt{i^2+1}} \leqslant [\sigma_{\mathrm{F}}] \qquad (8\text{-}6)$$

设计公式

$$m \geqslant 3.2 \sqrt[3]{\frac{KT_1 Y_{\mathrm{FS}}}{z_1^2 [\sigma_{\mathrm{F}}] \sqrt{i^2+1}}} \qquad (8\text{-}7)$$

以上强度计算公式中，Y_{FS} 为复合齿形系数，按当量齿数 z_v 由图 8-6 查取。其余符号的含义、单位、确定方法同直齿圆柱齿轮。

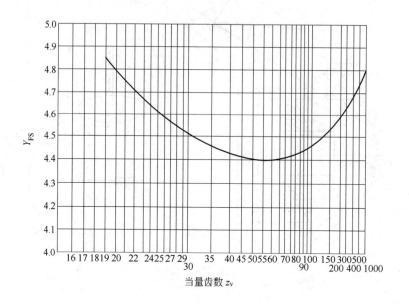

图 8-6　直齿锥齿轮的复合齿形系数

学习蜗杆传动

8.2　蜗杆传动

8.2.1　蜗杆传动的类型

蜗杆传动由蜗杆和蜗轮组成，常用于传递空间两垂直交错轴间的运动和动力，如图 8-7 所示。通常蜗杆为主动件，蜗轮为从动件。

根据蜗杆形状的不同，蜗杆传动可分为圆柱蜗杆传动（图 8-8a）、环面蜗杆传动（图 8-8b）和锥面蜗杆传动（图 8-8c）。普通圆柱蜗杆按其齿廓形状不同，又可分为阿基米德蜗杆（ZA）、渐开线蜗杆（ZI）和法向直廓蜗杆（ZN）。本节仅介绍最简单也是最常用的阿基米德蜗杆传动。

蜗杆传动

图 8-7　蜗杆传动

8.2.2　蜗杆传动的基本参数和几何尺寸

1. 蜗杆传动的基本参数

（1）模数 m 和压力角 α　如图 8-9 所示，将垂直于蜗轮轴线且通过蜗杆轴线的平面称为蜗杆传动的中平面。在中平面内，蜗杆与蜗轮的啮合相当于齿条与齿轮的啮合，故规定中平面上的参数为标准值。因此，蜗杆传动的正确啮合条件为：蜗杆轴向平面（下角标 x1）和

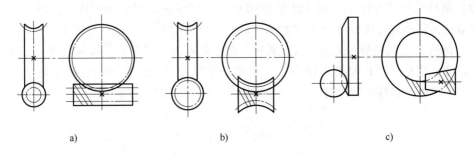

图 8-8 蜗杆传动的类型

a）圆柱蜗杆传动 b）环面蜗杆传动 c）锥面蜗杆传动

蜗轮端面（下角标 **t2**）内的模数和压力角分别相等，蜗杆的导程角与蜗轮的螺旋角相等（且旋向相同）。即

$$\left.\begin{aligned} m_{x1} &= m_{t2} = m \\ \alpha_{x1} &= \alpha_{t2} = \alpha \\ \gamma_1 &= \beta_2 \end{aligned}\right\} \tag{8-8}$$

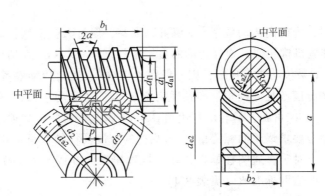

图 8-9 蜗杆传动的几何尺寸

蜗杆的标准模数系列参见表 8-3。

表 8-3 普通蜗杆传动的 m 与 d_1 的匹配（摘自 GB/T 10085—2018）

m/mm	1	1.25		1.6		2				2.5				3.15			
d_1/mm	18	20	22.4	20	28	(18)	22.4	(28)	35.5	(22.4)	28	(35.5)	45	(28)	35.5	(45)	56
$m^2 d_1/\text{mm}^3$	18	31.3	35	51.2	71.7	72	89.6	112	142	140	175	222	281	278	352	447	556

m/mm	4				5				6.3			
d_1/mm	(31.5)	40	(50)	71	(40)	50	(63)	90	(50)	63	(80)	112
$m^2 d_1/\text{mm}^3$	504	640	800	1136	1000	1250	1575	2250	1985	2500	3175	4445

m/mm	8				10				12.5			
d_1/mm	(63)	80	(100)	140	(71)	90	(112)	160	(90)	112	(140)	200
$m^2 d_1/\text{mm}^3$	4032	5120	6400	8960	7100	9000	11200	16000	14062	17500	21875	31250

m/mm	16				20				25			
d_1/mm	(112)	140	(180)	250	(140)	160	(224)	315	(180)	200	(280)	400
$m^2 d_1/\text{mm}^3$	28672	35840	46080	64000	56000	64000	89600	126000	112500	125000	175000	250000

注：括号中的数字尽可能不采用。

（2）蜗杆分度圆直径 d_1 由于蜗轮是用相当于蜗杆的滚刀来加工的，为限制加工蜗轮滚刀的数量，将蜗杆分度圆直径规定为标准值，其值与模数 m 匹配，见表8-3。

（3）蜗杆分度圆柱导程角 γ 蜗杆螺旋角按方向不同，可分为右旋和左旋，一般多用右旋。蜗杆分度圆柱导程角如图8-10所示，将蜗杆沿其分度圆柱面展开，则蜗杆的分度圆柱导程角 γ（相当于螺杆的螺纹升角 φ）可由对应几何关系推导而得

$$\tan\gamma = \frac{z_1 p_{x1}}{\pi d_1} = \frac{z_1 \pi m_{x1}}{\pi d_1} = \frac{z_1 m}{d_1} \tag{8-9}$$

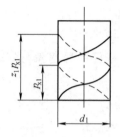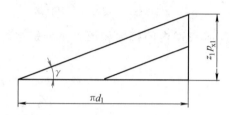

图 8-10 蜗杆分度圆柱导程角 γ

作动力传动时，为提高传动效率，γ 值可取大些，但过大会使蜗杆制造困难，因此，一般取 $\gamma < 30°$。与螺旋机构相似，蜗杆传动的自锁条件是 $\gamma \le \rho_v$（ρ_v 为啮合轮齿间的当量摩擦角，见表8-11）。如果传动要求自锁，则一般取 $\gamma < 3°30'$，此时传动效率很低。

显然，蜗杆的分度圆柱导程角 γ 和其螺旋角 β_1 间的关系为 $\gamma = 90° - \beta_1$。又由蜗杆和蜗轮的轴交角 $\Sigma = \beta_1 + \beta_2 = 90°$ 可知，蜗轮的螺旋角 $\beta_2 = \gamma$。因此传递两正交轴之间运动的阿基米德蜗杆传动的正确啮合要求蜗轮的螺旋角 β_2 与蜗杆的分度圆柱导程角 γ 相等，且旋向相同。

（4）中心距 a 对于普通圆柱蜗杆传动，推荐尾数为 0 或 5（mm）的中心距值；标准蜗杆减速器的中心距应取标准值（见表8-4）。

表 8-4 蜗杆减速器的标准中心距（摘自 GB 10085—2018）　　　　（单位：mm）

40	50	63	80	100	125	160	(180)	200
(225)	250	(280)	315	(355)	400	(450)	500	

（5）蜗杆头数 z_1 和蜗轮齿数 z_2 蜗杆头数 z_1 的选择与传动比、传动效率及制造的难易程度等因素有关。对于传动比大或要求自锁的蜗杆传动，常取 $z_1 = 1$；为了提高传动效率 z_1 可取较大值，但加工难度增加，故常取 z_1 为 1、2、4、6。蜗轮齿数 z_2 常在 27～80 范围内选取。$z_2 < 27$ 的蜗轮加工时会产生根切，$z_2 > 80$ 后，会使蜗轮尺寸过大，造成蜗杆轴的刚度下降。z_1、z_2 的推荐值可参见表8-5。

蜗杆传动比是蜗轮齿数与蜗杆头数之比，用 i_{12} 表示传动比，1 为蜗杆，2 为蜗轮，计算公式为

$$i_{12} = \frac{z_2}{z_1} = 常数 \tag{8-10}$$

2. 普通圆柱蜗杆传动的几何尺寸

普通圆柱蜗杆传动主要几何尺寸的计算公式见表8-6。

表 8-5　各种传动比时的 z_1、z_2 推荐值

i	5~6	7~8	9~13	14~24	25~27	28~40	>40
z_1	6	4	3~4	2~3	2~3	1~2	1
z_2	29~36	28~32	27~52	28~72	50~81	28~80	>40

表 8-6　普通圆柱蜗杆传动主要几何尺寸的计算公式

名　称		符　号	计　算　公　式
基本参数	齿　数	z	z_1 按表 8-5 确定，$z_2 = iz_1$
	模　数	m	$m_{x1} = m_{t2} = m$，m 按表 8-3 取标准值
	压力角	α	$\alpha_{x1} = \alpha_{t2} = \alpha$，ZA 型 $\alpha_x = 20°$，其余 $\alpha_n = 20°$，$\tan\alpha_n = \tan\alpha_x \cos\gamma$
	齿顶高系数	h_a^*	标准值 $h_a^* = 1$（正常齿）
	顶隙系数	c^*	标准值 $c^* = 0.2$（正常齿）
几何尺寸	分度圆直径	d	d_1 按表 8-3 取标准值；$d_2 = mz_2$
	齿顶高	h_a	$h_{a1} = h_{a2} = h_a^* m = m$
	齿根高	h_f	$h_{f1} = h_{f2} = (h_a^* + c^*)m = 1.2m$
	蜗杆齿顶圆直径	d_{a1}	$d_{a1} = d_1 + 2h_{a1} = d_1 + 2m$
	蜗轮喉圆直径	d_{a2}	$d_{a2} = d_2 + 2h_{a2} = d_2 + 2m$
	蜗杆齿根圆直径	d_{f1}	$d_{f1} = d_1 - 2h_{f1} = d_1 - 2.4m$
	蜗轮齿根圆直径	d_{f2}	$d_{f2} = d_2 - 2h_{f2} = d_2 - 2.4m$
	蜗轮顶圆直径	d_{e2}	$z_1 = 1$ 时，$d_{e2} \le d_{a2} + 2m$ $z_1 = 2$、3 时，$d_{e2} \le d_{a2} + 1.5m$ $z_1 = 4 \sim 6$ 时，$d_{e2} = d_{a2} + m$ 或按结构设计
	蜗轮齿顶圆弧半径	R_{a2}	$R_{a2} = (d_1/2) - m$
	蜗轮齿根圆弧半径	R_{f2}	$R_{f2} = d_{a1}/2 + c^* m = d_{a1}/2 + 0.2m$
	中心距	a	$a = (d_1 + d_2)/2$
	蜗轮齿度	b_2	当 $z_1 \le 3$ 时，$b_2 \le 0.75 d_{a1}$ 当 $z_1 = 4 \sim 6$ 时，$b_2 \le 0.67 d_{a1}$
	蜗杆齿宽	b_1	当 $z_1 = 1 \sim 2$ 时，$b_1 \ge (11 + 0.06 z_2)m$ 当 $z_1 = 3 \sim 4$ 时，$b_1 \ge (12.5 + 0.09 z_2)m$ 对磨削的蜗杆，应将求得的 b_1 值增大。$m < 10\text{mm}$ 时，增大 15~25mm；$m = 10 \sim 14\text{mm}$ 时，增大 35mm；$m \ge 16\text{mm}$ 时，增大 50mm

8.2.3　蜗杆传动的特点和应用

蜗杆传动与一般齿轮传动相比，主要特点为：

（1）**传动比大，结构紧凑**　由于蜗杆的头数 z_1 很小，所以传动比 $i_{12} = \dfrac{n_1}{n_2} = \dfrac{z_2}{z_1}$ 可以很大。一般情况下，单级蜗杆传动比 $i_{12} = 10 \sim 100$；在仅传递运动（如分度机构）时，甚至可达到 500 以上。因此，一对蜗杆传动即可达到多级齿轮传动的传动比，结构紧凑。

（2）传动平稳，无噪声　因为蜗杆齿是连续的螺旋齿，所以蜗杆传动连续、平稳，噪声很小。

（3）具有自锁性　与螺杆机构相似，当蜗杆的导程角小于相啮合轮齿间的当量摩擦角时，蜗杆传动具有自锁性，即只能由蜗杆带动蜗轮转动，而不能由蜗轮作为主动件，带动蜗杆转动。例如起重设备中就常采用可自锁的蜗杆传动来保证生产的安全性。

（4）传动效率低，摩擦损耗较大　在啮合传动时，蜗杆和蜗轮的轮齿间存在较大的相对滑动速度，因此摩擦损耗大，传动效率低且易发热。传动效率一般为 0.7~0.8，在蜗杆传动可自锁时，效率低于 0.5。因此，蜗杆传动不适于传递大功率的场合。

（5）制造成本高　因为磨损严重，所以蜗轮常须采用价格昂贵的减摩材料（青铜）制造，成本较高。

8.2.4　蜗杆传动的运动分析与失效形式

1. 蜗轮转动方向的确定

蜗杆传动的运动分析目的是确定从动件的转向。在蜗杆传动中，一般蜗杆为主动件，从动件蜗轮的转向取决于蜗杆的转向及其螺旋线方向，以及蜗杆与蜗轮的相对位置。

蜗轮转向一般用左右手定则来进行判别：当蜗杆为右（左）旋时，用右（左）手握住蜗杆轴线，四指弯曲的方向代表蜗杆的旋转方向，大拇指沿轴线伸直，其反方向为蜗轮圆周速度的方向，如图 8-11 和图 8-12 所示。

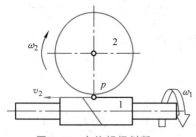

图 8-11　右旋蜗杆判断

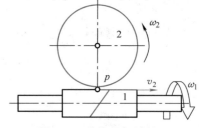

图 8-12　左旋蜗杆判断

2. 蜗杆传动的相对滑动速度

蜗杆传动是空间传动，如图 8-13 所示，蜗杆和蜗轮在啮合点处的圆周线速度的方向相互垂直，因此在啮合齿面间存在较大的相对滑动速度 v_s，根据理论力学的相关理论可以导出，相对滑动速度 v_s（由图示几何关系可知，

$$v_s = \sqrt{v_1^2 + v_2^2} = v_1 / \cos\gamma, \quad v_1 = \frac{\pi d_1 n_1}{60 \times 1000}）.$$

3. 蜗杆传动的失效形式与材料选择

蜗杆传动的工作情况与齿轮传动相似，所以其失效形式也与齿轮传动的失效形式基本相同，包括磨损、胶合、点蚀和轮齿折断等。但由于蜗杆传动的齿面间存在较大的相对滑动速度，摩擦损耗大，所以，蜗杆传动最易发生的

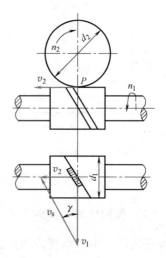

图 8-13　蜗杆传动的相对滑动速度

失效形式是胶合和磨损，而轮齿折断很少发生。另外，由于蜗杆是连续的螺旋齿，而且蜗杆的材料强度比蜗轮高，因此失效一般总发生在蜗轮轮齿上。

根据对蜗杆传动失效形式的分析，蜗杆和蜗轮的材料不仅要求有足够的强度，还应有良好的减摩性、耐磨性和抗胶合能力。生产实践中最常用的配副材料是用淬硬磨削的钢制蜗杆配青铜蜗轮。具体材料选择可参考表8-7。

表8-7 蜗杆、蜗轮推荐选用的材料

名称	材料牌号	使用特点	应用场合
蜗杆	20、15Cr、20CrNi、20Cr、20CrMnTi 等	渗碳淬火至 58~63HRC，并磨削	用于高速重载传动
	45、40Cr、40CrNi、35CrMo 等	表面淬火至 45~55HRC，并磨削	用于中速中载传动
	45（用于不重要的传动）	调质处理（<270HBW）	用于低速轻载传动
蜗轮	锡青铜 ZCuSn10Pb1 ZCuSn5Pb5Zn5	抗胶合、减摩和耐磨性能最好，但价格较高	用于相对滑动速度较大（$v_s = 5~15\text{m/s}$）的重要传动
	无锡青铜 ZCuAl10Fe3 ZCuAl10Fe3Mn2	机械强度高，但减摩、耐磨性和抗胶合能力低于锡青铜，价格较便宜	用于中等相对滑动速度（$v_s \leqslant 8\text{m/s}$）的传动
	灰铸铁 HT150、HT200	机械强度低、抗冲击能力差，但成本低	用于低速轻载传动（$v_s \leqslant 2\text{m/s}$）

4. 蜗杆传动的强度计算

蜗杆传动的主要失效形式是磨损和胶合，而且失效通常发生在蜗轮轮齿上，因此一般只需对蜗轮轮齿进行齿面接触疲劳强度计算。经推导，钢制蜗杆和青铜蜗轮配对的齿面接触疲劳强度简化计算公式如下

校核公式

$$\sigma_{\text{H}} = 480\sqrt{\frac{KT_2}{d_1 d_2^2}} = 480\sqrt{\frac{KT_2}{m^2 d_1 z_2^2}} \leqslant [\sigma_{\text{H}}] \tag{8-11}$$

设计公式

$$m^2 d_1 \geqslant KT_2 \left(\frac{480}{z_2 [\sigma_{\text{H}}]}\right)^2 \tag{8-12}$$

式中 T_2——蜗轮上所作用的转矩（N·mm），$T_2 = T_1 i\eta$，T_1 为蜗杆所传递的转矩，η 为蜗杆传动的效率，在初步估算时可按表8-8取近似数值；

K——载荷系数，一般 $K = 1~1.4$，当载荷平稳、蜗轮圆周速度 $v_2 \leqslant 3\text{m/s}$ 和要求 7 级以上精度时取较小值，否则取较大值；

$[\sigma_{\text{H}}]$——蜗轮许用接触应力（MPa），按蜗轮材料由表8-9或表8-10查取。

若蜗杆与蜗轮的配对材料为钢对灰铸铁时，应将式中的常数 480 替换为 497。按式（8-11）求出 $m^2 d_1$ 值后，可按表8-3选用相应的 m 和 d_1 值。

表 8-8　蜗杆传动的效率（近似值）

传动类型	蜗杆头数 z_1	效率 η
闭式传动	1	0.65~0.75
	2	0.75~0.82
	4, 6	0.82~0.92
	自锁时	<0.50
开式传动	1, 2	0.60~0.70

表 8-9　铸造锡青铜蜗轮的许用接触应力 $[\sigma_H]$　（单位：MPa）

蜗轮材料	铸造方法	滑动速度 v_s/(m/s)	许用接触应力 $[\sigma_H]$/MPa 蜗杆齿面硬度	
			≤350HBW	>45HRC
ZCuSn10Pb1	砂型	≤12	180	200
	金属型	≤25	200	220
ZCuSn5Pb5Zn5	砂型	≤10	110	125
	金属型	≤12	135	150

表 8-10　铸造铝青铜、铸造黄铜和铸铁蜗轮的许用接触应力 $[\sigma_H]$　（单位：MPa）

蜗轮材料	蜗杆材料	滑动速度 v_s/(m/s)							
		0.25	0.5	1	2	3	4	6	8
ZCuAl10Fe3 ZCuAl10Fe3Mn2	淬火钢[1]	—	250	230	210	180	160	120	90
ZCuZn38Mn2Pb2	淬火钢	—	215	200	180	150	135	95	75
HT200，HT150 (120~150HBW)	渗碳钢	160	130	115	90	—	—	—	—
HT150 (120~150HBW)	调质或淬火钢	140	110	90	70	—	—	—	—

[1] 蜗杆若未经淬火，则表中的许用接触应力 $[\sigma_H]$ 值需降低 20%。

8.2.5　蜗杆传动的效率和热平衡计算

1. 蜗杆传动的效率（workpiece ratio）

　　闭式蜗杆传动的功率损失包括三部分：齿面间啮合摩擦损失、蜗杆轴上轴承的摩擦损失和搅动润滑油的溅油损失。其中齿面间啮合摩擦损失影响最大，后两项的影响较小。通常，以蜗杆为主动件，蜗杆传动的总效率可按下式计算

$$\eta = (0.95 \sim 0.97)\frac{\tan\gamma}{\tan(\gamma+\rho_v)} \qquad (8\text{-}13)$$

式中　γ——蜗杆导程角；

　　　ρ_v——当量摩擦角，$\rho_v = \arctan f_v$，f_v 为对应的当量摩擦因数，二者取值可由表 8-11 查取。

表 8-11 蜗杆传动的当量摩擦因数和当量摩擦角

蜗轮材料	锡青铜				无锡青铜				灰铸铁			
蜗杆齿面硬度	≥45HRC		<45HRC		≥45HRC		≥45HRC		<45HRC			
滑动速度 $v_s/(\text{m/s})$	f_v	ρ_v	f_v	ρ_v	f_v	ρ_v	f_v	ρ_v	f_v	ρ_v		
0.01	0.11	6°17′	0.12	6°51′	0.18	10°12′	0.18	10°12′	0.19	10°45′		
0.10	0.08	4°34′	0.09	5°09′	0.13	7°24′	0.13	7°24′	0.14	7°58′		
0.25	0.065	3°43′	0.075	4°17′	0.10	5°43′	0.10	5°43′	0.12	6°51′		
0.50	0.055	3°09′	0.065	3°43′	0.09	5°09′	0.09	5°09′	0.10	5°43′		
1.00	0.045	2°35′	0.055	3°09′	0.07	4°00′	0.07	4°00′	0.09	5°09′		
1.50	0.04	2°17′	0.05	2°52′	0.065	3°43′	0.065	3°43′	0.08	4°34′		
2.00	0.035	2°00′	0.045	2°35′	0.055	3°09′	0.055	3°09′	0.07	4°00′		
2.50	0.03	1°43′	0.04	2°17′	0.05	2°52′						
3.00	0.028	1°36′	0.035	2°00′	0.045	2°35′						
4.00	0.024	1°22′	0.031	1°47′	0.04	2°17′						
5.00	0.022	1°16′	0.029	1°40′	0.035	2°00′						
8.00	0.018	1°02′	0.026	1°29′	0.03	1°43′						
10.00	0.016	0°55′	0.024	1°22′								
15.00	0.014	0°48′	0.020	1°09′								
24.0	0.013	0°45′										

注：当蜗杆齿面硬度≥45HRC时，ρ_v 值系指蜗杆齿面经磨削，蜗杆传动经磨合，并有充分润滑的情况。

由式（8-13）可知，蜗杆传动的效率 η 主要和蜗杆导程角 γ 有关，在 γ 一定的取值范围内，η 随 γ 增大而增大。同时考虑 $\tan\gamma = z_1 m/d_1$，因此在传递较大动力时，为提高传动效率，多采用多头蜗杆。如果要求自锁，则一般采用单头蜗杆。

2. 蜗杆传动的热平衡（thermal equilibrium）计算

因为蜗杆传动的传动效率低，工作时发热量大，在连续工作的闭式蜗杆传动中，若散热条件不好，易产生齿面胶合。所以应对其进行热平衡计算。

蜗杆传动损失的功率 P_s 为

$$P_s = 1000(1-\eta)\,P_1$$

经箱体表面散发的热量折合成功率 P_c 为

$$P_c = kA(t_1-t_2)$$

由于蜗杆传动损失的功率将转化为热量，因此在达到热平衡状态时，应有 $P_s = P_c$，经推导可得热平衡状态下润滑油的工作温度 t_1 为

$$t_1 = \frac{1000P_1(1-\eta)}{kA}+t_2 \tag{8-14}$$

式中 P_1——蜗杆传动的输入功率（kW）；

η——蜗杆传动的传动效率；

k——散热系数，自然通风条件良好时，$k = 14\sim 17.5\text{W}/(\text{m}^2\cdot\text{℃})$；没有循环空气流动时，$k = 8.7\sim 10.5\text{W}/(\text{m}^2\cdot\text{℃})$；

A——散热面积（m^2），$A = A_1+0.5A_2$，A_1 为内壁被油浸溅而外壁又被自然循环的空气冷却的箱壳表面积，A_2 为凸缘和散热片的面积；

t_1——达到热平衡时箱体内润滑油的温度，一般限制在 $t_1 = 70\sim 90\text{℃}$；

t_2——周围空气的温度，一般可取 $t_2 = 20\text{℃}$。

因此，在选定润滑油的工作温度 t_1 后，也可计算所需的散热面积

$$A = \frac{1000 P_1 (1-\eta)}{k(t_1 - t_2)}$$ (8-15)

如果润滑油的工作温度超过许用温度，可以采用下列措施提高散热能力：

（1）增加散热面积　在箱体上铸出或焊上散热片，如图 8-14 所示。

（2）提高散热系数　在蜗杆轴端装风扇强迫通风，如图 8-15 所示。

图 8-14　蜗杆减速器散热片

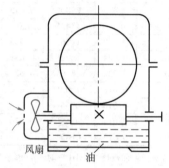

图 8-15　蜗杆减速器风扇冷却

（3）加冷却装置　若以上方法散热能力仍不够，可在箱体油池内装蛇形循环冷却水管，如图 8-16 所示。

对于大功率或蜗杆上置的蜗杆减速器，还可采用压力喷油循环冷却，如图 8-17 所示。

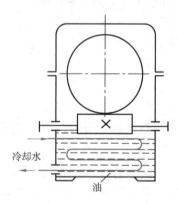

图 8-16　蜗杆减速器冷却水管冷却

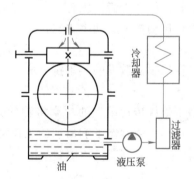

图 8-17　蜗杆传动压力喷油循环冷却

关键知识点

　　蜗杆传动取中间平面上的参数为标准值。蜗杆传动的正确啮合条件为：蜗杆轴面和蜗轮端面内的模数与压力角相等；蜗杆的导程角 γ 与蜗轮的螺旋角 β 数值相等，方向相同。蜗杆按螺旋角分为左旋和右旋，一般多用右旋。蜗杆传动中蜗轮转向的判断用左右手定则。生产实践中最常用的配副材料是用淬硬磨削的钢制蜗杆配青铜蜗轮。蜗杆传动的主要失效形式是磨损和胶合，通常发生在蜗轮轮齿上。

8.3* 锥齿轮、蜗杆和蜗轮的结构

8.3.1 锥齿轮的结构

与圆柱齿轮相似，锥齿轮按其尺寸大小也有齿轮轴、实心式、腹板式和轮辐式等结构形式。

1. 齿轮轴

如果锥齿轮的小端齿根圆到键槽底面的距离 $\delta \leqslant 1.6m$，应采用齿轮轴的结构形式，如图 8-18 所示。

2. 实心式锥齿轮

当齿顶圆直径 $d_a \leqslant 200\text{mm}$，且 $\delta > 1.6m$ 时，可采用如图 8-19 所示的实心式锥齿轮。此种齿轮常用锻造毛坯。

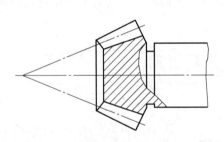

图 8-18　锥齿轮轴

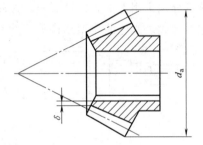

图 8-19　实心式锥齿轮（$\delta > 1.6m$，$d_a \leqslant 200\text{mm}$）

3. 腹板式锥齿轮

当齿顶圆直径 $d_a \leqslant 500\text{mm}$ 时，为减轻重量、节约材料，应采用腹板式结构。腹板式锥齿轮一般采用锻钢制造，其结构尺寸如图 8-20 所示。对于不重要的齿轮，也可采用铸铁或

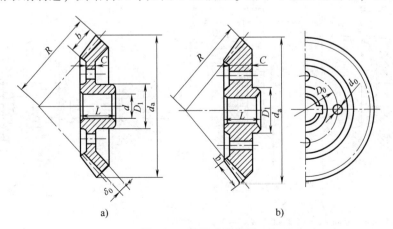

a)　　　　　　　　　　b)

图 8-20　腹板式锥齿轮

$D_1 = 1.6d$；$L = (1 \sim 1.2)d$；$\delta_0 = (3 \sim 4)m$，但不小于 10mm；$C = (0.1 \sim 0.17)R$；D_0、d_0 由结构确定

铸钢制造。为提高轮坯强度，可采用如图 8-21 所示的带加强肋的腹板式结构。

8.3.2 蜗杆和蜗轮的结构

1. 蜗杆的结构

蜗杆通常与轴做成一个整体，称为蜗杆轴。按蜗杆的加工方法不同，蜗杆轴可分为车制蜗杆和铣制蜗杆两种。图 8-22a 所示为铣制蜗杆，在轴上直接铣出螺旋齿形，没有退刀槽；图 8-22b 所示为车制蜗杆，需在轴上设置退刀槽。

2. 蜗轮的结构

蜗轮直径较小时，可用青铜做成整体式结构。当直径较大时，由于青铜成本较高，为节省贵重的有色金属，则轮缘和轮

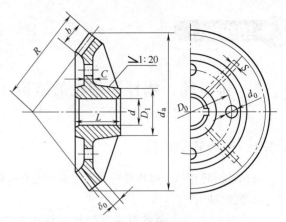

图 8-21　带加强肋的腹板式锥齿轮（$d_a > 300$mm）

$D_1 = 1.6d$(铸钢)，$D_1 = 1.8d$(铸铁)；$L = (1 \sim 1.2)d$；$\delta_0 = (3 \sim 4)m$，但不小于 10mm；$C = (0.1 \sim 0.17)R$，但不小于 10mm；$S = 0.8C$，但不小于 10mm；D_0、d_0 由结构确定

心部分可分别采用青铜和铸铁制造；按轮缘和轮心联接方式的不同，又可分为轮箍式和螺栓联接式等形式。蜗轮的典型结构见表 8-12。

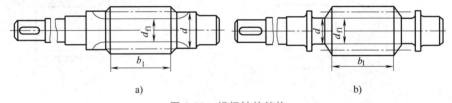

a)　　　　　　　　　　　　　　　　b)

图 8-22　蜗杆轴的结构

a) 铣制蜗杆　b) 车制蜗杆

当 $z_1 = 1$、2 时，$b_1 \geqslant (8 + 0.06z_2)m$；当 $z_1 = 3$、4 时，$b_1 \geqslant (12.5 + 0.09z_2)m$

表 8-12　蜗轮的典型结构

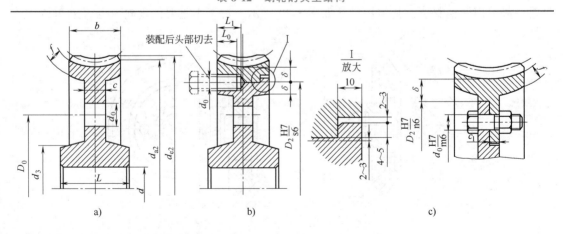

a)　　　　　　　　　　b)　　　　　　　　　　c)

$f = 1.7m \geqslant 10$mm；$\delta = 2m \geqslant 10$mm；$d_3 = (1.6 \sim 1.8)d$；$L = (1.2 \sim 1.8)d > b$；

$d_0 = (0.075 \sim 0.12)d \geqslant 5$mm；$L_0 = 2d_0$；$c \approx 0.3b$；$c_1 \approx 0.25b$

（续）

结构形式	特　点
a) 整体式	当直径小于 100mm 时，可用青铜铸成整体；当滑动速度 $v_s \leqslant 2m/s$ 时，可用铸铁铸成整体
b) 轮箍式	青铜轮缘与铸铁轮心通常采用 $\dfrac{H7}{s6}$ 配合，并加台肩和螺钉固定，螺钉数 6~12 个
c) 螺栓联接式	以铰制孔螺栓联接时，螺栓孔要同时铰制，其配合为 $\dfrac{H7}{m6}$。螺栓数按剪切计算确定，并以轮缘受挤压校核，轮缘材料许用挤压应力 $\sigma_{jy} = 0.3\sigma_s$，$\sigma_s$ 为轮缘材料屈服强度

实例分析

实例一　有一闭式蜗杆传动，轮齿为标准正常齿，模数 $m = 10mm$，现已知 $z_1 = 2$，蜗杆直径 $d_1 = 90mm$，蜗轮齿数 $z_2 = 40$，试确定蜗杆、蜗轮的主要尺寸。

解　蜗杆齿顶圆直径　　　$d_{a1} = d_1 + 2m = (90 + 2 \times 10)mm = 110mm$

　　蜗杆齿根圆直径　　　$d_{f1} = d_1 - 2.4m = (90 - 2.4 \times 10)mm = 66mm$

　　蜗轮分度圆直径　　　$d_2 = mz_2 = 10mm \times 40 = 400mm$

　　蜗轮喉圆直径　　　　$d_{a2} = d_2 + 2m = (400 + 2 \times 10)mm = 420mm$

　　蜗轮齿根圆直径　　　$d_{f2} = d_2 - 2.4m = (400 - 2.4 \times 10)mm = 376mm$

　　蜗轮顶圆直径　　　　$d_{e2} \leqslant d_{a2} + 1.5m = (420 + 1.5 \times 10)mm = 435mm$

　　蜗轮齿宽　　　　　　$b_2 \leqslant 0.75d_{a1} = 0.75 \times 110mm = 82.5mm$

　　中心距　　　　　　　$a = (d_1 + d_2)/2 = (90 + 400)mm/2 = 245mm$

其余尺寸计算略。

实例二　试设计一闭式蜗杆传动。已知蜗杆输入功率 $P_1 = 9kW$，转速 $n_1 = 960r/min$，$n_2 = 48r/min$，载荷平稳，连续单向运动。

解　1）选择蜗杆和蜗轮的材料。

蜗杆材料用 45 钢经表面淬火，表面硬度为 45~50HRC；蜗轮材料为 ZCuAl10Fe3，砂型铸造。

2）选择蜗杆、蜗轮齿数。

计算传动比 $i = n_1/n_2 = 960/48 = 20$，参考表 8-5，取 $z_1 = 2$，$z_2 = iz_1 = 40$。

3）确定蜗轮传递的转矩 T_2。

根据 $z_1 = 2$，按表 8-8 取 $\eta = 0.8$，则蜗轮传递转矩

$$T_2 = T_1 i\eta = 9.55 \times 10^6 \frac{P_1 i\eta}{n_1} = 9.55 \times 10^6 \times \frac{9 \times 20 \times 0.8}{960} N \cdot mm$$

$$= 1432500 N \cdot mm$$

4）按接触疲劳强度设计。

预估相对滑动速度 $v_s = 4m/s$，按表 8-10 查得许用接触应力 $[\sigma_H] = 160MPa$；因载荷平稳，取载荷系数 $K = 1.1$。按式（8-12）可得

$$m^2 d_1 \geqslant KT_2 \left(\frac{480}{z_2 [\sigma_H]} \right)^2 = 1.1 \times 1432500 \times \left(\frac{480}{40 \times 160} \right)^2 mm^3 \approx 8864 mm^3$$

查表 8-3 取相近值，模数 $m = 10mm$，蜗杆分度圆直径 $d_1 = 90mm$。

5）验算相对滑动速度。

蜗杆分度圆处的线速度　$v_1 = \dfrac{\pi d_1 n_1}{60 \times 1000} = \dfrac{3.14 \times 90 \times 960}{60 \times 1000}\,\text{m/s} = 4.5\,\text{m/s}$

蜗杆分度圆柱导程角　$\gamma = \arctan \dfrac{z_1 m}{d_1} = \arctan\left(\dfrac{20}{90}\right) \approx 12.53°$

相对滑动速度　$v_s = \dfrac{v_1}{\cos\gamma} = \dfrac{4.5}{\cos 12.53°}\,\text{m/s} \approx 4.6\,\text{m/s}$，与预估值接近。

6）主要几何尺寸计算（略）。

7）蜗杆蜗轮工作图（略）。

知 识 小 结

1. 锥齿轮传动
- 锥齿轮传动的特点和应用
- 直齿锥齿轮基本参数和几何尺寸
  - 大端参数为标准值
  - 分锥角、锥距
  - 齿顶角、齿根角
  - 齿顶圆锥面圆锥角
  - 齿根圆锥面圆锥角
- 标准直齿锥齿轮正确啮合条件 $\begin{cases} m_1 = m_2 = m \\ \alpha_1 = \alpha_2 = \alpha \\ R_1 = R_2 = R \end{cases}$
- 直齿锥齿轮受力分析
  - 圆周力
  - 径向力
  - 轴向力
- 标准直齿锥齿轮传动强度计算
  - 齿面接触疲劳强度
  - 齿根弯曲疲劳强度

2. 蜗杆传动
- 蜗杆传动的类型
- 蜗杆传动的基本参数
  - 中平面参数为标准值
  - 模数、压力角
  - 蜗杆分度圆直径
  - 蜗杆分度圆柱导程角
  - 中心距
  - 蜗轮齿数
- 蜗杆传动正确啮合条件 $\begin{cases} m_{x1} = m_{t2} = m \\ \alpha_{x1} = \alpha_{t2} = \alpha \\ \gamma_1 = \beta_2 \end{cases}$
- 蜗轮转动方向的确定——左右手定则
- 蜗杆传动的强度计算
- 蜗杆传动的维护
  - 增加散热面积
  - 提高散热系数
  - 加冷却装置

3. 锥齿轮、蜗杆和蜗轮的结构

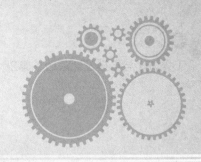

第 9 章

轮系（Gear Train）

本章导读

图 9-1 所示为卧式车床的外形图，图 9-2 所示为卧式车床主轴箱传动系统图。车床主轴的转动是由电动机带动 V 带传动，再经主轴箱内的传动系统提供的，一般电动机的转速是一定的，而主轴（自定心卡盘）的转速根据被切削工件的尺寸与切削量等条件的不同会发生变化，从图 9-2 可以看出，变换主轴箱内的不同齿轮啮合就可以得到不同的转速。

在机械设备上，为实现变速或获得大的传动比，常采用由一对以上的齿轮组成的齿轮传动装置，这些由多对齿轮组成的传动装置简称为齿轮系，广泛应用于各类机床、汽车的变速器、差速器等装置中。

本章主要研究齿轮系的组成、传动比的计算等内容，同时介绍常用减速器的主要类型、特点及应用。

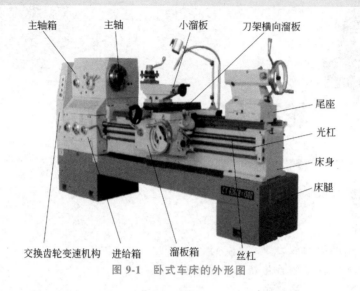

主轴箱　　主轴　　　小溜板　　刀架横向溜板

尾座

光杠

床身

床腿

卧式车床

交换齿轮变速机构　进给箱　　溜板箱　　丝杠

图 9-1　卧式车床的外形图

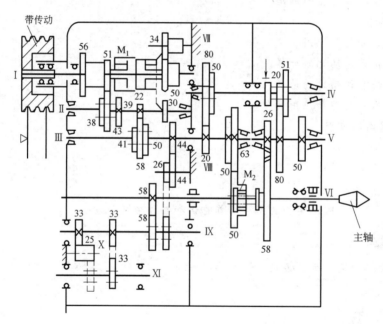

图 9-2　卧式车床主轴箱传动系统图

基本内容

9.1　定轴轮系（ordinary gear train）

9.1.1　定轴轮系实例

图 9-3a 所示为两级圆柱齿轮减速器中的齿轮，图 9-3b 所示为其运动简图。本例中齿轮

在运转时，各齿轮的几何轴线相对机架都是固定的，因此，这类齿轮传动装置称为定轴齿轮传动装置，或简称为定轴轮系。

图9-4所示为汽车变速器中的齿轮传动装置。其中，齿轮6、7为双联齿轮，可在轴上移动，以实现齿轮6与齿轮5、齿轮7与齿轮4的啮合。齿轮8也可移动，既可以和齿轮3啮合转动，也可通过离合器与齿轮1一起转动。

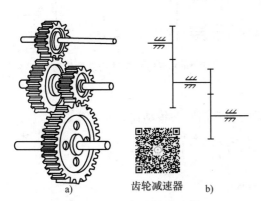

图9-3　两级圆柱齿轮减速器

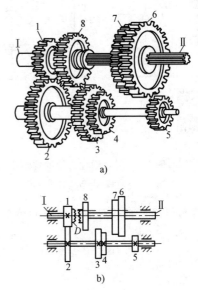

图9-4　汽车变速器

9.1.2　定轴轮系传动比的计算

1. 一对圆柱齿轮的传动比

如图9-5所示，一对圆柱齿轮传动的传动比为

$$i_{12} = \frac{n_1}{n_2} = \pm\frac{z_2}{z_1} \tag{9-1}$$

式中，外啮合时，主、从动齿轮转动方向相反，取"–"号；内啮合时，主、从动齿轮转动方向相同，取"＋"号。其转动方向也可用箭头表示，如图9-5所示。

关键知识点

定轴轮系工作时，齿轮的几何轴线位置是固定的。

2. 平行轴定轴轮系的传动比

图9-6所示为所有齿轮轴线均互相平行的定轴轮系，设齿轮1为首轮，齿轮5为末轮，z_1、z_2、z_3、$z_{3'}$、z_4、$z_{4'}$、z_5为各轮齿数，n_1、n_2、n_3、$n_{3'}$、n_4、$n_{4'}$、n_5为各轮转速，则各对啮合齿轮的传动比为

$$i_{12} = \frac{n_1}{n_2} = -\frac{z_2}{z_1}$$

$$i_{23} = \frac{n_2}{n_3} = -\frac{z_3}{z_2}$$

$$i_{3'4} = \frac{n_{3'}}{n_4} = +\frac{z_4}{z_{3'}}$$

$$i_{4'5} = \frac{n_4'}{n_5} = -\frac{z_5}{z_{4'}}$$

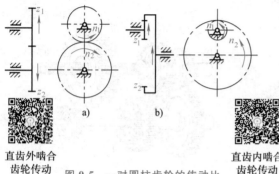

直齿外啮合   a)   b)   直齿内啮合
齿轮传动   齿轮传动

图 9-5 一对圆柱齿轮的传动比   图 9-6 平行轴定轴轮系的传动比
a) 外啮合传动 b) 内啮合传动

容易得出，将各对啮合齿轮的传动比相乘即为首末两轮的传动比，即

$$i_{15} = i_{12}i_{23}i_{3'4}i_{4'5} = \frac{n_1}{n_2}\frac{n_2}{n_3}\frac{n_{3'}}{n_4}\frac{n_{4'}}{n_5} = \left(-\frac{z_2}{z_1}\right)\left(-\frac{z_3}{z_2}\right)\left(+\frac{z_4}{z_{3'}}\right)\left(-\frac{z_5}{z_{4'}}\right)$$

$$= (-1)^3 \frac{z_2 z_3 z_4 z_5}{z_1 z_2 z_{3'} z_{4'}}$$

$$= (-1)^3 \frac{z_3 z_4 z_5}{z_1 z_{3'} z_{4'}}$$

由上式可知：

1）平行轴定轴轮系的传动比等于轮系中各对啮合齿轮传动比的连乘积，也等于轮系中所有从动轮齿数连乘积与所有主动轮齿数连乘积之比。若轮系中有 k 个齿轮，则平面平行轴定轴轮系传动比的一般表达式为

$$i_{1k} = \frac{n_1}{n_k} = (-1)^m \frac{1 \text{ 至 } k \text{ 所有从动齿轮齿数的乘积}}{1 \text{ 至 } k \text{ 所有主动齿轮齿数的乘积}} \tag{9-2}$$

2）传动比的符号决定于外啮合齿轮的对数 m，当 m 为奇数时，i_{1k} 取负号，说明首末两轮转向相反；m 为偶数时，i_{1k} 取正号，说明首末两轮转向相同。定轴轮系的转向关系也可用箭头在图上逐对标出，如图 9-6 所示。

3）图 9-6 中的齿轮 2 既是主动轮，又是从动轮，它对该轮系传动比的大小没有影响，但改变了传动装置的转向，这种齿轮称为惰轮。惰轮用于改变传动装置的转向和调节轮轴间距，又称为过桥齿轮。

3. 非平行轴定轴轮系的传动比

定轴轮系中含有锥齿轮、蜗杆蜗轮等传动形式时，其传动比的大小仍可用式（9-2）计算。但其转动方向只能用箭头在图上标出，而不能用 $(-1)^m$ 来确定，如图 9-7 所示。箭头标定转向的一般方法为：对于圆柱齿轮传动，外啮合箭头方向相反，内啮合箭头方向相同；对于锥齿轮传动，箭头相对或相离；对于蜗杆传动，用左、右手定则判断蜗轮转向：蜗杆右旋用右手，左旋用左手，四指弯曲方向代表蜗杆转向，大拇指的反方向代表蜗轮在啮合处的速度方向。

例 9-1　如图 9-7 所示的定轴轮系，已知 $z_1 = 20$、$z_2 = 30$、$z_{2'} = 40$、$z_3 = 20$、$z_4 = 60$、$z_{4'} = 40$、$z_5 = 30$、$z_6 = 40$、$z_7 = 2$、$z_8 = 40$；齿轮 1 为主动轮，其转速 $n_1 = 2400\mathrm{r/min}$，转向如图 9-7 所示，求传动比 i_{18}、蜗轮 8 的转速和转向。

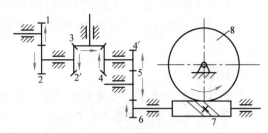

图 9-7　非平行轴的定轴轮系

解　1）传动比 i_{18} 和蜗轮的转速 n_8。

由式（9-2）得

$$i_{18} = \frac{n_1}{n_8} = \frac{z_2 z_3 z_4 z_5 z_6 z_8}{z_1 z_{2'} z_3 z_{4'} z_5 z_7} = \frac{30 \times 60 \times 40 \times 40}{20 \times 40 \times 40 \times 2} = 45$$

$$n_8 = \frac{n_1}{i_{18}} = \frac{2400}{45} \mathrm{r/min} = 53.3\mathrm{r/min}$$

2）蜗轮的转向。

由箭头标定方法确定蜗轮 8 为逆时针方向旋转，如图 9-7 所示。

例 9-2　图 9-8a 所示为外圆磨床砂轮架横向进给机构的传动系统图，转动手轮，可使砂轮架沿工件做径向移动，以便靠近和离开工件。其中齿轮 1、2、3 和 4 组成定轴轮系，各齿数 $z_1 = 25$，$z_2 = 60$，$z_3 = 30$，$z_4 = 50$。丝杠与齿轮 4 固联，丝杠转动时带动与螺母固联的砂轮架移动，丝杠螺距 $P = 4\mathrm{mm}$。试求手轮转一圈时砂轮架移动的距离 L。

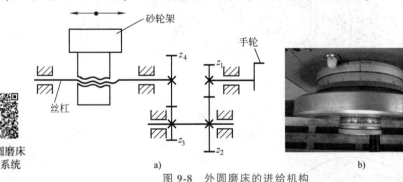

图 9-8　外圆磨床的进给机构

a）砂轮架横向进给机构　b）万能外圆磨床的进给刻度盘

解　丝杠的转速与齿轮 4 的转速一样，要想求出丝杠的转速，应先计算出齿轮 4 的转速。为了方便求出齿轮 4 的转速，设定齿轮 4 为定轴轮系的主动轮，列出计算公式

$$n_{丝杠} = n_4 \qquad i_{41} = \frac{n_4}{n_1} = \frac{z_3 z_1}{z_4 z_2}$$

$$n_1 = n_1 i_{41} = 1 \times \frac{z_3 z_1}{z_4 z_2} = 1 \times \frac{30 \times 25}{50 \times 60} = 0.25（转）$$

再计算砂轮架移动的距离，因丝杠转一圈，螺母（砂轮架）移动一个螺距，所以砂轮架移动的距离

$$L = P n_{丝杠} = P n_4 = 4 \times 0.25\mathrm{mm} = 1\mathrm{mm}$$

万能外圆磨床的进给系统

万能外圆磨床的加工过程

生产实践中，加工设备的进给机构都是应用这样的传动系统来完成的。如将例 9-2 中的手轮（进给刻度盘）等分为 50 份，则进给刻度盘转动 1 等份的刻度，进给机构的移动量为 0.02mm。

小常识

MG1420E 型号万能外圆磨床的刻度盘转一圈，砂轮架移动 2mm，刻度盘等分为 200 小格，每一小格表示进给量为 0.01mm。下面的微调刻度盘可以精确到 0.001mm。

学习行星轮系

9.2* 行星轮系（planetary gear train）

9.2.1 行星轮系实例及其分类

图 9-9、图 9-10 所示为常见的行星齿轮传动装置。齿轮 2 既绕自身几何轴线 O_2 转动，

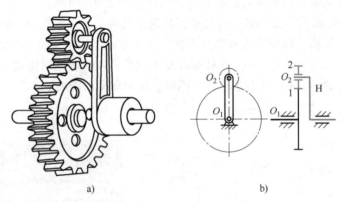

a)　　　　　　　　　　b)

图 9-9　含一个太阳轮的简单行星轮系

a）行星轮系结构图　b）机构运动简图

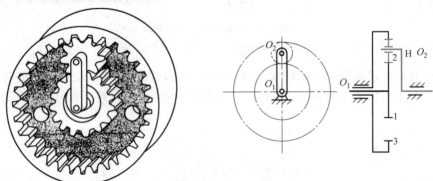

a)　　　　　　　　　　b)

图 9-10　含两个太阳轮的简单行星轮系

a）行星轮系结构图　b）机构运动简图

行星轮系：太阳轮固定

又绕齿轮 1 的固定几何轴线 O_1 转动，如同自然界中的行星一样，既有自转又有公转，所以称为行星轮；齿轮 1 和齿轮 3 的几何轴线固定不动，称为太阳轮，分别与行星轮相啮合；支持行星轮做自转和公转的构件 H 称为行星架。由行星轮、太阳轮、行星架以及机架组成的行星齿轮传动装置称为行星轮系。

根据太阳轮的数目可以将行星轮系分为两大类。

（1）简单行星轮系　太阳轮的数目不超过两个的行星轮系称为简单行星轮系。图 9-9 所示行星轮系中只有一个太阳轮，图 9-10 所示行星轮系中有两个太阳轮，它们都是简单行星轮系。此类行星轮系中，行星架 H 与太阳轮的几何轴线必须重合，否则整个轮系不能转动。

（2）复合行星轮系　太阳轮的数目超过两个的行星轮系称为复合行星轮系，如图 9-11 所示。

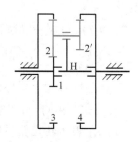

图 9-11　复合行星轮系

关键知识点

轮系工作时，至少有一个齿轮的几何轴线位置不固定，齿轮绕另一个固定轴线做既有自转又有公转的转动，这样的齿轮称为行星齿轮，该轮系称为行星轮系。

9.2.2　行星轮系传动比的计算

因为行星轮系中行星轮的几何轴线不固定，所以该轮系的传动比不能直接利用定轴轮系传动比公式进行计算。采用"反转法"，即给整个行星轮系（图 9-12a）加上一个与行星架 H 转速大小相等、方向相反的转速（$-n_H$）后，行星架 H 静止不动，而各构件间的相对运动并不改变。这样一来，所有齿轮的几何轴线位置相对行星架全部固定，从而得到一个假想的定轴轮系（图 9-12b），该假想定轴轮系称为原行星轮系的转化轮系。转化轮系中各构件相对行星架 H 的转速（或角速度）分别用 n_1^H、n_2^H、n_3^H 及 n_H^H 表示，转化前后各构件的转速见表 9-1。

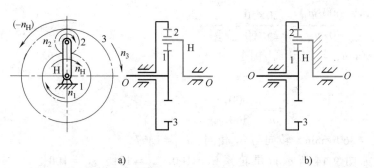

a)　　　　　　　　　　b)

行星轮系：
系杆固定

图 9-12　行星轮系的转化轮系

表 9-1　行星轮系转化前后各构件转速

构　件	行星轮系中构件转速	转化轮系中构件转速	构　件	行星轮系中构件转速	转化轮系中构件转速
太阳轮 1	n_1	$n_1^H = n_1 - n_H$	太阳轮 3	n_3	$n_3^H = n_3 - n_H$
行星轮 2	n_2	$n_2^H = n_2 - n_H$	行星架 H	n_H	$n_H^H = n_H - n_H = 0$

由于转化轮系中行星架是固定的，即转化轮系成了定轴轮系，因此可借用定轴轮系传动比计算公式进行计算，即

$$i_{13}^{H} = \frac{n_1^{H}}{n_3^{H}} = \frac{n_1 - n_H}{n_3 - n_H} = (-1)^1 \frac{z_2 z_3}{z_1 z_2} = -\frac{z_3}{z_1} \tag{9-3}$$

将式（9-3）写成一般通式为

$$i_{1k}^{H} = \frac{n_1^{H}}{n_k^{H}} = \frac{n_1 - n_H}{n_k - n_H} = (-1)^m \frac{1 \text{ 至 } k \text{ 所有从动齿轮齿数的乘积}}{1 \text{ 至 } k \text{ 所有主动齿轮齿数的乘积}} \tag{9-4}$$

利用式（9-4）可以求解行星轮系的传动比及未知构件的转速，计算时应注意以下事项：

1）i_{1k}^{H} 表示转化轮系的传动比，$i_{1k}^{H} \neq i_{1k}$。

2）齿轮1、k 与行星架 H 的轴线必须重合，否则不能应用该公式。

3）n_1、n_k、n_H 方向相同或相反，须用"$\pm$"号区别，并与数值一起代入计算。

4）式中的"$\pm$"号表示 n_1^{H} 和 n_k^{H} 的转向关系。

若转化机构中所有齿轮轴线平行，可用 $(-1)^m$ 判定式中的"$\pm$"号（m 为齿轮1至齿轮 k 之间外啮合齿轮的对数）；否则只能用画箭头的办法判定。

例 9-3　如图 9-13 所示的行星轮系中，各齿轮齿数为 $z_1 = 25$、$z_2 = 20$、$z_{2'} = 60$、$z_3 = 50$，转速 $n_1 = 600 \text{r/min}$，转向如图 9-13 所示。求传动比 i_{1H} 和行星架 H 的转速及转向。

解　1）采用"反转法"，用画箭头的办法判定 n_1^{H}、n_3^{H} 的转向相反。

2）列出转化轮系传动比的计算式，求 n_H。

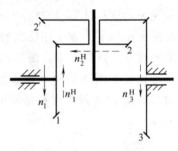

$$i_{13}^{H} = \frac{n_1^{H}}{n_3^{H}} = \frac{n_1 - n_H}{n_3 - n_H} = -\frac{z_2 z_3}{z_1 z_{2'}}$$

代入已知值，得

$$\frac{600 - n_H}{0 - n_H} = -\frac{20 \times 50}{25 \times 60} = -\frac{2}{3}$$

图 9-13　行星轮系

解得 $n_H = 360 \text{r/min}$，转向与 n_1 相同。

3）求得

$$i_{1H} = \frac{n_1}{n_H} = \frac{600}{360} = 1.67$$

结论：$n_H = 360 \text{r/min}$，转向与 n_1 相同，$i_{1H} = 1.67$。

例 9-4　如图 9-14 所示行星轮系 $z_1 = 100$，$z_2 = 101$，$z_{2'} = 100$，$z_3 = 99$。试求：1）主动件 H 对从动件 1 的传动比 i_{H1}；2）若 $z_1 = 99$，其他齿轮齿数不变，求传动比 i_{H1}。

解　1）由式（9-4）得

$$i_{13}^{H} = \frac{n_1 - n_H}{n_3 - n_H} = (-1)^2 \frac{z_2 z_3}{z_1 z_{2'}} = \frac{101 \times 99}{100 \times 100}$$

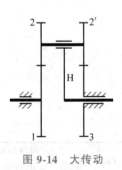

图 9-14　大传动比行星轮系

齿轮3固定，$n_3 = 0$，代入上式得

$$\frac{n_1 - n_H}{0 - n_H} = \frac{101 \times 99}{100 \times 100}$$

$$\frac{n_1}{n_H} = 1 - \frac{9999}{10000} = \frac{1}{10000}$$

$$i_{H1} = \frac{n_H}{n_1} = 10000 \quad (\text{行星架 H 与齿轮 1 转向相同})$$

由此结果可知，行星架 H 转 10000 转时，太阳轮 1 只转 1 转，表明该轮系的传动比很大。但是，这种大传动比行星轮系的效率很低。若取轮 1 为主动件（用于增速时），机构将发生自锁而不能运动，故这种行星轮系只适用于行星架 H 为主动件，并以传递运动为主的减速场合。

小提示

通过学习本例，明白轮系的转速或传动比不可凭感觉预测，一定要严格按计算公式来计算确定。

2）$z_1 = 99$，其他齿轮齿数不变，求 i_{H1}。由

$$\frac{n_1}{n_H} = 1 - \frac{z_2 z_3}{z_1 z_{2'}} = 1 - \frac{101 \times 99}{99 \times 100} = -\frac{1}{100}$$

$$i_{H1} = \frac{n_H}{n_1} = -100$$

计算结果表明，同一种结构形式的行星轮系，由于某一齿轮的齿数少了一齿，传动比可相差 100 倍，且传动比的符号也改变了（即转向改变）。这说明构件实际转速的大小和回转方向的判断，用直观方法是看不出来的，必须根据计算结果确定。

认识混合轮系

9.3* 混合轮系（mixed gear train）

由定轴轮系和行星轮系组合成的轮系称为混合轮系（图 9-15）。因为混合轮系是由两种运动性质不同的轮系组成的，所以在计算传动比时，必须将混合轮系先分解为行星轮系和定轴轮系，然后分别按相应的传动比计算公式列出算式，最后联立求解。

例 9-5 如图 9-15 所示的混合轮系中，已知 $z_1 = 20$、$z_2 = 40$、$z_{2'} = 20$、$z_3 = 30$、$z_4 = 80$。求传动比 i_{1H}。

解 1）分析轮系，该轮系中，轮 3 为行星轮，与其相啮合的齿轮 2'、4 为太阳轮，所以齿轮 2'、3、4 和行星架 H 组成行星轮系；齿轮 1、2 为定轴轮系。

2）列出定轴轮系传动比计算式

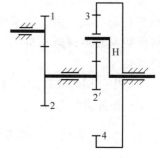

图 9-15 混合轮系

$$i_{12} = \frac{n_1}{n_2} = -\frac{z_2}{z_1} \qquad\qquad (a)$$

3）列出行星轮系转化轮系传动比计算式

$$i_{2'4}^{H} = \frac{n_{2'} - n_H}{n_4 - n_H} = (-1)^1 \frac{z_3 z_4}{z_{2'} z_3} = -\frac{z_4}{z_{2'}} \qquad\qquad (b)$$

4）将已知的各轮齿数、$n_4 = 0$ 及 $n_{2'} = n_2$ 等条件代入式（a）、（b），得

$$i_{12} = \frac{n_1}{n_2} = -\frac{40}{20} \qquad\qquad (c)$$

$$i_{2'4}^{H} = \frac{n_{2'} - n_H}{0 - n_H} = -\frac{80}{20} \qquad\qquad (d)$$

由式（c）得 $n_2 = -0.5n_1$。对双联齿轮，$n_2 = n_{2'}$，将 $n_2 = -0.5n_1$ 代入式（d）得

$$\frac{-0.5n_1 - n_H}{-n_H} = -4$$

由此解得

$$i_{1H} = \frac{n_1}{n_H} = -10$$

关键知识点

混合轮系的传动比计算，应先将混合轮系分解为定轴轮系和行星轮系，再分别按相应轮系的传动比计算公式列出算式，最后联立求解。

小应用

轮系的应用

| 轮系的应用 | 轮系分路传动 | 同步差动轮系 | 逆转差动轮系 | 汽车差速器—直线 | 汽车差速器—转弯 |

9.4　减速器

减速器是用于原动机和工作机之间的封闭式机械传动装置，由封闭在箱体内的齿轮或蜗杆传动组成，主要用来降低转速、增大转矩或改变转动方向。由于其结构紧凑、机械效率较高、传递运动准确可靠、使用维护方便、寿命长，并且已经标准化，因此得到广泛的应用。

生产中使用的减速器目前已经标准化和系列化，且由专门生产厂制造，使用者可根据具体的工作条件进行选择。

9.4.1　减速器的主要类型、特点及应用

根据传动形式的不同，减速器可分为齿轮减速器、蜗杆减速器等类型；根据齿轮形状的不同，可分为圆柱齿轮减速器、锥齿轮减速器等类型；根据传动级数的不同，可分为单级减速器和多级减速器；根据传动结构形式的不同，可分为展开式、同轴式和分流式减速器。这

里只介绍常见的简单的单级和二级减速器，其他类型的减速器可参看有关手册。常见的减速器类型及特点见表9-2。

表 9-2　常见减速器的类型及特点

名称	类　　型		推荐传动比范围	特点及应用
单级减速器	圆柱齿轮	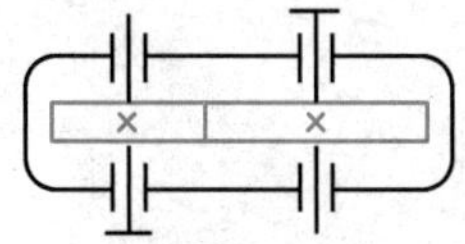	$i \leqslant 8$	轮齿可做成直齿、斜齿或人字齿。箱体一般用铸铁做成，单件或小批量生产时可采用焊接结构，尽可能不用铸钢件 轴承通常用滚动轴承，也可用滑动轴承
	锥齿轮	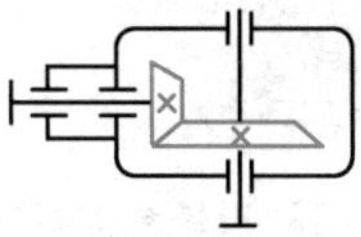	$i = 8 \sim 10$	用于输入轴和输出轴垂直相交的传动
	蜗杆下置式	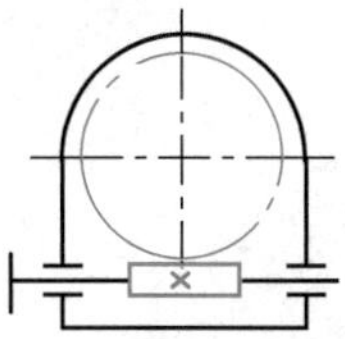	$i = 10 \sim 80$	蜗杆在蜗轮的下面，润滑方便，效果较好，但蜗杆搅油损失大，一般用在蜗杆圆周速度 $v < 10\text{m/s}$ 的场合
	蜗杆上置式	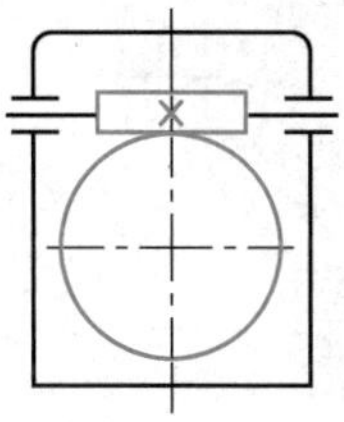	$i = 10 \sim 80$	蜗杆在蜗轮的上面，润滑不便，装拆方便，蜗杆的圆周速度可高些
二级减速器	圆柱齿轮展开式	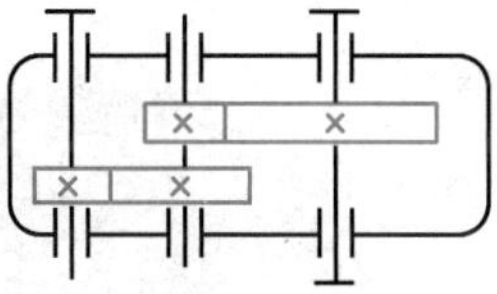	$i = i_1 i_2 = 8 \sim 60$	二级减速器中最简单的一种，由于齿轮相对于轴承位置不对称，轴应具有较高的刚度。用于载荷稳定的场合。高速级常用斜齿，低速级用斜齿或直齿
	锥齿轮-圆柱齿轮	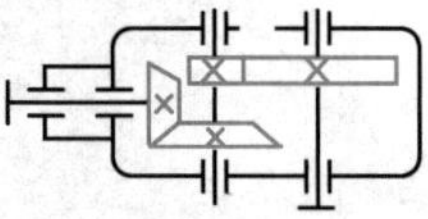	$i = i_1 i_2$ 直齿锥齿轮 $i = 8 \sim 22$ 斜齿或曲线齿锥齿轮 $i = 8 \sim 40$	锥齿轮应用在高速级，使齿轮尺寸不致过大，否则加工困难。锥齿轮可用直齿或弧齿。圆柱齿轮可用直齿或斜齿

9.4.2　减速器的构造

　　减速器结构因其类型、用途不同而不同，但无论何种类型的减速器，其结构都是由箱体、轴系部件及附件组成。典型圆柱齿轮减速器结构如图9-16所示，图9-17～图9-20分别为单级圆柱齿轮减速器、二级圆柱齿轮减速器、锥齿轮-圆柱齿轮减速器、蜗杆减速器的实物图。

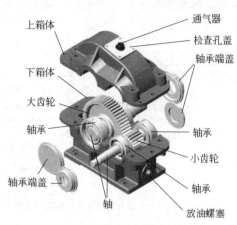

通气器
检查孔盖
上箱体
轴承端盖
下箱体
大齿轮
轴承
轴承
小齿轮
轴承端盖
轴承
放油螺塞
轴

图 9-16　圆柱齿轮减速器结构

图 9-17　单级圆柱齿轮减速器实物图

单级减速器：
外部结构

单级减速器：
内部结构

图 9-18　二级圆柱齿轮减速器实物图

二级减速器：
外部结构

二级减速器：
内部结构

锥齿轮-圆柱
齿轮减速器：
外部结构

锥齿轮-圆柱
齿轮减速器：
内部结构

图 9-19　锥齿轮-圆柱齿轮减速器实物图

图 9-20　蜗杆减速器实物图

小提示

注意观察日常生活和生产实践中的减速器。

实 例 分 析

实例一 图9-21所示为铣床主轴箱传动图。箱外有一级V带传动减速装置，箱内Ⅰ轴上有三联滑动齿轮，Ⅲ轴上有双联滑动齿轮。用拨叉分别移动三联和双联滑动齿轮，可使主轴Ⅲ得到六种不同的转速。已知Ⅰ轴的转速 $n_1 = 360\text{r/min}$，各齿轮齿数为 $z_1 = 14$，$z_2 = 48$，$z_3 = 28$，$z_4 = 20$，$z_5 = 30$，$z_6 = 70$，$z_7 = 36$，$z_8 = 56$，$z_9 = 40$，$z_{10} = 30$，计算主轴Ⅲ的六种转速。

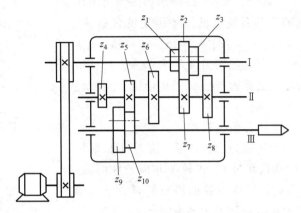

图9-21 铣床主轴箱传动图

解 1）当Ⅲ轴上双联齿轮 $z_{10} = 30$ 与Ⅱ轴的 $z_5 = 30$ 啮合时，移动Ⅰ轴上的三联齿轮，可得到主轴的三种不同转速：

小提示

通过学习本例，明白机械式齿轮减速器是通过不同的齿轮啮合来实现不同的转速。

① $z_1 \rightarrow z_6 \rightarrow z_5 \rightarrow z_{10}$

$$i_{总1} = \frac{n_\text{I}}{n_\text{III}} = \frac{70 \times 30}{14 \times 30} = 5, \quad n_\text{III} = n_\text{I} \times \frac{1}{i_{总1}} = 360\text{r/min} \times \frac{1}{5} = 72\text{r/min}$$

② $z_3 \rightarrow z_8 \rightarrow z_5 \rightarrow z_{10}$

$$i_{总2} = \frac{n_\text{I}}{n_\text{III}} = \frac{56 \times 30}{28 \times 30} = 2, \quad n_\text{III} = n_\text{I} \times \frac{1}{i_{总2}} = 360\text{r/min} \times \frac{1}{2} = 180\text{r/min}$$

③ $z_2 \rightarrow z_7 \rightarrow z_5 \rightarrow z_{10}$

$$i_{总3} = \frac{n_\text{I}}{n_\text{III}} = \frac{36 \times 30}{48 \times 30} = \frac{3}{4}, \quad n_\text{III} = n_\text{I} \times \frac{1}{i_{总3}} = 360\text{r/min} \times \frac{4}{3} = 480\text{r/min}$$

2）当Ⅲ轴上双联齿轮 $z_9 = 40$ 与Ⅱ轴的 $z_4 = 20$ 啮合时，移动Ⅰ轴上的三联齿轮，又可得到主轴的三种不同转速：

① $z_1 \rightarrow z_6 \rightarrow z_4 \rightarrow z_9$

$$i_{总4} = \frac{n_\text{I}}{n_\text{III}} = \frac{70 \times 40}{14 \times 20} = 10, \quad n_\text{III} = n_\text{I} \times \frac{1}{i_{总4}} = 360\text{r/min} \times \frac{1}{10} = 36\text{r/min}$$

② $z_3 \rightarrow z_8 \rightarrow z_4 \rightarrow z_9$

$$i_{总5} = \frac{n_\text{I}}{n_\text{III}} = \frac{56 \times 40}{28 \times 20} = 4, \quad n_\text{III} = n_\text{I} \times \frac{1}{i_{总5}} = 360\text{r/min} \times \frac{1}{4} = 90\text{r/min}$$

③ $z_2 \to z_7 \to z_4 \to z_9$

$$i_{\text{总}6} = \frac{n_{\text{I}}}{n_{\text{III}}} = \frac{36 \times 40}{48 \times 20} = \frac{3}{2}, \quad n_{\text{III}} = n_{\text{I}} \times \frac{1}{i_{\text{总}6}} = 360\text{r/min} \times \frac{2}{3} = 240\text{r/min}$$

实例二　图 9-22 所示为滚齿机工作台的传动系统，已知各齿轮的齿数为：$z_1 = 15$，$z_2 = 28$，$z_3 = 15$，$z_4 = 35$，$z_9 = 40$，蜗杆 8 和滚刀 A 均为单头，若被切齿轮的齿数为 64，试求传动比 i_{75} 及 z_5、z_7 的齿数。

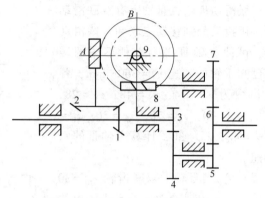

图 9-22　滚齿机工作台的传动系统

解　分析过程如下：

本题目为定轴轮系，滚刀 A 和蜗杆 8 的头数都为 1，齿轮 1 和齿轮 3 同轴，$n_1 = n_3$。根据齿轮的展成原理，滚刀 A 与轮坯 B 的转速关系应满足下式

$$i_{\text{AB}} = \frac{n_{\text{A}}}{n_{\text{B}}} = \frac{z_{\text{B}}}{z_{\text{A}}} = \frac{64}{1} = 64 \tag{a}$$

这一速比应该由滚齿机工作台的传动系统加以保证，其传动路线为：齿轮 2(A)→1(3)→4(5)→6→7(8)→9(B)，其中齿轮 6 为惰轮。因不需判断其传动的方向，故轮系的传动比为

$$i_{\text{AB}} = \frac{n_{\text{A}}}{n_{\text{B}}} = \frac{z_1 z_4 z_7 z_9}{z_2 z_3 z_5 z_8} = \frac{15 \times 35 \times 40}{28 \times 15 \times 1} \times \frac{z_7}{z_5}$$

$$= 50 \times \frac{z_7}{z_5} \tag{b}$$

（b）代入（a）整理得

$$i_{75} = \frac{n_7}{n_5} = \frac{z_5}{z_7} = \frac{25}{32}, \quad z_5 = 25 \text{、} z_7 = 32$$

本实例的实用价值是只要选用 $z_5 = 25$、$z_7 = 32$ 的一对齿轮，再按中心距搭配一个合适的齿轮 6 就能保证加工 64 个齿的齿轮。当被加工齿轮的齿数 z_{B} 变化时，所需的传动比 i_{75} 也随之改变，这时只要根据 i_{75} 更换交换齿轮的齿数 z_5、z_7 和 z_6，就能保证滚齿机正确加工。

如加工 80 个齿的齿轮，选用 $z_5 = 25$、$z_7 = 40$，再配一个 z_6 就可以了。

小提示

通过学习本例，明白齿轮加工设备只要通过计算，调整不同的齿轮组合就可加工不同齿数的齿轮。

知 识 小 结

1. 轮系 $\begin{cases} 定轴轮系 \\ 行星轮系 \\ 混合轮系 \end{cases}$

2. 减速器 $\begin{cases} 单级减速器 \begin{cases} 圆柱齿轮减速器 \\ 锥齿轮减速器 \\ 蜗杆下置式减速器 \\ 蜗杆上置式减速器 \end{cases} \\ 二级减速器 \begin{cases} 圆柱齿轮展开式二级减速器 \\ 锥齿轮-圆柱齿轮二级减速器 \end{cases} \end{cases}$

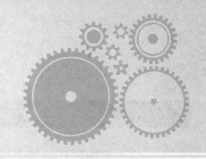

第 10 章

带传动和链传动
（Belt Drive and Chain Drive）

本章导读

各种机械和运输设备中广泛应用着带传动（belt drive）和链传动（chain drive），图 10-1 所示为拖拉机柴油发动机通过传动带，将动力传递给拖拉机的带传动，驱动拖拉机正常工作。

链传动则广泛应用于各类运输设备中，自行车就是最典型的链传动应用实例，如图 10-2 所示。

本章主要介绍带传动与链传动的类型、工作原理及其安装与维护方面的知识。

柴油发动机
带传动

图 10-1　柴油发动机带传动

图 10-2　自行车链传动

基本内容

10.1　带传动的工作原理、类型及特点

带传动是一种应用很广的机械传动，一般由主动带轮、从动带轮和紧套在两带轮上的传动带组成，如图 10-3 所示。带传动有摩擦式（friction type）和啮合式（mesh type）两种。

摩擦式带传动是依靠紧套在带轮上的传动带与带轮接触面间产生的摩擦力来传递运动和动力的，应用最为广泛。

啮合式带传动是依靠传动带与带轮上齿的啮合来传递运动和动力的。比较典型的带传动是如图 10-4 所示的同步带传动，除保持了摩擦式带传动的优点外，它还具有传递功率大、传动比准确等优点，故多用于要求传动平稳、传动精度较高的场合。数控机床、机车发动机、纺织机械等机械中都应用了同步带传动。

从动带轮
传动带
主动带轮

图 10-3　带传动

图 10-4　同步带传动

本章主要研究对象为摩擦式带传动。

根据带的截面形状，摩擦式带传动可分为平带传动、V 带传动、多楔带传动、圆带传动等类型，如图 10-5 所示。

平带以内周为工作面，主要用于两轴平行且转向相同的较远距离的传动。

V带以两侧面为工作面，在相同压紧力和相同摩擦因数的条件下，V带产生的摩擦力是平带摩擦力的3倍左右，所以V带传动能力强，结构更紧凑，在机械传动中应用最广泛。

多楔带相当于平带与V带的组合，兼有两者的优点，多用于结构要求紧凑的大功率传动中。

圆带仅用于低速、小功率场合，如缝纫机中便使用圆带传动。

摩擦式带传动的特点是：

1）带是挠性体，富有弹性，可缓冲、吸振，因而工作平稳、噪声小。

2）过载时，传动带会在小带轮上打滑，可防止其他零件的损坏，起到过载保护作用。

3）结构简单，成本低，制造、安装、维护方便，适用于较大中心距的场合。

4）传动比不够准确，外廓尺寸大，不适用于有易燃、易爆气体的场合。

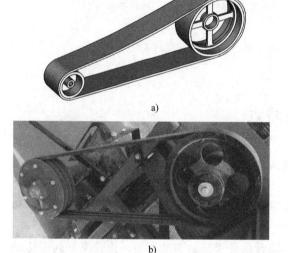

图 10-5 带传动类型

a）平带传动 b）V带传动 c）多楔带传动 d）圆带传动

因此，摩擦式带传动多用于要求传动平稳、传动比要求不严格、中心距较大的高速级传动。一般带速 $v = 5 \sim 25\text{m/s}$，传动比 $i \leqslant 5$，传递功率 $P \leqslant 50\text{kW}$，效率 $\eta = 0.92 \sim 0.97$。

10.2 普通 V 带及 V 带轮

1. 普通 V 带的结构及标准

普通 V 带的结构如图 10-6 所示，由包布层、拉伸层、强力层、压缩层四部分组成。强力层分帘布芯结构和绳芯结构两种。帘布芯结构的 V 带，制造方便、抗拉强度高；而绳芯结构的 V 带，柔韧性高、抗弯强度高，适用于带轮直径小、转速较高的场合。

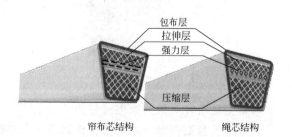

图 10-6 V 带的结构

普通 V 带已标准化，按截面尺寸由小到大分为 Y、Z、A、B、C、D、E 七种型号，如图 10-7 所示，其尺寸见表 10-1、表 10-2。

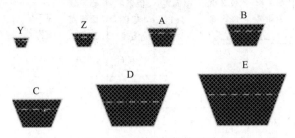

图 10-7　普通 V 带的型号

表 10-1　普通 V 带尺寸

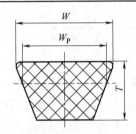

带型	节宽(W_P)/mm	顶宽(W)/mm	高度(T)/mm	每米带长质量(q)/(kg/m)
Y	5.3	6.0	4.0	0.02
Z	8.5	10.0	6.0	0.06
A	11.0	13.0	8.0	0.10
B	14.0	17.0	11.0	0.17
C	19.0	22.0	14.0	0.30
D	27.0	32.0	19.0	0.62
E	32.0	38.0	23.0	0.90

表 10-2　轮槽截面尺寸

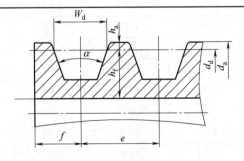

(单位:mm)

槽型		基准宽度(W_d)	基准直径至槽顶距离($h_{a\,min}$)	基准直径至槽底距离($h_{f\,min}$)	槽间距(e)	槽间距 e 值累积极限偏差	轮槽中心与端面距离(f_{min})	基准直径(d_d)			
普通 V 带轮	窄 V 带轮							$\alpha=32°$ ±0.5°	$\alpha=34°$ ±0.5°	$\alpha=36°$ ±0.5°	$\alpha=38°$ ±0.5°
Y	—	5.3	1.6	4.7	8±0.3	±0.6	6.0	≤60		>60	—

（续）

槽型		基准宽度（W_d）	基准直径至槽顶距离（$h_{a\,min}$）	基准直径至槽底距离（$h_{f\,min}$）	槽间距（e）	槽间距 e 值累积极限偏差	轮槽中心与端面距离（f_{min}）	基准直径（d_d）			
普通 V 带轮	窄 V 带轮							$\alpha=32°$ ±0.5°	$\alpha=34°$ ±0.5°	$\alpha=36°$ ±0.5°	$\alpha=38°$ ±0.5°
Z	SPZ	8.5	2	7.0 9.0	12±0.3	±0.6	7.0	—	≤80	—	>80
A、AX	SPA	11.0	2.75	8.7 11.0	15±0.3	±0.6	9.0	—	≤118	—	>118
B、BX	SPB	14.0	3.5	10.8 14.0	19±0.4	±0.8	11.5	—	≤190	—	>190
C、CX	SPC	19.0	4.8	14.3 19.0	25.5±0.5	±1.0	16.0	—	≤315	—	>315
D	—	27.0	8.1	19.9	37±0.6	±1.2	23.0	—	—	≤475	>475
E	—	32.0	9.6	23.4	44.5±0.7	±1.4	28.0	—	—	≤600	>600

注：专门用于普通 V 带的带轮不能配合使用窄 V 带，用于单根 V 带的多槽带轮不能配合使用联组带。

标准普通 V 带都制成无接头的环形，当带绕过带轮时，外层受拉而伸长，故称为拉伸层；底层受压而缩短，故称为压缩层；而强力层中必有一层既不受拉，也不受压的中性层，称为节面，其宽度 W_P 称为节宽（表 10-1）；当带绕在带轮上弯曲时，其节宽保持不变。

在 V 带轮上，与 V 带节宽 W_P 处于同一位置的轮槽宽度称为基准宽度，仍以 W_P 表示，基准宽度处的带轮直径，称为 V 带轮的基准直径，用 d_d 表示，它是 V 带轮的公称直径。

在规定的张紧力下，位于带轮基准直径上的周线长度，称为 V 带的基准长度，用 L_d 表示，它是 V 带的公称长度。V 带基准长度的尺寸系列见表 10-3。

表 10-3 普通 V 带基准长度的尺寸系列（节选）　　　　　　（单位：mm）

型号						
Y	Z	A	B	C	D	E
200	405	630	930	1565	2740	4660
224	475	700	1000	1760	3100	5040
250	530	790	1100	1950	3330	5420
280	625	890	1210	2195	3730	6100
315	700	990	1370	2420	4080	6850
355	780	1100	1560	2715	4620	7650
400	920	1250	1760	2880	5400	9150
450	1080	1430	1950	3080	6100	12230
500	1330	1550	2180	3520	6840	13750
	1420	1640	2300	4060	7620	15280
	1540	1750	2500	4600	9140	16800
		1940	2700	5380	10700	
		2050	2870	6100	12200	
		2200	3200	6815	13700	
		2300	3600	7600	15200	

（续）

			型号			
Y	Z	A	B	C	D	E
		2480	4060	9100		
		2700	4430	10700		
			4820			
			5370			
			6070			

普通 V 带的标记由截型、基准长度和标准编号三部分组成，V 带的标记通常压印在带的顶面，如图 10-8 所示。

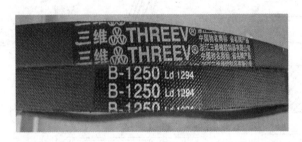

图 10-8　V 带的标记

为使各根带受力均匀，带传动使用的根数不宜过多，一般取 2～5 根为宜，最多不能超过 10 根。

2. 普通 V 带轮

普通 V 带轮一般由轮缘、轮毂及轮辐组成。根据轮辐结构的不同，常用 V 带轮分为四种类型，如图 10-9 所示。V 带轮的结构型式和结构尺寸可根据 V 带型号、带轮的基准直径 d_d 和轴孔直径，按《机械设计手册》提供的图表选取；轮缘截面上槽形的尺寸见表 10-1；标准普通 V 带的楔形角 α 为 40°，当 V 带绕过带轮弯曲时，会产生横向变形，使其楔形角变小，为使带轮轮槽工作面和 V 带两侧面接触良好，一般轮槽角 α 都小于 40°，带轮直径越小，对应轮槽角也越小。

有关带轮的结构如图 10-10 所示。

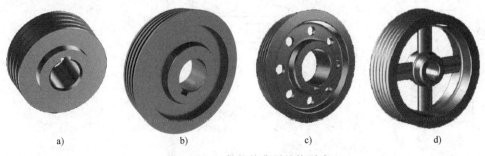

a)　　　　　　　b)　　　　　　　c)　　　　　　　d)

图 10-9　V 带轮的典型结构型式

a）实心轮　b）腹板轮　c）孔板轮　d）椭圆辐轮

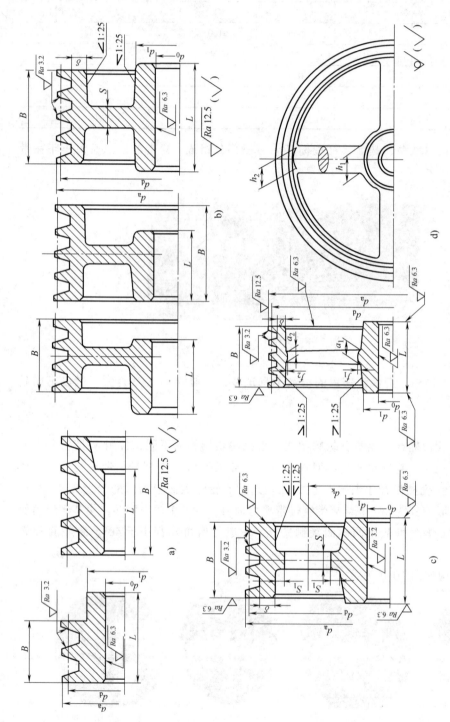

图 10-10 普通 V 带带轮的典型结构

a) 实心轮 b) 腹板轮 c) 孔板轮 d) 椭圆辐轮

$d_1 = (1.8 \sim 2)d_0$；$L = (1.5 \sim 2)d_0$；$S = (0.2 \sim 0.3)B$；$S_1 \geqslant 0.5S$；$h_1 = 290\sqrt[3]{\dfrac{P}{nA}}$（mm），$P$ 为传递的功率（kW），n 为带轮的转速（r/min），

A 为轮辐数；$a_1 = 0.14h_1$；$a_2 = 0.8a_1$；$f_1 = 0.2h_1$；$f_2 = 0.2h$。

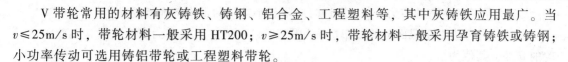

V 带轮常用的材料有灰铸铁、铸钢、铝合金、工程塑料等，其中灰铸铁应用最广。当 $v \leqslant 25\text{m/s}$ 时，带轮材料一般采用 HT200；$v \geqslant 25\text{m/s}$ 时，带轮材料一般采用孕育铸铁或铸钢；小功率传动可选用铸铝带轮或工程塑料带轮。

关键知识点

带传动有摩擦式和啮合式两种。普通 V 带的结构由包布层、拉伸层、强力层、压缩层四部分组成。普通 V 带按截面尺寸由小到大分为 Y、Z、A、B、C、D、E 七种型号。在 V 带轮上，与 V 带节宽 W_p 处于同一位置的轮槽宽度称为基准宽度，位于带轮基准直径上的周线长度，称为 V 带的基准长度，用 L_d 表示。普通 V 带的标记由截型、基准长度和标准编号三部分组成，V 带的标记通常压印在带的顶面。

10.3 带传动工作能力分析

1. 带传动的受力分析

带安装时必须张紧套在带轮上，传动带由于张紧而使上、下两边受到相等的拉力称为初拉力，用 F_0 表示，如图 10-11a 所示。

工作时，主动轮 1 在转矩 T_1 的作用下以转速 n_1 转动；通过摩擦力，驱动从动轮 2 克服阻力矩 T_2，并以转速 n_2 转动，此时两轮作用在带上的摩擦力方向如图 10-11b 所示。进入主动轮一边的带进一步被拉紧，拉力由 F_0 增至 F_1；绕出主动轮一边的带被放松，拉力由 F_0 降至 F_2，对应形成紧边和松边。紧边和松边的拉力差值 $(F_1 - F_2)$ 即为带传动传递的有效圆周力，用 F 表示。有效圆周力在数值上等于带与带轮接触弧上摩擦力值的总和 ΣF_f，即

$$F = F_1 - F_2 = \Sigma F_f \tag{10-1}$$

当初拉力 F_0 一定时，带与轮面间摩擦力值的总和有一个极限值为 ΣF_{flim}。当传递的有效圆周力 F 超过极限值 ΣF_{flim} 时，带将在带轮上发生滑动，这种现象称为打滑（slipping）。打滑一般出现在小带轮上。打滑使传动失效，应予以避免。

带传动所能传递的最大有效圆周力与初拉力 F_0、摩擦因数 μ 和包角 θ 有关，而 F_0 和 μ 不能太大，否则会降低传动带寿命。包角 θ 增加，带与带轮之间的摩擦力总和增加，从而提高带的传动能力。因此，设计时为了保证带具有一定的传动能力，要求 V 带在小带轮上的包角 $\theta_1 \geqslant 120°$。

2. 带传动的应力分析

带传动工作时，在带的横截面上存在三种应力：

（1）由拉力产生的拉应力（σ） 带传动工作时，紧边和松边的拉应力分别为 σ_1、σ_2。由于紧边和松边的拉力不同，故沿转动方向，绕在主动轮上带的拉应力由 σ_1 渐渐降到 σ_2，绕在从动轮上带的拉应力则由 σ_2 渐渐上升为 σ_1。

（2）由离心力产生的离心应力（σ_c） 带绕过带轮时做圆周运动而产生离心力，离心力将使带受拉，在截面上产生离心应力。同时可知，转速越快，V 带的质量越大，σ_c 就越大，故传动带的速度不宜过高。高速传动时，应采用材质较轻的传动带。

（3）由于弯曲变形产生的弯曲应力（σ_b） 带绕过带轮时，带越厚，带轮基准直径越小，则带所受的弯曲应力就越大。弯曲应力只发生在带的弯曲部分，且小带轮处的弯曲应力

σ_{b1} 大于大带轮处的弯曲应力 σ_{b2}，设计时应限制小带轮的最小基准直径 d_{dmin}。

上述三种应力在带截面上的分布情况如图 10-12 所示，最大应力发生在紧边刚绕入小带轮的 a 处，其值为

$$\sigma_{max} = \sigma_{b1} + \sigma_c + \sigma_1 \tag{10-2}$$

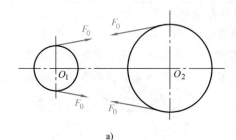

a)

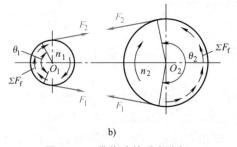

b)

图 10-11　带传动的受力分析
a）未工作时　b）工作时

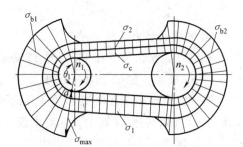

图 10-12　带传动的应力分布

由图 10-12 可知，带某一截面上的应力随着带的运转而变化，因此，传动带在变应力反复作用下会出现脱层、撕裂等现象，最后导致疲劳断裂而失效。

为了保证带传动正常工作，应在保证带传动不打滑的条件下，使传动带具有一定的疲劳强度和寿命。

3. 带传动的弹性滑动与传动比

传动带是弹性体，在拉力作用下会产生弹性伸长，其弹性伸长量随拉力变化。传动时，紧边拉力 F_1 大于松边拉力 F_2，因此紧边产生的弹性伸长量大于松边产生的弹性伸长量。

如图 10-13 所示，当带的紧边在 a 点进入主动轮 1 时，带速与轮 1 的圆周速度 v_1 相等，但在轮 1 由 a 点旋转至 b 点的过程中，带所受的拉力由 F_1 逐渐降到 F_2，其弹性伸长量也逐渐减小，从而使带沿轮 1 产生微小的滑动，造成带速小于轮 1 的速度 v_1，在 b 点，带速降为 v_2。同理，带在从动轮 2 上由 c 点旋转至 d 点的过程中，由于拉力逐渐增大，带的弹性伸长量也增加，这时带沿轮 2 向前滑动，致使带速大于轮 2 的速度 v_2，至 d 点又升高为 v_1 值。

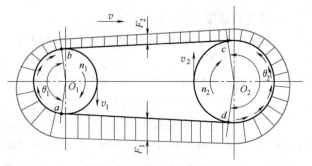

图 10-13　带传动的弹性滑动

由于带的弹性变形而引起带在轮面上滑动的现象，称为弹性滑动（comparatively slippage）。弹性滑动在带传动中是不可避免的。弹性滑动会使带受到磨损，从而降低带的寿命，并使从动轮的速度降低，影响传动比。

虽然弹性滑动随传递载荷的大小不同不断变化，影响带传动的传动比不能保持准确值，但实际上带传动正常工作时，弹性滑动所引起的影响一般可略去不计，故带传动的传动比可近似定义为 $i=\dfrac{n_1}{n_2}=\dfrac{d_{d2}}{d_{d1}}$。

设计带传动

10.4　带传动的设计计算

10.4.1　带传动的失效形式和设计准则

通过对带传动的工作情况进行分析，带传动的主要失效形式是打滑和带的疲劳损坏。因此，带传动的设计准则是：在保证带传动不打滑的前提下，具有一定的疲劳强度和寿命。

10.4.2　单根普通 V 带的基本额定功率

在包角 $\theta_1=\theta_2=180°$、特定带长、传动比 $i=1$、载荷平稳的条件下，单根 V 带的基本额定功率 P_1 见表 10-4。当实际工作条件与上述条件不同时，应对 P_1 值加以修正，得到实际工作条件下单根 V 带所能传递的功率 $[P_1]$，计算公式为

$$[P_1]=(P_1+\Delta P_1)K_\theta K_L \tag{10-3}$$

式中　ΔP_1——考虑传动比 $i\neq 1$ 时，单根 V 带传递的额定功率增量（kW），因 $d_{d1}\neq d_{d2}$，带绕过大带轮时的弯曲应力 σ_{b2} 小于带绕过小带轮时的弯曲应力 σ_{b1}，此时带所能传递的功率有所增加，故引入增量修正额定功率，普通 V 带的基本额定功率和功率增量见表 10-4；

　　　　K_θ——包角修正系数，见表 10-5；

　　　　K_L——带长修正系数，见表 10-6。

表 10-4　普通 V 带的基本额定功率 P_1 和功率增量 ΔP_1

型号	小带轮转速 n_1/（r/min）	小带轮基准直径 d_{d1}/mm								传动比 i					
		单根 V 带的额定功率 P_1 / kW								1.13~1.18	1.19~1.24	1.25~1.34	1.35~1.51	1.52~1.99	≥2.00
										额定功率增量 ΔP_1/kW					
		75	90	100	112	125	140	160	180						
A	700	0.40	0.61	0.74	0.90	1.07	1.26	1.51	1.76	0.04	0.05	0.06	0.07	0.08	0.09
	800	0.45	0.68	0.83	1.00	1.19	1.41	1.69	1.97	0.04	0.05	0.06	0.08	0.09	0.10
	950	0.51	0.77	0.95	1.15	1.37	1.62	1.95	2.27	0.05	0.06	0.07	0.08	0.10	0.11
	1200	0.60	0.93	1.14	1.39	1.66	1.96	2.36	2.74	0.07	0.08	0.10	0.11	0.13	0.15
	1450	0.68	1.07	1.32	1.61	1.92	2.28	2.73	3.16	0.08	0.09	0.11	0.13	0.15	0.17
	1600	0.73	1.15	1.42	1.74	2.07	2.45	2.94	3.40	0.09	0.11	0.13	0.15	0.17	0.19
	2000	0.84	1.34	1.66	2.04	2.44	2.87	3.42	3.93	0.11	0.13	0.16	0.19	0.22	0.24

（续）

型号	小带轮转速 n_1/(r/min)	小带轮基准直径 d_{d1}/mm 单根 V 带的额定功率 P_1/kW								传动比 i 额定功率增量 ΔP_1/kW					
										1.13~1.18	1.19~1.24	1.25~1.34	1.35~1.51	1.52~1.99	≥2.00
B		125	140	160	180	200	224	250	280						
	400	0.84	1.05	1.32	1.59	1.85	2.17	2.50	2.89	0.06	0.07	0.08	0.10	0.11	0.13
	700	1.30	1.64	2.09	2.53	2.96	3.47	4.00	4.61	0.10	0.12	0.15	0.17	0.20	0.22
	800	1.44	1.82	2.32	2.81	3.30	3.86	4.46	5.13	0.11	0.14	0.17	0.20	0.23	0.25
	950	1.64	2.08	2.66	3.22	3.77	4.42	5.10	5.85	0.13	0.17	0.20	0.23	0.26	0.30
	1200	1.93	2.47	3.17	3.85	4.50	5.26	6.04	6.90	0.17	0.21	0.25	0.30	0.34	0.38
	1450	2.19	2.82	3.62	4.39	5.13	5.97	6.82	7.76	0.20	0.25	0.31	0.36	0.40	0.46
	1600	2.33	3.00	3.86	4.68	5.46	6.33	7.20	8.13	0.23	0.28	0.34	0.39	0.45	0.51
C		200	224	250	280	315	355	400	450						
	500	2.87	3.58	4.33	5.19	6.17	7.27	8.52	9.80	0.20	0.24	0.29	0.34	0.39	0.44
	600	3.30	4.12	5.00	6.00	7.14	8.45	9.82	11.29	0.24	0.29	0.35	0.41	0.47	0.53
	700	3.69	4.64	5.64	6.76	8.09	9.50	11.02	12.63	0.27	0.34	0.41	0.48	0.55	0.62
	800	4.07	5.12	6.23	7.52	8.92	10.46	12.10	13.80	0.31	0.39	0.47	0.55	0.63	0.71
	950	4.58	5.78	7.04	8.49	10.05	11.73	13.48	15.23	0.37	0.47	0.56	0.65	0.74	0.83
	1200	5.29	6.71	8.21	9.81	11.53	13.31	15.04	16.59	0.47	0.59	0.70	0.82	0.94	1.06
	1450	5.84	7.45	9.04	10.72	12.46	14.12	15.53	16.47	0.58	0.71	0.85	0.99	1.14	1.27

表 10-5　包角修正系数 K_θ

包角 θ/(°)	修正系数 K_θ	包角 θ/(°)	修正系数 K_θ	包角 θ/(°)	修正系数 K_θ	包角 θ/(°)	修正系数 K_θ
180	1.00	157	0.94	133	0.87	106	0.77
174	0.99	151	0.93	127	0.85	99	0.73
169	0.97	145	0.91	120	0.82	91	0.70
163	0.96	139	0.89	113	0.80	83	0.65

表 10-6　带长修正系数 K_L

普通 V 带												
Y L_d/mm	K_L	Z L_d/mm	K_L	A L_d/mm	K_L	B L_d/mm	K_L	C L_d/mm	K_L	D L_d/mm	K_L	E L_d/mm K_L
200	0.81	405	0.87	630	0.81	930	0.83	1565	0.82	2740	0.82	4660 0.91
224	0.82	475	0.90	700	0.83	1000	0.84	1760	0.85	3100	0.86	5040 0.92
250	0.84	530	0.93	790	0.85	1100	0.86	1950	0.87	3330	0.87	5420 0.94
280	0.87	625	0.96	890	0.87	1210	0.87	2195	0.90	3730	0.90	6100 0.96
315	0.89	700	0.99	990	0.89	1370	0.90	2420	0.92	4080	0.91	6850 0.99
355	0.92	780	1.00	1100	0.91	1560	0.92	2715	0.94	4620	0.94	7650 1.01
400	0.96	920	1.04	1250	0.93	1760	0.94	2880	0.95	5400	0.97	9150 1.05
450	1.00	1080	1.07	1430	0.96	1950	0.97	3080	0.97	6100	0.99	12230 1.11
500	1.02	1330	1.13	1550	0.98	2180	0.99	3520	0.99	6840	1.02	13750 1.15
		1420	1.14	1640	0.99	2300	1.01	4060	1.02	7620	1.05	15280 1.17
		1540	1.54	1750	1.00	2500	1.03	4600	1.05	9140	1.08	16800 1.19
				1940	1.02	2700	1.04	5380	1.08	10700	1.13	
				2050	1.04	2870	1.05	6100	1.11	12200	1.16	
				2200	1.06	3200	1.07	6815	1.14	13700	1.19	
				2300	1.07	3600	1.09	7600	1.17	15200	1.21	
				2480	1.09	4060	1.13	9100	1.21			
				2700	1.10	4430	1.15	10700	1.24			
						4820	1.17					
						5370	1.20					
						6070	1.24					

10.4.3　普通 V 带传动的设计计算

（一）设计的已知条件

带传动的额定（名义）功率 P，两轮转速 n_1、n_2（或传动比 i），传动的位置要求及原动机的类型等工作情况。

（二）设计的主要参数

确定 V 带的带型、长度、根数，传动中心距，初拉力，作用在带轮轴上的压力，以及带轮的结构和尺寸等。

（三）设计的具体方法与步骤

1. 确定计算功率 P_c

$$P_c = K_A P \qquad (10-4)$$

式中　P——所传递的名义功率（kW）；

　　　K_A——工况系数，见表 10-7。

表 10-7　工况系数 K_A

载荷种类	工　作　情　况	K_A					
		空、轻载起动			重载起动		
		每天工作时间/h					
		<10	10~16	>16	<10	10~16	>16
载荷变动微小	液体搅拌机、通风机和鼓风机（≤7.5kW）、离心式水泵和压缩机、轻型输送机等	1.0	1.1	1.2	1.1	1.2	1.3
载荷变动小	带式输送机（不均匀载荷）、通风机（>7.5kW）、旋转式水泵和压缩机（非离心式）、发电机、金属切削机床、印刷机、旋转筛、锯木机和木工机械等	1.1	1.2	1.3	1.2	1.3	1.4
载荷变动较大	制砖机、斗式提升机、起重机、冲剪机床、纺织机械、橡胶机械、重载输送机、磨粉机、振动筛、往复式水泵和压缩机等	1.2	1.3	1.4	1.4	1.5	1.6
载荷变动很大	破碎机（旋转式、颚式等）、磨碎机（球磨、棒磨、管磨）等	1.3	1.4	1.5	1.5	1.6	1.8

注：1. 空、轻载起动适用于电动机（交流起动、三角起动、直流并励），四缸以上的内燃机，装有离心式离合器、液力联轴器的动力机。

　　2. 重载起动适用于电动机（联机交流起动、直流复励或串励），四缸以下的内燃机。

　　3. 反复起动、正反转频繁、工作条件恶劣等场合，K_A 应乘 1.2。

2. 选择带型

根据计算功率 P_c 和小带轮转速 n_1，由图 10-14 选择 V 带型号。

3. 确定带轮基准直径

带轮的基准直径 d_d 应大于或等于最小基准直径 $d_{d\min}$，见表 10-8。带轮基准直径越大，带速增大，所需要带的根数减少，但外廓尺寸增大。大带轮基准直径可近似为 $d_{d2} = i d_{d1}$，并圆整为系列值。

4. 验算带速

$$v = \frac{\pi d_{d1} n_1}{60 \times 1000} \qquad (10-5)$$

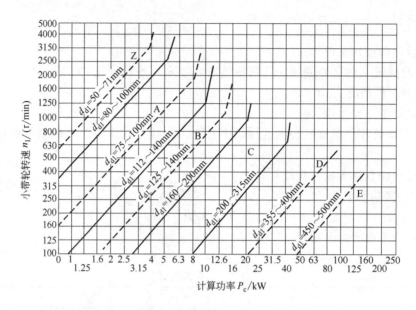

图 10-14 普通 V 带的选型图

当传递功率一定时，提高带速，所需有效拉力将减小，可减少带的根数。但带速过高，离心力过大，则使摩擦力减小，传动能力反而降低，并影响带的寿命。因此，设计时带速一般应控制在 $5 \sim 25 \mathrm{m/s}$。

表 10-8 普通 V 带轮最小基准直径及带轮直径系列   （单位：mm）

V 带型号		Y	Z	A	B	C	D	E
d_{dmin}		20	50	75	125	200	355	500
推荐直径		≥28	≥71	≥100	≥140	≥200	≥355	≥500
常用 V 带轮基准直径系列	Z	50,56,63,71,75,80,90,100,112,125,132,140,150,160,180,200,224,250,280,315,355,400,500,630						
	A	75,80,85,90,95,100,106,112,118,125,132,140,150,160,180,200,224,250,280,315,355,400,450,500,560,630,710,800						
	B	125,132,140,150,160,170,180,200,224,250,280,315,355,400,450,500,560,600,630,710,750,800,900,1000,1120						
	C	200,212,224,236,250,265,280,300,315,335,355,400,450,500,560,600,630,710,750,800,900,1000,1120,1250,1400,1600,2000						

5. 确定带的基准长度 L_d 和实际中心距 a

传动比和带速一定时，中心距增大有利于增大小带轮包角和减少单位时间内的应力循环次数。但中心距过大，载荷的变化会引起带的颤动，同时会使外廓尺寸过大。设计时，可按式（10-6）初选中心距

$$0.7(d_{\mathrm{d1}}+d_{\mathrm{d2}}) \leqslant a_0 \leqslant 2(d_{\mathrm{d1}}+d_{\mathrm{d2}}) \tag{10-6}$$

初选中心距后按带传动的几何关系求出 V 带的基准长度计算值 L_0

$$L_0 = 2a_0 + \frac{\pi}{2}(d_{\mathrm{d1}}+d_{\mathrm{d2}}) + \frac{(d_{\mathrm{d2}}-d_{\mathrm{d1}})^2}{4a_0} \tag{10-7}$$

根据基准长度计算值 L_0，查表 10-2 选定带的基准长度 L_d，进而计算出带传动的实际中心距

$$a \approx a_0 + (L_d - L_0)/2 \tag{10-8}$$

考虑安装、调整和补偿张紧力的需要，中心距应有一定的调节范围，即

$$a_{\min} = a - 0.015L_d \tag{10-9}$$

$$a_{\max} = a + 0.03L_d \tag{10-10}$$

6. 验算小带轮包角

$$\theta_1 = 180° - 57.3° \times \frac{d_{d2} - d_{d1}}{a} \tag{10-11}$$

由上式可知，传动比越大，d_{d2} 与 d_{d1} 之差越大，则包角 θ_1 越小。通常要求 $\theta_1 \geq 120°$。若 θ_1 过小，需增大中心距或降低传动比，也可增设张紧轮或压带轮。

7. 确定 V 带根数

$$z \geq \frac{P_c}{[P_1]} = \frac{P_c}{(P_1 + \Delta P_1) K_\theta K_L} \tag{10-12}$$

为使各带受力均匀，通常使 $z \leq 8$ 且为整数。

8. 单根 V 带的初拉力 F_0

$$F_0 = 500 \frac{P_c}{zv}\left(\frac{2.5}{K_\alpha} - 1\right) + qv^2 \tag{10-13}$$

9. 带传动作用在带轮轴上的压力

为了设计带轮轴和轴承，必须计算出带轮对轴的压力

$$F_Q = 2zF_0 \sin\frac{\theta_1}{2} \tag{10-14}$$

10. 带轮结构设计

带轮结构设计参见图 10-10，据此绘制带轮零件图。

例　设计一带式输送机的普通 V 带传动。已知：异步电动机的额定功率 $P = 4.5\text{kW}$，转速 $n_1 = 1440\text{r/min}$，从动轮转速 $n_2 = 500\text{r/min}$，两班制工作，要求传动中心距为 500mm 左右，工作中有轻微振动。

解　1）确定计算功率 P_c。

由表 10-7 查得 $K_A = 1.2$，则

$$P_c = K_A P = 1.2 \times 4.5\text{kW} = 5.4\text{kW}$$

2）选择带型。

根据计算功率 P_c 和小带轮转速 n_1，由图 10-14 选择 A 型 V 带。

3）确定带轮基准直径。

由表 10-8 可知　　　　　　　　$d_{d1} = 100\text{mm}$

$$d_{d2} = id_{d1} = (1440/500) \times 100\text{mm} = 288\text{mm}$$

查表 10-8 取 $d_{d2} = 280\text{mm}$。

4）验算带速。

$$v = \frac{\pi d_{d1} n_1}{60 \times 1000} = \frac{3.14 \times 100 \times 1440}{60 \times 1000}\text{m/s} = 7.54\text{m/s}$$

带速 v 在 5~25m/s，合适。

5）确定带的基准长度 L_d 和实际中心距 a。

按要求取 $a_0 = 500\text{mm}$，计算 V 带的基准长度 L_0。

$$L_0 = 2a_0 + \frac{\pi}{2}(d_{d1} + d_{d2}) + \frac{(d_{d2} - d_{d1})^2}{4a_0}$$

$$= 2 \times 500\text{mm} + \frac{3.14 \times (100 + 280)}{2}\text{mm} + \frac{(280 - 100)^2}{4 \times 500}\text{mm} = 1612.8\text{mm}$$

根据基准长度计算值 L_0，查表 10-3 选定带的基准长度 $L_d = 1640\text{mm}$，计算实际中心距

$$a \approx a_0 + (L_d - L_0)/2 = 500\text{mm} + (1640 - 1612.8)\text{mm}/2 = 513.6\text{mm}$$

取 $a = 520\text{mm}$。

考虑安装、调整和补偿张紧力的需要，中心距应有一定的调节范围，即

$$a_{\min} = a - 0.015L_d = 520\text{mm} - 0.015 \times 1640\text{mm} = 495.4\text{mm}$$

$$a_{\max} = a + 0.03L_d = 520\text{mm} + 0.03 \times 1640\text{mm} = 569.2\text{mm}$$

6）验算小带轮包角。

$$\theta_1 = 180° - 57.3° \times \frac{d_{d2} - d_{d1}}{a} = 180° - 57.3° \times \frac{280 - 100}{520} = 160°$$

$\theta_1 > 120°$，合适。

7）确定 V 带根数。

查表 10-4～表 10-6 知，$P_1 = 1.31\text{kW}$（由插值法求得），$\Delta P_1 = 0.17\text{kW}$，$K_\theta = 0.95$，$K_L = 0.99$，则

$$z \geq \frac{P_c}{[P_1]} = \frac{P_c}{(P_1 + \Delta P_1)K_\theta K_L} = \frac{5.4}{(1.31 + 0.17) \times 0.95 \times 0.99} = 3.88$$

取 $z = 4$。

8）单根 V 带的初拉力 F_0。

$$F_0 = 500 \frac{P_c}{zv}\left(\frac{2.5}{K_\alpha} - 1\right) + qv^2 = 500 \times \frac{5.4}{4 \times 7.54} \times \left(\frac{2.5}{0.95} - 1\right)\text{N} + 0.10 \times 7.54^2\text{N} = 151.75\text{N}$$

式中，每米带长的质量 q 可查表 10-1。

9）带传动作用在带轮轴上的压力。

$$F_Q = 2zF_0 \sin\frac{\alpha_1}{2} = 2 \times 4 \times 151.75 \times \sin\frac{160°}{2}\text{N} = 1195.56\text{N}$$

10）带轮结构设计（略）。

🔩 安装、维护带传动

10.5 带传动的张紧、安装及维护

1. 张紧装置

为了控制带的初拉力，保证带传动正常工作，必须采用适当的张紧装置。

如图 10-15 所示，可通过调节螺钉来调整电动机位置，加大中心距，以达到张紧目的。

此法常用于水平布置的带传动。

如图10-16所示，可通过调节摆动架（电动机轴中心）位置，加大中心距，以达到张紧目的。此法常用于近似垂直布置的带传动，且在调整好位置后，需锁紧螺母。

图 10-15 调节螺钉调整

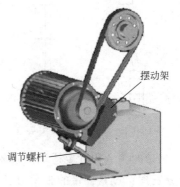

图 10-16 调节摆动架调整

如图10-17所示，可依靠电动机和机座的自重，自动调整中心距以达到张紧目的。此法常用于小功率带传动，近似垂直布置的情况。

如图10-18所示，可利用张紧轮张紧，张紧轮安装于松边的内侧，以避免带受双向弯曲。为使小带轮包角不减小得过多，张紧轮应尽量靠近大带轮安装，此法常用于中心距不可调节的场合。

图 10-17 自动调整中心距

图 10-18 张紧轮张紧

2. 安装与维护

正确地安装、使用并在使用过程中注意加强维护，是保证带传动正常工作，延长传动带使用寿命的有效途径。一般应注意以下几点：

1) 安装V带时，两带轮轴线应相互平行，两轮相对应的轮槽应对齐，其偏角误差不得超过20′，如图10-19所示。

2) 安装V带时，如图10-15所示，应先拧松调节螺钉、电动机与机架的固定螺栓，将电动机沿滑道向靠近工作机的方向移动，缩小中心距，将V带套入槽中后，再调整中心距，将电动机沿滑道向远离工作机的方向移动，拧紧电动机与机架的固定螺栓的同时将V带张紧。应注意在安装V带时不应强行将带往带轮上撬，以免损坏带的工作表面，降低带的弹性。

3) V带在轮槽中应有正确的位置（图10-20），带的顶面应与带轮外缘平齐，底面与带轮槽底间应有一定间隙，以保证带两侧工作面与轮槽全部贴合。

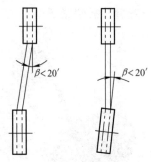

图 10-19 V带轮的安装要求

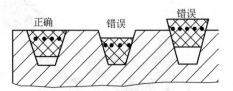

图 10-20 V带在轮槽中的正确位置

4）V带的张紧程度要适当。过松，不能保证足够的张紧力，传动时易打滑，传动能力不能充分发挥；过紧，带的张紧力过大，传动时磨损加剧，使带的寿命缩短。实践证明，在中等中心距的情况下，V带安装后，用大拇指能够将带按下 15mm 左右，则其张紧程度合适，如图 10-21 所示。

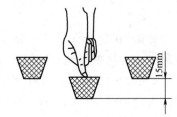

图 10-21 V带的张紧程度

5）为避免带的受力不均匀，一般 V 带数量不应超过 10 根。采用多根 V 带传动时，V 带的制造偏差应控制在规定的公差范围内，且生产厂家和批号也应相同。

6）使用中应对带进行定期检查，发现一根带松弛或损坏就应全部更换新带，不能新、旧带混用。旧带通过测量，可选择实际长度相同的组合在一起重新使用，以免造成浪费。

7）为了便于带的装卸，带轮应布置在轴的外伸端；带传动要加防护罩，以免发生意外事故；保护带传动的工作环境，防止酸、碱、油污损坏传动带，避免日光暴晒。

8）切忌在有易燃、易爆气体的环境中（如煤矿井下）使用带传动，以免发生危险。

拓展内容

严格遵守工作规范

工业生产实践中要严格遵守各项规章制度，要严格按各种操作规程完成各项工作任务。如不严格执行规章制度，就很可能发生责任事故，给生产带来不必要的损失，或造成不必要的人身伤害。

1986 年 1 月 28 日，美国挑战者号航天飞机发射升空 73 秒之后发生爆炸并解体，航天飞机残骸掉进大西洋，七名宇航员全部罹难，数百万美国人在电视直播中观看了这场令人痛苦的事故。挑战者号航天飞机的失事也给了美国的航天事业一次沉重的打击，美国航空航天局在此后两年多的时间里都没有再将宇航员送入太空。

在挑战者号航天飞机发射前 13 小时，一位工程师向公司上级召开了电话会议，他表示天气情况不佳，气温很低，会导致 O 形密封圈在低温下失效而发生事故，但上级由于急于完

成此次任务，明知如此还是违反美国航空航天局的规定，没有听从工程师的建议，最终导致事故的发生。爆炸是一个O形密封圈失效所致，这个密封圈位于右侧固体火箭推进器的两个低层部件之间，失效的密封圈使炽热的气体点燃了外部燃料罐中的燃料而引起爆炸。

我们要养成遵守各项规章制度的良好习惯，在校期间要遵守学校的规章制度，认真学习。走上工作岗位后要遵守企业各项规章制度，要按操作规程完成各项工作任务。生活中要遵纪守法，做一个具有良好行为习惯和正能量的合格公民。

10.6 链传动

10.6.1 概述

链传动由主动链轮、从动链轮、绕在链轮上的链条及机架组成，如图10-22a所示。工作时，链传动通过链条与链轮轮齿的啮合来传递运动和动力。图10-22b所示为变速车上的链传动。

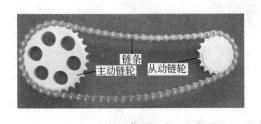

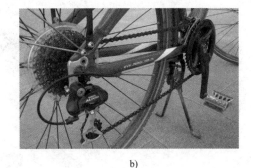

图 10-22　链传动

根据用途的不同，链传动分为传动链、起重链和牵引链。传动链用来传递一般的运动和动力，起重链用于起重机械中提升重物，牵引链用于链式输送机中移动重物。常用的传动链为短节距精密滚子链（简称滚子链）。滚子链结构简单，磨损较轻，故应用较广。

与其他传动形式相比，链传动主要有以下特点：

1）链传动是有中间挠性件的啮合传动，与带传动相比，无弹性伸长和打滑现象，故能保证准确的平均传动比；传动效率较高，结构紧凑，传递功率大，张紧力比带传动小。

2）与齿轮传动相比，链传动结构简单，加工成本低，安装精度要求低，适用于较大中心距的传动，能在高温、多尘、油污等恶劣的环境中工作。

3）链传动的瞬时传动比不恒定，传动平稳性较差，有冲击和噪声；链条速度忽大忽小地周期性变化，并伴有链条的上下抖动，不宜用于高速和急速反向的场合。

一般链传动的应用范围为：传递功率 $P \leqslant 100\text{kW}$，链速 $v \leqslant 15\text{m/s}$，传动比 $i \leqslant 7$，中心距 $a \leqslant 5\text{m}$，效率 $\eta = 0.92 \sim 0.97$。

链传动适用于两轴线平行且距离较远、瞬时传动比无严格要求以及工作环境恶劣的场合。

链传动在矿山机械、运输机械、石油化工机械、摩托车中已得到广泛的应用。

10.6.2 滚子链和链轮

1. 滚子链

滚子链由内链板、外链板、销轴、套筒及滚子五部分组成，如图10-23所示。销轴与外链板、套筒与内链板均为过盈配合，而套筒与销轴、滚子与套筒之间为间隙配合。当链条屈伸时，套筒绕销轴自由转动，可使内、外链板相对转动。当链条与链轮啮合时，滚子沿链轮齿廓滚动，减轻了链条与链轮轮齿的磨损。链板制成"8"字形，目的是使各截面强度大致相等，且能减小质量及运动时的惯性。

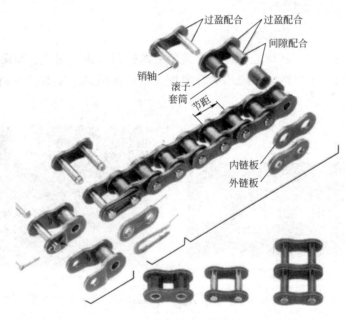

图 10-23 滚子链的结构

当传递较大的动力时，可采用双排链或多排链，常用双排链如图10-24所示。多排链由几排普通单排链用销轴连成。多排链制造比较困难，装配产生的误差易使受载不均，所以双排链应用较多，四排以上的多排链用得很少。

图 10-24 双排链

滚子链已经标准化，由专业工厂生产，滚子链主要参数如图 10-23 所示。链条上相邻两销轴中心的距离 p 称为节距，它是链传动的主要参数。链条长度常用链节数表示。链节数一般取偶数，这样构成环状时，可使内、外链板正好相接。接头处可用开口销（图 10-25a）或弹簧卡（图 10-25b）锁紧。当链节数为奇数时，需用过渡链节（图 10-25c）才能构成环状。过渡链节的弯链板工作时会受到附加弯曲应力，故尽量不用。

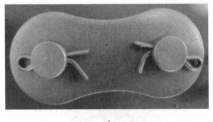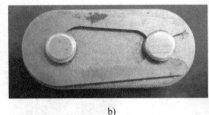

a)　　　　　　　　　　　　b)　　　　　　　　　　c)

图 10-25　滚子链连接形式

a）开口销　b）弹簧卡　c）过渡链节

由于链节数常取偶数，为使链条与链轮的轮齿磨损均匀，链轮齿数一般应取与链节数互为质数的奇数。

滚子链的标注示例如下：

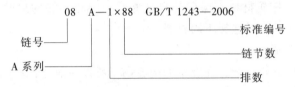

08　A—1×88　GB/T 1243—2006

链号

A 系列

排数

链节数

标准编号

比较常用的传动用短节距精密滚子链的基本尺寸可参见表 10-9。

表 10-9　传动用短节距精密滚子链的基本尺寸

链号	节距 p /mm	排距 p_t /mm	滚子直径 d_1 /mm	内节内宽 b_1 /mm	销轴直径 d_2 /mm	内节外宽 b_2 /mm	外节内宽 b_3 /mm	销轴长度（单排）b_4 /mm	止锁件附加宽度 b_7 /mm	内链板高度 h_2 /mm	单排抗拉强度 F_u /N	单排每米质量（近似值）q /（kg/m）
05B	8.00	5.64	5.00	3.00	2.31	4.77	4.90	8.6	3.1	7.11	4400	0.18
06B	9.525	10.24	6.35	5.72	3.28	8.53	8.66	13.5	3.3	8.26	8900	0.40
08B	12.70	13.92	8.51	7.75	4.45	11.30	11.43	17.0	3.9	11.81	17800	0.70
08A	12.70	14.38	7.92	7.85	3.98	11.17	11.23	17.8	3.9	12.07	13900	0.60
10A	15.875	18.11	10.16	9.40	5.09	13.84	13.89	21.8	4.1	15.09	21800	1.00
12A	19.05	22.78	11.91	12.57	5.96	17.75	17.81	26.9	4.6	18.10	31300	1.50
16A	25.40	29.29	15.88	15.75	7.94	22.60	22.66	33.5	5.4	24.13	55600	2.60
20A	31.75	35.76	19.05	18.90	9.54	27.45	27.51	41.1	6.1	30.17	87000	3.80
24A	38.10	45.44	22.23	25.22	11.11	35.45	35.51	50.8	6.6	36.20	125000	5.60
28A	44.45	48.87	25.40	25.22	12.71	37.18	37.24	54.9	7.4	42.23	170000	7.50
32A	50.80	58.55	28.58	31.55	14.29	45.21	45.26	65.5	7.9	48.26	223000	10.10
40A	63.50	71.55	39.68	37.85	19.85	54.94	54.94	80.3	10.2	60.33	347000	16.10
48A	76.20	87.83	47.63	47.35	23.81	67.81	67.87	95.5	10.5	72.39	500000	22.60

2. 链轮齿形、结构和材料

（1）链轮的齿形　链轮的齿形应保证链轮与链条接触良好、受力均匀，链节能顺利地进入和退出与轮齿的啮合，GB/T 1243—2006 规定了链轮端面齿槽形状。

（2）链轮的结构　常见链轮的结构如图 10-26 所示，小直径链轮可制成实心式，中等直径可制成孔板式，直径较大时可用组合式结构。

a)　　　　　　　　　　　b)　　　　　　　　　　c)

图 10-26　常见链轮的结构

a）实心式　b）孔板式　c）组合式

（3）链轮的材料　链轮材料应保证其有足够的强度和良好的耐磨性，多用碳素结构钢或合金钢，可根据链速的高低选择不同材料。

3. 链传动的失效形式

由于链条的结构比链轮复杂，强度不如链轮高，所以一般链传动的失效主要是链条的失效。常见的链条失效形式有以下几种：

（1）链条的疲劳破坏　由于链传动中松边和紧边的拉力不同，故其运行时各元件受变应力作用。当应力达到一定数值，并经过一定的循环次数后，链板、滚子、套筒等元件会发生疲劳破坏。在润滑正常的闭式传动中，链条的疲劳强度是决定链传动承载能力的主要因素。

（2）链条铰链的磨损　链条与链轮啮合传动时，相邻链节间要发生相对转动，因而使销轴与套筒、套筒与滚子间发生摩擦，引起磨损。由于磨损使链节距变大，易导致跳齿或脱链，使传动失效。这是开式传动或润滑不良的链传动的主要失效形式。

（3）链条铰链的胶合　当链速过高、载荷较大时，套筒与销轴间由于摩擦产生高温而发生黏附，使元件表面发生胶合。

（4）链条的静力拉断　在低速重载或突然过载时，链条因静强度不足而被拉断。

10.7* 链传动的布置、张紧及润滑

1. 链传动的布置

链传动的布置应注意以下几条原则：

1）两链轮的回转平面应在同一铅垂平面内，以免引起脱链或非正常磨损。

2）两链轮中心连线与水平面的倾斜角应小于 45°，以免下链轮啮合不良。

3）链传动应尽量使紧边在上，松边在下，以免松边垂度过大，干扰链条与链轮轮齿的正常啮合。链传动的布置情况列于表 10-10 中。

表 10-10　链传动的布置

传动参数	正确布置	说　　明
$i = 2 \sim 3$ $a = (30 \sim 50)p$	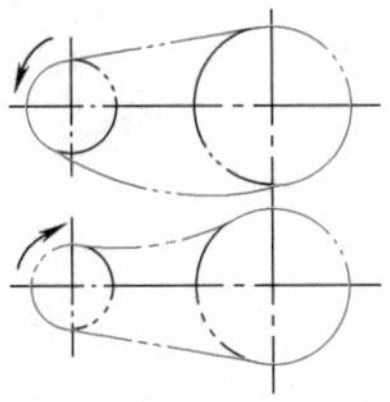	两轮轴线在同一水平面内，紧边在上面较好，但必要时，也允许紧边在下面
$i > 2$ $a < 30p$	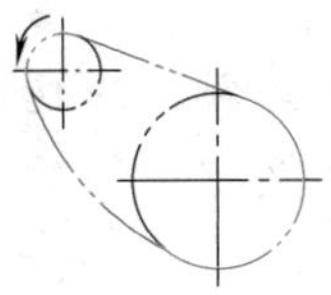	两轮轴线不在同一水平面内，松边应在下面，否则松边下垂量增大后，链条易与链轮卡死
$i < 1.5$ $a > 60p$	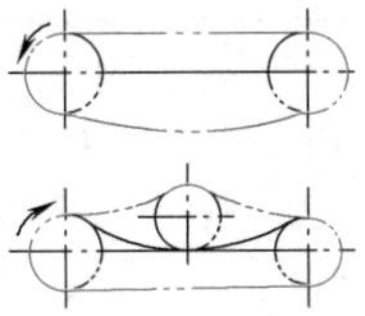	两轮轴线在同一水平面内，松边应在下面，否则下垂量增大后，松边会与紧边相碰，需经常调整中心距
i、a 为任意值	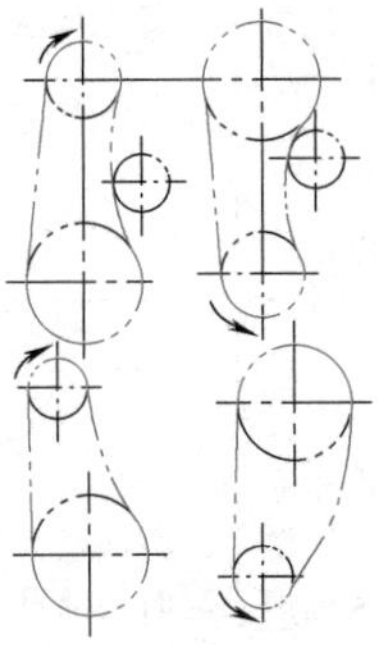	两轮轴线在同一铅垂面内，下垂量增大，会减少下链轮的有效啮合齿数，降低传动能力。为此应采用以下措施：①中心距可调；②加设张紧装置；③上下两轮错开，使其不在同一铅垂面内；④尽可能将小链轮布置在上方
反向传动 $\lvert i \rvert < 8$	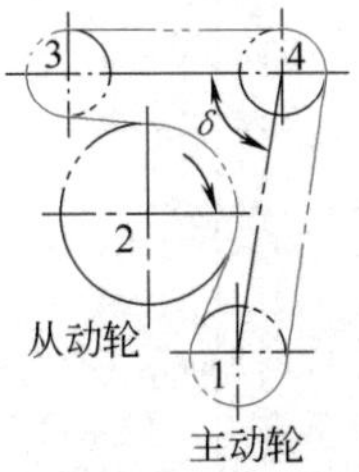	为使两轮转向相反，应加装 3 和 4 两个导向轮，且其中至少有一个是可以调整张紧度的。紧边应布置在 1 和 2 两轮之间，角 δ 的大小应使链轮 2 的啮合包角满足传动要求

2. 链传动的张紧

链条包在链轮上应松紧适度，通常用测量松边垂度 f 的办法来控制链的松紧程度，如图 10-27 所示。

合适的松边垂度为

$$f = (0.01 \sim 0.02)a$$

式中 a——中心距。

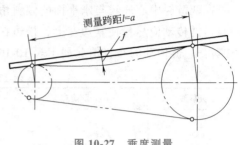

图 10-27 垂度测量

对于重载、反复起动及接近垂直的链传动，松边垂度应适当减小。

传动中，当铰链磨损使链长度增大而导致松边垂度过大时，可采取如下张紧措施：

1）通过调整中心距，使链张紧。

2）拆除 1~2 个链节，缩短链长，使链张紧。

3）加设张紧轮，使链条张紧。张紧轮一般位于松边的外侧，它可以是链轮，其齿数与小链轮相近，也可以是无齿的辊轮，辊轮直径稍小，并常用夹布胶木制造。

3. 链传动的润滑

链传动有良好的润滑时，可以减轻磨损，延长使用寿命。表 10-11 推荐了几种不同工作条件下的润滑方式，供设计时选用。推荐采用全损耗系统用油的牌号为：L—AN46、L—AN68、L—AN100。

表 10-11 套筒滚子链传动的润滑方式

润滑方式	简 图	说 明	供 油 量
人工定期润滑	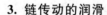	定期在链条松边的内、外链板间隙中注油。通常链速 $v < 2\text{m/s}$ 时用该方法	每班加油一次,保证销轴处不干燥
滴油润滑		有简单外壳,用油杯通过油管向松边的内、外链板间隙处滴油。通常链速 $v = 2 \sim 4\text{m/s}$ 时用该方法	给油量为 5~20 滴/min(单排链),链速高时给油量应增加
油浴润滑		具有不漏油的外壳,链条从油池中通过	链条浸入油中的深度为 8~12mm,若过深,则搅油损失大,易使润滑油发热变质

（续）

润滑方式	简　图	说　明	供　油　量			
溅油润滑		具有不漏油的外壳，甩油盘将油甩起，经壳体上的集油装置将油导流到链条上。甩油盘圆周速度大于 3m/s。当链宽超过 125mm 时，应在链轮的两侧装甩油盘	链条不浸入油池，甩油盘浸油深度为 12~15mm			
压力润滑		具有不漏油的外壳，液压泵供油。循环油可起冷却作用。喷油嘴设在链条啮入处，喷油嘴数应是（m+1）个，m 为链条排数	每个喷油嘴的供油量/(cm³/s)			

后半部分压力润滑供油量表：

链速 v /(m/s)	节距 p/mm			
	≤19.05	25.40~31.75	38.10~44.45	50.80
8~13	16.7	25	33.4	41.7
13~18	33.4	41.7	50	58.3
18~24	50	58.3	66.8	75

注：开式传动和不易润滑的链传动，可定期用煤油拆洗，干燥后浸入 70~80℃ 的润滑油中，使铰链间隙充油后安装使用。

实 例 分 析

日常生活和工业生产实践中，很多地方都用到带传动与链传动，如图 10-28~图 10-32 所示，均为常见实例，请加以分析。

图 10-28　打夯机上的带传动

打夯机带传动

图 10-29　发动机上的同步带传动

发动机带传动

大客车发动机
上的带传动

图 10-30　大客车发动机上的带传动

图 10-31　玉米脱粒机上的带传动与链传动

图 10-32　玉米脱粒机上的双排链传动

知 识 小 结

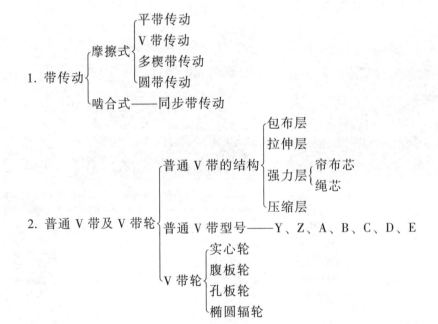

1. 带传动 ⎰ 摩擦式 ⎰ 平带传动
⎱ V 带传动
多楔带传动
圆带传动
⎱ 啮合式——同步带传动

2. 普通 V 带及 V 带轮 ⎰ 普通 V 带的结构 ⎰ 包布层
拉伸层
强力层 ⎰ 帘布芯
⎱ 绳芯
⎱ 压缩层
普通 V 带型号——Y、Z、A、B、C、D、E
⎱ V 带轮 ⎰ 实心轮
腹板轮
孔板轮
⎱ 椭圆辐轮

3. 带传动工作能力分析
- 带传动的受力分析
  - $F = F_1 - F_2 = \Sigma F_f$
  - 当传递的有效圆周力超过极限值时，带将在带轮上发生滑动，这种现象称为打滑
- 带传动的应力分析
  - 拉应力
  - 离心应力
  - 弯曲应力
- 带传动的弹性滑动与传动比
  - 由于带的弹性变形而引起带在轮面上滑动的现象，称为弹性滑动
  - V 带传动比 $i = \dfrac{n_1}{n_2} = \dfrac{d_{d2}}{d_{d1}}$

4. 带传动的设计计算
- 带传动失效形式——带在带轮上打滑、带的磨损和疲劳断裂
- 基本额定功率
- 设计计算

5. 带传动的张紧、安装与维护
- 张紧方式
  - 调节螺钉调整
  - 调节摆动架位置
  - 自动调整中心距
  - 张紧轮张紧
- 安装与维护

6. 链传动
- 链的类型
  - 传动链
  - 起重链
  - 牵引链
- 滚子链——滚子链由内链板、外链板、销轴、套筒及滚子五部分组成
- 链轮齿形、结构和材料
  - 链轮的齿形
  - 链轮的结构
    - 实心式
    - 孔板式
    - 组合式
  - 链轮的材料
- 链传动的失效形式
  - 链条的疲劳破坏
  - 链条铰链的磨损
  - 链条铰链的胶合
  - 链条的静力拉断
- 链传动的布置
- 链传动的润滑
  - 人工定期润滑
  - 滴油润滑
  - 油浴润滑
  - 溅油润滑
  - 压力润滑

第 11 章

联接（Connection）

教学要求

★ 能力目标

1）螺纹联接预紧和防松的能力。

2）螺栓组联接的结构设计能力。

★ 知识要素

1）螺纹联接的类型、预紧和防松。

2）螺栓组联接的结构设计。

3）销联接的类型和应用场合。

★ 学习重点与难点

螺纹组联接的结构设计。

★ 价值情感目标

1）传承螺丝钉精神，争做时代新青年。

2）培养在生产中遵守生产流程和安全生产操作规范的工程素养。

3）了解榫卯工艺的辉煌历史，增强民族自豪感。

技能要求

1）螺纹联接预紧和防松的技能。

2）对顶螺母的拧紧。

本章导读

图 11-1 所示为减速器实物图，减速器是由很多零件用不同的联接方式组装在一起来实现其功能的。从图 11-1 中可以看出，减速器上、下箱体用"上、下箱体联接螺栓"联接；为使联接可靠，轴承旁的联接螺栓和一般上、下箱体的联接螺栓不一样，采用"轴承旁联接螺栓"；为使上、下箱体安装方便、

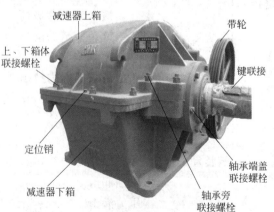

减速器

图 11-1　减速器实物图

准确，上、下箱体在安装时要用"定位销"；轴承端盖和箱体的联接用"轴承端盖联接螺栓"；为联接电动机和工作机，需要在电动机的外伸轴上安装联接键。

由此可见，机械设备的组成离不开各种联接，本章主要介绍常见的螺纹联接、销联接，键联接、花键联接放在第 12 章中介绍。

11.1　概述

通常，联接可分为可拆联接（detachable joint）和不可拆联接（undetachable connection）两类。可拆联接是不损坏联接中任一零件就可拆开的联接，故多次装拆不影响其使用性能，常见的有螺纹联接、键联接、花键联接、销联接等。不可拆联接是拆开联接时至少要损坏联接中某一部分才能拆开的联接，常见的有焊接、铆接以及粘接等。

此外，过盈配合也是常用的联接手段，它介于可拆联接和不可拆联接之间。很多情况下，过盈配合都是不可拆的，原因是拆开这种联接将会引起表面损坏和配合松动；但在过盈量不大的情况下，如对于滚动轴承内圈与轴的联接，多次装拆轴承对联接的损伤不大，则可视为可拆联接。

设计中选用何种联接，主要取决于使用要求和经济性要求。一般来说，采用可拆联接是由于结构、安装、维修和运输方面的需要；而采用不可拆联接，多数是由于工艺和经济方面的要求。

1. 螺纹联接（screw joint）的组成

根据螺旋线所在表面的位置，螺纹可分为外螺纹（external thread）和内螺纹（internal thread）。螺纹联接中的螺栓具有外螺纹，如图 11-2 所示；螺母具有内螺纹，如图 11-3 所示；螺纹联接由螺栓（screw bolt）与螺母（screw nut）的配合组成，如图 11-4 所示。

a)

b)

普通螺栓

六角头加强杆螺栓

图 11-2　外螺纹-螺栓

图 11-3　内螺纹-螺母

a）普通螺栓　b）铰制孔用螺栓

2. 常用的螺纹类型

（1）三角螺纹　如图 11-5 所示，三角螺纹（即普通螺纹）的牙型为等边三角形，牙型角 $\alpha = 60°$，牙侧角 $\beta = 30°$。牙根强度高、自锁性好、工艺性能好，主要用于联接。同一公称直径的螺纹按螺距 P 大小分为粗牙螺纹和细牙螺纹。粗牙螺纹用于一般联接；细牙螺纹升角小、螺距小、螺纹深度浅、自锁性最好、螺杆强度较高，适用于受冲击、振动和变载荷的联接，以及细小零件、薄壁管件的联接和微调装置，但细牙螺纹耐磨性较差，牙根强度较低，易滑扣。

（2）矩形螺纹 如图 11-6 所示，矩形螺纹的牙型为正方形，牙厚是螺距的一半。牙型角 $\alpha = 0°$，牙侧角 $\beta = 0°$。矩形螺纹当量摩擦因数小，传动效率高，主要用于传动。但其牙根强度较低，难以精确加工，磨损后间隙难以修复，补偿性差、对中精度低。

螺栓组件

图 11-4　螺纹联接

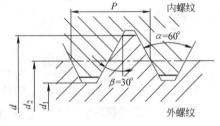

图 11-5　三角螺纹

（3）梯形螺纹 如图 11-7 所示，梯形螺纹的牙型为等腰梯形，牙型角 $\alpha = 30°$，牙侧角 $\beta = 15°$。梯形螺纹比三角螺纹当量摩擦因数更小，传动效率更高；比矩形螺纹牙根强度更高，承载能力更高，且加工容易，对中性能好，可补偿磨损间隙，故综合传动性能好，是常用的传动螺纹。

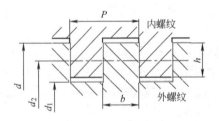

图 11-6　矩形螺纹

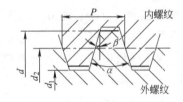

图 11-7　梯形螺纹

（4）锯齿形螺纹 如图 11-8 所示，锯齿形螺纹的牙型为不等腰梯形，牙型角 $\alpha = 33°$，工作面的牙侧角 $\beta = 3°$，非工作面的牙侧角 $\beta' = 30°$。锯齿形螺纹综合了矩形螺纹传动效率高和梯形螺纹牙根强度高的特点，但只能用于单向受力的传动。

（5）管螺纹 如图 11-9 所示，管螺纹的牙型为等腰三角形，牙型角 $\alpha = 55°$，牙侧角 $\beta = 27.5°$，公称直径近似为管子孔径，以 in⊖（英寸）为单位。由于牙顶呈圆弧状，内、外螺纹旋合相互挤压变形后无径向间隙，多用于有紧密性要求的管件联接，以保证配合紧密；也适用于压力不大的水、煤、气、油等管路联接。锥管螺纹与管螺纹相似，但螺纹绕制在 1:16 的圆锥面上，紧密性更好。适用于水、气、润滑、电气，以及高温、高压的管路联接。

⊖　in 为非法定计量单位，1in = 0.0254m。

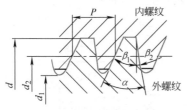

图 11-8 锯齿形螺纹

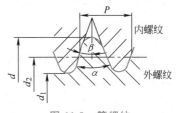

图 11-9 管螺纹

上述各类型螺纹，除了矩形螺纹外，其余都已标准化。

3. 螺纹的代号

螺纹代号由特征代号、尺寸代号、公差带号及其他有必要进一步说明的个别信息组成。螺纹特征代号用字母"M"表示。单线螺纹的尺寸代号为"公称直径×螺距"，公称直径和螺距数值的单位为 mm。对于粗牙螺纹，可以省略标注其螺距项。对左旋螺纹，应加注"LH"代号，右旋螺纹不标注旋向代号。

M40——表示公称直径为 40mm 的单线粗牙普通螺纹。

M40×1.5——表示公称直径为 40mm，螺距为 1.5mm 的细牙普通螺纹。

M40×1.5-LH——表示公称直径为 40mm，螺距为 1.5mm 的左旋细牙普通螺纹。

关键知识点

联接可分为可拆联接和不可拆联接两类。螺纹联接由螺栓与螺母的配合组成。联接螺纹一般采用三角螺纹，螺旋传动则多采用矩形螺纹、梯形螺纹和锯齿形螺纹。螺纹代号由特征代号和尺寸代号组成。粗牙普通螺纹用字母 M 与公称直径表示；细牙普通螺纹用字母 M 与公称直径×螺距表示。当螺纹为左旋时，在代号之后加"LH"字母。

学习螺纹联接

11.2 螺纹联接

11.2.1 螺纹联接的主要类型

1. 螺栓联接（bolt connection）

图 11-10 所示为螺栓联接，适用于被联接件不太厚又需经常拆装的场合。螺栓联接有两种联接形式：一种是被联接件上的通孔和螺栓杆间留有间隙的普通螺栓联接（图 11-10a）；另一种是螺栓杆与孔是基孔制过渡配合的六角头加强杆螺栓联接（图 11-10b）。

小常识

原六角头铰制孔用螺栓（GB/T 27—1998）现已改称为六角头加强杆螺栓（GB/T 27—2013）。

2. 双头螺柱联接（double-headed stud connection）

图 11-11 所示为双头螺柱联接。这种联接适用于被联接件之一太厚而不便于加工通孔，

并需经常拆装的场合。其特点是被联接件之一制有与螺柱相配合的螺纹，另一被联接件则制有通孔。

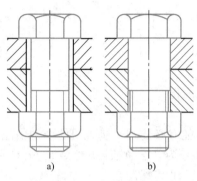

图 11-10　螺栓联接

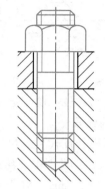

图 11-11　双头螺柱联接

3. 螺钉联接（screw connection）

图 11-12 所示为螺钉联接。这种联接的适用场合与双头螺柱联接相似，但多用于受力不大，不需经常拆装的场合。其特点是不用螺母，螺钉直接旋入被联接件的螺纹孔中。

4. 紧定螺钉联接（set screw connection）

图 11-13 所示为紧定螺钉联接。这种联接适用于固定两零件的相对位置，并可传递不大的力和转矩。其特点是将螺钉旋入被联接件之一的螺纹孔中，末端顶住另一被联接件的表面或顶入相应的坑中，以固定两个零件的相对位置。

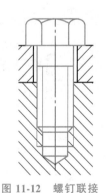

图 11-12　螺钉联接

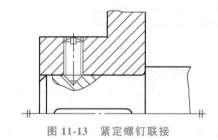

图 11-13　紧定螺钉联接

　拓展内容

螺丝钉精神

螺丝钉精神是自觉地把个人融入党和人民的事业之中去，个人服从整体，服从组织，忠于职守，兢兢业业，干一行，爱一行，钻一行，全心全意为人民服务的精神。

雷锋（1940 年 12 月 18 日—1962 年 8 月 15 日），原名雷正兴，出生于湖南长沙，中国人民解放军战士，共产主义战士。

1963 年 3 月 5 日，毛泽东"向雷锋同志学习"的题词在人民日报发表，在全国掀起向雷锋同志学习的热潮，几十年来，激励着一代代年轻人健康成长。

1962 年 4 月 7 日，雷锋在日记中写道："一个人的作用对于革命事业来说，就如一架机器上的一颗螺丝钉。机器由于有许许多多螺丝钉的连结和固定，才成了一个坚实的整体，才能运转自如，发挥它巨大的工作能力，螺丝钉虽小，其作用是不可估量的，我愿永远做一个螺丝钉。螺丝钉要经常保养和清洗才不会生锈。人的思想也是这样，要经常检查才不会出毛病。"

周恩来同志曾精辟地把雷锋精神概括为四句话："憎爱分明的阶级立场，言行一致的革命精神，公而忘私的共产主义风格，奋不顾身的无产阶级斗志"。

我们要向雷锋同志学习，尤其要学习雷锋同志的螺丝钉精神，在校期间要认真学好各自专业开设的全部课程，走向工作岗位后要爱岗敬业，要发扬雷锋同志的螺丝钉精神，干一行，爱一行，钻一行，为我国由制造大国成为制造强国做出应有的贡献。

小提示

学习了螺纹联接的主要类型后，注意观察生产实际和日常生活中所见到的各类机械和装置用的是哪类联接形式。

关键知识点

双头螺柱联接适用于被联接件之一太厚而不便于加工通孔，并需经常拆装的场合。螺钉联接与双头螺柱联接的适用条件相似，但不适用于需经常拆装的场合。

11.2.2 常用螺纹联接件

机械制造中常用的螺纹联接件有螺栓、双头螺柱、螺钉、紧定螺钉、螺母、垫圈（gasket）等，对应的具体结构如图 11-14 ~ 图 11-19 所示，这些零件的结构和尺寸都已标准化，可根据实际需要按标准选用。

螺纹联接件的常用材料为 **Q215A**、**Q235A**、**10**、**35** 和 **45** 钢，对于重要和特殊用途的螺纹联接件，可采用 **15Cr**、**40Cr** 等力学性能较好的合金钢。

内六角圆柱头螺栓

六角螺栓

双头螺柱

图 11-14 螺栓

图 11-15 双头螺柱

螺栓联接件

螺钉

图 11-16 螺钉

图 11-17 紧定螺钉

图 11-18 螺母

图 11-19 垫圈

小常识

螺栓强度等级分 3.6、4.6、4.8、5.6、6.8、8.8、9.8、10.9、12.9 等若干等级，其中 8.8 级及以上螺栓通称为高强度螺栓，其余通称为普通螺栓。螺栓强度等级标号由两部分数字组成，分别表示螺栓材料的公称抗拉强度值和屈强比值。例如，强度等级为 6.8 级的螺栓，其含义是：螺栓材质公称抗拉强度为 $6 \times 100 \text{MPa} = 600 \text{Pa}$；螺栓材质的屈强比值为 0.8，螺栓材质的公称屈服强度为 $600 \text{MPa} \times 0.8 = 480 \text{MPa}$。螺栓强度等级用数字标记在螺栓头部，螺母的强度等级也标记在螺母的顶面。

螺栓强度等级

11.2.3 螺纹联接的预紧和防松

1. 预紧（preload）

在生产实践中，大多数螺纹联接在安装时都需要预紧。联接件在工作前因预紧所受到的力，称为预紧力。预紧可以增强联接的刚性、紧密性和可靠性，防止受载后被联接件间出现缝隙或发生相对移动。

　　对于普通场合使用的螺纹联接，为了保证联接所需的预紧力，同时又不使螺纹联接件过载，通常由工人用普通扳手凭经验决定。对重要场合，如气缸盖、管路凸缘等紧密性要求较高的螺纹联接，预紧时应控制预紧力。

　　控制预紧力的方法很多，通常借助测力矩扳手和预置式扭力扳手。图 11-20 所示为测力矩扳手，通过控制拧紧力矩来控制预紧力的大小。测力矩扳手的工作原理是：扳手长柄在拧紧时产生弹性弯曲变形，但和扳手头部固联的指针不发生变形，当扳手长柄弯曲时，和长柄固联的刻度盘配合指针显示出拧紧力矩的大小。

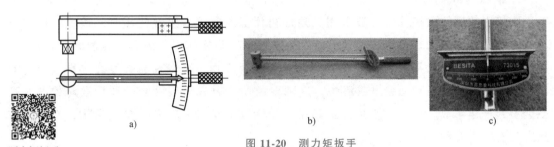

a)　　　　　　　　　　　　　　　　b)　　　　　　　　　　c)

测力矩扳手

图 11-20　测力矩扳手

a）示意图　b）实物图　c）刻度盘

　　图 11-21a 所示为预置式扭力扳手的实物图。图 11-21b 所示为扳手的头部，头部带齿的小圆盘是调整手轮，转动手轮，可改变扳手的拧紧方向；因头部内有棘轮机构，此扳手在拧紧时只需连续往复摆动，即可拧紧螺母。手柄的尾部（图 11-21c）有预设转矩数值的套筒，可转动套筒，调节标尺上的数值至所需转矩值。预置式扭力扳手具有声响装置，当紧固件的拧紧转矩达到预设数值时，扳手会自动发出"咔嗒"的声响，提示完成工作。

a)

b)

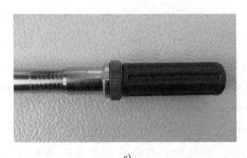

c)

预置式
扭力扳手

图 11-21　预置式扭力扳手

a）实物图　b）头部　c）尾部

小常识

螺纹联接的预紧很重要，对于重要的联接一定要严格控制预紧力的大小。

由于摩擦因数不稳定，且施加在扳手上的力有时难于准确控制，可能使螺栓拧得过紧，甚至将其拧断。因此，对于重要联接不宜采用直径小于 M12 的螺栓，并应在装配图上注明预紧的要求。

2. 防松（lock）

联接用的螺纹联接件，一般采用三角形粗牙普通螺纹。正常使用时，螺纹联接本身具有自锁性，螺母和螺栓头部等支承面处的摩擦也有防松作用，因此，在静载荷作用下，联接一般不会自动松脱。但在冲击、振动或变载荷作用下，以及当温度变化很大时，螺纹中的摩擦阻力可能瞬间减小或消失，这种现象多次重复出现就会使联接逐渐松脱，甚至会引起严重事故。因此，在生产实践中使用螺纹联接时必须考虑防松措施，常用的防松方法有以下几种：

（1）对顶螺母　如图 11-22 所示，两螺母对顶拧紧后使旋合螺纹间始终受到附加的压力和摩擦力，从而起到防松作用。该方式结构简单，适用于平稳、低速和重载的固定装置上的联接，但轴向尺寸较大。

（2）弹簧垫圈　如图 11-23 所示，螺母拧紧后，靠垫圈被压平而产生的弹性反力使旋合螺纹间压紧，同时垫圈的斜口尖端抵住螺母与被联接件的支承面，也有防松作用。该方式结构简单，使用方便。但在存在冲击、振动的工作条件下，其防松效果较差，一般用于不重要的联接。

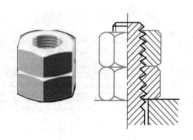

图 11-22　对顶螺母

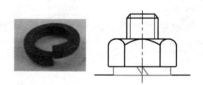

图 11-23　弹簧垫圈

（3）开口销与六角开槽螺母　如图 11-24 所示，螺母拧紧后，将开口销穿入螺母槽和螺栓尾部小孔内，并将开口销尾部分开与螺母侧面贴紧，依靠开口销阻止螺栓与螺母相对转动以防松。该方式适用于存在较大冲击、振动的高速机械。

（4）圆螺母与止动垫圈　如图 11-25 所示，垫圈的内圆有一内舌，垫圈的外圆有若干外舌，螺杆（轴）与圆螺母上开有槽。使用时，先将止动垫圈的内舌插入螺杆的槽内，当螺母拧紧后，再将止动垫圈的外舌之一折嵌入圆螺母的沟槽中，使螺母和螺杆之间没有相对运动。该方式防松效果较好，多用于轴上滚动轴承的轴向固定。

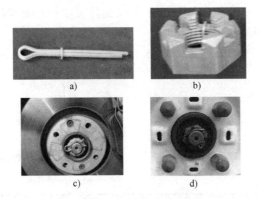

开口销与六
角开槽螺母

图 11-24　开口销与六角开槽螺母

a）开口销　b）六角开槽螺母　c）汽车用联接　d）三轮车用联接

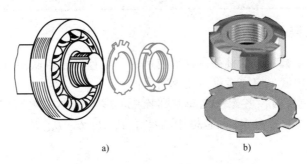

图 11-25　圆螺母与止动垫圈

a）示意图　b）实物图

（5）止动垫圈　如图 11-26 所示，螺母拧紧后，将单耳或双耳止动垫圈上的耳分别向螺母和被联接件的侧面折弯贴紧，即可将螺母锁住。该方式结构简单，使用方便，防松可靠。

（6）串联钢丝　如图 11-27 所示，将低碳钢丝穿入各螺钉头部的孔内，使各螺钉串联起来而相互制约，使用时必须注意钢丝的穿入方向。该方式适用于螺钉组联接，其防松可靠，但装拆不方便。

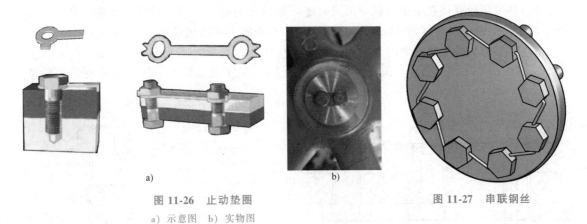

图 11-26　止动垫圈

a）示意图　b）实物图

图 11-27　串联钢丝

（7）冲点　如图 11-28 所示，在螺纹联接件旋合好后，用冲头在旋合缝处或在端面上进行冲点防松。该方式防松效果很好，但此时螺纹联接成了不可拆联接。

（8）黏结剂 如图 11-29 所示，将黏结剂涂于螺纹旋合表面，拧紧螺母后黏结剂能自行固化。该方式防松效果良好，但不便拆卸。

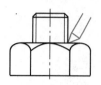

图 11-28 冲点

涂黏结剂

图 11-29 黏结剂

小提醒

螺纹联接的防松很重要，需掌握各类型防松装置的工作原理，及其对应的应用场合，根据需要选择合理的防松类型。

11.2.4 螺栓组联接的结构设计

一般情况下，大多数螺栓联接都是成组使用的，设计螺栓组联接时需考虑受力、装拆、加工、强度等多方面因素，应注意以下几个问题：

1）在布置螺栓位置时，各螺栓之间及螺栓中心线与机体壁之间应留有足够的扳手空间，以便于装拆，具体尺寸参见图 11-30 中的尺寸 A、B、C、D、E。

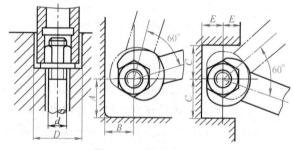

图 11-30 扳手空间

2）如果螺栓联接在受轴向载荷的同时还受到较大的横向载荷，则可采用键、套筒、销等零件来分担横向载荷（图 11-31），以减小螺栓的预紧力和结构尺寸。

3）力求避免螺栓受弯曲应力，为此，螺栓与螺母的支承面通常应加工平整。为减少加工面，其结构常可做成凸台、沉孔（图 11-32a、b）。加工及安装时，还应保证支承面与螺

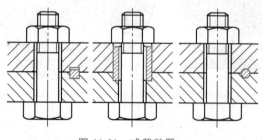

图 11-31 减载装置

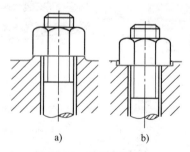

a)   b)

图 11-32 支承面结构

a）凸台 b）沉孔

栓轴线相垂直，以免产生偏心载荷使螺栓受到弯曲应力，从而削弱强度。

4）工程实践中，螺栓的直径可根据联接零件的相关尺寸进行选择，必要时或重要联接中要对螺栓进行强度校核计算，有关螺栓的强度计算可参看机械设计手册。

 学习销联接

11.3　销联接

销联接主要用于固定零件之间的相对位置，如图 11-33a 所示；也可用于轴与毂的联接或其他零件的联接，以传递不大的载荷，如图 11-33b 所示，在安全装置中，销还常用作过载剪断元件，称为安全销，如图 11-33c 所示。

销按其外形可分为圆柱销（图 11-34）、圆锥销（图 11-35）及异形销（图 11-36）等类型，这些销都有对应的国家标准。与圆柱销、圆锥销相配的被联接件孔均需铰光和开通。对于圆柱销联接，因有微量过盈，故多次装拆后定位精度会降低。圆锥销联接的销和孔均制有 1∶50 的锥度，装拆方便，多次装拆对定位精度影响较小，故可用于需经常装拆的场合。特殊结构形式的销统称为异形销。用于安全场合的销称为安全销，如图 11-37 所示。

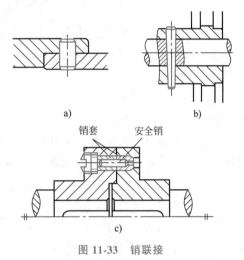

图 11-33　销联接

图 11-34　圆柱销

图 11-35　圆锥销

图 11-36　异形销

图 11-37　安全销

小知识

其他联接简介

| 其他联接简介 | 自行车前轮上使用的快拆联接 | 车座快拆联接 |

　拓展内容

榫卯结构，彰显古代联接智慧

联接的方式很多很多，现在我们一般说的联接是指常见的可拆联接，有螺纹联接、键联接与花键联接等，不可拆联接有焊接、铆接和粘接等。在古代没有这些现代联接方式之前，我们勤劳智慧的祖先使用最多的是"榫卯"联接。榫卯是在被连接构件上采用的一种凹凸结合的连接方式，凸出部分称为榫，凹进部分称为卯，凸出的榫头和凹进去的卯眼咬合起到连接作用。

榫卯是极为精巧的发明，这种构件连接方式使得中国传统的木结构成为超越了当代建筑排架、框架和钢架的特殊柔性结构体，不但可以承受较大的荷载，而且允许产生一定的变形，在地震荷载下通过变形抵消一定的地震能量，减小结构所受的地震影响。

榫卯是我国古代建筑、家具及其他器械的主要结构方式，是一种充满中国智慧的传统木匠工艺，距今已有七千多年的历史。中国古代的建筑大多采用榫卯结构，比如故宫、天坛祈年殿、大观园、山西悬空寺、山西应县木塔等。

山西应县木塔，又称为释迦塔，塔高67.31米，底层直径30.27米，呈平面八角形。全塔总重量7400多吨，纯木结构，没有一颗钉子。木塔于辽清宁二年（1056年）建成，由辽兴宗的萧皇后倡建，田和尚奉敕募建，至金明昌四年，增修益完。应县木塔是世界上现存的最古老、最高大之木塔，全国重点文物保护单位，国家5A级景区，与意大利比萨斜塔、巴黎埃菲尔铁塔并称"世界三大奇塔"。

通过榫卯结构方式，可以看出我们中华民族的勤劳智慧与创造精神，古代中国是世界中心，诸多技艺均领先世界水平，即使到现代也依然让人叹为观止，由此更坚定树立我们的民族自豪感。

榫卯结构，彰显古代联接智慧

详细榫卯结构知识见"榫卯结构，彰显古代联接智慧"二维码。

实 例 分 析

1. 螺纹联接中扳手的正确使用

扳手是用来旋紧六边形、正方形螺钉和各种螺母的工具，常由工具钢、合金钢制成。扳手的开口处要求光整、耐磨。扳手可分为活口扳手、专用扳手和特殊扳手三类。活口扳手是最常用的工具，正确的使用方法如图11-38所示。

2. 双头螺柱的装配

由于双头螺柱没有头部，无法将双头螺柱旋入被联接的螺纹孔内并紧固，因此，常采用螺母对顶或通过长螺母使止动螺钉与双头螺柱对顶的方法来装配双头螺柱。

图 11-39 所示为用双螺母对顶的方法装配双头螺柱的示意图，该方法是先将两个螺母相互锁紧在双头螺柱上，然后用扳手扳动上面一个螺母，把双头螺柱拧入螺孔并紧固。

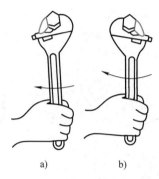

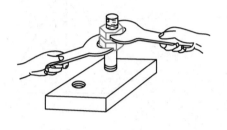

图 11-38 活口扳手使用方法
a）正确 b）不正确

图 11-39 双头螺柱的拧入法 1

图 11-40 所示为通过长螺母使止动螺钉对顶装配双头螺柱的示意图，该方法的原理是用止动螺钉来阻止长螺母和双头螺柱之间的相对运动。装配时，先将长螺母拧到双头螺柱的上部螺纹处，然后拧入止动螺钉使之与螺柱对顶，再扳动长螺母，双头螺柱即可旋入螺孔中。松开螺母时，应先使止动螺钉回松，再拧下长螺母。

3. 对顶螺母的拧紧

采用对顶螺母防松时，如图 11-41 所示，两螺母对顶拧紧后，下螺母的上牙侧与螺栓的下牙侧摩擦，上螺母的下牙侧与螺栓的上牙侧摩擦，从而使旋合螺纹间两螺母始终受到附加的两个反向力和摩擦力作用，达到防松效果。

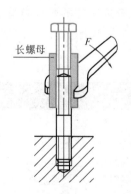

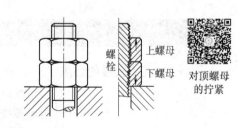

图 11-40 双头螺柱的拧入法 2

图 11-41 对顶螺母的拧紧

对顶螺母拧紧的正确操作步骤如下：

1）当下螺母拧紧后，将上螺母拧入并刚接触到下螺母即可。

2）将两个扳手分别卡入上、下螺母上，一般左手持扳手卡住下螺母不动，右手持扳手卡住上螺母往拧紧方向转，直到转不动为止，即可达到对顶螺母的防松作用。

如将两个螺母都向拧紧方向使劲拧紧，其结果如同拧紧一个加厚螺母一样，不起防松作用。

4. 螺栓组的布置应遵循的原则

1）螺栓组的布置应力求对称、均匀。如图 11-42 所示，通常将结合面设计成轴对称的简单几何形状，以便于加工，同时应使螺栓组的对称中心与接合面的形心重合，以保证接合面受力比较均匀。

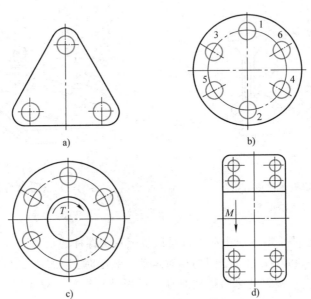

螺栓组的拧紧（气动）　螺栓组的拧紧（手动）

图 11-42　螺栓组的布置

2）螺栓数目应取 2、3、4、6 等易于分度的数目，以便加工，如图 11-42 所示。

3）同一组螺栓应采用同一种材料和相同的公称尺寸。

4）对需承受弯矩或转矩的螺栓组联接，应尽量将螺栓布置在靠近接合面边缘的位置，以便充分和均衡地利用各个螺栓的承载能力，如图 11-42 所示。

5）螺栓组拧紧时，为使紧固件的配合面受力均匀，应按一定的顺序拧紧，如图 11-42b 中所标数字顺序；而且每个螺栓或螺母不能一次拧紧，应按顺序分 2~3 次实现全部拧紧。拆卸时和拧紧时螺栓的操作顺序相反。

知 识 小 结

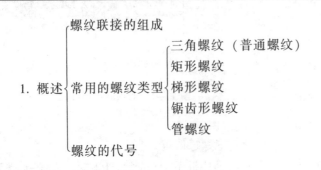

2. 螺纹联接

- 螺纹联接的主要类型
  - 螺栓联接
  - 双头螺柱联接
  - 螺钉联接
  - 紧定螺钉联接
- 常用螺纹联接件
  - 螺栓、双头螺柱、螺钉
  - 紧定螺钉、螺母、垫圈
- 螺纹联接的预紧和防松
  - 预紧
    - 测力矩扳手
    - 预置式扭力扳手
  - 防松
    - 对顶螺母、弹簧垫圈、开口销与六角
    - 开槽螺母、圆螺母与止动垫圈
    - 止动垫圈、串联钢丝、冲点、黏结剂
- 螺栓组联接的结构设计

3. 销联接

- 圆柱销
- 圆锥销
- 异形销
- 安全销

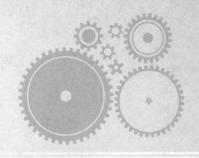

第 12 章

轴系部件的选择及设计
（Selection and Design of Shafting parts）

教学要求

★ 能力目标

1）选择轴材料的能力。

2）选择滚动轴承类型的能力。

3）选择键的类型及尺寸的能力。

4）轴系部件的组合设计能力。

5）正确安装与拆卸轴承的能力。

6）轴强度校核的能力。

★ 知识要素

1）轴的功用、分类与应用。

2）常用滚动轴承的结构、特点，主要类型及其代号。

3）滚动轴承的工作情况分析、失效形式。

4）键联接、花键联接的类型和应用场合。

5）平键联接的设计。

6）轴系部件的组合设计、滚动轴承的配合与装拆。

7）轴的强度、刚度计算。

8）滑动轴承的特点、类型及应用场合。

9）轴系部件的润滑与密封。

★ 学习重点与难点

1）平键联接的设计计算。

2）轴系部件的组合设计。

3）轴的强度校核。

★ 价值情感目标

1）通过学习轴结构设计，培养严谨细致的工作作风。

2）通过学习"国产密封环打破国外企业垄断"的案例，增强学生科技强国的责任感和使命感。

技能要求

1）键联接的安装与拆卸的技能。
2）正确安装与拆卸轴承的技能。
3）滑动轴承的润滑。
4）减速器箱体动密封处的密封。

本章导读

我们日常生活用品和工业生产实践的设备中用到很多轴，可以说有转动的地方就有轴，有轴的部位就会用到轴系部件。

图 12-1 所示为一斜齿圆柱齿轮减速器。

a)

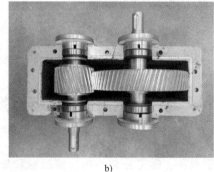

b)

减速器外形

减速器内
部结构

图 12-1 单级斜齿圆柱齿轮减速器

a）减速器外形图　b）减速器内部结构

从图 12-1b 可看出减速器是由齿轮、轴、轴承、轴承端盖和箱体等零件组成的，轴和齿轮用键联接在一起，靠轴承支承在箱体上。减速器是将高速轴的转动通过齿轮传动转换为低速轴的转动，一般高速轴和电动机相连，低速轴则和工作机器联接，通过减速器就能把电动机的固定的高速转动转换为工作机需要的转速。

轴是用来支承旋转零件并传递运动和转矩的。

轴承是机械装置中重要的支承零件，只要有轴旋转的部位就有轴承。

键和花键是实现轴毂联接的重要零件，通过键或花键能比较方便的将轴与轴上安装的零件联接到一起，来完成运动和转矩的传递。

图 12-2 所示为减速器低速轴（阶梯轴）的轴系部件结构示意图，图中③轴段、⑦轴段安装有轴承用来支持轴的旋转，图中④轴段、①轴段安装工作零件齿轮与联轴器。日常生活中的自行车就有前轮轴、后轮轴、中轴和脚蹬子轴等。

本章主要介绍轴系部件的类型、结构、材料，滚动轴承的类型及选择，轴毂联接，轴系部件的结构设计，轴系支承的组合设计，轴的强度与刚度计算，滑动轴承的特点、类型及应用，轴系部件的润滑与密封等内容。

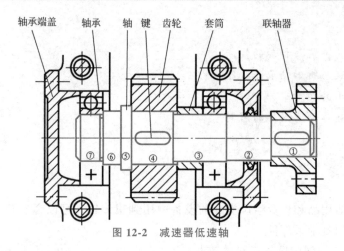

减速器
轴系结构

图 12-2 减速器低速轴

学习轴的基本知识

12.1 轴的分类及应用

轴（axle）是直接支承回转零件（如齿轮、带轮、链轮等）以传递运动和转矩的重要零件。

1. 按所受载荷分类

按所受载荷，轴可分为心轴、传动轴和转轴三类。

（1）心轴（mandrel） 只能承受弯矩而不能承受转矩的轴称为心轴。若心轴工作时是转动的，则称之为转动心轴，例如机车轮轴，如图 12-3 所示。若心轴工作时不转动，则称为固定心轴，例如自行车前轮轴，如图 12-4 所示。

前轮轮毂 前轮轴 前叉

火车轮

图 12-3 转动心轴

图 12-4 固定心轴

（2）传动轴（transmission shaft） 只能承受转矩而不能承受弯矩的轴称为传动轴。图 12-5 所示为汽车变速箱与后桥之间的传动轴。

（3）转轴（rotor） 图 12-6 所示为单级圆柱齿轮减速器中的转轴，该轴上两个轴承之间的轴段承受弯矩，联轴器与齿轮之间的轴段承受转矩。这种既承受弯矩又承受转矩的轴称为转轴。

2. 按轴线的几何形状分类

按轴线的几何形状，轴可分为直轴（图 12-4、图 12-6）、曲轴和挠性轴三类。

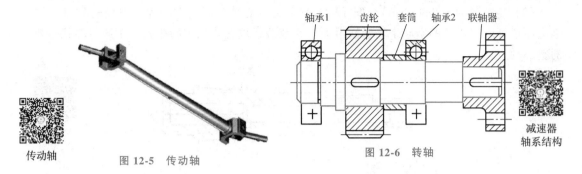

图 12-5 传动轴

图 12-6 转轴

曲轴（bent axle）（图 12-7）常用于往复式机械（如曲柄压力机、内燃机）中，以实现运动的转换和动力的传递。

挠性轴（flexible axle）（也称钢丝软轴）是由多层紧贴在一起的钢丝层构成的（图 12-8a），它能把旋转运动和不大的转矩灵活地传到任何位置，但它不能承受弯矩，多用于转矩不大、以传递运动为主的简单传动装置中。摩托车的前轮与速度表之间的传动轴就是挠性轴（图 12-8b）。

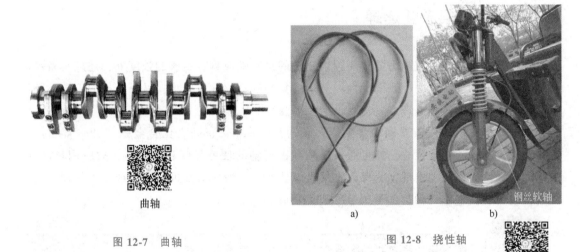

图 12-7 曲轴

图 12-8 挠性轴

直轴按形状又可分为光轴、阶梯轴和空心轴三类。

（1）光轴（optical axis） 如图 12-9 所示，光轴的各截面直径相同。光轴加工方便，但零件不易定位。

（2）阶梯轴（stepped shaft） 如图 12-10 所示，阶梯轴轴上零件容易定位，便于装拆，在一般机械中应用广泛。

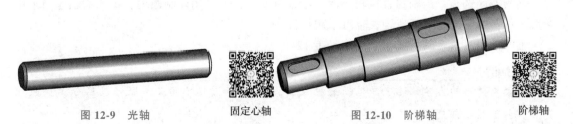

图 12-9 光轴

图 12-10 阶梯轴

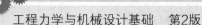
（3）空心轴（hollow shaft） 图 12-11 所示为空心轴。制成空心轴可以减轻质量、增加刚度，还可以利用轴的空心来输送润滑油、切削液或放置待加工的棒料。车床主轴就是典型的空心轴。

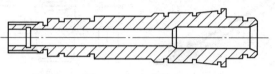

空心轴

图 12-11 空心轴

 **小提示**

学习了轴的分类及应用后，注意观察生产实际和日常生活中各类机械和装置具体采用的轴的类型。

选择轴的材料

12.2 轴的材料及其选择

轴的材料是决定承载能力的重要因素。轴的材料除应具有足够的强度外，还应具备足够的塑性、冲击韧度、耐磨性和耐蚀性；对应力集中的敏感性应较小；具有良好的工艺性和经济性；能通过不同的热处理方式提高轴的疲劳强度。

轴的材料主要采用碳素钢和合金钢。碳素钢（carbon steel）比合金钢（alloy steel）价廉，对应力集中的敏感性小，并可通过热处理提高轴的疲劳强度和耐磨性，故应用较广泛。常用的碳素钢为优质碳素钢，为保证轴的力学性能，一般应对其进行调质或正火处理。不重要的轴或受载荷较小的轴，也可用 Q235 等普通碳素钢。

小提醒

选择材料时要根据实际使用场合合理选择，要进行综合比较。

合金钢比碳素钢的机械强度高，热处理性能好，但对应力集中的敏感性强，价格也较贵，主要用于对强度、耐磨性要求较高以及在高温或腐蚀等条件下工作的轴。

高强度铸铁（high tension castiron）和球墨铸铁（nodular castiron）有良好的工艺性，并具有价廉、吸振性强、耐磨性好以及对应力集中敏感性小等优点，适用于制造结构形状复杂的轴（如曲轴、凸轮轴等）。

轴的毛坯选择：当轴的直径较小而又不太重要时，可采用轧制圆钢；重要的轴应当采用锻造坯件；对于大型的低速轴，也可采用铸件。

轴的常用材料及其主要力学性能见表 12-1。

小说明

原金属材料的力学性能中屈服强度用 σ_s 表示，现行国标中定义屈服强度区分上屈服强度 R_{eH} 和下屈服强度 R_{eL}。

表 12-1 轴的常用材料及其主要力学性能

材料牌号	热处理方法	毛坯直径/mm	硬度（HBW）	抗拉强度 R_m/MPa	屈服点 R_{eH}/MPa	弯曲疲劳极限 R_{-1}/MPa	扭转疲劳极限 τ_{-1}/MPa	许用弯曲应力/MPa		
								$[\sigma_{+1}]_{bb}$	$[\sigma_0]_{bb}$	$[\sigma_{-1}]_{bb}$
				不 小 于						
Q235A	热轧或锻后空冷	≤100		400~420	225	170	105	125	70	40
		100~250		375~390	215					
35	正火	≤100	149~187	510	265	240	120	165	75	45
45	正火	≤100	170~217	590	295	255	140	195	95	55
	调质	≤200	217~255	640	355	275	155	215	100	60
40Cr	调质	≤100	241~286	735	540	355	200	245	120	70
		100~300	162~217	685	490	335	185			
35SiMn 42SiMn	调质	≤100	229~286	785	510	355	205	245	120	70
		100~300	219~269	735	440	335	185			
40MnB	调质	≤200	241~286	735	490	345	195	245	120	70

关键知识点

　　按所受载荷轴可分为心轴、传动轴和转轴三类。按轴线的几何形状，轴可分为直轴、曲轴和挠性轴三类。直轴按形状又可分为光轴、阶梯轴和空心轴三类。轴的材料主要采用碳素钢和合金钢。当轴的直径较小而又不太重要时，可采用轧制圆钢；重要的轴应当采用锻造坯件；对于大型的低速轴，也可采用铸件。

学习滚动轴承

12.3 滚动轴承

12.3.1 轴承的功用、类型和特点

　　按摩擦性质的不同，轴承可分为滚动轴承（olling bearing）（图 12-12）与滑动轴承（sliding bearing）（图 12-13）。按所受载荷方向的不同，又可分为承受径向载荷的向心轴承和承受轴向载荷的推力轴承。

深沟球轴承

图 12-12 滚动轴承

滑动轴承

图 12-13 滑动轴承

滚动轴承具有摩擦力矩小，易起动，载荷、转速及工作温度的适用范围较广，轴向尺寸小，润滑、维修方便等优点。滚动轴承已标准化，由专业工厂大量生产，在机械中应用非常广泛。

滑动轴承具有结构简单、便于安装、抗冲击能力强等独特优点，同时也存在着摩擦损耗较大，轴向结构不紧凑，以及润滑的建立和维护困难等明显不足。

12.3.2　滚动轴承的构造及类型

如图 12-14 所示，滚动轴承一般由内圈（inside track）、外圈（outer ring）、滚动体（rolling element）及保持架（holder）四部分组成。通常内圈与轴颈过盈配合装配在一起，外圈则以较小的间隙配合装在轴承座孔内，内、外圈相对的一侧均有滚道，工作时，内、外圈做相对转动，滚动体可在滚道内滚动。为防止滚动体相互接触而增加摩擦，常用保持架将滚动体均匀地分开。滚动轴承构造中，有的无外圈或无内圈，有的无保持架，但不能没有滚动体。

滚动体的形状有球形（sphere）、圆柱形（cylinder）、圆锥形（cone）、鼓形（cydari-form）、滚针形（rolling needle）等多种，如图 12-15 所示。

滚动轴承的内圈、外圈和滚动体均采用强度高、耐磨性好的铬锰高碳钢制造，常用材料有 GCr15、GCr15SiMn 等，淬火后硬度可达 60HRC 以上。保持架多用低碳钢或铜合金制造，也可采用塑料或其他材料。

滚动轴承的类型如下所述：

1）按滚动体形状的不同，滚动轴承可分为球轴承和滚子轴承两大类。

2）按滚动轴承所承受载荷方向的不同，滚动轴承可分为以承受径向载荷为主的向心轴承（radial bearing）和以承受轴向载荷为主的推力轴承（thrust bearing）两类。

图 12-14　滚动轴承基本结构

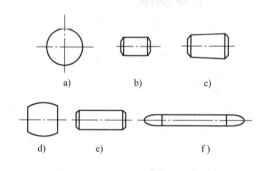

图 12-15　滚动体的形状

a）球形滚动体　b）圆柱滚子　c）圆锥滚子　d）鼓形滚子

e）长圆柱滚子　f）滚针

3）接触角（contract angle）是滚动轴承的一个重要参数。如图 12-16 所示，轴承的径向平面（垂直于轴承轴线的平面）与经轴承套圈传递给滚动体的合力作用线（一般为滚动体与外圈滚道接触点的法线）的夹角为接触角，用 α 表示。接触角越大，轴承承受轴向载荷的能力也越大。按接触角的不同对滚动轴承进行分类，公称接触角 $\alpha = 0°$ 的轴承称为径向接触向心轴承（如深沟球轴承、圆柱滚子轴承）；公称接触角 $0° < \alpha \leqslant 45°$ 的轴承称为角接触

向心轴承（如角接触球轴承、圆锥滚子轴承）；公称接触角 45°<α<90°的轴承称为角接触推力轴承；公称接触角 α=90°的轴承称为轴向推力轴承。

4）轴的安装误差或轴的变形等因素都会引起内、外圈轴心线发生相对倾斜，其倾斜角用 θ 表示（图 12-17）。当内、外圈倾斜角过大时，可采用外滚道为球面的调心轴承，这类轴承能自动适应内外两套圈轴线的偏斜。

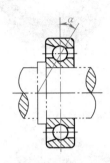

图 12-16　滚动轴承的接触角

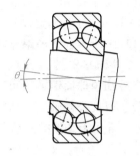

图 12-17　滚动轴承的轴线倾斜

滚动轴承已完全标准化，由专业工厂生产，故本章只介绍滚动轴承的类型、代号、选择方法及寿命计算等问题。

12.3.3　滚动轴承的代号

国家标准 GB/T 272—2017 规定了滚动轴承代号的表示方法。滚动轴承代号由前置代号、基本代号及后置代号构成，其排列顺序如图 12-18 所示。

1. 基本代号
基本代号用来表示轴承的基本类型、结构和尺寸，其组成如图 12-19 所示。

小提示

熟记轴承代号各部分的含义，会正确识别各类轴承。

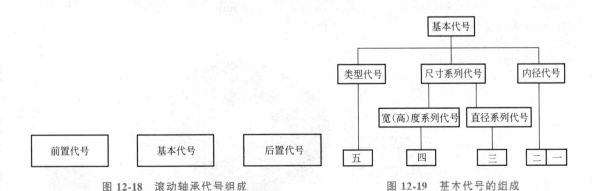

图 12-18　滚动轴承代号组成　　　　图 12-19　基本代号的组成

（1）轴承类型及类型代号　类型代号为基本代号左起第一位数字（字母），滚动轴承的主要类型及其代号如下：

1）调心球轴承（self-aligning ball bearing）（类型代号 1）。如图 12-20 所示，调心球轴

承是一种带球面外滚道的双列球轴承，它具有自动调心性，可以自动补偿轴的挠曲和壳体变形引起的同轴度误差。主要承受径向载荷，也可以承受不大的轴向载荷，允许角偏差小于 3°，适用于多支点传动轴、刚性较小的轴以及难以对中的轴。

2）调心滚子轴承（self-aligning roller bearing）（类型代号 2）。如图 12-21 所示，调心滚子轴承有两列对称布置的球面滚子，滚子在外圈内球面滚道里可以自由调位，以此补偿轴变形和轴承座的同轴度误差。允许角偏差小于 2.5°，承载能力比调心球轴承大，常用于其他类型轴承不能胜任的重载场合，如轧钢机、大功率减速器、起重机车轮等。

3）推力调心滚子轴承（thrust self aligning roller bearing）（类型代号 2）。如图 12-22 所示，推力调心滚子轴承由下支承滚道、上支承滚道与保持架和滚动体为一体的几部分组成。主要承受轴向载荷；承载能力比推力球轴承大得多，并能承受一定的径向载荷。下支承滚道为球形滚道，能自动调心，允许角偏差小于 3°，极限转速较推力球轴承高；适用于重型机床、大型立式电动机轴的支承等。

4）圆锥滚子轴承 [TRB（taperad roller bearing）]（类型代号 3）。如图 12-23 所示，圆锥滚子轴承的外圈是倾斜的，内圈与保持架、滚动体为一个整体，内、外圈可以分离，轴向和径向间隙容易调整。可同时承受径向载荷和较大的单向轴向载荷，承载能力高，常用于斜齿轮轴、锥齿轮轴和蜗杆减速器轴、汽车的前后轴以及机床主轴的支承等。允许角偏差为 2′，一般成对使用。

调心球轴承

图 12-20　调心球轴承（1205）实物图

调心滚子轴承

图 12-21　调心滚子轴承（22211）实物图

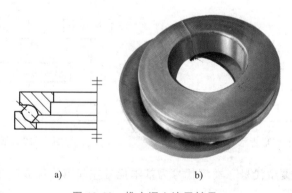

a)　　　　　　　　b)

图 12-22　推力调心滚子轴承

a）轴承结构简图　b）轴承（29418）实物图

推力调心
滚子轴承

圆锥滚子轴承

图 12-23 圆锥滚子轴承（30204）实物图

5）推力球轴承（thrust ball bearing）（类型代号 5）。如图 12-24 所示，推力球轴承包含：51000 型，用于承受单向轴向载荷；52000 型，用于承受双向轴向载荷。51000 型推力球轴承由上、下两个支承滚道和中间带保持架的滚动体三部分组成。52000 型推力球轴承由上、中、下三个支承滚道和两个带保持架的滚动体五部分组成。推力球轴承只能承受轴向载荷，不能承受径向载荷，不宜在高速条件下工作，常用于起重机吊钩、蜗杆轴和立式车床主轴的支承等。

推力球轴承
（51系列）

a)

b)

推力球轴承
（52系列）

图 12-24 推力球轴承

a）轴承（51314）实物图 1 b）轴承（52314）实物图 2

6）深沟球轴承（deep groove ball bearing）（类型代号 6）。如图 12-25 所示，深沟球轴承主要承受径向载荷，也能承受一定的轴向载荷。其极限转速较高，当量摩擦因数最小，高转速时可承受不大的纯轴向载荷，允许角偏差小于 10′，承受冲击能力差，适用于刚性较大的轴，常用于机床主轴箱、小功率电动机与普通民用设备等。

7）角接触球轴承（angular contact ball bearing）（类型代号 7）。如图 12-26 所示，角接触球轴承的基本结构和深沟球轴承几乎一样，只是轴承外圈的一侧是倾斜的，有一个接触角，可承受单向轴向载荷和径向载荷，接触角 α 越大，承受轴向载荷的能力也越大，通常成对

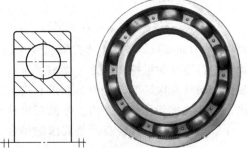

深沟球轴承

a)

b)

图 12-25 深沟球轴承

a）轴承结构简图 b）轴承（6224）实物图

使用。高速时可用它代替推力球轴承，适用于刚性较大、跨距较小的轴，如斜齿轮减速器和蜗杆减速器中轴的支承等。允许角偏差小于 10′。

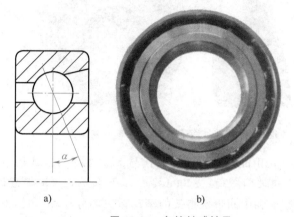

角接触球轴承

图 12-26 角接触球轴承

a）轴承结构简图 b）轴承（7224）实物图

8）圆柱滚子轴承（cylindrical roller bearing）（类型代号 N）。圆柱滚子轴承外圈的内滚道是平的，内圈与保持架、滚动体为一个整体，内、外圈可以分离，装拆方便。可承受较大的径向载荷，不能承受轴向载荷。内、外圈允许少量轴向移动，允许角偏差很小（小于4′）。其承载能力比深沟球轴承大，能承受较大的冲击载荷。适用于刚性较大、对中良好的轴，常用于大功率电动机、人字齿轮减速器等。圆柱滚子轴承滚子有单列和双列之分，图 12-27 所示为单列圆柱滚子轴承。

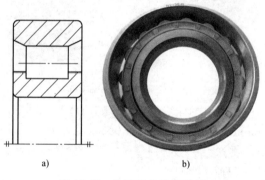

圆柱滚子轴承

图 12-27 单列圆柱滚子轴承

a）轴承结构简图 b）轴承（N213）实物图

9）滚针轴承（needle bearing）（类型代号 NA）。如图 12-28 所示，滚针轴承的结构和圆柱滚子轴承类似，不同的是把圆柱滚子换成了滚针，有的轴承还没有保持架。滚针轴承的结构类型较多，有的只有保持架和滚针，而没有内、外圈。在相同的内径条件下，与其他类型的轴承相比，滚针轴承外径最小，内、外圈可以分离。其径向承受载荷能力较大，不能承受轴向载荷，一般用于对轴承外径有严格要求的场合。

小提示

滚动轴承的类型很多，这里只对一般工业生产中最常用到的轴承进行了分类介绍，详细内容可查阅相关轴承手册。

（2）尺寸系列代号　尺寸系列代号由轴承的宽（高）度系列代号和直径系列代号组合而成。

1）宽（高）度系列代号。如图12-29所示，对于相同内、外径的轴承，根据不同的工作条件可做成不同的宽（高）度，对应标准尺寸形成的尺寸序列称为宽（高）度系列（对于向心轴承表示"宽"度系列，对于推力轴承则表示"高"度系列），用基本代号右起第四位数字表示，其代号见表12-2。当宽度系列代号为"0"时，在轴承代号中通常省略标注，但在调心滚子轴承和圆锥滚子轴承代号中不可省略。

通过比较，正确理解尺寸系列中宽（高）度系列与直径系列的区别和各自的含义。

a)

b)

图 12-28　滚针轴承

a）轴承结构简图　b）轴承（NA4904）实物图

滚针轴承

60205　62205

宽（高）度系列对比

图 12-29　宽（高）度系列对比

表 12-2　轴承的宽（高）度系列代号

向心	宽度系列	特窄	窄	正常	宽	特宽	推力	高度系列	特低	低	正常
轴承	代号	8	0	1	2	3,4,5,6	轴承	代号	7	9	1,2

2）直径系列代号。对于相同内径的轴承，由于工作所需承受的负荷大小不同，寿命长短不同，必须采用大小不同的滚动体，因而使轴承的外径和宽度随之改变，这种内径相同而外径不同的变化序列称为直径系列，用基本代号右起第三位数字表示，其代号见表12-3。图 12-30 所示为不同直径系列深沟球轴承的外径对比。

表 12-3　滚动轴承的直径系列代号

项　目	向　心　轴　承						推　力　轴　承				
直径系列	超轻	超特轻	特轻	轻	中	重	超轻	特轻	轻	中	重
代号	8,9	7	0,1	2	3	4	0	1	2	3	4

6205　6305　6405

直径系列对比

图 12-30　直径系列对比

组合排列时，宽（高）度系列代号在前，直径系列代号在后，滚动轴承代号中的尺寸系列代号见表12-4。

表12-4 尺寸系列代号

直径系列		向心轴承								推力轴承			
		宽度系列代号								高度系列代号			
		8	0	1	2	3	4	5	6	7	9	1	2
		宽度尺寸依次递增→								高度尺寸依次递增→			
		尺寸系列代号											
外径尺寸依次递增↓	7	—	—	17	—	37	—	—	—	—	—	—	—
	8	—	08	18	28	38	48	58	68	—	—	—	—
	9	—	09	19	29	39	49	59	69	—	—	—	—
	0	—	00	10	20	30	40	50	60	70	90	10	—
	1	—	01	11	21	31	41	51	61	71	91	11	—
	2	82	02	12	22	32	42	52	62	72	92	12	22
	3	83	03	13	23	33	—	—	—	73	93	13	23
	4	—	04	—	24	—	—	—	—	74	94	14	24
	5	—	—	—	—	—	—	—	—	—	95	—	—

注：表中"—"表示不存在此种组合。

（3）内径代号　内径代号表示轴承内径尺寸的大小，用基本代号右起第一、第二位数字表示，滚动轴承常用内径代号见表12-5。

表12-5 滚动轴承常用内径代号

轴承公称内径/mm		内 径 代 号	示 例
10～17	10	00	深沟球轴承 6200
	12	01	$d = 10mm$
	15	02	
	17	03	
20～480（22,28,32除外）		公称内径除以5的商数,商数为个位数时,需在商数左边加"0",如08	调心滚子轴承 23208 $d = 40mm$
大于和等于500以及 22,28,32		用公称内径毫米数直接表示,但与尺寸系列之间用"/"分开	调心滚子轴承 230/500 $d = 500mm$ 深沟球轴承 62/22 $d = 22mm$

注：此表代号不用于表示滚针轴承的代号。

滚动轴承基本代号一般由四部分数字或字母组成，当宽度系列为"0"时，可省略（调心滚子轴承和圆锥滚子轴承除外）。例如：

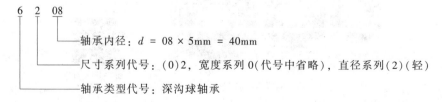

6 2 08

轴承内径：$d = 08 \times 5mm = 40mm$

尺寸系列代号：(0)2，宽度系列0(代号中省略)，直径系列(2)(轻)

轴承类型代号：深沟球轴承

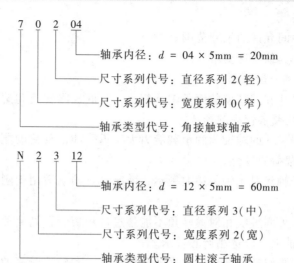

2. 前置代号和后置代号

（1）前置代号　前置代号经常用于表示成套轴承分部件（轴承组件），用字母表示，例如：L表示可分离轴承的可分离内圈或外圈，K表示滚子和保持架组件等。

（2）后置代号　后置代号是轴承在结构形状、尺寸公差、技术要求等方面有改变时，在基本代号右侧添加的补充代号，一般用字母（或加数字）表示，与基本代号相距半个汉字距。后置代号共分8组，例如，第一组是内部结构，表示内部结构变化情况。现以角接触球轴承的接触角变化为例，说明其标注含义：

1）角接触球轴承，公称接触角 $\alpha = 40°$，代号标注示例：7210 B。

2）角接触球轴承，公称接触角 $\alpha = 25°$，代号标注示例：7210 AC。

3）角接触球轴承，公称接触角 $\alpha = 15°$，代号标注示例：7005 C。

又如，后置代号中第五组为公差等级，滚动轴承常用的公差等级分为普通、6、6X、5、4、2六级，其中2级精度最高，普通级精度最低，依次用/PN、/P6、/6X、/P5、/P4、/P2表示，如6208/P6。普通级精度应用最广，其代号通常可不标。

前、后置代号及其他有关内容，详见机械设计手册及相关标准文件。

关键知识点

按摩擦性质的不同，轴承可分为滚动轴承与滑动轴承两种。按所受载荷方向的不同，又可分为承受径向载荷的向心轴承和承受轴向载荷的推力轴承。滚动轴承基本代号由类型代号、尺寸系列代号和内径代号三部分组成，尺寸系列代号又可分为宽（高）度系列代号和直径系列代号。基本代号一般由四部分数字或字母组成，当宽度系列为"0"时，可省略（调心滚子轴承和圆锥滚子轴承除外）。

12.3.4　滚动轴承类型的选择

1. 选择滚动轴承类型应考虑的因素

1）轴承工作载荷的大小、方向和性质。

2）轴承转速的高低。

3）轴颈和安装空间允许的尺寸范围。

4）对轴承提出的其他特殊要求。

2. 选择滚动轴承的一般原则

1）球轴承与同尺寸和同精度的滚子轴承相比，它的极限转速和旋转精度较高，因此更适用于高速或旋转精度要求较高的场合。

2）滚子轴承比同尺寸的球轴承的承载能力大，承受冲击载荷的能力也较高，因此适用于重载及有一定冲击载荷的场合。

3）非调心的滚子轴承对于轴的挠曲敏感，因此这类轴承适用于刚性较大的轴和能保证严格对中的场合。

4）各类轴承内、外圈轴线相对偏转角不能超过许用值，否则会使轴承寿命降低，因此在刚度较差或多支点轴上，应选用调心轴承。

5）推力轴承的极限转速较低，因此在轴向载荷较大和转速较高的装置中，应采用角接触球轴承。

6）当轴承同时承受较大的径向和轴向载荷且需要对轴向位置进行调整时，宜采用圆锥滚子轴承。

7）当轴承的轴向载荷比径向载荷大很多时，可采用向心和推力两种不同类型轴承的组合来分别承担径向和轴向载荷，其效果和经济性都比较好。

8）考虑经济性，球轴承比滚子轴承价格便宜；公差等级越高，轴承价格越贵。

小应用

滚动轴承的失效形式与寿命计算

滚动轴承的寿命计算

学习轴毂联接

12.4　轴毂联接

机械传动装置中的旋转零件，例如带轮、齿轮、联轴器和离合器等零件都要安装在轴上才能正常工作，这些旋转零件和轴的联接称为轴毂联接（hub connection），常用的有键联接和花键联接。

键联接在机器中应用极为广泛，常用于轴与轮毂之间的周向固定，以传递运动和转矩。其中有些还能实现轴向移动，用作动联接。根据键联接装配时的松紧程度，键联接分为松键联接和紧键联接两大类。

12.4.1　松键联接的类型、标准及应用

松键联接可分为平键联接、半圆键联接两种。

1. 平键联接

平键联接具有结构简单、装拆方便、对中性好等优点，故应用最广。平键又分为普通平键、导向平键和滑键。

（1）普通平键　图 12-31 所示为普通平键联接的结构形式。普通平键用于静联接，根据其端部形状的不同分为 A 型（圆头）、B 型（平头）及 C 型（单圆头）三种，如图 12-32 所示。

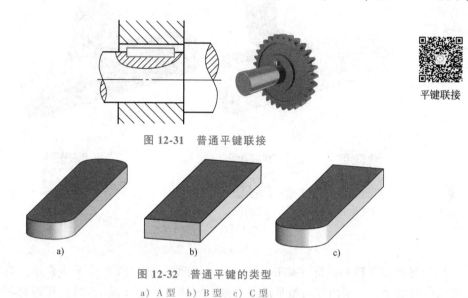

平键联接

图 12-31　普通平键联接

图 12-32　普通平键的类型

a）A 型　b）B 型　c）C 型

平键联接已标准化，其结构尺寸都有相应的标准规定。常用普通平键及键槽的尺寸与公差见表 12-6。

表 12-6　常用普通平键及键槽的尺寸与公差　　　（单位：mm）

轴	键	键槽										
			宽度 b					深度			半径 r	
				极限偏差				轴 t_1		毂 t_2		
公称直径 d	键尺寸 b×h	公称尺寸 b	松联接		正常联接		紧密联接						
			轴 H9	毂 D10	轴 N9	毂 JS9	轴和毂 P9	公称尺寸	极限偏差	公称尺寸	极限偏差	最小	最大
>10~12	4×4	4	+0.030 0	+0.078 +0.030	0 -0.030	±0.015	-0.012 -0.042	2.5	+0.1 0	1.8	+0.1 0	0.08	0.16
>12~17	5×5	5						3.0		2.3			
>17~22	6×6	6						3.5		2.8		0.16	0.25
>22~30	8×7	8	+0.036 0	+0.098 +0.040	0 -0.036	±0.018	-0.015 -0.051	4.0		3.3			
>30~38	10×8	10						5.0		3.3			
>38~44	12×8	12	+0.043 0	+0.120 +0.050	0 -0.043	±0.0215	-0.018 -0.061	5.0		3.3			
>44~50	14×9	14						5.5		3.8		0.25	0.40
>50~58	16×10	16						6.0	+0.20 0	4.3	+0.20 0		
>58~65	18×11	18						7.0		4.4			
>65~75	20×12	20	+0.052 0	+0.149 +0.065	0 -0.052	±0.026	0.022 -0.074	7.5		4.9			
>75~85	22×14	22						9.0		5.4		0.40	0.60
>85~95	25×14	25						9.0		5.4			
>95~110	28×16	28						10.0		6.4			
键长度 L 系列	8,10,12,14,16,18,20,22,25,28,32,36,40,45,50,56,63,70,80,90,100,110,125,140,160,180,200,220,250,280,320												

注：标准文件 GB/T 1095—2003 实则已取消表中"轴公称直径 d"一列，此处列出的数值仅供参考。

使用 A 型键和 C 型键时，轴上的键槽是用立铣刀加工的（图 12-33a），键在键槽中的轴向固定较好，但键槽两端会存在较大的应力集中；使用 B 型键时，键槽是用盘铣刀加工的（图 12-33b），键槽的应力集中较小，但键在键槽中的轴向固定不好。A 型键应用最广，C 型键则多用于轴端。

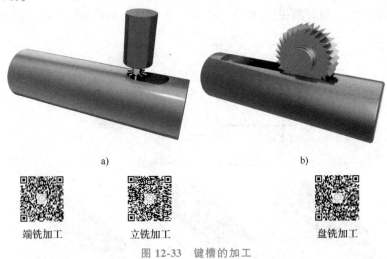

a)   b)

端铣加工   立铣加工   盘铣加工

图 12-33　键槽的加工

a）立铣刀加工　b）盘铣刀加工

（2）导向型平键和滑键（sliding key）　导向型平键和滑键用于动联接。当轮毂在轴上需沿轴向移动时，可采用导向型平键或滑键，导向型平键（图 12-34）用螺钉固定在轴上的键槽中，轮毂可沿着键做轴向滑动，汽车齿轮变速器中齿轮轴上的键即为导向平键。

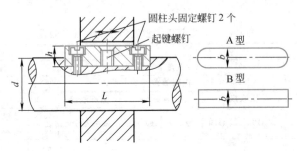

图 12-34　导向型平键

当被联接零件滑移的距离较大时，宜采用滑键（图 12-35）。滑键固定在轮毂上，与轮

滑键联接1   滑键联接2

图 12-35　滑键

毂同时在轴上的键槽中做轴向滑移。

2. 半圆键联接

图 12-36 所示为半圆键联接。键槽呈半圆形，键能在键槽内自由摆动以适应轴线偏转引起的位置变化。其缺点是键槽较深，对轴的强度削弱大，故一般多用于轻载或锥形结构的联接中。

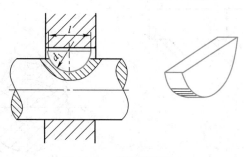

图 12-36 半圆键联接

12.4.2 紧键联接的类型、标准及应用

紧键联接有楔键（taper key）联接和切向键（tangent key）联接两种。紧键联接的特点是：键的上、下两表面都是工作面；装配时，将键楔紧在轴、毂之间；工作时，依靠键与轴、毂之间的摩擦力来传递转矩。

1. 楔键联接

图 12-37 所示为楔键联接的结构形式。楔键联接的对中性差，仅适用于对中性要求不高、载荷平稳、速度较低的场合（如某些农业机械及建筑机械中）。楔键分为普通楔键（图 12-37a）及钩头型楔键（图 12-37b）两种。为便于安装与拆卸，楔键最好用于轴端。使用钩头型楔键时，拆卸较为方便，但应加装安全罩。

2. 切向键联接

如图 12-38 所示，切向键由两个斜度为 1∶100 的楔键组成。装配时，把一对楔键分别从轮毂的两端打入，使其斜面相互贴合，共同楔紧在轴、毂之间。使用一组切向键时，只能传递单向转矩；

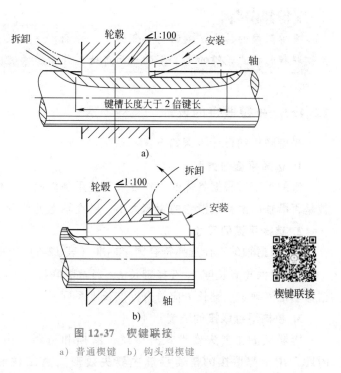

图 12-37 楔键联接
a）普通楔键 b）钩头型楔键

如需传递双向转矩，则要使用两组切向键并按 120°~135°分布。切向键对轴的强度削弱较大，故只适用于速度较低、对中性要求不高、轴径大于 100mm 的重型机械中。

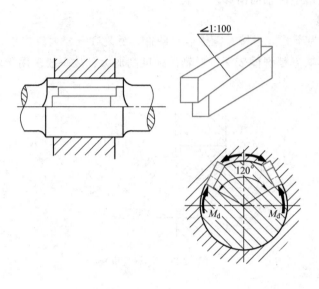

图 12-38　切向键联接

> **小提示**
>
> 要掌握各类型键联接的工作原理和应用场合，根据要求合理选择。

> **关键知识点**
>
> 平键联接的特点是键的两个侧面是工作面。平键又分为普通平键、导向型平键和滑键。紧键联接的特点是键的上、下两表面都是工作面。紧键联接有楔键联接和切向键联接两种。

12.4.3　平键联接的设计

平键联接的设计步骤如下：

1. 选择平键的类型

键的类型应根据具体的工作要求和使用条件而定，包括对中性要求、传递转矩大小、轮毂是否沿轴向滑移及滑移的距离大小、键在轴上的位置等因素。

2. 选择平键的尺寸

1）根据轴的直径选择符合国家标准（表 12-6）的平键截面尺寸（$b \times h$）。

2）根据轮毂长度 L_1 选择键长 L，通常静联接取 $L = L_1 - (5 \sim 10) \, \text{mm}$，动联接键长 L 需根据移动距离确定。键长 L 应符合标准长度系列。

3. 校核平键联接的强度

键联接的主要失效形式有压溃、磨损和剪断。由于键为标准件，其剪切强度足够，因此，用于静联接的普通平键主要失效形式是工作面的压溃；而用于动联接的键的主要失效形式是工作面的磨损。因此，通常只按工作面的最大挤压应力或压强进行强度校核。

静联接

$$\sigma_{\mathrm{p}} = \frac{4T}{dhl} \leqslant [\sigma_{\mathrm{p}}] \qquad (12\text{-}1)$$

动联接

$$p = \frac{4T}{dhl} \leqslant [p] \qquad (12\text{-}2)$$

式中　　T——传递的转矩（N·mm）；

　　　　d——轴的直径（mm）；

　　　　h——键的高度（mm）；

　　　　l——键的工作长度（mm）；

$[\sigma_{\mathrm{p}}]$和$[p]$——键联接的许用挤压应力和许用压强（MPa），计算时应取联接中强度较弱材料的相应值，常见键联接材料的许用应力（压强）见表12-7。

表 12-7　键联接材料的许用应力（压强）　　　　　　　　（单位：MPa）

许用应力	联接性质	键或轴、毂的材料	载荷性质		
			静载荷	轻微冲击	冲击
$[\sigma_{\mathrm{p}}]$	静联接	钢	125 ~ 150	100 ~ 120	60 ~ 90
		铸铁	70 ~ 80	50 ~ 60	30 ~ 45
$[p]$	动联接	钢	50	40	30

如果键联接的强度不够，可以采用下列措施加以解决：

1）适当增加轮毂及键的长度。

2）采用相距180°布置的双键，考虑载荷分布的不均匀性，双键联接强度计算时，应按1.5个键计算。

4. 选择轴、毂尺寸及公差

根据前述各步骤的设计结果，结合相关标准选择轴、毂尺寸及公差。

例 **12-1**　如图 12-39 所示，某钢制输出轴与铸铁齿轮采用键联接，已知轴与齿轮配合处的直径 $d = 45\mathrm{mm}$，齿轮轮毂长 $L_1 = 80\mathrm{mm}$，该轴传递的转矩 $T = 200\mathrm{kN \cdot mm}$，工作载荷有轻微冲击。试设计该键联接。

解　1）选择键联接的类型。

为保证齿轮传动啮合良好，要求轴、毂对中性好，故选用 A 型普通平键联接。

2）选择键的主要尺寸。

参考轴径 $d = 45\mathrm{mm}$，由表 12-6 选取键宽 $b = 14\mathrm{mm}$，键高 $h = 9\mathrm{mm}$。键长 $L = [80 - (5 \sim 10)]\mathrm{mm} = 75 \sim 70\mathrm{mm}$，取 $L = 70\mathrm{mm}$。标记为：GB/T 1096　键　14×9×70。

3）校核键联接强度。

根据工作条件，由表 12-7 查得铸铁 $[\sigma_{\mathrm{p}}] = 50 \sim 60\mathrm{MPa}$，计算挤压强度

$$\sigma_{\mathrm{p}} = \frac{4T}{dhl} = \frac{4 \times 200000}{45 \times 9 \times (70 - 14)}\mathrm{MPa} = 35.27\mathrm{MPa} \leqslant [\sigma_{\mathrm{p}}]$$

所选键联接强度足够。

4）标注键联接公差。

轴、毂尺寸及公差的标注如图 12-40 所示。

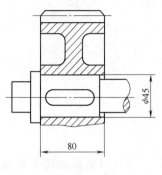

图 12-39 键联接

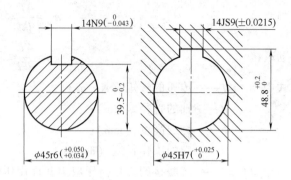

图 12-40 轴、毂尺寸及公差的标注

学习花键联接

12.4.4 花键（spline）联接

花键联接由周向均布多个键齿的花键轴与带有相应键槽的花键毂组成，如图 12-41 所示。与平键联接相比，由于键齿与轴为一体，故花键联接的承载能力高，定心性和导向性好，对轴的强度削弱较小，因此适用于承载较大和对定心精度要求较高的静联接和动联接，特别是在飞机、汽车、拖拉机、机床及农业机械中应用较广。其缺点是齿根仍有应力集中，加工需专用设备和量刃具，制造成本高。

花键联接

图 12-41 花键联接

根据齿形的不同，常用的花键联接可分为矩形花键联接和渐开线花键联接两种。

1. 矩形花键联接

如图 12-42 所示，矩形花键的齿侧边为直线，廓形简单。一般采用小径定心，这种定心方式的定心精度高、稳定性好，但花键轴和花键毂上的齿均需在热处理后进行磨削，以消除热处理变形。

2. 渐开线花键联接

如图 12-43 所示，渐开线花键的两侧齿廓为渐开线，标准规定，渐开线花键的标准压力角有 30°和 45°两种。受载时，齿上有径向分力，能起自动定心作用，有利于各齿受力均匀，

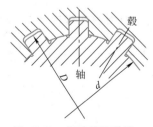

图 12-42 矩形花键联接

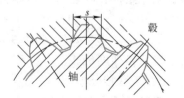

图 12-43 渐开线花键联接

因此多采用齿形定心。渐开线花键可用加工齿轮的方法进行制造，工艺性好，易获得较高的精度和互换性；且齿根强度高，应力集中小，寿命长。因此，渐开线花键常用于载荷较大、定心精度要求较高以及尺寸较大的联接。

轴、毂之间的周向固定，除键联接、花键联接外，还有销联接（见第 11 章），销联接可同时进行周向固定和轴向固定。

12.5 轴系部件的结构设计

12.5.1 轴的结构设计

1. 轴系结构的设计一般应满足的要求

1）为节省材料、减轻质量，应尽量采用等强度外形和高刚度的剖面形状。

2）要便于轴上零件的定位、固定、装配、拆卸和位置调整。

3）轴上安装有标准零件（如轴承、联轴器、密封圈等）时，轴的直径要符合相应的标准或规范。

4）轴上结构要有利于减小应力集中以提高疲劳强度。

5）应具有良好的加工工艺性。

轴的结构多数情况采用阶梯轴，因为它既接近于等强度外形，加工也不复杂，且有利于轴上零件的装拆、定位和固定。

图 12-44 为阶梯轴的典型结构。轴上安装轮毂部分的轴段称为轴头（shaft head）（图12-44 的①、④段），安装轴承的轴段称为轴颈（shaft neck）（图 12-44 的③、⑦段），连接轴头和轴颈部分的轴段称为轴身（axle body）（图 12-44 的②、⑤、⑥段）。

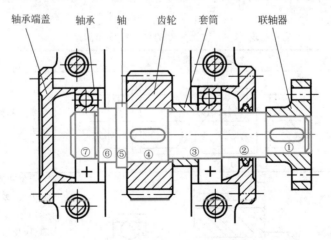

图 12-44 阶梯轴的典型结构减速器低速轴

减速器
轴系结构

结构分析主要是看轴上零件的定位和固定方式，①、④轴段上联轴器和齿轮是靠②与⑤形成的轴肩来定位的；左端的轴承是靠⑥轴段的轴肩来定位的；右端的轴承是靠套筒来定位的；齿轮和联轴器靠键和轴联接实现圆周方向的固定。

轴系部件的总体设计主要是考虑轴上零件的定位和固定，轴上零件的固定有可分为周向固定和轴向固定。

2. 轴上零件的定位

轴上零件利用轴肩或轴环来定位是最方便而有效的办法，如图 12-44 所示的齿轮、联轴器左侧的定位。为了保证轴上零件紧靠定位面，轴肩或轴环处的圆角半径 r 必须小于零件毂孔的圆角 R 或倒角 C_1（图 12-45）。定位轴肩的高度一般取 $h = (2 \sim 3) C_1$ 或 $h = (0.07 \sim 0.1) d$（d 为配合处的轴径）。轴环宽度 $b \approx$ $1.4h$（表 12-8 图）。

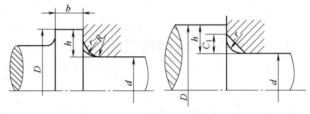

图 12-45 定位轴肩的结构尺寸

3. 轴的加工和装配工艺性

轴的结构应力求简单，阶梯级数尽可能少，键槽、圆角半径、倒角、中心孔等尺寸尽可能统一，以便于加工和检验；轴上需磨削的轴段应设计砂轮越程槽（图 12-44 中⑥、⑦轴段的交界处）；车制螺纹的轴段应有退刀槽；当轴上有多处键槽时，应使各键槽位于同一圆轴母线上（图 12-44）。为便于装配，轴端均应有倒角；阶梯轴常设计成两端小、中间大的形状，以便于零件可从两端进行装拆；各零件装配应尽量不接触其他零件的配合表面；轴肩高度不应妨碍零件的拆卸。

12.5.2 轴系部件的轴向固定

1. 轴上零件的轴向固定

轴上零件的轴向位置必须固定，以承受轴向力或不产生轴向移动。轴向定位和固定主要有两类方法：一是利用轴本身的结构实现定位和固定，如利用轴肩、轴环、锥面等；二是采用附件实现定位和固定，如采用套筒、圆螺母、弹性挡圈、轴端挡圈、紧定螺钉、楔键和销等，详见表 12-8。

表 12-8 轴上零件的轴向定位和固定

固 定 方 式	结 构 图 形	应 用 说 明
轴肩或轴环	轴肩 轴环	定位和固定可靠，可承受的轴向力大
套筒		定位和固定可靠，可承受的轴向力大，多用于轴上相邻两零件相距不远的场合。为了定位可靠，应使齿轮轮毂宽 b 大于相配轴段的长度 l，一般取 $b - l = 2 \sim 3mm$

（续）

固 定 方 式	结 构 图 形	应 用 说 明
锥面		对中性好，常用于调整轴端零件位置或需经常拆卸的场合
圆螺母与止动垫圈	止动垫圈 圆螺母	常用于零件与轴承之间距离较大、轴上允许车制螺纹的场合
双圆螺母		可以承受较大的轴向力，螺纹对轴的强度削弱较大，应力集中严重
弹性挡圈	轴用弹性挡圈	常用于承受轴向力小或不承受轴向力的场合，常用作滚动轴承的轴向固定
轴端挡圈		用于轴端零件要求固定的场合

（续）

固 定 方 式	结 构 图 形	应 用 说 明
紧定螺钉		常用于承受轴向力小或不承受轴向力的场合

2. 滚动轴承的外圈固定

滚动轴承外圈轴向定位固定方式见表 12-9。

表 12-9　滚动轴承外圈轴向定位固定方式

定位固定方式	简图	特点和应用
轴承端盖固定		固定可靠、调整简便,应用广泛,适用于各类轴承的外圈单向固定
弹性挡圈固定		结构简单、紧凑,适用于转速不高、轴向力不大的场合
止动卡环固定		轴承外圈带有止动槽,结构简单、可靠,适用于箱体外壳不便设凸肩的深沟球轴承固定
螺纹环固定		轴承座孔须加工螺纹,适用于转速高、轴向载荷大的场合

12.6　轴系支承的组合设计

12.6.1　轴系轴向位置的固定

为了保证轴工作时的正确位置，防止轴的窜动，轴系的轴向位置必须固定。其典型结构形式有三种。

1. 两端单向固定

此种结构适用于工作温度变化不大的短轴，如图 12-46 所示。考虑到轴工作时会受热膨胀，安装时轴承端盖与轴承外圈之间应留有间隙，如图 12-46a 所示，常取间隙 $\Delta = 0.25 \sim 0.4\text{mm}$。一般还要在轴承端盖和机座间加调整垫片，以便调整轴承的游隙。

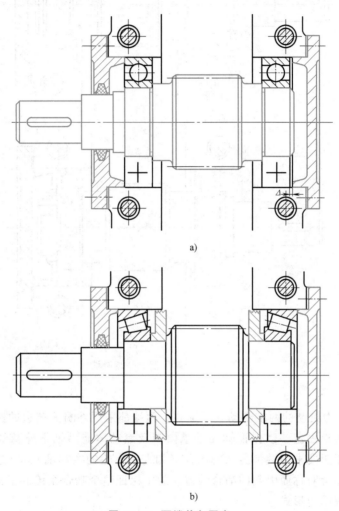

a)

b)

图 12-46　两端单向固定

小提示

掌握轴系部件的设计很重要，课程设计中箱体俯视图的设计实际上就是轴系部件的设计。

2. 一端固定、一端游动

当轴的工作温度较高或轴较长时，为弥补轴受热膨胀时的伸长量，常采用一端轴承双向固定、一端轴承游动的结构形式（图 12-47）。一般游动端可选用圆柱滚子轴承（图 12-47a）或深沟球轴承（图 12-47b）。

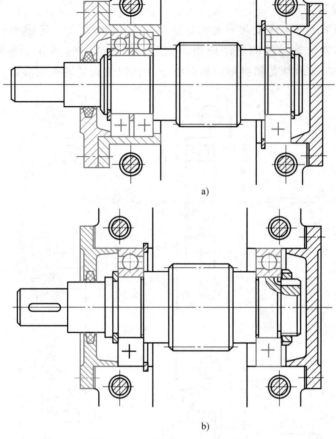

a)

b)

图 12-47　一端固定、一端游动

3. 两端游动

图 12-48 所示为典型的两端游动支承形式，两端都采用外圈无挡边的圆柱滚子轴承，轴承的内、外圈都要求固定，以保证轴和轴承内圈及滚动体能沿轴承外圈的内表面做轴向游动。这种支承适用于要求两端都游动的场合（如人字齿轮的主动轴），以弥补因螺旋角偏差造成两侧轮齿不完全对称而引起的啮合误差。为了保证整个啮合系统的正常工作，参与传动的另一根轴要做成固定形式。

12.6.2　滚动轴承组合的调整

1. 轴承间隙的调整

为保证轴承正常运转，在装配轴承时，一般都要留有适当的间隙，常用的间隙调整方法有三种：

（1）调整垫片（图 12-49a）　增减轴承端盖与箱体结合面之间的垫片厚度以调整轴承间隙。

（2）调节压盖（图 12-49b）　利用端

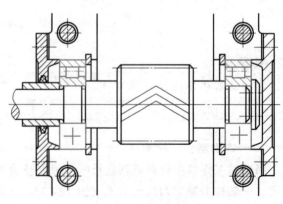

图 12-48　两端游动

盖上的螺钉调节可调压盖的轴向位置以调整轴承间隙。

（3）调整环（图12-49c）　增减轴承端面与轴承端盖之间的调整环厚度以调整轴承间隙。

2. 轴承组合位置的调整

　　轴承组合位置调整的目的是使轴上零件具有准确的工作位置，如锥齿轮传动，要求两个节锥顶点重合，这可以通过调整移动轴承的轴向位置来实现。图12-50所示为锥齿轮轴系支承结构，套杯与箱体之间的垫片1用来调整锥齿轮的轴向位置，而垫片2则用来调整轴承间隙。

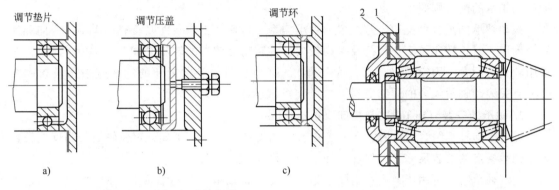

图12-49　轴承间隙的调整

a）调整垫片　b）调节压盖　c）调整环

图12-50　轴承组合位置调整

3. 滚动轴承的预紧

　　预紧是指安装时给轴承一定的轴向压力（预紧力），以消除其间隙，并使滚动体和内外圈接触处产生弹性预变形。预紧的作用是增加轴承刚度，减小轴承工作时的振动，提高轴承的旋转精度。

　　预紧的方法有：

　　（1）定位预紧　在成对使用的轴承的内圈（或外圈）之间加上金属垫片（图12-51a）或磨窄某一侧套圈的宽度（图12-51b），在轴承受一定轴向力后产生预变形实现预紧。

　　（2）定压预紧　利用弹簧的弹性压力使轴承承受一定的轴向载荷并产生预变形，实现定压预紧，如图12-52所示。

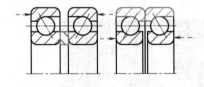

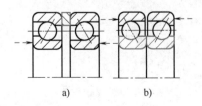

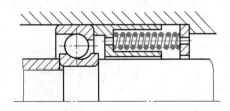

图12-51　轴承的定位预紧

a）增加金属垫片　b）磨窄某一侧套圈宽度

图12-52　轴承的定压预紧

12.6.3　滚动轴承的配合与装拆

1. 滚动轴承的配合（coordinate）

轴承的配合是指轴承内圈与轴颈、轴承外圈与座孔的配合。滚动轴承是标准件，其内圈与轴颈的配合采用基孔制，外圈与轴承座孔的配合采用基轴制。载荷较大时，应选较紧的配合；当载荷方向不变时，转动圈配合宜紧一点，而不动圈配合松一点。游动支承和需要经常拆卸的轴承的配合则要松一点。

滚动轴承的配合种类和公差应根据轴承类型、转速、工作条件以及载荷大小、方向和性质来确定。对于转速较高、载荷及振动较大、旋转精度较高的转动套圈（通常为内圈），应采用较紧的配合；固定套圈（通常为外圈）、游动套圈或经常拆卸的轴承应采用较松的配合。有关滚动轴承配合的详细资料可参考《机械设计手册》。

2. 轴承的安装（install）与拆卸（demolition）

进行滚动轴承组合设计时，还应考虑轴承的安装与拆卸。例如，定位轴肩的高度应符合滚动轴承规定的安装尺寸，以保证拆卸空间（图 12-53c）。

安装轴承时，可用压力机在内圈上施加压力，将轴承压套到轴颈上（图 12-53a），也可

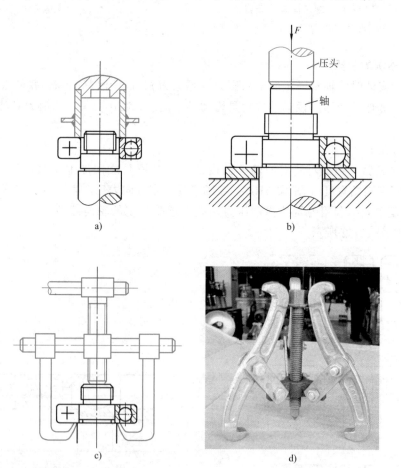

图 12-53　轴承的装拆

在内圈上加套后用锤子均匀敲击使之装入轴颈，但不允许直接用锤子敲打轴承外圈，以防损坏轴承；对精度要求较高的轴承，还可采用热配法，将轴承放在不到 100℃ 的油中加热后，再装入。

轴承的拆卸如图 12-53b、c 所示。图 12-53d 所示为轴承专用的轴承拆卸器。

12.7　轴的强度与刚度计算

12.7.1　确定各轴段的直径和长度

1. 各轴段的直径

在轴的设计初期，由于轴承及轴上零件位置均不确定，不能求出支反力和弯矩分布情况，因而无法按弯曲强度计算轴的危险截面直径，只能用估算法来初步确定轴的直径。初步估算轴的直径可以采用以下两种方法：

（1）按类比法初步估算轴的直径　这种估算方法是根据轴的工作条件，选择与其相似的轴进行类比，从而进行轴的结构设计，并画出轴的零件图。用类比法估算轴的直径时一般不进行强度计算。由于完全依靠现有资料及设计者的经验估算轴的直径，结果比较可靠，同时又缩短了设计周期，因而较为常用。但这种方法也存在一定的盲目性。

（2）按抗扭强度初步估算轴的直径　在进行轴的结构设计前，先按抗扭强度条件初步估算轴的最小直径。待轴的结构设计基本完成之后，再对轴进行全面的受力分析及强度、刚度核算。

由材料力学知识可知，圆轴扭转时的强度条件为

$$\tau = \frac{T}{W_p} = \frac{9.55 \times 10^6 P}{0.2 d^3 n} \leqslant [\tau] \tag{12-3}$$

式中　τ、$[\tau]$——轴的扭转切应力和许用扭转切应力（MPa）；

$\qquad$ T——轴所传递的转矩（N·mm）；

$\qquad$ W_p——轴的抗扭截面系数（mm^3）；

$\qquad$ P——轴所传递的功率（kW）；

$\qquad$ n——轴的转速（r/min）；

$\qquad$ d——轴的估算直径（mm）。

将许用应力代入上式，按许用扭转切应力$[\tau]$计算轴径 d

$$d \geqslant \sqrt[3]{\frac{9.55 \times 10^6 P}{0.2[\tau]n}} = A\sqrt[3]{\frac{P}{n}} \tag{12-4}$$

式中，$A = \sqrt[3]{\dfrac{9.55 \times 10^6}{0.2[\tau]}}$ 是由轴的材料和承载情况确定的常数，其值见表 12-10。

表 12-10　轴用材料的$[\tau]$和 A 值

轴的材料	Q235,20	35	45	40Cr,35SiMn,42SiMn,40MnB
$[\tau]$/MPa	12～20	20～30	30～40	40～52
A	160～135	135～118	118～107	107～97

注：1. 当作用在轴上的弯矩较转矩小或只受转矩时，$[\tau]$取较大值，A 取较小值；反之$[\tau]$取较小值，A 取较大值。
　　2. 当用 Q235 及 35SiMn 时，$[\tau]$取较小值，A 取较大值。

应用式（12-4）求出的 d 值，一般选作轴的最小直径。轴段上有键槽时，应把算得的直径增大，单键则轴径增大 3%～5%，双键则轴径增大 8%～10%，然后圆整到标准直径。

2. 各轴段的长度

各轴段的长度主要是根据安装零件与轴配合部分的轴向尺寸（或者考虑安装零件的位移以及留有适当的调整间隙等）来确定。确定轴的各段长度时应保证轴上零件轴向定位的可靠，与齿轮、联轴器等零件相配合部分的轴长，一般应比毂的长度短 2～3mm。

12.7.2　轴的强度校核

当轴的结构设计完成以后，轴上零件的位置均已确定，轴所受载荷的大小、方向、作用点及支承跨距均为已知，此时可校核轴的强度。

轴的强度计算应根据轴上载荷情况的不同而采用相应的计算方法。对于传动轴，可按抗扭强度计算公式（12-3）和式（12-4）进行计算；对于心轴，可按弯矩强度计算；对于转轴，应按弯扭组合强度计算，必要时还应按疲劳强度条件精确校核安全系数。

1. 弯扭组合强度计算

对于同时承受弯矩 M 和转矩 T 的钢制转轴，通常按第三强度理论进行强度计算，强度计算公式为

$$\sigma_{e} = \frac{M_{e}}{W_{z}} = \frac{\sqrt{M^{2} + (\alpha T)^{2}}}{0.1d^{3}} \leqslant [\sigma_{-1}]_{bb} \tag{12-5}$$

式中　σ_{e}——危险截面的当量应力（MPa）；

　　　M_{e}——当量弯矩（N·mm）；

　　　M——合成弯矩（N·mm）；

　　　T——轴所传递的转矩（N·mm）；

　　　d——危险截面的直径（mm）；

　　　W_{z}——危险截面的抗弯截面系数（mm^{3}）；

　　　α——将转矩转化为当量弯矩的折合因数。对于不变转矩，$\alpha = \dfrac{[\sigma_{-1}]_{bb}}{[\sigma_{+1}]_{bb}} \approx 0.3$；对于脉动循环转矩，$\alpha = 0.6$；对于频繁正反转的轴，可按对称循环转矩处理，取 $\alpha = 1$。若转轴变化规律不清楚，一般按脉动变化转矩处理；

$[\sigma_{-1}]_{bb}$——对称循环状态下的许用弯曲应力，参见表 12-1；

$[\sigma_{+1}]_{bb}$——静应力状态下的许用弯曲应力，参见表 12-1。

由式（12-5）可推得相应轴段实心轴直径 d 的计算公式

$$d \geqslant \sqrt[3]{\frac{M_{e}}{0.1[\sigma_{-1}]_{bb}}} \tag{12-6}$$

由式（12-6）求得的直径如小于或等于前期由结构确定的轴径，说明原轴径强度足够；否则应加大各轴段的直径。

2. 按弯扭组合强度校核轴的强度

1）画出轴的空间受力图，计算出水平面内支反力和铅垂面内支反力。

2）根据水平面受力图画出水平面弯矩图。

3）根据垂直面受力图画出垂直面弯矩图。

4）进行矢量合成，画出合成弯矩图。

5）画出轴的扭矩图。

6）计算危险截面的当量弯矩。

7）进行危险截面的强度计算。对有键槽的截面，应将计算的直径适当增大。当轴的校核强度不够时，应重新进行设计。

例 12-2　图 12-54 所示为单级直齿圆柱齿轮减速器的传动简图。已知从动轴传递的功率为 $P=12\text{kW}$，转速 $n_2=240\text{r/min}$，大齿轮的齿宽 $b=70\text{mm}$，齿数 $z=40$，$m=5\text{mm}$，轴端装联轴器，试设计此从动轴。

解　1）选择轴的材料。

该轴对材料无特殊要求，选 45 钢，正火处理。

2）初估轴外伸端直径 d。

根据公式 $d \geqslant A\sqrt[3]{\dfrac{P}{n}}$，查表 12-10，45 钢的 $A=118\sim107$，于是得

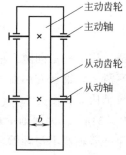

主动齿轮
主动轴
从动齿轮
从动轴
b

图 12-54　单级直齿圆柱齿轮减速器

$$d \geqslant A\sqrt[3]{\frac{P}{n}} = (118\sim107)\times\sqrt[3]{\frac{12}{240}}\text{mm} = 43.47\sim39.42\text{mm},$$

考虑该轴段上有一个键槽，故应将直径增大 4%，即 $d=(43.47\sim39.42)\times1.04\text{mm}=45.21\sim41.00\text{mm}$；轴端安装联轴器，应取对应的标准直径系列值，取 $d=42\text{mm}$。

3）轴的结构设计及草图绘制。

① 轴的结构分析：要确定轴的结构形状，必须先确定轴上零件的装拆顺序和固定方式，因为不同的装拆顺序和固定方式对应着不同的轴的形状。本题考虑从轴的右端装入齿轮，齿轮的左端用轴肩（或轴环）定位和固定，右端用套筒固定。因单级传动，一般将齿轮安装在箱体中间，轴承安装在箱体的轴承孔内，相对于齿轮左右对称，并取相同的内径。最后确定轴的形状如图 12-55 所示。

② 确定各轴段的直径：根据各轴段直径的确定原则，该从动轴各轴段直径选取如下：轴段①的直径为最小直径，通过前面的计算确定为 $d_1=42\text{mm}$；轴段②要考虑联轴器的定位和安装密封圈的需要，取 $d_2=50\text{mm}$，取定位轴肩高 $h=(0.07\sim0.1)d_1$；轴段③安装轴承，为便于装拆，应取 $d_3>d_2$，且与轴承的内径标准系列相符，故取 $d_3=55\text{mm}$（轴承型号为6311）；轴段④安装齿轮，轴径尽可能采用推荐的标准系列值，但轴的尺寸不宜过大，故取 $d_4=56\text{mm}$；轴段⑤为轴环，考虑左面轴承的拆卸以及右面齿轮的定位和固定，取轴径 $d_5=65\text{mm}$；轴段⑥取与轴段③相等的直径，即 $d_6=55\text{mm}$。

③ 确定各轴段的长度：为保证齿轮固定可靠，轴段④的长度应略短于齿轮轮毂的长度（设齿轮轮毂长与齿宽 b 相等，为 70mm），取 $L_4=68\text{mm}$；为保证齿轮端面与箱体内壁不相

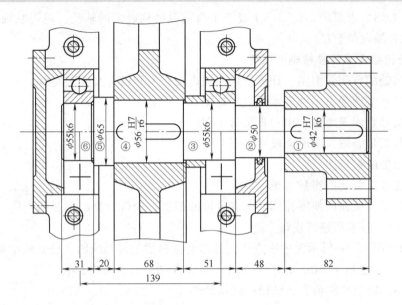

图 12-55 轴系部件结构图

碰，应留一定间隙，取两者间距为 15mm，为保证轴承安装在箱体轴承孔内，并考虑轴承的润滑，取轴承右端面与箱体内壁间距为 5mm（考虑采用油润滑，如为脂润滑应取更大些），故轴段⑤长度为 $L_5 = (15+5)\,mm = 20mm$；根据轴承内圈宽度 $B = 29mm$，故取轴段⑥长度为 $L_6 = 31mm$；因两轴承相对齿轮对称布置，故取轴段③长度为 $L_3 = (2+20+29)\,mm = 51mm$；为保证联轴器不与轴承端盖联接螺钉相碰，并使轴承盖拆卸方便，联轴器左端面与端盖间应留适当的间隙，再考虑箱体和轴承端盖的尺寸取定轴段②的长度，经查《机械零件设计手册》，取 $L_2 = 48mm$；根据联轴器轴孔长度 $L'_1 = 84mm$，（见《机械零件设计手册》，本题选用弹性套柱销联轴器，型号为 LT7，J 型轴孔），取 $L_1 = 82mm$。

> **小提醒**
>
> 确定轴的长度很重要，课程设计时箱体的宽度就取决于轴的长度，或者说箱体的设计就是从确定轴的长度开始的。

因此，全轴长 $L = (82+48+51+68+20+31)\,mm = 300mm$。

④ 两轴承之间的跨距 l：因深沟球轴承的支反力作用点在轴承宽度的中点，故两轴承之间的跨距 $l = (70+20\times2+14.5\times2)\,mm = 139mm$。

4）按弯扭组合进行强度校核。

① 绘制轴的计算简图：如图 12-56a 所示，对轴系部件结构图进行简化。再对载荷进行简化，两端轴承，一端视为活动铰链，一端视为固定铰链，从动轴受力简图如图 12-56b 所示。

② 计算轴上的作用力：

从动轴上的转矩

$$T = 9.55 \times 10^6 P/n = (9.55 \times 10^6 \times 12/240)\,N \cdot mm = 477500 N \cdot mm$$

齿轮分度圆直径

$$d = zm = 40 \times 5mm = 200mm$$

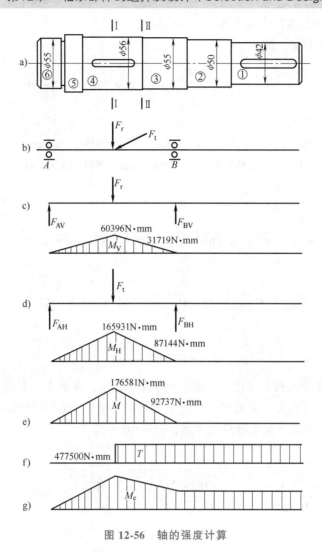

图 12-56　轴的强度计算

齿轮的圆周力

$$F_t = \frac{2T}{d} = \frac{2 \times 477500}{200} N = 4775N$$

齿轮的径向力　　　　$F_r = F_t \tan\alpha = (4775 \times \tan20°)N \approx 1738N$

③ 计算支反力及弯矩：

a. 求垂直平面内的支反力及弯矩

求支反力：对称布置，故

$$F_{AV} = F_{BV} = \frac{F_r}{2} = \frac{1738}{2}N = 869N$$

求垂直平面内的弯矩

Ⅰ-Ⅰ截面　　　　$M_{ⅠV} = (869 \times 69.5)N \cdot mm = 60396N \cdot mm$

Ⅱ-Ⅱ截面　　　　$M_{ⅡV} = (869 \times 36.5)N \cdot mm = 31719N \cdot mm$

b. 求水平平面内的支反力及弯矩

求支反力：对称布置，故

$$F_{AH} = F_{BH} = \frac{F_t}{2} = \frac{4775}{2}N = 2387.5N$$

求水平平面内的弯矩

Ⅰ-Ⅰ截面 $\qquad M_{IH} = (2387.5 \times 69.5)N \cdot mm = 165931N \cdot mm$

Ⅱ-Ⅱ截面 $\qquad M_{IIH} = (2387.5 \times 36.5)N \cdot mm = 87144N \cdot mm$

c. 求各剖面的合成弯矩

Ⅰ-Ⅰ截面

$$M_I = \sqrt{M_{IV}^2 + M_{IH}^2} = \sqrt{60396^2 + 165931^2}N \cdot mm = 176581N \cdot mm$$

Ⅱ-Ⅱ截面

$$M_{II} = \sqrt{M_{IIV}^2 + M_{IIH}^2} = \sqrt{31719^2 + 87144^2}N \cdot mm = 92737N \cdot mm$$

d. 计算转矩

$$T = 477500N \cdot mm$$

e. 确定危险截面并校核其强度　由图 12-56 容易看出，截面Ⅰ、Ⅱ所受转矩相同，但弯矩 $M_I > M_{II}$，截面Ⅰ可能为危险截面；但由于轴径 $d_I > d_{II}$，故也应对截面Ⅱ进行校核。按弯扭组合计算时，转矩按脉动循环变化考虑，取 $\alpha = 0.6$。

Ⅰ-Ⅰ截面的应力

$$\sigma_{Ie} = \frac{\sqrt{M_I^2 + (\alpha T)^2}}{0.1d_I^3} = \frac{\sqrt{176581^2 + (0.6 \times 477500)^2}}{0.1 \times 56^3}MPa = 19.2MPa$$

Ⅱ-Ⅱ截面的应力

$$\sigma_{IIe} = \frac{\sqrt{M_{II}^2 + (\alpha T)^2}}{0.1d_{II}^3} = \frac{\sqrt{92737^2 + (0.6 \times 477500)^2}}{0.1 \times 55^3}MPa = 18.1MPa$$

查表 12-1 得 $[\sigma_{-1}]_{bb} = 55MPa$，较 σ_{Ie}、σ_{IIe} 都大，故轴强度满足要求，并有相当裕量。

f. 也可用式（12-4）计算轴径，来确认危险截面Ⅰ的直径是否合适。取最大弯矩 M_I 来计算 M_e

$$M_e = \sqrt{M_I^2 + (\alpha T)^2} = \sqrt{176581^2 + (0.6 \times 477500)^2}N \cdot mm = 336546N \cdot mm$$

代入式（11-4）得

$$d \geq \sqrt[3]{\frac{M_e}{0.1[\sigma_{-1}]_{bb}}} = \sqrt[3]{\frac{336546}{0.1 \times 55}}mm = 39.4mm$$

实际危险截面直径 $d_I = 56mm$，大于计算值，说明轴强度满足要求。

一般设计计算时在 e、f 两种验算方法中任选一种即可。

5）轴的工作图绘制如图 12-57 所示。

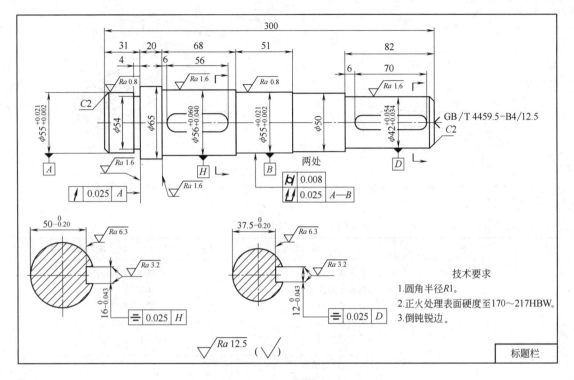

图 12-57　轴的工作图

轴的刚度校核

12.7.3　轴的刚度计算

轴的刚度不足，在载荷作用下将产生很大的变形，从而影响机器的正常工作。例如：切削机床主轴的刚度不够，会影响机床的加工精度；带动齿轮工作的轴刚度不足，将影响齿轮的啮合传动；轴的弯曲变形过大还会加大轴承的磨损等等。所以，对于有刚度要求的轴，必须进行刚度校核。

轴在弯矩作用下会产生弯曲变形，其变形量用挠度 y 和偏转角 θ（图 12-58）来度量；轴在转矩作用下会产生扭转变形，其变形量用扭转角 ψ（图 12-59）来度量。设计时应根据轴的工作条件限制以上变形量。

小提醒

要合理选择轴用材料，不增大直径而单纯把碳素钢换成合金钢不能提高轴的刚度。

挠度　　　　　　　　　　　$y \leqslant [y]$

偏转角　　　　　　　　　　$\theta \leqslant [\theta]$　　　　　　　　　　（12-7）

扭转角　　　　　　　　　　$\psi \leqslant [\psi]$

$[y]$、$[\theta]$、$[\psi]$ 分别为许用挠度、许用偏转角和许用扭转角，其值见表 12-11。

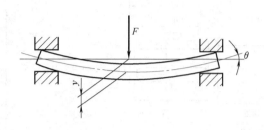

图 12-58　轴的挠度和偏转角

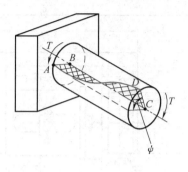

图 12-59　轴的扭转角

表 12-11　轴的变形许用值

变　形		应　用　场　合	许　用　值
弯曲变形	许用挠度 $[y]$	一般用途的轴 刚度要求较高的轴 安装齿轮的轴 安装蜗轮的轴 感应电动机轴	$(0.0003 \sim 0.0005)L$ $0.0002L$ $(0.01 \sim 0.03)m_n$ $(0.02 \sim 0.05)m_t$ $\leqslant 0.1\delta$
		L——支承间跨距 m_n——齿轮法向模数 m_t——蜗轮端面模数 δ——电动机定子与转子间的间隙	
		滑动轴承处 深沟球轴承处 调心球轴承处 圆柱滚子轴承处 圆锥滚子轴承处 安装齿轮处轴的截面	$0.001\mathrm{rad}$ $0.005\mathrm{rad}$ $0.05\mathrm{rad}$ $0.0025\mathrm{rad}$ $0.0016\mathrm{rad}$ $(0.001 \sim 0.002)\mathrm{rad}$
扭转变形	许用扭转角 $[\psi]$	一般传动 较精密的传动 重要传动	$0.5° \sim 1°/\mathrm{m}$ $0.25° \sim 0.5°/\mathrm{m}$ $<0.25°/\mathrm{m}$

🔧 学习滑动轴承

12.8　滑动轴承

在高速、重载、高精度，轴承结构要求剖分、尺寸要求直径很大或很小的场合，以及在低速、有较大冲击的机械中（如水泥搅拌机、破碎机等），不便使用滚动轴承，应使用滑动轴承。

小提示

滑动轴承应用也很广泛，尤其适用于高速、重载的场合。

12.8.1　滑动轴承的结构和类型

滑动轴承一般由轴承座、轴瓦（或轴套）、润滑装置和密封装置等部分组成。

滑动轴承根据承受载荷方向的不同可分为向心滑动轴承和止推滑动轴承两类。其中，向心滑动轴承只能承受径向载荷，它有整体式和对开式两种形式。

1. 整体式滑动轴承

图 12-60 所示为典型的整体式滑动轴承，它由轴承座和轴瓦组成。实际上，有些轴可直接穿入机架上加工出的轴承孔，即构成了最简单的整体式滑动轴承。

整体式滑动轴承结构简单，制造容易，成本低，常用于低速、轻载、间歇工作而不需要经常装拆的场合。它的缺点是轴只能从轴承的端部装入，装拆不便；轴瓦磨损后，轴与轴套之间的间隙无法调整。

2. 对开式滑动轴承

图 12-61 所示为典型的对开式滑动轴承，它由轴承座，轴承盖，剖分的上轴瓦和下轴瓦以及双头螺柱等部分组成。为了保证轴承的润滑，可在轴承盖的注油孔处加润滑油。为便于装配时对中并防止轴瓦横向移动，轴承盖和轴承座的分合面可做成阶梯形定位止口。

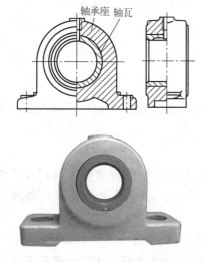

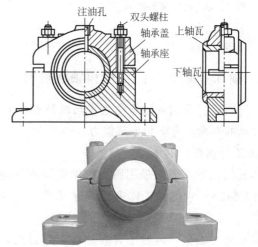

图 12-60　整体式滑动轴承　　　　　图 12-61　对开式滑动轴承

对开式
滑动轴承

对开式滑动轴承的轴瓦采用剖分式，在分合面上配置有调整垫片，当轴瓦磨损后，可适当调整垫片或对轴瓦分合面进行刮削、研磨等切削加工来调整轴颈与轴瓦间的间隙。对开式滑动轴承装拆方便，故应用较广。

3. 止推滑动轴承的结构形式

如图 12-62 所示，以立式轴端止推滑动轴承为例，它由轴承座、衬套、轴瓦和止推瓦等部分组成。止推瓦底部制成球面，可以自动调整位置，避免偏载。销钉用来防止止推瓦随轴转动。轴瓦用于固定轴的径向位置，同时也可承受一定的径向负荷。润滑油靠压力从底部注入，并从上部出油管流出。

止推轴承的轴颈可承受轴向载荷，其结构形式如图 12-63 所示。按支承面的不同，止推轴承轴颈可分为实心式、空心式和多环式等形式。对于实心式止推轴颈，由于距支承面中心越远位置的滑动速度越大，所以边缘部分磨损较快，进而使边缘部分压强减小，靠近中心处压强很高，轴颈与轴瓦之间的压力分布很不均匀。如采用空心或环形轴颈，则可使压力分布趋于均匀。根据承受轴向力的大小，环形轴颈可做成单环或多环，多环式轴颈承载能力较大，且能承受双向轴向载荷。

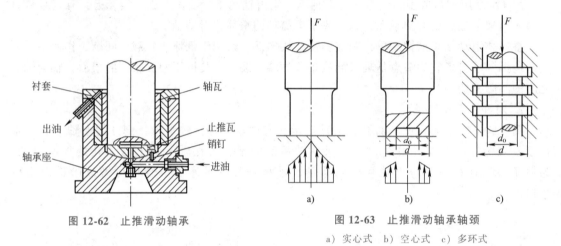

图 12-62　止推滑动轴承

图 12-63　止推滑动轴承轴颈
a) 实心式　b) 空心式　c) 多环式

12.8.2　轴瓦（轴套）的结构和轴承材料

轴瓦（轴套）是滑动轴承中直接与轴颈相接触的重要零件，它的结构形式和性能将直接影响轴承的寿命、效率和承载能力。

1. 轴瓦（轴套）的结构

整体式滑动轴承通常采用圆筒形轴套（图 12-64a），对开式滑动轴承则采用对开式轴瓦（图 12-64b）。它们的工作表面既是承载面，又是摩擦面，因而是滑动轴承中的核心零件。

许多轴瓦（轴套）内壁上开有油沟，其目的是为了把润滑油引入轴颈和轴瓦（轴套）的摩擦面，在轴颈和轴瓦（轴套）的摩擦面上建立起必要的润滑油膜。油沟一般开在非承载区，并不得与端部接通，以免漏油，通常轴向油沟长度为轴瓦宽度的 80%。油沟的形式如图 12-65 所示，油沟的上方开有油孔。

为了节约贵重金属，常在轴瓦内表面浇注一层轴承合金作减摩材料，以改善轴瓦接触表面的摩擦状况，提高轴承的承载能力，这层材料称为轴承衬。

为保证轴承衬与轴瓦贴附牢固，一般在轴瓦内表面预制一些沟槽，沟槽形式如图 12-66、图 12-67 所示。

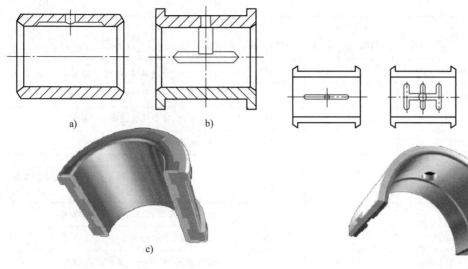

图 12-64　轴瓦（轴套）结构　　　　　　　　图 12-65　油沟的形式

a）圆筒形轴套　b）对开式轴瓦　c）实物图

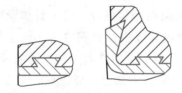

图 12-66　铸铁或钢制轴瓦的沟槽形式　　　　　图 12-67　青铜轴瓦的沟槽形式

2. 轴承材料

轴瓦（轴套）和轴承衬的材料统称为轴承材料。非液体摩擦滑动轴承工作时，因轴瓦与轴颈直接接触并有相对运动，将产生摩擦并发热，故常见的失效形式是磨损、胶合和疲劳破坏。因此，轴承材料应具有足够的强度和良好的塑性、减摩性（对润滑油的吸附性强，摩擦因数小）、耐磨性、磨合性（指经短期轻载运转后能消除表面不平度，使轴颈与轴瓦表面相互吻合），以及易于加工等性能。

轴承材料有金属材料、粉末冶金材料、非金属材料三类。

1）金属材料包括轴承合金（如巴氏合金）、青铜（brone）、铸铁等。常用的金属轴承材料及其性能见表 12-12。轴承合金常用的有锡基合金和铅基合金两种，这些材料的减摩性、抗胶合性、塑性好，但强度低、价格贵。

表 12-12　常用金属轴承材料及其性能

材料	牌号	$[p]$ /MPa	$[v]$ /(m/s)	$[pv]$ /(MPa·m/s)	备　注
锡基 轴承合金	ZSnSb11Cu6	平稳 25	80	20	用于高速、重载的重要轴承。变载荷下易疲劳，价高
	ZSnSb8Cu4	冲击 20	60	15	

（续）

材料	牌号	$[p]$ /MPa	$[v]$ /(m/s)	$[pv]$ /(MPa·m/s)	备　注
铅基 轴承合金	ZPbSb16Sn16Cu2	15	12	10	用于中速、中载轴承,不宜受显著冲击,可作为 锡基轴承合金的代用品
	ZPbSb15Sn5Cu3Cd2	5	6	5	
铜基轴承 合金	ZCuSn10Pb1	15	10	15	用于中速、重载及受变载荷的轴承
	ZCuSn5Pb5Zn5	8	3	15	用于中速、中载轴承
	ZCuPb30	平稳 25 冲击 15	12 8	30 60	用于高速、重载轴承,能承受变载荷和冲击载荷
	ZCuAl9Mn2	15	4	12	最适宜于润滑充分的低速、重载轴承
	ZCuZn38Mn2Pb2	10	1	10	用于低速、中载轴承
铸铁	HT150~HT250	2~4	0.5~1	1~4	用于低速、轻载的不重要轴承,价廉

　　青铜强度高,承载能力大,导热性好,且可以在较高温度下工作,但与轴承合金相比,其抗胶合能力较差,不易磨合,与之相配的轴颈必须经淬硬处理。

　　2）粉末冶金材料是以粉末状的铁或铜为基本材料与石墨粉混合,经压制和烧结制成的多孔性材料。用这种材料制成的成形轴瓦,可在其材料孔隙中存储润滑油,具有自润滑作用,即运转时因热膨胀和轴颈的抽吸作用,润滑油从孔隙中自动进入工作表面起润滑作用,停止运转时轴瓦降温,润滑油又回到孔隙中。由于不需要经常加油,故此类轴承又称为含油轴承。含油轴承的材料有铁-石墨和青铜-石墨两种。粉末冶金材料的价格低廉、耐磨性好,但韧性差,常用于低、中速,轻载或中载,润滑不便或要求清洁的场合,如食品机械、纺织机械或洗衣机等机械中。

　　3）非金属材料主要有塑料（plastic）、硬木（hardwood）、橡胶（rubber）等,使用最多的是塑料。塑料轴承的优点是有良好的耐磨性和抗腐蚀能力,有良好的吸振性和自润滑性;其缺点是承载能力一般都较低,导热性和尺寸稳定性差,热变形大,故常用于工作温度不高、载荷不大的场合。

12.9　轴系部件的润滑与密封

　　机械在运转过程中,各相对运动的零部件的接触表面会产生摩擦及磨损。摩擦是机械运转过程中不可避免的物理现象,在机械零部件众多的失效形式中,摩擦及磨损是最常见的失效形式。在日常生活和工程实践中,很多器具和设备的最终报废不是因为强度或刚度不足,而是因磨损严重导致不能正常使用而被废弃。要维护机械的正常运转,减少磨损,保持运转精度,就必须了解摩擦产生的原因,采用合理的润滑（lubrication）。

12.9.1 摩擦与磨损

摩擦可分为不同的形式，根据摩擦产生部位的不同可分为内摩擦与外摩擦：内摩擦是指发生在物质内部，阻碍分子间相对运动的摩擦现象；外摩擦是指当两个相互接触的物体发生相对滑动或有相对滑动的趋势时，在接触面上产生的阻碍相对滑动的摩擦现象。

根据工作零件运动形式的不同可分为静摩擦与动摩擦：静摩擦是指工作零件仅有相对滑动趋势时的摩擦现象；动摩擦是指工作零件相对运动过程中产生的摩擦现象。

根据位移情况的不同可分为滑动摩擦与滚动摩擦。本节只研究工作零件相对运动时金属表面间的滑动摩擦。

根据摩擦表面间存在润滑剂的情况，滑动摩擦又可分为干摩擦、流体摩擦（流体润滑）、边界摩擦（边界润滑）及混合摩擦（混合润滑），如图 12-68 所示。

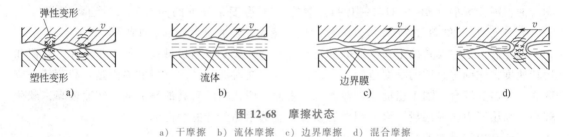

图 12-68　摩擦状态
a）干摩擦　b）流体摩擦　c）边界摩擦　d）混合摩擦

1）干摩擦是指接触表面间无任何润滑剂或保护膜的纯金属接触时的摩擦，如图 12-68a 所示，这种摩擦会使接触面间产生较大的摩擦及磨损，故在实际应用中应严禁出现这种情况。

2）流体摩擦是指两摩擦面不直接接触，而在中间有一层完整油膜（油膜厚度一般为 $1.5\sim2\mu m$）的摩擦现象，如图 12-68b 所示。这种摩擦的润滑状态最好，但有时需要外界设备供应润滑油，造价高，用于润滑要求较高的场合。

3）边界摩擦是指接触表面吸附着一层很薄的边界膜（油膜厚度小于 $1\mu m$）的摩擦现象，如图 12-68c 所示，是介于干摩擦与流体摩擦两种状态之间的一种摩擦形式。

4）实际运转中，可能会出现干摩擦、流体摩擦与边界摩擦同时存在的混合摩擦状态，称为混合摩擦，如图 12-68d 所示。

运转部位接触表面间的摩擦将导致零件表面材料的逐渐损失，形成磨损。磨损会影响机器的使用寿命，降低工作的可靠性与效率，甚至会使机器提前报废。因此，在设计时应预先考虑如何避免或减轻磨损，以保证机器达到设计寿命。

12.9.2 润滑剂及其选择

为减轻机械运转部位接触表面间的磨损，常在摩擦副间加入润滑剂将两表面分隔开来，这种措施称为润滑。润滑的主要作用有：降低摩擦，减少磨损，防止腐蚀，提高效率，改善机器运转状况，延长机器的使用寿命。

工业生产实际中最常用的润滑剂有润滑油、润滑脂，此外，还有固体润滑剂（如二硫化钼、石墨等）、气体润滑剂（如空气等）。

小提示

机械运转中润滑非常重要，机械的运转精度、使用寿命等都和润滑有关。一定要采用合理的润滑方法。

1. 润滑油

润滑油是应用最广泛的润滑剂，可以分为三类：一是有机油，通常是指动物油、植物油；二是矿物油，主要是指石油产品；三是化学合成油。因矿物油来源充足，成本低廉，稳定性好，应用范围广，故多采用矿物油作为润滑油。

衡量润滑油性能的一个重要指标是黏度。黏度不仅直接影响摩擦副的运动阻力，而且对润滑油膜的形成及其承载能力有决定性作用，它是选择润滑油的主要依据。黏度可用动力黏度、运动黏度、条件黏度三项指标来表示，润滑油的牌号就以运动黏度来划分。对于工业用润滑油，国家标准（GB/T 3141—1994）规定40℃温度条件下的润滑油按运动黏度分为5、7、10、15、22、32等20个牌号。牌号的数值越大，油的黏度越高，即越稠。

选用润滑油主要是确定润滑油的种类与牌号。一般是根据机械设备的工作条件、载荷和运转速度，先确定合适的黏度范围，再选择适当的润滑油品种。选择的原则是：载荷较大或变载、冲击的场合，加工粗糙或未经磨合的表面，应选黏度较高的润滑油；转速较高，载荷较小，采用压力循环润滑、滴油润滑的场合，宜选用黏度低的润滑油。

工业常用润滑油的性能与用途见表12-13。

表 12-13　工业常用润滑油的性能与用途

类别	品种代号	牌号	运动黏度/(mm²/s)	闪点/℃ 不低于	倾点/℃ 不高于	主要性能和用途	说明
工业闭式齿轮油	L-CKB 抗氧防锈工业齿轮油	100	90~110	180	-8	有良好的抗氧化性、耐蚀性、抗浮化性等性能，适用于齿面应力在 500MPa 以下的一般工业闭式齿轮传动的润滑	L-润滑剂类
		150	135~165				
		220	198~242	200			
		320	288~352				
	L-CKC 中载荷工业齿轮油	68	61.2~74.8	180	-12	具有良好的极压抗磨性和热氧化安定性，适用于冶金、矿山、机械、水泥等工业的中载荷（500~1000MPa）闭式齿轮传动的润滑	
		100	90~110				
		150	135~165				
		220	198~242	200	-9		
		320	288~352				
		460	414~506				
		680	612~748		-5		
	L-CKD 重载荷工业齿轮油	100	90~110		-12	具有良好的极压抗磨性、抗氧化性，适用于冶金、矿山、机械、化工等工业的重载荷闭式齿轮传动装置	
		150	135~165				
		220	198~242	200	-9		
		320	288~352				
		460	414~506				
		680	612~748		-5		

（续）

类别	品种代号	牌号	运动黏度/(mm²/s)	闪点/℃ 不低于	倾点/℃ 不高于	主要性能和用途	说明
主轴轴承油	轴承油（SH 0017—1990）	L-FC2	2.0~2.4	70	−18	主要适用于精密机床主轴轴承的润滑及其他以油压力、油雾润滑为润滑方式的滑动轴承和滚动轴承的润滑。L-FC10 可作为普通轴承用油和缝纫机用油	SH 为石化部标准代号
		L-FC3	2.9~3.5	80			
		L-FC5	4.1~5.1	90			
		L-FC7	6.1~7.5				
		L-FC10	9.0~11.0				
		L-FC15	13.5~16.5		−12		
		L-FC22	19.8~24.2				
全损耗系统用油	L-AN 全损耗系统用油（GB 443—1989）	5	4.14~5.06	80	−5	不加或加少量添加剂，质量不高，适用于一次性润滑和某些要求较低、换油周期较短的油浴式润滑	全损耗系统用油包括 L-AN 全损耗系统油（原机械油）和车辆油（铁路机车车辆油）
		7	6.12~7.48	110			
		10	9.00~11.00	130			
		15	13.5~16.5	150			
		22	19.8~24.2				
		32	28.8~35.2				
		46	41.4~50.6	160			
		68	61.2~74.8				
		100	90.0~110	180			
		150	135~165				

2. 润滑脂

润滑脂是在润滑油中加入稠化剂（如钙、钠、锂等金属皂基）而形成的脂状润滑剂，俗称黄油或干油。加入稠化剂的主要作用是减少油的流动性，提高润滑油与摩擦面的附着力。有时还加入一些添加剂，以增加抗氧化性和油膜厚度。

润滑脂的主要质量指标：

（1）锥入度　锥入度（脂的稠度）是指在规定的测定条件下，将重150g 的标准锥体放入 25℃的润滑脂试样中，经 5s 后所沉入的深度称为该润滑脂的锥入度（以 0.1mm 为单位）。它标志着润滑脂内阻力的大小和流动性的强弱，锥入度越小，表明润滑脂越不易从摩擦表面中被挤出，附着性、密封性好，故承载能力越高。

（2）滴点　滴点是指在规定的条件下，润滑脂受热后从标准测量杯的孔口滴下第一滴油时的温度。滴点标志着润滑脂耐高温的能力。

与润滑油相比，润滑脂黏性大，黏性受温度变化的影响较小，适用温度范围较润滑油更宽广；黏附能力强，密封性好，油膜强度高，不易流失；但流动性和散热能力差，摩擦阻力大，故不宜用于高速高温的场合。

常用润滑脂的性能与用途见表 12-14。

3. 固体润滑剂

用具有润滑作用的固体粉末取代润滑油或润滑脂来实现摩擦表面的润滑，称为固体润滑。最常用的固体润滑剂有石墨、二硫化钼、二硫化钨、高分子材料（如聚四氟乙烯、尼龙）等。

表 12-14 常用润滑脂的性能与用途

润滑脂 名称	牌号	锥入度/ 0.1mm	滴点/℃ 不低于	性能	主要用途
钙基 钙基润滑脂 GB/T 491—2008	1 2 3 4	310~340 265~295 220~250 175~205	80 85 90 95	抗水性好,适用于潮湿环境,但耐热性差	目前尚广泛应用于工、农业,交通运输等机械设备的中速、中低载荷轴承的润滑,将逐渐被锂基润滑脂所取代
钠基 钠基润滑脂 GB 492—1989	2 3	265~295 220~250	160 160	耐热性很好,黏附性强,但不耐水	适用于不与水接触的工、农业机械的轴承润滑,使用温度不超过110℃
锂基 通用锂基润滑脂 GB/T 7324—2010	1 2 3	310~340 265~295 220~250	170 175 180	具有良好的润滑性能、机械安定性、耐热性和防锈性,抗水性好	为多用途、长寿命通用脂,适用于温度范围为 -20~120℃ 各种机械的轴承及其他摩擦部位的润滑
锂基 极压锂基润滑脂 GB/T 7323—2019	00 0 1 2	400~430 355~385 310~340 265~295	165 170 180 180	具有良好的机械安定性、抗水性、极压抗磨性、防锈性和泵送性	为多效、长寿命通用脂,适用于温度范围为 -20~120℃ 的重型机械设备齿轮轴承的润滑
铝基 复合铝基润滑脂 SH/T 0378—1992	0 1 2	355~385 310~340 265~295	235	具有良好的耐热性、抗水性、流动性、泵送性、机械安定性等性能	被称为"万能润滑脂",适用于高温设备的润滑,0、1 号脂泵送性好,适用于集中润滑,2 号脂适用于轻、中载荷设备轴承的润滑
合成润滑脂 7412 号齿轮脂	00 00	400~430 445~474	200 200	具有良好的涂覆性、黏附性和极压润滑性,适用温度 -40~150℃	为半流体脂,适用于各种减速器齿轮的润滑,解决了齿轮箱漏油问题

固体润滑剂具有很好的化学稳定性,耐高温、高压,润滑简单,维护方便,适用于速度、温度和载荷非正常的条件下,或不允许有油、脂污染及无法加润滑油的场合。

12.9.3 润滑方式及选择

为了获得良好的润滑效果,除正确选择润滑剂外,还应选用合适的润滑方式和润滑装置。

1. 油润滑方式及装置

(1)滑动轴承的润滑方式及装置 润滑方式根据供油方式可分为间歇式和连续式。

间歇润滑只适用于低速、轻载和不重要的轴承,比较重要的轴承均应采用连续润滑方式。

常见的间歇润滑方式和装置如图 12-69 所示,一种是压注油杯(图 12-69a),一般用油壶或油枪进行定期加油;另一种是装满油脂的旋盖式油杯(图 12-69b)。

图 12-70 所示为连续润滑的供油装置,其中,图 12-70a 所示为芯捻润滑装置,它利用芯捻的毛细管虹吸作用将油从油杯中吸入轴承,但不能调整供油量;图 12-70b 所示为针阀式注油杯,当手柄平放时,针阀被弹簧压下,堵住底部油孔,当手柄垂直时,针阀提起,底部油孔打开,油杯中的油流入轴承,调节螺母可调节针阀提升的高度以控制油孔的进油量。

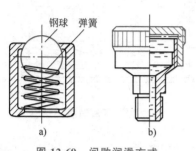

图 12-69　间歇润滑方式

a）压注油杯　b）旋盖式油杯

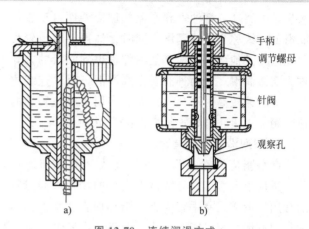

图 12-70　连续润滑方式

a）芯捻润滑装置　b）针阀式注油杯

如图 12-71 所示的润滑装置是在轴颈上套一个油环，利用轴的旋转将油甩到轴颈上，这种润滑方式适用于转速较高的轴颈。

（2）滚动轴承的润滑方式　滚动轴承通常根据轴承内径 d 和转速 n 的乘积值 dn 来选择润滑剂和润滑方式，选择标准参见表 12-15。

1）滴油润滑。滴油润滑用油杯储油（图 12-70b），可用针阀调节油量。为了使滴油畅通，一般选用黏度较低的 L-AN15 全损耗系统用油。

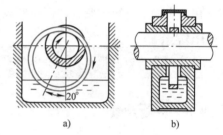

图 12-71　甩油润滑方式

2）喷油润滑。喷油润滑用油泵将油增压，然后通过油管和喷嘴将油喷到轴承内，其润滑效果好，一般适用于高速、重载和重要的轴承中。

3）油雾润滑。油雾润滑用经过过滤和脱水的压缩空气，将雾化后的润滑油通入轴承。该润滑方式适用于 dn 值大于 $6\times10^{5}\,\mathrm{mm\cdot r/min}$ 的轴承。这种润滑方法的冷却效果好，并可节约润滑油，但油雾散逸在空气中，会污染环境。

表 12-15　滚动轴承润滑方式选择的 dn 值

轴承类型	$dn/(10^{4}\mathrm{mm\cdot r/min})$（脂润滑）	$dn/(10^{4}\mathrm{mm\cdot r/min})$（油润滑）			
		浸油	滴油	喷油（循环油）	油雾
深沟球轴承	16	25	40	60	>60
调心球轴承	16	25	40		
角接触球轴承	16	25	40	60	>60
圆柱滚子轴承	12	25	40	60	>60
圆锥滚子轴承	10	16	23	30	
调心滚子轴承	8	12		25	
推力球轴承	4	6	12	15	

4）浸油润滑。在齿轮减速器中，如图 12-72 所示，将大齿轮的一部分浸入油中，利用

大齿轮的转动，把油带到摩擦部位使零件自动进行润滑的方式称为**浸油润滑**。同时，油被旋转齿轮带起飞溅到其他部位，使其他零件也得到润滑的方式称为**飞溅润滑**。这两种润滑方式润滑可靠，连续均匀，但转速较高时功耗大，因此多用于中速转动的齿轮箱体中齿轮与轴承等零件的润滑。

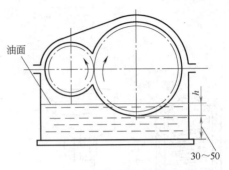

图 12-72　浸油润滑

2. 脂润滑方式及装置

润滑脂比润滑油稠，不易流失，但冷却作用差，适用于低、中速且载荷不太大的场合。润滑脂的常用润滑方式有手工加脂、脂杯加脂、脂枪加脂和集中润滑系统供脂等形式。对于开式齿轮传动、轴承、链传动等传动装置，多通过手工将润滑脂压入或填入润滑部位。对于旋转部位固定的设备，多在旋转部位的上方采用带阀的压配式注油杯和不带阀的弹簧盖油杯加脂，如图 12-69a、b 所示。对于大型设备，润滑点多，多采用集中润滑系统供脂，即用供脂设备把润滑脂定时定量送至各润滑点。

 小提示

转动部分的密封很重要，要根据实际使用情况选择合理的密封方式。

12.9.4　密封装置

机械设备中的润滑系统都必须设置密封装置，密封（seal）的作用是防止灰尘、水分及有害介质侵入机器，阻止润滑剂或工作介质的泄漏，有效地利用润滑剂。通过密封还可节约润滑剂，延长机器使用寿命，改善工厂环境卫生和工作条件。

密封装置的类型很多，根据被密封构件的运动形式可分为**静密封**和**动密封**。两个相对静止的构件结合面之间的密封称为静密封，如减速器的上、下箱之间的密封，轴承端盖与箱体轴承座之间的密封等。实现静密封的方法很多，最简单的方法是靠结合面加工平整，在一定的压力下贴紧密封；一般情况下，可在结合面之间加垫片或密封圈，还可在结合面之间涂各类密封胶。两个具有相对运动的构件结合面之间的密封称为动密封，根据其相对运动形式的不同，动密封又可分为**旋转密封**和**移动密封**，如减速器中外伸轴与轴承端盖之间的密封就是旋转密封。旋转密封又分为**接触式密封**和**非接触式密封**两类。本节只研究旋转轴外伸端的密封方法。

1. 接触式密封

接触式密封是靠密封元件与结合面的压紧产生接触摩擦而起密封作用的，故此种密封方式不宜用于高速。

（1）**毡圈密封**　如图 12-73 所示，将断面为矩形的毡圈压入轴承端盖的梯形槽中，使之产生对轴的压紧作用而实现密封。毡圈内径略小于轴的直径，尺寸已标准化。毡圈材料为毛毡，安装前，毡圈应先在黏度较高的热矿物油中浸渍饱和。毡圈密封结构简单，安装方便，成本较低，但易磨损、寿命短。一般适用于脂润滑和密封处圆周速度 $v<4m/s$ 的场合，工作温度不超过 90℃。

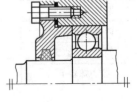

图 12-73　毡圈密封

（2）唇形密封圈密封　如图 12-74a 所示，密封圈一般由耐油橡胶、金属骨架和弹簧三部分组成，也有的没有骨架。密封圈是标准件，靠材料本身的弹力及弹簧的作用，以一定的收缩力紧套在轴上起密封作用。使用唇形密封圈时应注意唇口的方向，图 12-74b 所示为密封圈唇口朝内，目的是防止漏油；图 12-74c 所示为密封圈唇口朝外，目的是防止灰尘、杂质侵入。这种密封方式既可用于油润滑，也可用于脂润滑，轴的圆周速度要求小于 7m/s，工作温度范围为 $-40 \sim 100$℃。

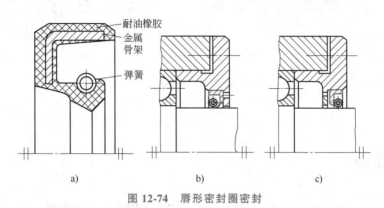

图 12-74　唇形密封圈密封

2. 非接触式密封

非接触式密封的密封部位转动零件与固定零件之间不接触，留有间隙，因此对轴的转速没有太大的限制。

（1）间隙密封　如图 12-75 所示，间隙式（也称防尘节流环式）密封，在转动件与静止件之间留有很小间隙（$0.1 \sim 0.3$mm），利用节流环间隙的节流效应起到防尘和密封作用。可在轴承端盖内加工出螺旋槽，若在螺旋槽内填充密封润滑脂，密封效果会更好。间隙的宽度越大，密封的效果越好。适用于环境比较干净的脂润滑。

（2）挡油环密封　如图 12-76 所示，在轴承座孔内的轴承内侧与工作零件之间安装一挡油环，挡油环随轴一起转动，利用其离心作用，将箱体内飞溅的油及杂质甩走，阻止其进入轴承部位，多用于轴承部位使用脂润滑的场合。

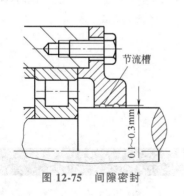

图 12-75　间隙密封

图 12-76　挡油环密封

（3）迷宫式密封　如图 12-77 所示，将轴上的旋转密封零件与固定在箱体上的密封零件之间做成迷宫间隙，对被密封介质产生节流效应而起密封作用迷宫式密封可分为轴向迷宫、径向迷宫、组合迷宫等形式，若在间隙中填充密封润滑脂，密封效果更好。迷宫式密封结构简单，使用寿命长，但加工精度要求高，装配较难，适用于脂、油润滑的场合，多用于一般密封方式不能胜任、要求较高的场合。

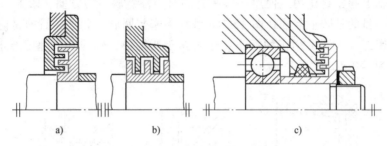

图 12-77 迷宫式密封

a）轴向迷宫 b）径向迷宫 c）组合迷宫

拓展内容

励行根研制的 C 型密封环，打破了国外企业的垄断

励行根，出生于 1962 年，浙江省慈溪人。1982 年高中毕业后他来到江苏张家港密封材料厂当技术员，后来担任技术副厂长，1993 年担任宁波天生石化机械配件有限公司董事长、总经理，1998 年创办宁波天生密封件有限公司。

核电设备上的 C 型密封环，直径 4m 多，精度必须控制在三根头发丝以内，一个密封环售价高达 300 多万，长期被国外企业垄断，还年年涨价。为了能够拥有中国自己生产的密封件，励行根带领宁波天生密封件有限公司以工匠精神十年磨一剑，终于以国产的"C 型密封环"替代进口。这一创新成果打破了国外垄断，使国外同类产品价格降 50%～70%。美国某公司的总裁 6 次来到宁波，抛出高于励行根公司资产数倍的天价意欲收购股权，但都被婉言谢绝。励行根始终坚守着"自主研发的核心技术品牌国外给多少钱也不能卖"的信念。

有关励行根研制"C 型密封环"的事迹请扫描下方二维码观看"国产密封环打破国外企业垄断"。

国产C型密封环
打破国外企业垄断

实例分析

图 12-78 所示是一个轴系部件的结构图，在轴的结构和零件固定等方面存在一些不合理的地方，请在图 12-78 中标出不合理的地方并说明理由，最后画出正确的轴系部件结构图。

分析过程如下：

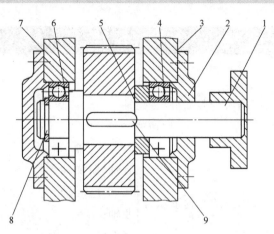

图 12-78 轴系部件结构图（错误）

序号 1 处有三处不合理的地方：①联轴器应打通；②安装联轴器的轴段应有定位轴肩；③安装联轴器的轴段上应有键槽。

序号 2 处有三处不合理的地方：①轴承端盖和轴配合处应留有间隙；②轴承端盖和轴配合处应装有密封圈；③原图轴承端盖的形状虽然可用，但加工面与非加工面分开则更佳。

序号 3 处有两处不合理的地方：①安装轴承端盖的部位应高于整个箱体表面，以便加工；②箱体本身的剖面不应该画剖面线。

序号 4 处有一处不合理的地方：安装轴承的轴段应高于其右侧的轴段，形成一个轴肩，以便轴承的装拆。

序号 5 处有两处不合理的地方：①安装齿轮的轴段长度应比齿轮的宽度短一点，以便齿轮更好地定位；②套筒直径太大，套筒的最大直径应小于轴承内圈的最大直径，以方便轴承的拆卸。

序号 6 处有两处不合理的地方：①定位轴肩太高，应留有拆卸轴承的空间；②安装轴承的轴段应留有越程槽。

序号 7 处有两处不合理的地方：①安装轴承端盖的部位应高于整个箱体表面，以便加工。②箱体本身的剖面不应该有剖面线。

序号 8 处的结构虽然可用，但有更好的结构可选用，例如单向固定的结构。

序号 9 处有一处不合理的地方：键太长，键的长度应小于该轴段的长度。

轴系部件的结构修正图如图 12-79 所示。

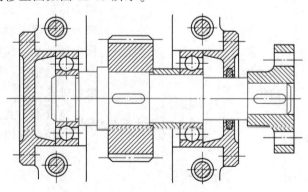

图 12-79 轴系部件结构图（正确）

知 识 小 结

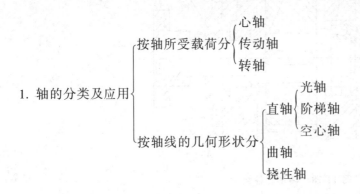

1. 轴的分类及应用
   - 按轴所受载荷分
     - 心轴
     - 传动轴
     - 转轴
   - 按轴线的几何形状分
     - 直轴
       - 光轴
       - 阶梯轴
       - 空心轴
     - 曲轴
     - 挠性轴

2. 轴的材料及其选择
   - 碳素钢
   - 合金钢
   - 高强度铸铁
   - 球墨铸铁

3. 滚动轴承
   - 滚动轴承的组成
     - 内圈
     - 外圈
     - 滚动体
       - 球形、圆柱形、圆锥形、鼓形、滚针形
     - 保持架
   - 按滚动体形状分
     - 球轴承
     - 滚子轴承
   - 按滚动轴承所承受载荷方向分
     - 以承受径向载荷为主的向心轴承
     - 以承受轴向载荷为主的推力轴承

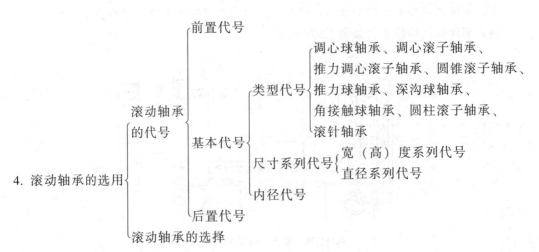

4. 滚动轴承的选用
   - 滚动轴承的代号
     - 前置代号
     - 基本代号
       - 类型代号
         - 调心球轴承、调心滚子轴承、推力调心滚子轴承、圆锥滚子轴承、推力球轴承、深沟球轴承、角接触球轴承、圆柱滚子轴承、滚针轴承
       - 尺寸系列代号
         - 宽（高）度系列代号
         - 直径系列代号
       - 内径代号
     - 后置代号
   - 滚动轴承的选择

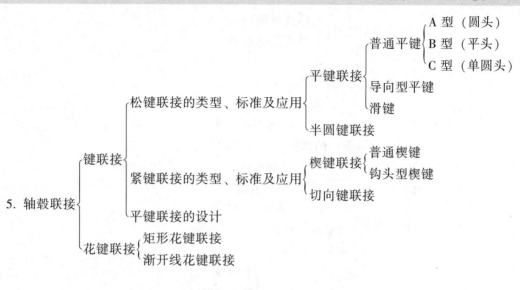

5. 轴毂联接
- 键联接
  - 松键联接的类型、标准及应用
    - 平键联接
      - 普通平键
        - A 型（圆头）
        - B 型（平头）
        - C 型（单圆头）
      - 导向型平键
      - 滑键
    - 半圆键联接
  - 紧键联接的类型、标准及应用
    - 楔键联接
      - 普通楔键
      - 钩头型楔键
    - 切向键联接
  - 平键联接的设计
- 花键联接
  - 矩形花键联接
  - 渐开线花键联接

6. 轴系部件结构设计
- 阶梯轴的结构
  - 轴头
  - 轴颈
  - 轴身
- 轴上零件的定位
- 轴的加工和装配工艺性

7. 轴系部件轴向固定
- 轴上零件的轴向固定
  - 轴肩、轴环、锥面、套筒、圆螺母、双圆螺母、弹性垫圈、轴端挡圈、紧定螺钉
- 滚动轴承的外圈固定

8. 滚动轴承组合设计
- 轴向固定
  - 内圈固定
  - 外圈固定
- 支承结构
  - 两端单向固定
  - 一端固定、一端游动
  - 两端游动
- 组合调整
  - 间隙的调整
  - 位置的调整
- 配合与装拆
  - 滚动轴承的配合
  - 轴承的安装与拆卸

9. 轴的强度与刚度的计算
- 轴的强度计算
  - 确定各轴段的直径和长度
  - 轴的强度校核
- 轴的刚度计算
  - 挠度 $y \leq [y]$
  - 偏转角 $\theta \leq [\theta]$
  - 扭转角 $\psi \leq [\psi]$

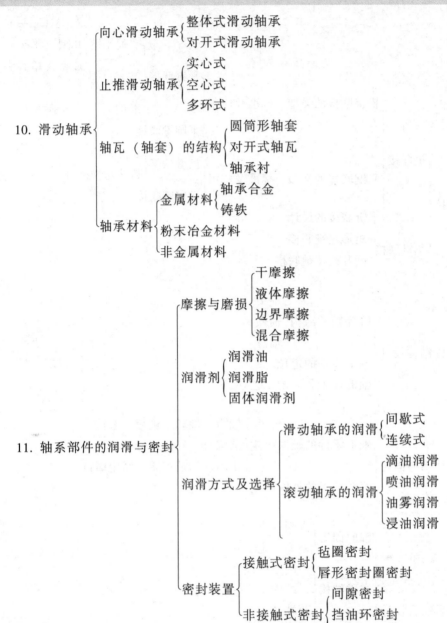

10. 滑动轴承
- 向心滑动轴承
  - 整体式滑动轴承
  - 对开式滑动轴承
- 止推滑动轴承
  - 实心式
  - 空心式
  - 多环式
- 轴瓦（轴套）的结构
  - 圆筒形轴套
  - 对开式轴瓦
  - 轴承衬
- 轴承材料
  - 金属材料
    - 轴承合金
    - 铸铁
  - 粉末冶金材料
  - 非金属材料

11. 轴系部件的润滑与密封
- 摩擦与磨损
  - 干摩擦
  - 液体摩擦
  - 边界摩擦
  - 混合摩擦
- 润滑剂
  - 润滑油
  - 润滑脂
  - 固体润滑剂
- 润滑方式及选择
  - 滑动轴承的润滑
    - 间歇式
    - 连续式
  - 滚动轴承的润滑
    - 滴油润滑
    - 喷油润滑
    - 油雾润滑
    - 浸油润滑
- 密封装置
  - 接触式密封
    - 毡圈密封
    - 唇形密封圈密封
  - 非接触式密封
    - 间隙密封
    - 挡油环密封
    - 迷宫式密封

第 13 章

联轴器、离合器及制动器
（Coupling、Clutch and Brake）

本章导读

常用工作机械多由原动装置、传动装置和执行装置等部分组成，每种装置之间需要互相联接工作，联轴器就是用来联接这些装置的重要部件。图 13-1 所示为卷扬机，其电动机与减速器、减速器与卷筒之间就是用联轴器联接来传递运动和转矩的。

人们驾驶汽车手动换档变速时，要先踩下离合器，使离合器处于分离状态

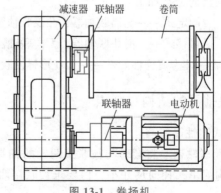

卷扬机

图 13-1 卷扬机

才能操纵变速器，这时离合器的作用是断开发动机和传动装置的联接；当离合器接合时，发动机就和传动装置联接传递运动和转矩。离合器是联接与断开运动的重要零件。

联轴器和离合器都是用来联接两轴，进行运动和转矩传递的装置。联轴器与离合器的区别是：联轴器只有在机器停止运转后才能将其拆卸或断开，使两轴分离；离合器则可以在机器的运转过程中进行分离或接合。制动器是迫使机器迅速停止运转或降低机器运转速度的机械装置。

本章主要介绍联轴器、离合器与制动器的类型、应用场合及选择。

 **基本内容**

13.1　联轴器

13.1.1　联轴器的分类

联轴器所联接的两轴，由于制造、安装误差及受载变形等一系列原因，两轴的轴线会产生相对位移，其形式包括轴向位移、径向位移、偏角位移和综合位移，如图 13-2 所示。相对位移将使机器工作情况恶化，因此，要求联轴器具有一定的补偿位移的能力。此外，在有冲击、振动的工作场合，还要求联轴器具有缓冲和吸振的能力。

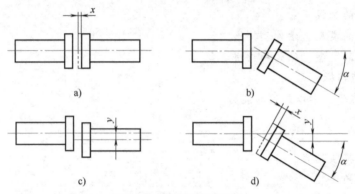

图 13-2　轴线的相对位移

a）轴向位移 x　b）偏角位移 α　c）径向位移 y　d）综合位移 x、y、α

常用联轴器的分类如下：

$$
联轴器
\begin{cases}
刚性联轴器
\begin{cases}
固定式——套筒联轴器、凸缘联轴器、链条联轴器\\
可移式——滑块联轴器、万向联轴器
\end{cases}\\
弹性联轴器——非金属弹性元件——梅花形弹性联轴器、弹性套柱销联轴器、弹性柱销联轴器
\end{cases}
$$

13.1.2　联轴器的结构和特点

1. 固定式刚性联轴器

（1）套筒联轴器　将套筒与被联接两轴的轴端分别用键（或销钉）固联，即为套筒联轴器。它结构简单，径向尺寸小，但要求被联接两轴有很好的对中性，且装拆时需做较大的

轴向移动，故常用于径向尺寸较小的场合。

单键联接套筒联轴器如图13-3所示，可用于传递较大转矩的场合。

销联接套筒联轴器，如图13-4所示，则常用于传递较小转矩的场合，也可用作剪销式安全联轴器。

图13-3 单键联接套筒联轴器

图13-4 销联接套筒联轴器

（2）凸缘联轴器 如图13-5所示，凸缘联轴器由两个半联轴器通过螺栓联接组成。凸缘联轴器结构简单，成本低，但不能补偿两轴线可能出现的径向位移和偏角位移，故多用于转速较低、载荷平稳、两轴线对中性较好的场合。

（3）链条联轴器 如图13-6所示，链条联轴器由公共链条同时与两个齿数相同的并列链轮啮合组成。常见的链条联轴器有双排滚子链联轴器、齿形链联轴器等。

图13-5 凸缘联轴器

图13-6 链条联轴器

链条联轴器结构简单、尺寸紧凑、重量轻；装拆方便，拆卸时不用移动被联接的两轴；具有一定补偿能力、对安装精度要求不高；同时具有工作可靠、寿命较长、成本较低等优点。可用于纺织、农机、起重运输、矿山、轻工、化工等工程机械的轴系传动，适用于高温、潮湿和多尘工况环境，不适用于高速、有剧烈冲击载荷和传递轴向力的场合。链条联轴器应在良好的润滑并有防护罩的条件下工作。

2. 可移式刚性联轴器

（1）滑块联轴器 如图13-7所示，滑块联轴器由两个带有凹槽的半联轴器和两端面都有榫的中间圆盘组成。圆盘两面的榫位于互相垂直的直径方向上，可以分别嵌入两个半联轴器相应的凹槽中。

滑块联轴器允许两轴有一定的径向位移。当被联接的两轴有径向位移时，中间圆盘将沿半联轴器的凹槽移动，由此引起的离心力将使工作表面压力增大而加快磨损。为此，应限制两轴间的径向位移≤$0.04d$（d为轴径），偏角位移$\alpha \leqslant 30'$，轴的转速不超过250r/min。

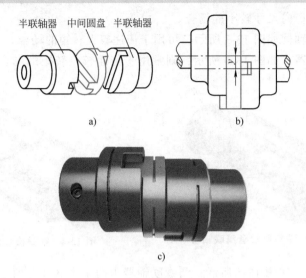

十字滑块
联轴器

图 13-7 十字滑块联轴器
a）分体图 b）组合图 c）实物图

滑块联轴器主要用于没有剧烈冲击而又允许两轴线有径向位移的低速轴联接。联轴器的材料常选用 45 钢或 ZG310-570，中间圆盘也可用铸铁。摩擦表面应进行淬火处理，硬度范围为 46~50HRC。为了减少滑动面的摩擦和磨损，还应注意润滑。

（2）万向联轴器 如图 13-8 所示，万向联轴器由两个轴叉分别与中间的十字销以铰链相连，万向联轴器两轴间的夹角可达 45°。单个万向联轴器工作时，两轴的瞬时角速度不相等，从而会引起冲击和扭转振动。为避免这种情况，保证从动轴和主动轴均以同一角速度等速回转，应采用双万向联轴器，如图 13-8b 所示，并要求中间轴与主、从动轴夹角相等，且中间轴两端轴叉应位于同一平面内。

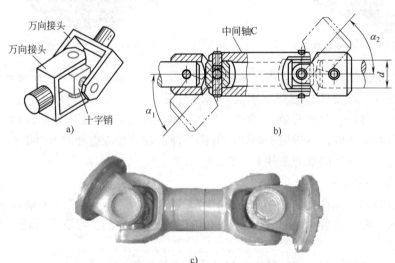

万向联轴器：
共线

万向联轴
器的应用

万向联轴
节轴：相交

图 13-8 万向联轴器
a）结构图 b）双万向联轴器 c）双万向联轴器实物图

3. 非金属弹性元件联轴器

（1）**梅花形弹性联轴器** 如图 13-9 所示，梅花形弹性联轴器由两个带凸齿的半联轴器和弹性元件组成，依靠半联轴器和弹性元件的密切啮合，承受径向挤压应力来传递转矩。当两轴线有相对偏移时，弹性元件发生相应的弹性变形，起到自动补偿作用。梅花形弹性联轴器主要适用于起动频繁、经常正反转、中高速、中等转矩和要求高可靠性的工作场合，如冶金、矿山、石油、化工、起重、运输、轻工、纺织等领域。

a) b)

图 13-9 梅花形弹性联轴器

a）分体图 b）实物图

与其他联轴器相比，梅花形弹性联轴器具有以下特点：工作稳定可靠，具有良好的减振、缓冲和电绝缘性能。结构简单，径向尺寸小，重量轻，转动惯量小，适用于中高速场合；具有较大的轴向、径向和角向偏差补偿能力；高强度聚氨酯弹性元件耐磨耐油，承载能力大，使用寿命长；联轴器无需润滑，维护工作量少，可连续长期运行。

（2）**弹性套柱销联轴器** 如图 13-10 所示，弹性套柱销联轴器的结构与凸缘联轴器相似，只是用套有弹性圈的柱销代替了联接螺栓，故能吸振。安装时应留有一定的间隙 c，以补偿较大的轴向位移。其允许轴向位移量 $x \leqslant 6\mathrm{mm}$，允许径向位移量 $y \leqslant 0.6\mathrm{mm}$，允许角偏移量 $\alpha \leqslant 1°$。弹性套柱销联轴器结构简单，价格便宜，安装方便，适用于转速较高、有振动、经常正反转以及起动频繁的场合，如电动机与机器轴之间的联接就常选用这种联轴器。

（3）**弹性柱销联轴器** 弹性柱销联轴器的结构如图 13-11 所示，采用尼龙柱销将两个半联轴器联接起来，为防止柱销滑出，两侧装有挡板。其特点及应用情况与弹性套柱销联轴器相似，而且结构更为简单，维修安装方便，传递转矩的能力很大，但外形尺寸和转动惯量也较大。

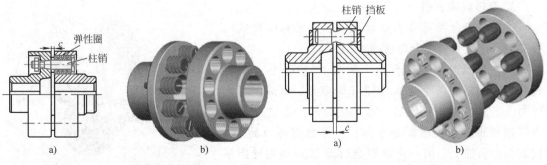

图 13-10 弹性套柱销联轴器

a）结构图 b）实物图

图 13-11 弹性柱销联轴器

a）结构图 b）实物图

13.1.3 联轴器的选择

联轴器的选择包括联轴器的类型选择和尺寸型号的选择。

联轴器的种类很多，常用的大多已标准化或系列化。设计时，可根据工作条件、轴的直径、计算转矩、工作转速、位移量以及工作温度等条件，从标准中选择符合要求的联轴器的类型和尺寸型号，必要时可对其中某些零件进行强度验算。

在选择和校核联轴器时，考虑到机械运转速度变动（如起动、制动）的惯性力和工作过程中过载等因素的影响，应将联轴器传递的名义转矩适当增大，即按计算转矩进行联轴器的选择和校核。

 学习离合器

13.2 离合器

根据工作原理不同，离合器可分为牙嵌式和摩擦式两类，分别通过牙（齿）的啮合和工作表面的摩擦来传递转矩。离合器还可按控制离合方法的不同，分为操纵式和自动式两类。下面介绍几种典型的离合器。

1. 牙嵌式离合器

如图 13-12 所示，牙嵌式离合器主要由端面带牙的两个半离合器组成，通过啮合的齿来传递转矩。其中，半离合器 1 固装在主动轴上，而半离合器 2 则利用导向平键安装在从动轴上，可沿轴线移动。

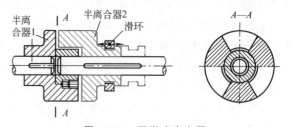

图 13-12 牙嵌式离合器

工作时，利用操纵杆（图 13-12 中未画出）带动滑环，使半离合器 2 做轴向移动，从而实现离合器的接合或分离。

牙嵌式离合器结构简单，尺寸小，工作时无滑动，并能传递较大的转矩，故应用较多；其缺点是运转中接合时有冲击和噪声，必须在两轴转速差很小或停机时进行接合或分离。

2. 摩擦式离合器

摩擦式离合器可分为单盘式、多盘式和圆锥式三种类型，这里只简单介绍前两种。

（1）单盘式摩擦离合器 如图 13-13 所示，单盘式摩擦离合器由两个半离合器（摩擦盘）组成。工作时两个半离合器相互压紧，靠接触面间产生的摩擦力来传递转矩。其接触面是平面，一个摩擦盘（定盘）固装在主动轴上，另一个摩擦盘（动盘）利用导向平键（或花键）安装在从动轴上，工作时，通过操纵滑环使动盘在轴上移动，从而实现离合器的接合和分离，

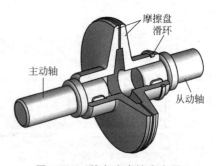

图 13-13 单盘式摩擦离合器

图 13-13 所示为压紧状态。

单盘式摩擦离合器结构简单，但传递的转矩较小。实际生产中常用多盘式摩擦离合器。

（2）多盘式摩擦离合器　如图 13-14 所示，多盘式摩擦离合器由外摩擦片、内摩擦片和主动轴套筒、从动轴套筒组成。主动轴套筒用平键（或花键）安装在主动轴上，从动轴套筒与从动轴之间为动联接。当操纵杆拨动滑环向左移动时，通过安装在从动轴套筒上的杠杆的作用，内、外摩擦片压紧并产生摩擦力，使主、从动轴一起转动（图 13-14 所示为压紧状态）；当滑环向右移动时，则使两组摩擦片放松，从而分离主、从动轴。压紧力的大小可通过从动轴套筒上的调节螺母来控制。

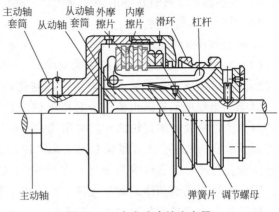

图 13-14　多盘式摩擦离合器

多盘式离合器的优点是径向尺寸小而承载能力大，联接平稳，因此适用的载荷范围大，应用较广；其缺点是盘数多，结构复杂，离合动作缓慢，发热、磨损较严重。

与牙嵌式离合器相比，摩擦式离合器的优点是：

1）可以在被联接两轴转速相差较大时进行接合。

2）接合和分离的过程较平稳，可以用改变摩擦面压紧力大小的方法调节从动轴的加速过程。

3）过载时会打滑，可避免其他零件损坏。

由于上述优点，摩擦式离合器应用较广。

摩擦式离合器的缺点是：

1）结构较复杂，成本较高。

2）当产生滑动时，不能保证被联接两轴精确地同步转动。

除常用的操纵式离合器外，还有自动式离合器。自动式离合器有控制转矩的安全离合器、控制旋转方向的定向离合器以及根据转速变化实现自动离合的离心式离合器。

 学习制动器

13.3* 制动器

1. 制动器的功用和类型

制动器一般是利用摩擦力来降低物体的速度或停止其运动的。按制动零件的结构特征，制动器可分为外抱块式制动器、内胀蹄式制动器、带式制动器等类型。

各种制动器的构造和性能必须满足以下要求：

1）能产生足够的制动力矩。

2）松闸与合闸迅速，制动平稳。

3）构造简单，外形紧凑。

4）制动器的零件有足够的强度和刚度，而制动器摩擦带要有较高的耐磨性和耐热性。

5）调整和维修方便。

2. 几种典型的制动器

（1）外抱块式制动器 外抱块式制动器，一般又称为块式制动器。图 13-15 所示为外抱块式制动器示意图。主弹簧通过制动臂将闸瓦块压紧在制动轮上，使制动器处于闭合（制动）状态。当松闸器通入电流时，利用电磁作用把顶柱顶起，通过推杆推动制动臂，使闸瓦块与制动轮松脱。闸瓦块的材料可用铸铁，也可在铸铁上覆以皮革或石棉带，闸瓦块磨损时可调节推杆的长度。上述通电松闸，断电制动的过程，称为常闭式制动器。常闭式制动器比较安全，因此在起重运输机械等设备中应用较广。松闸器也可设计成通电制动，断电松闸，则成为常开式制动器。常开式制动器适用于车辆的制动。

电磁外抱块式制动器制动和开启迅速，尺寸小，重量轻，易于调整瓦块间隙，更换瓦块和电磁铁也很方便。但制动时冲击大，电能消耗也大，不宜用于制动力矩大和需要频繁制动的场合。电磁外抱块式制动器已有标准，可按标准规定的方法选用。

（2）内胀蹄式制动器 图 13-16 所示为内胀蹄式制动器工作简图。两个制动蹄分别通过两个销轴与机架铰接，制动蹄表面装有摩擦片，制动轮与需制动的轴固联。当压力油进入双向作用的泵后，推动左右两个活塞，克服弹簧的作用使制动蹄压紧制动轮，从而实现制动。油路卸压后，弹簧的拉力使两制动蹄与制动轮分离而松闸。这种制动器结构紧凑，广泛应用于各种车辆以及结构尺寸受限制的机械中。

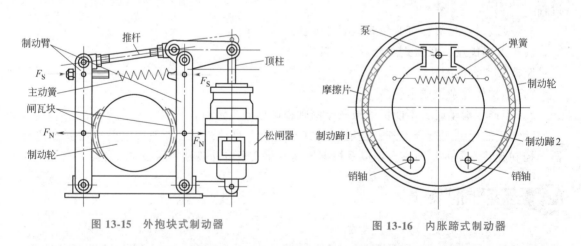

图 13-15 外抱块式制动器　　　　　图 13-16 内胀蹄式制动器

实 例 分 析

实例 有一螺旋输送机（图 13-17），由电动机通过齿轮减速器、开式锥齿轮传动来驱动螺旋输送机工作。已知电动机功率 $P_1 = 5.5\mathrm{kW}$，转速 $n_1 = 960\mathrm{r/min}$，轴端直径 $d_1 = 38\mathrm{mm}$，轴端长度 $L_1 = 80\mathrm{mm}$。减速器输入轴的轴端直径 $d_2 = 32\mathrm{mm}$，轴端长度 $L_2 = 58\mathrm{mm}$。试选择减速器与电动机之间的联轴器。

解题分析：为了减小冲击与振动，安装方便，选用弹性套柱销联轴器。

联轴器的计算转矩可按下式计算

$$T_c = KT_1 \qquad (13\text{-}1)$$

式中　T_1——名义转矩（N·m）；

　　　T_c——计算转矩（N·m）；

　　　K——工作情况系数，见表12-1。

在选择联轴器型号时，应使计算转矩 $T_c \leqslant T_n$，T_n 为额定转矩（N·m）；工作转速 $n \leqslant [n]$，$[n]$ 为联轴器的许用转速（r/min）。

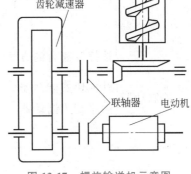

图13-17　螺旋输送机示意图

1）计算转矩。高速轴传递的名义转矩 $T_1 = 9550P_1/n_1 = (9550 \times 5.5/960)\,\text{N·m} = 54.71\,\text{N·m}$

查表13-1，取工作情况系数 $K = 1.8$，计算转矩为

$$T_c = KT_1 = 1.8 \times 54.71\,\text{N·m} = 98.48\,\text{N·m}$$

表13-1　联轴器工作情况系数

机 床 名 称	K
发电机	1.0~2.0
带式输送机、鼓风机、连续运动的金属切削机床	1.25~1.5
离心泵、螺旋输送机、链板运输机、混砂机等	1.5~2.0
往复运动的金属切削机床	1.5~2.0
往复式泵、活塞式压缩机	2.0~3.0
球磨机、破碎机、冲剪机	2.0~3.0
升降机、起重机、轧钢机	3.0~4.0

2）选择联轴器。根据被联接两轴的转速、计算转矩和轴径要求，查 GB/T 4323—2017 可选取弹性套柱销联轴器 LT6 型，其公称转矩 $T_n = 355\,\text{N·m}$，许用转速 $[n] = 3800\,\text{r/min}$，轴孔直径尺寸有 $\phi32\,\text{mm}$ 和 $\phi38\,\text{mm}$，符合要求。

根据电动机轴的形状和长度，主动端采用 Y 型轴孔，A 型键槽，$d_1 = 38\,\text{mm}$，$L = 60\,\text{mm}$，根据减速器高速轴的形状和长度，从动端采用：J 型轴孔，A 型键槽，$d_2 = 32\,\text{mm}$，$L = 60\,\text{mm}$，其标记为：LT6 联轴器 $\dfrac{\text{Y38} \times 60}{\text{J32} \times 60}$ GB/T 4323—2017。

知 识 小 结

1. 联轴器
　固定式刚性联轴器
　　套筒联轴器
　　　键联接套筒联轴器
　　　销联接套筒联轴器
　　凸缘联轴器
　　链条联轴器
　可移式刚性联轴器
　　滑块联轴器
　　万向联轴器
　非金属弹性元件联轴器
　　梅花形弹性联轴器
　　弹性套柱销联轴器
　　弹性柱销联轴器

$$2.\ 离合器\begin{cases}按工作原理不同\begin{cases}牙嵌式离合器\\摩擦式离合器\begin{cases}单盘式摩擦离合器\\多盘式摩擦离合器\end{cases}\end{cases}\\按控制离合的方法不同\begin{cases}操纵式离合器\\自动式离合器\end{cases}\end{cases}$$

$$3.\ 制动器\begin{cases}外抱块式制动器\\内胀蹄式制动器\end{cases}$$

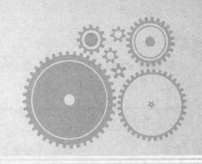

型钢规格表（摘录）

附录 A　热轧等边角钢（GB/T 706—2016）

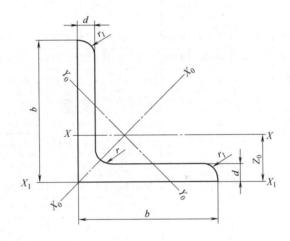

图　A-1

b—边宽度　d—边厚度　r—内圆弧半径　r_1—边端内圆弧半径，$r_1 = \dfrac{1}{3}d$　Z_0—重心距离

型号	截面尺寸/mm			截面面积/ cm²	理论重量/ (kg/m)	外表面积/ (m²/m)	惯性矩/cm⁴				惯性半径/cm			截面模数/cm³			重心距离/ cm
	b	d	r				I_x	I_{x1}	I_{x0}	I_{y0}	i_x	i_{x0}	i_{y0}	W_x	W_{x0}	W_{y0}	Z_0
2	20	3	3.5	1.132	0.89	0.078	0.40	0.81	0.63	0.17	0.59	0.75	0.39	0.29	0.45	0.20	0.60
		4		1.459	1.15	0.077	0.50	1.09	0.78	0.22	0.58	0.73	0.38	0.36	0.55	0.24	0.64
2.5	25	3		1.432	1.12	0.098	0.82	1.57	1.29	0.34	0.76	0.95	0.49	0.46	0.73	0.33	0.73
		4		1.859	1.46	0.097	1.03	2.11	1.62	0.43	0.74	0.93	0.48	0.59	0.92	0.40	0.76

（续）

型号	截面尺寸/mm			截面面积/cm²	理论重量/(kg/m)	外表面积/(m²/m)	惯性矩/cm⁴				惯性半径/cm			截面模数/cm³			重心距离/cm
	b	d	r				I_x	I_{x1}	I_{x0}	I_{y0}	i_x	i_{x0}	i_{y0}	W_x	W_{x0}	W_{y0}	Z_0
3.0	30	3		1.749	1.37	0.117	1.46	2.71	2.31	0.61	0.91	1.15	0.59	0.68	1.09	0.51	0.85
		4		2.276	1.79	0.117	1.84	3.63	2.92	0.77	0.90	1.13	0.58	0.87	1.37	0.62	0.89
3.6	36	3	4.5	2.109	1.66	0.141	2.58	4.68	4.09	1.07	1.11	1.39	0.71	0.99	1.61	0.76	1.00
		4		2.756	2.16	0.141	3.29	6.25	5.22	1.37	1.09	1.38	0.70	1.28	2.05	0.93	1.04
		5		3.382	2.65	0.141	3.95	7.84	6.24	1.65	1.08	1.36	0.70	1.56	2.45	1.00	1.07
4	40	3		2.359	1.85	0.157	3.59	6.41	5.69	1.49	1.23	1.55	0.79	1.23	2.01	0.96	1.09
		4		3.086	2.42	0.157	4.60	8.56	7.29	1.91	1.22	1.54	0.79	1.60	2.58	1.19	1.13
		5	5	3.792	2.98	0.156	5.53	10.7	8.76	2.30	1.21	1.52	0.78	1.96	3.10	1.39	1.17
4.5	45	3		2.659	2.09	0.177	5.17	9.12	8.20	2.14	1.40	1.76	0.89	1.58	2.58	1.24	1.22
		4		3.486	2.74	0.177	6.65	12.2	10.6	2.75	1.38	1.74	0.89	2.05	3.32	1.54	1.26
		5		4.292	3.37	0.176	8.04	15.2	12.7	3.33	1.37	1.72	0.88	2.51	4.00	1.81	1.30
		6		5.077	3.99	0.176	9.33	18.4	14.8	3.89	1.36	1.70	0.80	2.95	4.64	2.06	1.33
5	50	3		2.971	2.33	0.197	7.18	12.5	11.4	2.98	1.55	1.96	1.00	1.96	3.22	1.57	1.34
		4		3.897	3.06	0.197	9.26	16.7	14.7	3.82	1.54	1.94	0.99	2.56	4.16	1.96	1.38
		5	5.5	4.803	3.77	0.196	11.2	20.9	17.8	4.64	1.53	1.92	0.98	3.13	5.03	2.31	1.42
		6		5.688	4.46	0.196	13.1	25.1	20.7	5.42	1.52	1.91	0.98	3.68	5.85	2.63	1.46
5.6	56	3		3.343	2.62	0.221	10.2	17.6	16.1	4.24	1.75	2.20	1.13	2.48	4.08	2.02	1.48
		4		4.39	3.45	0.220	13.2	23.4	20.9	5.46	1.73	2.18	1.11	3.24	5.28	2.52	1.53
		5		5.415	4.25	0.220	16.0	29.3	25.4	6.61	1.72	2.17	1.10	3.97	6.42	2.98	1.57
		6	6	6.42	5.04	0.220	18.7	35.3	29.7	7.73	1.71	2.15	1.10	4.68	7.49	3.40	1.61
		7		7.404	5.81	0.219	21.2	41.2	33.6	8.82	1.69	2.13	1.09	5.36	8.49	3.80	1.64
		8		8.367	6.57	0.219	23.6	47.2	37.4	9.89	1.68	2.11	1.09	6.03	9.44	4.16	1.68
6	60	5		5.829	4.58	0.236	19.9	36.1	31.6	8.21	1.85	2.33	1.19	4.59	7.44	3.48	1.67
		6		6.914	5.43	0.235	23.4	43.3	36.9	9.60	1.83	2.31	1.18	5.41	8.70	3.98	1.70
		7	6.5	7.977	6.26	0.235	26.4	50.7	41.9	11.0	1.82	2.29	1.17	6.21	9.88	4.45	1.74
		8		9.02	7.08	0.235	29.5	58.0	46.7	12.3	1.81	2.27	1.17	6.98	11.0	4.88	1.78
6.3	63	4		4.978	3.91	0.248	19.0	33.4	30.2	7.89	1.96	2.46	1.26	4.13	6.78	3.29	1.70
		5		6.143	4.82	0.248	23.2	41.7	36.8	9.57	1.94	2.45	1.25	5.08	8.25	3.90	1.74
		6		7.288	5.72	0.247	27.1	50.1	43.0	11.2	1.93	2.43	1.24	6.00	9.66	4.46	1.78
		7	7	8.412	6.60	0.247	30.9	58.6	49.0	12.8	1.92	2.41	1.23	6.88	11.0	4.98	1.82
		8		9.515	7.47	0.247	34.5	67.1	54.6	14.3	1.90	2.40	1.23	7.75	12.3	5.47	1.85
		10		11.66	9.15	0.246	41.1	84.3	64.9	17.3	1.88	2.36	1.22	9.39	14.6	6.36	1.93

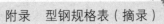

（续）

型号	截面尺寸/mm			截面面积/ cm²	理论重量/ (kg/m)	外表面积/ (m²/m)	惯性矩/cm⁴				惯性半径/cm			截面模数/cm³			重心距离/ cm
	b	d	r				I_x	I_{x1}	I_{x0}	I_{y0}	i_x	i_{x0}	i_{y0}	W_x	W_{x0}	W_{y0}	Z_0
7	70	4	8	5.570	4.37	0.275	26.4	45.7	41.8	11.0	2.18	2.74	1.40	5.14	8.44	4.17	1.86
		5		6.876	5.40	0.275	32.2	57.2	51.1	13.3	2.16	2.73	1.39	6.32	10.3	4.95	1.91
		6		8.160	6.41	0.275	37.8	68.7	59.9	15.6	2.15	2.71	1.38	7.48	12.1	5.67	1.95
		7		9.424	7.40	0.275	43.1	80.3	68.4	17.8	2.14	2.69	1.38	8.59	13.8	6.34	1.99
		8		10.67	8.37	0.274	48.2	91.9	76.4	20.0	2.12	2.68	1.37	9.68	15.4	6.98	2.03
7.5	75	5	9	7.412	5.82	0.295	40.0	70.6	63.3	16.6	2.33	2.92	1.50	7.32	11.9	5.77	2.04
		6		8.797	6.91	0.294	47.0	84.6	74.4	19.5	2.31	2.90	1.49	8.64	14.0	6.67	2.07
		7		10.16	7.98	0.294	53.6	98.7	85.0	22.2	2.30	2.89	1.48	9.93	16.0	7.44	2.11
		8		11.50	9.03	0.294	60.0	113	95.1	24.9	2.28	2.88	1.47	11.2	17.9	8.19	2.15
		9		12.83	10.1	0.294	66.1	127	105	27.5	2.27	2.86	1.46	12.4	19.8	8.89	2.18
		10		14.13	11.1	0.293	72.0	142	114	30.1	2.26	2.84	1.46	13.6	21.5	9.56	2.22
8	80	5	9	7.912	6.21	0.315	48.8	85.4	77.3	20.3	2.48	3.13	1.60	8.34	13.7	6.66	2.15
		6		9.397	7.38	0.314	57.4	103	91.0	23.7	2.47	3.11	1.59	9.87	16.1	7.65	2.19
		7		10.86	8.53	0.314	65.6	120	104	27.1	2.46	3.10	1.58	11.4	18.4	8.58	2.23
		8		12.30	9.66	0.314	73.5	137	117	30.4	2.44	3.08	1.57	12.8	20.6	9.46	2.27
		9		13.73	10.8	0.314	81.1	154	129	33.6	2.43	3.06	1.56	14.3	22.7	10.3	2.31
		10		15.13	11.9	0.313	88.4	172	140	36.8	2.42	3.04	1.56	15.6	24.8	11.1	2.35
9	90	6	10	10.64	8.35	0.354	82.8	146	131	34.3	2.79	3.51	1.80	12.6	20.6	9.95	2.44
		7		12.30	9.66	0.354	94.8	170	150	39.2	2.78	3.50	1.78	14.5	23.6	11.2	2.48
		8		13.94	10.9	0.353	106	195	169	44.0	2.76	3.48	1.78	16.4	26.6	12.4	2.52
		9		15.57	12.2	0.353	118	219	187	48.7	2.75	3.46	1.77	18.3	29.4	13.5	2.56
		10		17.17	13.5	0.353	129	244	204	53.3	2.74	3.45	1.76	20.1	32.0	14.5	2.59
		12		20.31	15.9	0.352	149	294	236	62.2	2.71	3.41	1.75	23.6	37.1	16.5	2.67
10	100	6	12	11.93	9.37	0.393	115	200	182	47.9	3.10	3.90	2.00	15.7	25.7	12.7	2.67
		7		13.80	10.8	0.393	132	234	209	54.7	3.09	3.89	1.99	18.1	29.6	14.3	2.71
		8		15.64	12.3	0.393	148	267	235	61.4	3.08	3.88	1.98	20.5	33.2	15.8	2.76
		9		17.46	13.7	0.392	164	300	260	68.0	3.07	3.86	1.97	22.8	36.8	17.2	2.80
		10		19.26	15.1	0.392	180	334	285	74.4	3.05	3.84	1.96	25.1	40.3	18.5	2.84
		12		22.80	17.9	0.391	209	402	331	86.8	3.03	3.81	1.95	29.5	46.8	21.1	2.91
		14		26.26	20.6	0.391	237	471	374	99.0	3.00	3.77	1.94	33.7	52.9	23.4	2.99
		16		29.63	23.3	0.390	263	540	414	111	2.98	3.74	1.94	37.8	58.6	25.6	3.06

（续）

型号	截面尺寸/mm			截面面积/cm²	理论重量/(kg/m)	外表面积/(m²/m)	惯性矩/cm⁴				惯性半径/cm			截面模数/cm³			重心距离/cm
	b	d	r				I_x	I_{x1}	I_{x0}	I_{y0}	i_x	i_{x0}	i_{y0}	W_x	W_{x0}	W_{y0}	Z_0
11	110	7	12	15.20	11.9	0.433	177	311	281	73.4	3.41	4.30	2.20	22.1	36.1	17.5	2.96
		8		17.24	13.5	0.433	199	355	316	82.4	3.40	4.28	2.19	25.0	40.7	19.4	3.01
		10		21.26	16.7	0.432	242	445	384	100	3.38	4.25	2.17	30.6	49.4	22.9	3.09
		12		25.20	19.8	0.431	283	535	448	117	3.35	4.22	2.15	36.1	57.6	26.2	3.16
		14		29.06	22.8	0.431	321	625	508	133	3.32	4.18	2.14	41.3	65.3	29.1	3.24
12.5	125	8	14	19.75	15.5	0.492	297	521	471	123	3.88	4.88	2.50	32.5	53.3	25.9	3.37
		10		24.37	19.1	0.491	362	652	574	149	3.85	4.85	2.48	40.0	64.9	30.6	3.45
		12		28.91	22.7	0.491	423	783	671	175	3.83	4.82	2.46	41.2	76.0	35.0	3.53
		14		33.37	26.2	0.490	482	916	764	200	3.80	4.78	2.45	54.2	86.4	39.1	3.61
		16		37.74	29.6	0.489	537	1050	851	224	3.77	4.75	2.43	60.9	96.3	43.0	3.68
14	140	10	14	27.37	21.5	0.551	515	915	817	212	4.34	5.46	2.78	50.6	82.6	39.2	3.82
		12		32.51	25.5	0.551	604	1100	959	249	4.31	5.43	2.76	59.8	96.9	45.0	3.90
		14		37.57	29.5	0.550	689	1280	1090	284	4.28	5.40	2.75	68.8	110	50.5	3.98
		16		42.54	33.4	0.549	770	1470	1220	319	4.26	5.36	2.74	77.5	123	55.6	4.06
15	150	8	14	23.75	18.6	0.592	521	900	827	215	4.69	5.90	3.01	47.4	78.0	38.1	3.99
		10		29.37	23.1	0.591	638	1130	1010	262	4.66	5.87	2.99	58.4	95.5	45.5	4.08
		12		34.91	27.4	0.591	749	1350	1190	308	4.63	5.84	2.97	69.0	112	52.4	4.15
		14		40.37	31.7	0.590	856	1580	1360	352	4.60	5.80	2.95	79.5	128	58.8	4.23
		15		43.06	33.8	0.590	907	1690	1440	374	4.59	5.78	2.95	84.6	136	61.9	4.27
		16		45.74	35.9	0.589	958	1810	1520	395	4.58	5.77	2.94	89.6	143	64.9	4.31
16	160	10	16	31.50	24.7	0.630	780	1370	1240	322	4.98	6.27	3.20	66.7	109	52.8	4.31
		12		37.44	29.4	0.630	917	1640	1460	377	4.95	6.24	3.18	79.0	129	60.7	4.39
		14		43.30	34.0	0.629	1050	1910	1670	432	4.92	6.20	3.16	91.0	147	68.2	4.47
		16		49.07	38.5	0.629	1180	2190	1870	485	4.89	6.17	3.14	103	165	75.3	4.55
18	180	12	16	42.24	33.2	0.710	1320	2330	2100	543	5.59	7.05	3.58	101	165	78.4	4.89
		14		48.90	38.4	0.709	1510	2720	2410	622	5.56	7.02	3.56	116	189	88.4	4.97
		16		55.47	43.5	0.709	1700	3120	2700	699	5.54	6.98	3.55	131	212	97.8	5.05
		18		61.96	48.6	0.708	1880	3500	2990	762	5.50	6.94	3.51	146	235	105	5.13
20	200	14	18	54.64	42.9	0.788	2100	3730	3340	864	6.20	7.82	3.98	145	236	112	5.46
		16		62.01	48.7	0.788	2370	4270	3760	971	6.18	7.79	3.96	164	266	124	5.54
		18		69.30	54.4	0.787	2620	4810	4160	1080	6.15	7.75	3.94	182	294	136	5.62
		20		76.51	60.1	0.787	2870	5350	4550	1180	6.12	7.72	3.93	200	322	147	5.69
		24		90.66	71.2	0.785	3340	6460	5290	1380	6.07	7.64	3.90	236	374	167	5.87

（续）

型号	截面尺寸/mm			截面面积/cm²	理论重量/(kg/m)	外表面积/(m²/m)	惯性矩/cm⁴				惯性半径/cm			截面模数/cm³			重心距离/cm
	b	d	r				I_x	I_{x1}	I_{x0}	I_{y0}	i_x	i_{x0}	i_{y0}	W_x	W_{x0}	W_{y0}	Z_0
22	220	16	21	68.67	53.9	0.866	3190	5680	5060	1310	6.81	8.59	4.37	200	326	154	6.03
		18		76.75	60.3	0.866	3540	6400	5620	1450	6.79	8.55	4.35	223	361	168	6.11
		20		84.76	66.5	0.865	3870	7110	6150	1590	6.76	8.52	4.34	245	395	182	6.18
		22		92.68	72.8	0.865	4200	7830	6670	1730	6.73	8.48	4.32	267	429	195	6.26
		24		100.5	78.9	0.864	4520	8550	7170	1870	6.71	8.45	4.31	289	461	208	6.33
		26		108.3	85.0	0.864	4830	9280	7690	2000	6.68	8.41	4.30	310	492	221	6.41
25	250	18	24	87.84	69.0	0.985	5270	9380	8370	2170	7.75	9.76	4.97	290	473	224	6.84
		20		97.05	76.2	0.984	5780	10400	9180	2380	7.72	9.73	4.95	320	519	243	6.92
		22		106.2	83.3	0.983	6280	11500	9970	2580	7.69	9.69	4.93	349	564	261	7.00
		24		115.2	90.4	0.983	6770	12500	10700	2790	7.67	9.66	4.92	378	608	278	7.07
		26		124.2	97.5	0.982	7240	13600	11500	2980	7.64	9.62	4.90	406	650	295	7.15
		28		133.0	104	0.982	7700	14600	12200	3180	7.61	9.58	4.89	433	691	311	7.22
		30		141.8	111	0.981	8160	15700	12900	3380	7.58	9.55	4.88	461	731	327	7.30
		32		150.5	118	0.981	8600	16800	13600	3570	7.56	9.51	4.87	488	770	342	7.37
		35		163.4	128	0.980	9240	18400	14600	3850	7.52	9.46	4.86	527	827	364	7.48

注：截面图中的 $r_1 = 1/3d$ 及表中 r 的数据用于孔型设计，不做交货条件。

附录 B 热轧工字钢（GB/T 706—2016）

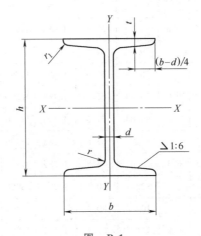

图 B-1

h—高度 b—腿宽度 d—腰厚度 t—平均腿厚度

r—内圆弧半径 r_1—腿端圆弧半径

型号	截面尺寸/mm						截面面积/cm²	理论重量/(kg/m)	外表面积/(m²/m)	惯性矩/cm⁴		惯性半径/cm		截面模数/cm³	
	h	b	d	t	r	r_1				I_x	I_y	i_x	i_y	W_x	W_y
10	100	68	4.5	7.6	6.5	3.3	14.33	11.3	0.432	245	33.0	4.14	1.52	49.0	9.72
12	120	74	5.0	8.4	7.0	3.5	17.80	14.0	0.493	436	46.9	4.95	1.62	72.7	12.7
12.6	126	74	5.0	8.4	7.0	3.5	18.10	14.2	0.505	488	46.9	5.20	1.61	77.5	12.7
14	140	80	5.5	9.1	7.5	3.8	21.50	16.9	0.553	712	64.4	5.76	1.73	102	16.1
16	160	88	6.0	9.9	8.0	4.0	26.11	20.5	0.621	1130	93.1	6.58	1.89	141	21.2
18	180	94	6.5	10.7	8.5	4.3	30.74	24.1	0.681	1660	122	7.36	2.00	185	26.0
20a	200	100	7.0	11.4	9.0	4.5	35.55	27.9	0.742	2370	158	8.15	2.12	237	31.5
20b		102	9.0				39.55	31.1	0.746	2500	169	7.96	2.06	250	33.1
22a	220	110	7.5	12.3	9.5	4.8	42.10	33.1	0.817	3400	225	8.99	2.31	309	40.9
22b		112	9.5				46.50	36.5	0.821	3570	239	8.78	2.27	325	42.7
24a	240	116	8.0	13.0	10.0	5.0	47.71	37.5	0.878	4570	280	9.77	2.42	381	48.4
24b		118	10.0				52.51	41.2	0.882	4800	297	9.57	2.38	400	50.4
25a	250	116	8.0				48.51	38.1	0.898	5020	280	10.2	2.40	402	48.3
25b		118	10.0				53.51	42.0	0.902	5280	309	9.94	2.40	423	52.4
27a	270	122	8.5	13.7	10.5	5.3	54.52	42.8	0.958	6550	345	10.9	2.51	485	56.6
27b		124	10.5				59.92	47.0	0.962	6870	366	10.7	2.47	509	58.9
28a	280	122	8.5				55.37	43.5	0.978	7110	345	11.3	2.50	508	56.6
28b		124	10.5				60.97	47.9	0.982	7480	379	11.1	2.49	534	61.2
30a	300	126	9.0	14.4	11.0	5.5	61.22	48.1	1.031	8950	400	12.1	2.55	597	63.5
30b		128	11.0				67.22	52.8	1.035	9400	422	11.8	2.50	627	65.9
30c		130	13.0				73.22	57.5	1.039	9850	445	11.6	2.46	657	68.5
32a	320	130	9.5	15.0	11.5	5.8	67.12	52.7	1.084	11100	460	12.8	2.62	692	70.8
32b		132	11.5				73.52	57.7	1.088	11600	502	12.6	2.61	726	76.0
32c		134	13.5				79.92	62.7	1.092	12200	544	12.3	2.61	760	81.2
36a	360	136	10.0	15.8	12.0	6.0	76.44	60.0	1.185	15800	552	14.4	2.69	875	81.2
36b		138	12.0				83.64	65.7	1.189	16500	582	14.1	2.64	919	84.3
36c		140	14.0				90.84	71.3	1.193	17300	612	13.8	2.60	962	87.4
40a	400	142	10.5	16.5	12.5	6.3	86.07	67.6	1.285	21700	660	15.9	2.77	1090	93.2
40b		144	12.5				94.07	73.8	1.289	22800	692	15.6	2.71	1140	96.2
40c		146	14.5				102.1	80.1	1.293	23900	727	15.2	2.65	1190	99.6
45a	450	150	11.5	18.0	13.5	6.8	102.4	80.4	1.411	32200	855	17.7	2.89	1430	114
45b		152	13.5				111.4	87.4	1.415	33800	894	17.4	2.84	1500	118
45c		154	15.5				120.4	94.5	1.419	35300	938	17.1	2.79	1570	122

（续）

型号	截面尺寸/mm						截面面积/cm²	理论重量/(kg/m)	外表面积/(m²/m)	惯性矩/cm⁴		惯性半径/cm		截面模数/cm³	
	h	b	d	t	r	r_1	cm²	(kg/m)	(m²/m)	I_x	I_y	i_x	i_y	W_x	W_y
50a		158	12.0				119.2	93.6	1.539	46500	1120	19.7	3.07	1860	142
50b	500	160	14.0	20.0	14.0	7.0	129.2	101	1.543	48600	1170	19.4	3.01	1940	146
50c		162	16.0				139.2	109	1.547	50600	1220	19.0	2.96	2080	151
55a		166	12.5				134.1	105	1.667	62900	1370	21.6	3.19	2290	164
55b	550	168	14.5				145.1	114	1.671	65600	1420	21.2	3.14	2390	170
55c		170	16.5	21.0	14.5	7.3	156.1	123	1.675	68400	1480	20.9	3.08	2490	175
56a		166	12.5				135.4	106	1.687	65600	1370	22.0	3.18	2340	165
56b	560	168	14.5				146.6	115	1.691	68500	1490	21.6	3.16	2450	174
56c		170	16.5				157.8	124	1.695	71400	1560	21.3	3.16	2550	183
63a		176	13.0				154.6	121	1.862	93900	1700	24.5	3.31	2980	193
63b	630	178	15.0	22.0	15.0	7.5	167.2	131	1.866	98100	1810	24.2	3.29	3160	204
63c		180	17.0				179.8	141	1.870	102000	1920	23.8	3.27	3300	214

注：表中 r、r_1 的数据用于孔型设计，不做交货条件。

附录 C　热轧槽钢（GB/T 706—2016）

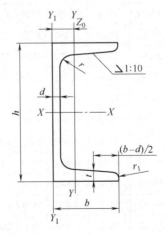

图　C-1

h—高度　b—腿宽度　d—腰厚度　t—平均腿厚度　r—内圆弧半径

r_1—腿端圆弧半径　Z_0—Y-Y 轴与 Y₁-Y₁ 轴线间距离

型号	截面尺寸/mm						截面面积/cm²	理论重量/(kg/m)	外表面积/(m²/m)	惯性矩/cm⁴			惯性半径/cm		截面模数/cm³		重心距离/cm
	h	b	d	t	r	r_1				I_x	I_y	I_{y1}	i_x	i_y	W_x	W_y	Z_0
5	50	37	4.5	7.0	7.0	3.5	6.925	5.44	0.226	26.0	8.30	20.9	1.94	1.10	10.4	3.55	1.35
6.3	63	40	4.8	7.5	7.5	3.8	8.446	6.63	0.262	50.8	11.9	28.4	2.45	1.19	16.1	4.50	1.36
6.5	65	40	4.3	7.5	7.5	3.8	8.292	6.51	0.267	55.2	12.0	28.3	2.54	1.19	17.0	4.59	1.38
8	80	43	5.0	8.0	8.0	4.0	10.24	8.04	0.307	101	16.6	37.4	3.15	1.27	25.3	5.79	1.43
10	100	48	5.3	8.5	8.5	4.2	12.74	10.0	0.365	198	25.6	54.9	3.95	1.41	39.7	7.80	1.52
12	120	53	5.5	9.0	9.0	4.5	15.36	12.1	0.423	346	37.4	77.7	4.75	1.56	57.7	10.2	1.62
12.6	126	53	5.5	9.0	9.0	4.5	15.69	12.3	0.435	391	38.0	77.1	4.95	1.57	62.1	10.2	1.59
14a	140	58	6.0	9.5	9.5	4.8	18.51	14.5	0.480	564	53.2	107	5.52	1.70	80.5	13.0	1.71
14b	140	60	8.0	9.5	9.5	4.8	21.31	16.7	0.484	609	61.1	121	5.35	1.69	87.1	14.1	1.67
16a	160	63	6.5	10.0	10.0	5.0	21.95	17.2	0.538	866	73.3	144	6.28	1.83	108	16.3	1.80
16b	160	65	8.5	10.0	10.0	5.0	25.15	19.8	0.542	935	83.4	161	6.10	1.82	117	17.6	1.75
18a	180	68	7.0	10.5	10.5	5.2	25.69	20.2	0.596	1270	98.6	190	7.04	1.96	141	20.0	1.88
18b	180	70	9.0	10.5	10.5	5.2	29.29	23.0	0.600	1370	111	210	6.84	1.95	152	21.5	1.84
20a	200	73	7.0	11.0	11.0	5.5	28.83	22.6	0.654	1780	128	244	7.86	2.11	178	24.2	2.01
20b	200	75	9.0	11.0	11.0	5.5	32.83	25.8	0.658	1910	144	268	7.64	2.09	191	25.9	1.95
22a	220	77	7.0	11.5	11.5	5.8	31.83	25.0	0.709	2390	158	298	8.67	2.23	218	28.2	2.10
22b	220	79	9.0	11.5	11.5	5.8	36.23	28.5	0.713	2570	176	326	8.42	2.21	234	30.1	2.03
24a	240	78	7.0	12.0	12.0	6.0	34.21	26.9	0.752	3050	174	325	9.45	2.25	254	30.5	2.10
24b	240	80	9.0	12.0	12.0	6.0	39.01	30.6	0.756	3280	194	355	9.17	2.23	274	32.5	2.03
24c	240	82	11.0	12.0	12.0	6.0	43.81	34.4	0.760	3510	213	388	8.96	2.21	293	34.4	2.00
25a	250	78	7.0	12.0	12.0	6.0	34.91	27.4	0.722	3370	176	322	9.82	2.24	270	30.6	2.07
25b	250	80	9.0	12.0	12.0	6.0	39.91	31.3	0.776	3530	196	353	9.41	2.22	282	32.7	1.98
25c	250	82	11.0	12.0	12.0	6.0	44.91	35.3	0.780	3690	218	384	9.07	2.21	295	35.9	1.92
27a	270	82	7.5	12.5	12.5	6.2	39.27	30.8	0.826	4360	216	393	10.5	2.34	323	35.5	2.13
27b	270	84	9.5	12.5	12.5	6.2	44.67	35.1	0.830	4690	239	428	10.3	2.31	347	37.7	2.06
27c	270	86	11.5	12.5	12.5	6.2	50.07	39.3	0.834	5020	261	467	10.1	2.28	372	39.8	2.03
28a	280	82	7.5	12.5	12.5	6.2	40.02	31.4	0.846	4760	218	388	10.9	2.33	340	35.7	2.10
28b	280	84	9.5	12.5	12.5	6.2	45.62	35.8	0.850	5130	242	428	10.6	2.30	366	37.9	2.02
28c	280	86	11.5	12.5	12.5	6.2	51.22	40.2	0.854	5500	268	463	10.4	2.29	393	40.3	1.95
30a	300	85	7.5	13.5	13.5	6.8	43.89	34.5	0.897	6050	260	467	11.7	2.43	403	41.1	2.17
30b	300	87	9.5	13.5	13.5	6.8	49.89	39.2	0.901	6500	289	515	11.4	2.41	433	44.0	2.13
30c	300	89	11.5	13.5	13.5	6.8	55.89	43.9	0.905	6950	316	560	11.2	2.38	463	46.4	2.09

（续）

型号	截面尺寸/mm						截面面积/cm²	理论重量/(kg/m)	外表面积/(m²/m)	惯性矩/cm⁴			惯性半径/cm		截面模数/cm³		重心距离/cm
	h	b	d	t	r	r_1				I_x	I_y	I_{y1}	i_x	i_y	W_x	W_y	Z_0
32a		88	8.0				48.50	38.1	0.947	7600	305	552	12.5	2.50	475	46.5	2.24
32b	320	90	10.0	14.0	14.0	7.0	54.90	43.1	0.951	8140	336	593	12.2	2.47	509	49.2	2.16
32c		92	12.0				61.30	48.1	0.955	8690	374	643	11.9	2.47	543	52.6	2.09
36a		96	9.0				60.89	47.8	1.053	11900	455	818	14.0	2.73	660	63.5	2.44
36b	360	98	11.0	16.0	16.0	8.0	68.09	53.5	1.057	12700	497	880	13.6	2.70	703	66.9	2.37
36c		100	13.0				75.29	59.1	1.061	13400	536	948	13.4	2.67	746	70.0	2.34
40a		100	10.5				75.04	58.9	1.144	17600	592	1070	15.3	2.81	879	78.8	2.49
40b	400	102	12.5	18.0	18.0	9.0	83.04	65.2	1.148	18600	640	1140	15.0	2.78	932	82.5	2.44
40c		104	14.5				91.04	71.5	1.152	19700	688	1220	14.7	2.75	986	86.2	2.42

注：表中 r、r_1 的数据用于孔型设计，不做交货条件。

参 考 文 献

[1]　柴鹏飞，万丽雯. 机械设计基础 [M]. 4 版. 北京：机械工业出版社，2021.

[2]　柴鹏飞. 机械基础（少学时）[M]. 2 版. 北京：机械工业出版社，2020.

[3]　柴鹏飞，王晨光. 机械设计课程设计指导书 [M]. 3 版. 北京：机械工业出版社，2020.

工程力学与机械设计基础习题集

姓名＿＿＿＿＿＿

班级＿＿＿＿＿＿

学号＿＿＿＿＿＿

机械工业出版社

第1章 绪 论

一、填空题

1. 零件抵抗_____的能力称为强度。

2. 零件抵抗_____的能力称为刚度。

3. 能代替人类做有用的机械功或进行能量转换的机械组合体称为_____。

4. 只能实现一定运动形式转换或动力传递的机械组合体称为_____。

5. 机器中用于实现运动形式的转换，或转速及动力的变换的部分称为_____。

6. 机械制造中生产的最小单元是_____。

7. 机构运动中运动的最小单元是_____。

8. 若干构件组装到一起实现一定的运动转换或完成某一工作要求的组合体称为_____。

9. 在一般机械设备上都能使用的零件称为_____。

10. 只能在一些特定的机械中使用的零件称为_____。

二、判断题（认为正确的，在括号内打√；反之打×）

1. 零件是运动的单元，构件是制造的单元。　　　　　　　　　　　（　　）

2. 构件是一个具有确定运动的整体，可以是由几个相互之间没有相对运动的单个零件组合而成的刚性体。　　　　　　　　　　　　　　　　　（　　）

3. 构件是机械装配中主要的装配单元体。　　　　　　　　　　　（　　）

4. 机器动力的来源部分称为原动部分。　　　　　　　　　　　　（　　）

5. 机器中以一定的运动形式完成有用功的部分是机器的传动部分。　（　　）

6. 机器、部件、零件是从制造的角度提出的概念，机构、构件是从运动分析的角度提出的概念。　　　　　　　　　　　　　　　　　　　　　（　　）

7. 车床是机器。　　　　　　　　　　　　　　　　　　　　　　（　　）

8. 减速器是机器。　　　　　　　　　　　　　　　　　　　　　（　　）

9. 螺栓、轴、轴承都是通用零件。　　　　　　　　　　　　　　（　　）

10. 洗衣机中带传动部分所用的 V 带是专用零件。　　　　　　　（　　）

三、选择题（将正确答案的字母序号填入括号内）

1. 在机械中属于制造单元的是_____。　　　　　　　　　　　（　　）

　A. 零件　　　　　　　　　B. 构件　　　　　　　　　C. 部件

2. 在机械中各运动单元称为_____。　　　　　　　　　　　　（　　）

　A. 零件　　　　　　　　　B. 构件　　　　　　　　　C. 部件

3. 我们把各部分之间具有确定的相对运动的构件的组合体称为_____。（　　）

　A. 机构　　　　　　　　　B. 机器　　　　　　　　　C. 机械

4. 机构与机器的主要区别是_____。　　　　　　　　　　　　（　　）

　A. 各运动单元间具有确定的相对运动

B. 机器能变换运动形式

C. 机器能完成有用的机械功或转换机械能

5. 在内燃机曲柄滑块机构中，连杆是由连杆盖、连杆体、螺栓以及螺母组成。其中，连杆属于_____，连杆体、连杆盖均属于_____。　　　　　　　　　　（　　）

A. 零件　零件　　　　　B. 构件　零件　　　　　C. 零件　构件

6. 在自行车车轮轴、电风扇叶片、起重机上的起重吊钩、台虎钳上的螺杆、柴油发动机上的曲轴和减速器中的齿轮中，有_____种通用零件。　　　　　　　　（　　）

A. 2 种　　　　　　　　B. 3 种　　　　　　　　C. 4 种

7. 下列机器中，直接用来完成一定工作任务的机器是_____。　　　　　　（　　）

A. 车床　　　　　　　　B. 电动机　　　　　　　C. 内燃机

8. 下列机械中，属于机构的是_____。　　　　　　　　　　　　　　　　（　　）

A. 发电机　　　　　　　B. 千斤顶　　　　　　　C. 拖拉机

9. 机床的主轴是机器的_____。　　　　　　　　　　　　　　　　　　　（　　）

A. 原动部分　　　　　　B. 传动部分　　　　　　C. 执行部分

10. 下列选项中属于机床传动装置的是_____。　　　　　　　　　　　　（　　）

A. 电动机　　　　　　　B. 齿轮机构　　　　　　C. 刀架

四、名词解释与简答题

1. 简述零件与构件的区别。

2. 简述构件与部件的区别。

3. 解释"通用零件"的含义。

五、分析论述题

1. 机器由几部分组成？各部分的主要功能是什么？

2. 机器与机构的主要区别是什么？各举两个例子。

3. 通用零件与专用零件的区别是什么？各举两个例子。

第2章 构件的受力分析

阶段练习题一

一、判断题（认为正确的，在空号内打√，反之打×）

1. 刚体是一个理想化的力学模型，其在力的作用下形状和大小始终保持不变。（　　）

2. 凡是受两个力作用的刚体都是二力构件。（　　）

3. 作用在刚体上的力的三要素：力的大小、方向和力的作用线。（　　）

4. 二力平衡条件、加减平衡力系原理和力的可传性仅适用于刚体。（　　）

5. 工人手推小车前进时，人手与小车之间只存在手对车的推力。（　　）

6. 光滑面约束的约束力必过接触点，并沿接触面的公法线指向被约束的物体。（　　）

二、选择题（将正确答案的字母序号填入括号内）

1. 力和物体的关系是_____。（　　）

A. 力不能脱离物体而独立存在

B. 一般情况下，力不能脱离物体而独立存在

C. 力可以脱离物体而独立存在

2. 使物体的运动状态发生改变的效应称为力的_____。（　　）

A. 外效应　　　　　　　　B. 内效应

3. 力系中各力的作用线都在同一平面内并互相平行的力系称为_____。（　　）

A. 平面力系　　　　　　B. 平行力系　　　　　　C. 汇交力系

4. 在平面力系中，固定铰链支座约束的约束力的画法是_____。（　　）

A. 过铰链中心的一个约束力　　　　　　B. 任意方向的约束力

C. 过铰链中心的二个正交的约束力

5. 在平面力系中，固定端的约束力的画法是_____。（　　）

A. 一个约束力　　　　　　B. 一个约束力偶

C. 二个正交的约束力　　　D. 二个正交的约束力和一个约束力偶

三、名词解释与简答题

刚体

力的三要素

平面力系

二力构件

3

加减平衡力系

二力平衡

作用力与反作用力

约束
中间铰链约束

固定铰链约束

四、作图题

1. 画出题图 2-1 中指定物体的受力图。

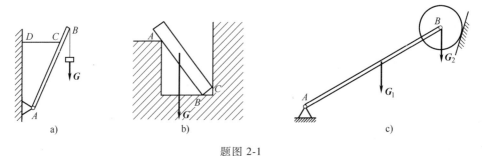

题图 2-1

a）杆 AB   b）杆 AB   c）杆 AB、轮 B 和整体

2. 画出题图 2-2 中 AC、CB 杆的受力图。

题图 2-2

3. 画出题图 2-3 所示机构中各杆的受力图和机构的综合受力图。

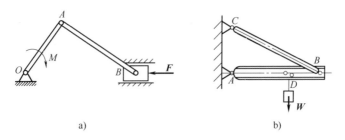

题图 2-3

a）曲柄滑块机构   b）简单悬臂起重机

4. 题图 2-4 所示三铰构架由杆 ACD、BC 杆组成，试画出杆 ACD、BC 的受力图及整体构

架的受力图。

5. 题图 2-5 所示的结构由杆 *ABC*、*CD* 与滑轮 *B* 通过铰链组成。物体的重量为 *G*，通过绳子挂在滑轮上。设杆、滑轮与绳子的自重不计，试分别画出滑轮 *B*（包括绳子）、杆 *ABC*、*CD* 及整个系统的受力图。

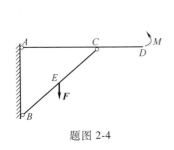

题图 2-4

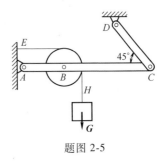

题图 2-5

阶段练习题二

一、判断题（认为正确的，在空号内打√，反之打×）

1. 分力一定小于合力。　　　　　　　　　　　　　　　　　　　　　　　　（　　）
2. 中间铰链的约束力通常用通过铰链中心的两个正交分力来表示。　　　　　（　　）
3. 力在轴上的投影是代数量，其值大小用该力在 *x* 轴和 *y* 轴上的投影长度表示。

（　　）
4. 平面汇交力系平衡的充分必要条件为该力系的合力等于零。　　　　　　　（　　）
5. 当力的作用线通过矩心时，物体不产生转动效应。　　　　　　　　　　　（　　）
6. 当力的大小等于零或力的作用线通过矩心时，力对点之矩为零。　　　　　（　　）
7. 受力偶作用的物体只能在平面内转动。　　　　　　　　　　　　　　　　（　　）
8. 力偶的三要素是力偶的大小、力偶的转向和力偶作用面的方位。　　　　　（　　）
9. 力偶可以用一个力来平衡。　　　　　　　　　　　　　　　　　　　　　（　　）
10. 力偶对于其作用面内任意一点之矩与该点的位置无关，它恒等于力偶矩。（　　）

二、选择题（将正确答案的字母序号填入括号内）

1. 为了便于解题，坐标轴的选取方法是_____。　　　　　　　　　　　　（　　）

A. 水平或垂直　　　　　　　　B. 任意　　　　　　　C. 与多数未知力平行或垂直

2. 一力对某点的力矩不为零的条件是_____。　　　　　　　　　　　　　（　　）

A. 作用力不为零　　　　　　　B. 力的作用线不通过矩心

C. 作用力和力臂均不为零

3. 力对点之矩的方向确定是_____。　　　　　　　　　　　　　　　　　（　　）

A. 使物体产生逆时针方向旋转的力矩为正

B. 使物体产生逆时针方向旋转的力矩为负

4. 一个力矩的矩心位置发生改变，一定会使_____。　　　　　　　　　　（　　）

A. 力矩的大小不变，正负不变　　B. 力矩的大小和正负都可能改变

C. 力矩的大小不变，正负改变　　D. 力矩的大小和正负都可能不改变

5. 下列说法不正确的是_____。　　　　　　　　　　　　　　( )

A. 力偶使物体逆时针方向转为负

B. 平面汇交力系的合力对平面内任一点的力矩等于力系中各力对同一点力矩的代数和

C. 力偶不能与一个力等效也不能与一个力平衡

D. 力偶对其作用面内任意一点的矩恒等于力偶矩，而与矩心无关

三、名词解释与简答题

平面汇交力系

合力投影定理

力矩

力偶

平面力偶系

四、计算题

1. 试计算题图 2-6 各分图中 F 对于点 O 之矩。

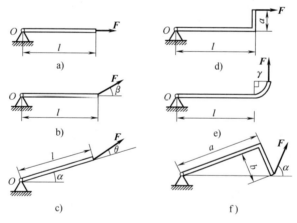

题图 2-6

2. 已知题图 2-7 所示各力的大小分别为 $F_1 = 100\text{kN}$，$F_2 = 150\text{kN}$，$F_3 = 200\text{kN}$，$F_4 = 80\text{kN}$，试分别求各力在 x 轴和 y 轴上的投影。

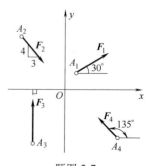

题图 2-7

3. 如题图 2-8 所示，已知 $F_1 = 10\text{kN}$，$F_2 = 20\text{kN}$，$F_3 = 30\text{kN}$，$F_4 = 40\text{kN}$，试求出这四个力的合力。

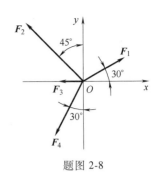

题图 2-8

4. 四杆机构 O_1BAO_2 在题图 2-9 所示位置平衡，已知 $O_1B = 0.1\text{m}$，$O_2A = 0.8\text{m}$，作用于摇杆 O_1B 上的力矩 $M_1 = 10\text{kN} \cdot \text{m}$，不计杆重，求力矩 M_2 的大小及连杆 AB 的受力。

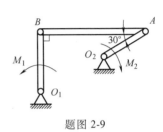

题图 2-9

5. 用铣刀加工齿轮，如题图 2-10 所示，已知切削力 $F_1 = 2\text{kN}$，$F_2 = 0.5\text{kN}$。设轴向力 F_1 由轴承 B 承受，试求 A、B 两轴承处的反力。

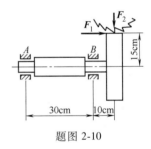

题图 2-10

6. 曲柄滑块机构如题图 2-11 所示，在图示位置时滑块上的受力 $F = 400\text{N}$。如不计所有构件的自重，问在曲柄上应加多大的力偶方能使机构平衡。

7. 剪床如题图 2-12 所示，作用在手柄 A 上的力 F 通过连杆机构带动刀片 DE 在 K 处剪断钢筋。若已知 $KE = DE/3$，$\angle BCD = 60°$，$\angle CDE = 90°$。如剪断钢筋需用力 $F_K = 6\text{kN}$，试求垂直于手柄的作用力 F 应为多大？

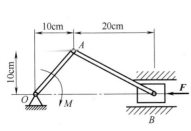

题图 2-11

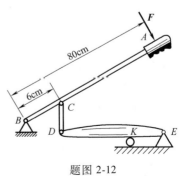

题图 2-12

阶段练习题三

一、判断题（认为正确的，在空号内打√，反之打×）

1. 力系简化的主要依据是力的平移定理。　　　　　　　　　　　　　（　　）
2. 钳工攻螺纹时，可以用一只手扳动扳手。　　　　　　　　　　　　（　　）
3. 平面任意力系向作用面内任一点简化，得到的主矢量的大小和方向与简化中心无关。
　　　　　　　　　　　　　　　　　　　　　　　　　　　　　　　（　　）
4. 平面任意力系向作用面内任一点简化，得到的主矩的大小和转向与简化中心无关。
　　　　　　　　　　　　　　　　　　　　　　　　　　　　　　　（　　）
5. 平面平行力系可以列出两个平衡方程，故只能解出两个未知数。　（　　）

二、选择题（将正确答案的字母序号填入括号内）

1. 平面任意力系向平面内一点简化，其结果可能是_____。　　　　（　　）

A. 一个力　　　　B. 一个力和一个力偶　　　C. 一个合力偶　　　D. 一个力矩

2. 平面任意力系_____。　　　　　　　　　　　　　　　　　　　（　　）

A. 可列出 1 个独立平衡方程　　　　　　　B. 可列出 2 个独立平衡方程

C. 可列出 3 个独立平衡方程　　　　　　　D. 可列出 6 个独立平衡方程

3. 平面任意力系平衡的充分必要条件是_____。　　　　　　　　　（　　）

A. 合力为零

B. 各分力对某坐标轴的投影的代数和为零

C. 合力矩为零

D. 合力和合力矩均为零

4. 若平面力系中所有力的作用线汇交于一点，则该力系是_____。　（　　）

A. 平面任意力系　　　　　　　　　　　　B. 平面汇交力系

C. 平面平行力系　　　　　　　　　　　　D. 平面力偶系

5. 工程结构中，经常存在超静定或静不定问题，其工程价值是_____。　（　　）

A. 提高刚度　　　B. 提高稳定性　　　　　C. 提高刚度和稳定性

三、名词解释与简答题

力的平移定理

平面任意力系平衡条件

平面平行力系

四、计算题

1. 构件的支承及载荷情况如题图 2-13 所示，求支座 A、B 处的约束力。

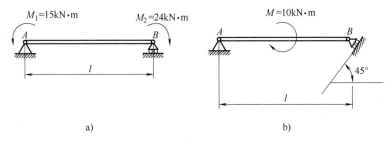

题图 2-13

2. 试求题图 2-14 中梁的支座反力。已知 $F = 6\text{kN}$，$q = 2\text{kN}$，$M = 2\text{kN} \cdot \text{m}$，$a = 1\text{m}$。

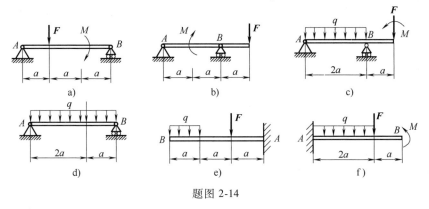

题图 2-14

3. 题图 2-15 所示为制动系统的踏板装置，若 $F_N = 1700\text{N}$，$a = 380\text{mm}$，$b = 50\text{mm}$，$\alpha = 60°$，求驾驶员作用于踏板的制动力 F 的大小。

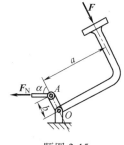

题图 2-15

4. 如题图 2-16 所示，汽车起重机车体重力 $W_Q = 26\text{kN}$，吊臂重力 $G = 4.5\text{kN}$，起重机旋转及固定部分重力 $W = 31\text{kN}$。设吊臂在起重机对称面内，试求汽车的最大起重量 G_p。

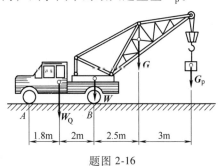

题图 2-16

阶段练习题四

一、填空题

1. 根据两物体接触面之间的相对滑动或相对滑动趋势的情况，一般将摩擦分为_____和_____两类。

2. 两个相互接触的物体，有相对滑动或有相对滑动趋势时，在接触面之间产生的阻碍其滑动的力，称为_____。

3. 最大静摩擦力和法向反力可合成一个全约束力，这个全约束力的作用线与接触面之间的夹角称为_____。

4. 物体受到外力推动而处于平衡，即主动力的合力作用在摩擦锥内而物体保持平衡不动的现象称为_____。

5. 机械效率是指机械在稳定运转时，机械的_____与_____之比。

二、判断题（认为正确的，在空号内打√，反之打×）

1. 按照摩擦的运动方式，摩擦可以分为滑动摩擦和滚动摩擦。 （　　）

2. 摩擦力的方向总与物体之间的相对运动或相对运动趋势的方向相反。 （　　）

3. 当两个相互接触的物体有相对滑动或相对滑动趋势时，接触表面之间会彼此阻碍滑动，这种现象称为滚动摩擦。 （　　）

4. 静摩擦系数的大小与两物体接触面间的材料及表面情况（表面粗糙度、干湿度、温度等）有关。 （　　）

5. 动摩擦系数的大小与两物体接触面间的材料及表面情况（表面粗糙度、干湿度、温度等）有关，还与物体的运动速度有关。 （　　）

6. 摩擦角就是表征材料摩擦性质的物理量。 （　　）

7. 物体在任何时候受到摩擦力与反向力都可以合成一个力，这个力的作用线与支承面法向间的夹角就是摩擦角。 （　　）

8. 主动力的合力作用在摩擦锥内而物体保持不动的现象称为自锁。 （　　）

9. 机械效率是指机械在稳定运转时其输出功（有效功）与输入功（驱动功）之比，以 η 表示。 （　　）

10. 机械效率永远小于 1 是因为机械传动中必然会有功率损失。 （　　）

三、名词解释与简答题

滑动摩擦

静摩擦力

摩擦角

自锁

滚动摩擦

机械效率

四、计算题

1. 如题图 2-17 所示，梯子 AB 重力为 $G = 300N$，靠在光滑墙上，梯子长为 $l = 3m$，已知梯子与地面间的静摩擦因数为 0.25，现有一重为 650N 的人沿梯子向上爬，若 $\alpha = 60°$，求人能到达的最大高度。

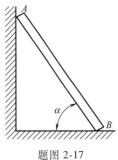

题图 2-17

2. 绞车的制动器由带制动块 D 的杠杆和鼓轮 C 组成，尺寸如题图 2-18 所示。已知制动块与鼓轮间的摩擦系数为 f，提升的重物为 G，不计杠杆和鼓轮自身的重量，问在杆端 B 最少应加多大的铅垂力 F 方能安全制动？

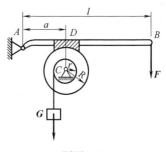

题图 2-18

3. 如题图 2-19 所示，横梁 AB 端部圆孔套在圆柱上，B 端挂一重为 G 的重物，梁孔与立柱之间的摩擦因数 $\eta = 0.1$，梁自重不计，试求梁孔不沿立柱下滑的 a 值至少应为多少。

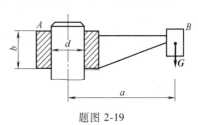

题图 2-19

阶段练习题五

一、判断题（认为正确的，在空号内打√，反之打×）

1. 若力系中各力的作用线不在同一平面内，则该力系为空间力系。 （ ）

2. 空间力系的一次投影均可方便求出其值的大小。 （ ）

3. 合力在某一轴上的投影等于其各分力在同一轴上投影的代数和，此为合力投影定理。

  （ ）

4. 日常生活中，无论力的大小均可从任何方向将房间的门打开。 （ ）

5. 空间任意力系可以列出六个独立平衡方程式，可以求解六个未知量。 （ ）

6. 物体受到地球的吸引力如同物体在空间受到空间平行力系，这些力系合力的作用点即为物体的重心。 （ ）

7. 任何构件的形心的重心都是同一点。 （ ）

8. 均质物体有对称面或对称轴或对称中心，则该物体的重心必相应地在这个对称面或对称轴或对称中心上。 （ ）

9. 对于形状复杂的薄平板，根据二力平衡公理可用悬挂法来确定物体的重心位置。

  （ ）

10. 对于形状复杂的零件、体积庞大的物体以及由许多构件组成的机械，常用称重法确定其重心的位置。 （ ）

二、名词解释与简答题

空间力系

一次投影法与二次投影法

力对轴之矩

空间任意力系的平衡方程式

重心、质心与形心

三、计算题

1. 如题图 2-20 所示，在边长 $a = 12\text{mm}$，$b = 16\text{mm}$，$c = 10\text{mm}$ 的六面体上，作用力 $F_1 = 2\text{kN}$，$F_2 = 2\text{kN}$，$F_3 = 4\text{kN}$，试计算各力在坐标轴上的投影。

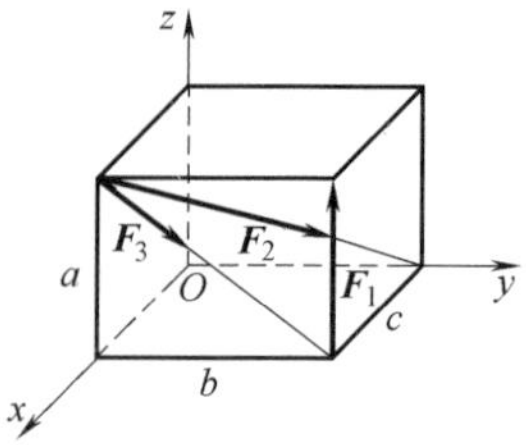

题图 2-20

2. 斜齿圆柱齿轮传动时，齿轮受力如题图 2-21 所示，已知 $F_n = 1000N$，$\alpha = 20°$，$\beta = 15°$。试求作用于齿轮上的圆周力、径向力和轴向力。

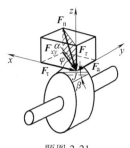

题图 2-21

3. 轴上装有两个齿轮，如题图 2-22 所示。两齿轮的分度圆直径分别为 $d_1 = 250mm$，$d_2 = 120mm$。若齿轮 1 上受到的圆周力 $F_{t1} = 500N$，$F_{r2} = 182N$，图中尺寸的单位为 mm，试求齿轮 2 上的圆周力 F_{t2} 和径向力 F_{r2}（$F_{r2} = F_{t2}\tan 20°$）。

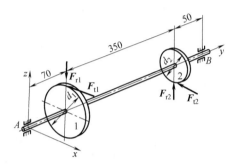

题图 2-22

4. 斜齿圆柱齿轮的受力情况如题图 2-23 所示。已知圆周力 $F_t = 1380N$、径向力 $F_r = 520N$、轴向力 $F_a = 370N$，分度圆直径 $d = 290mm$。试求轴端输入的力偶矩 M，以及 A、B 两处的约束力。

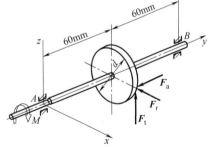

题图 2-23

5. 试求题图 2-24 中阴影平面图形的形心坐标。

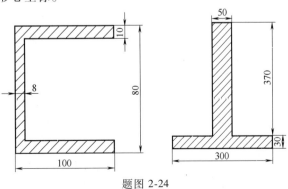

题图 2-24

第3章　杆件的基本变形形式

阶段练习题一

一、填空题

1. 构件在外荷载作用下具有抵抗破坏的能力称为材料的_____；具有一定的抵抗变形的能力称为材料的_____；保持其原有平衡状态的能力称为材料的_____。

2. 在研究杆件的强度、刚度和稳定性问题时，一般将材料（杆件）抽象为_____、_____、_____的可变形固体。

3. 根据杆件的典型受力情况，其基本变形可分为_____、_____、_____和_____四种基本变形。

4. 杆件内部存在的因外部载荷作用而引起杆件受力变化的力，称为_____；内力的作用线与杆的轴线重合并垂直于杆的横截面且通过截面形心的内力，称为_____；杆件横截面单位面积上受到的内力称为_____。

5. 应力分为两种，与横截面垂直的应力称为_____，用_____表示；与横截面相切的应力称为_____，用_____表示。

6. 在低碳钢拉伸曲线中，其变形破坏全过程可分为_____个变形阶段，它们依次是_____、_____、_____和_____，最后断裂。

7. 工程生产实践中衡量材料强度的一个重要指标是_____，一般是选择_____。

8. 工程生产实践中通常将 $A > $ _____% 的材料称为塑性材料，如钢、铜、铝。

9. 材料丧失正常工作能力时的应力，称为_____；杆件工作时允许产生的最大应力，称为_____，用_____表示。

10. 拉伸和压缩的强度条件可以解决_____、_____和_____三个方面的问题。

二、判断题（认为正确的，在空号内打√，反之打×）

1. 材料破坏指的是材料断裂或发生较大的塑性变形。　　　　　　　（　　）

2. 材料受外力后变形，卸去外力后能够完全消失的变形称为弹性变形。（　　）

3. 内力是杆件在外力作用下其内部产生的作用力。　　　　　　　　（　　）

4. 用截面法求内力时，可以保留截开后构件任一部分进行平衡计算。（　　）

5. 杆件的基本变形只有拉（压）、剪切、扭转和弯曲四种，如果还有另外一种变形，必定是这四种变形的某种组合。　　　　　　　　　　　　　　　　　（　　）

6. 杆件两端受到等值、反向且共线并通过轴线的两个外力作用时，一定产生轴向拉伸或压缩变形。　　　　　　　　　　　　　　　　　　　　　　　　（　　）

7. 轴力是因外力而产生的，故轴力是外力。　　　　　　　　　　　（　　）

8. 轴力的大小与杆的截面形状和材料没有关系。　　　　　　　　　（　　）

9. 轴力越大，杆件越容易被拉断，因此轴力的大小可以用来判断杆件的强度。（　　）

10. 10kN 的压力作用于截面积为 10mm² 的杆，则该杆所受的压应力为 1MPa。（　　）

11. 轴向拉伸时，横截面上正应力与纵向线应变均成正比。（　　）

12. 在屈服阶段，材料基本失去抵抗变形的能力，故将来使用时选用的压力不应超过屈服压力。（　　）

13. 杆件伸长后，横向会缩短，这是因为杆有横向应力存在。（　　）

14. A、Z 值越大，说明材料的塑性越大。（　　）

15. 许用应力是将极限应力除以一个大于 1 的系数并作为杆件工作时允许产生的最大应力。（　　）

三、选择题（将正确答案的字母序号填入括号内）

1. 构件的强度是指_____，刚度是指_____，稳定性是指_____。（　　）

A. 在外力作用下构件抵抗变形的能力

B. 在外力作用下构件保持原有平衡的能力

C. 在外力作用下构件抵抗强度破坏的能力

2. 各同向性假设认为，材料内部各点的_____是相同的。（　　）

A. 力学性质　　　B. 外力　　　　C. 变形　　　　D. 位移

3. 根据小变形条件，可以认为_____。（　　）

A. 构件不变形　　　　　　　　　B. 构件仅发生弹性变形

C. 构件的变形远远小于原始尺寸　D. 构件变形可以在一定范围内

4. 构件的强度、刚度和稳定性_____。（　　）

A. 只与材料的力学性质有关　　　B. 只与构件的形状有关

C. 与前二者都有关　　　　　　　D. 与前二者都无关

5. 材料力学中求内力的普遍方法是_____。（　　）

A. 几何法　　　B. 解析法　　　C. 截面法　　　D. 投影法

6. 用截面法求水平杆某截面的内力时，是对_____建立平衡方程求解的。（　　）

A. 该截面的左端　　　　　　　　B. 该截面的右端

C. 该截面的左端或右端　　　　　D. 整个杆

7. 下列结论中_____是正确的。（　　）

A. 内力是应力的代数和　　　　　B. 应力是内力的平均值

C. 应力是内力的集度　　　　　　D. 内力必大于应力

8. 低碳钢拉伸试件的应力-应变曲线大致可分为四个阶段，这四个阶段是_____。

（　　）

A. 弹性变形阶段、塑性变形阶段、屈服阶段、断裂阶段

B. 弹性变形阶段、塑性变形阶段、强化阶段、颈缩阶段

C. 弹性变形阶段、屈服阶段、强化阶段、断裂阶段

D. 弹性变形阶段、屈服阶段、强化阶段、颈缩阶段

9. 脆性材料与塑性材料相比，其拉伸力学性能的最大特点是_____。（　　）

A. 强度低，对应力集中不敏感　　B. 相同拉力作用下变形小

C. 断裂前几乎没有塑性变形　　　D. 应力-应变关系严格遵循胡克定律

10. 长度和横截面面积均相等的两杆，一为铜杆，一为铝杆，在相同的拉力作用下
_____。   （   ）

    A. 铝杆的应力和钢杆相同，而变形大于钢杆

    B. 铝杆的应力和钢杆相同，而变形小于钢杆

    C. 铝杆的应力和变形都大于钢杆

    D. 铝杆的应力和变形都小于钢杆

四、计算题

1. 拉伸或压缩杆如题图 3-1 所示。试用截面法求各杆指定截面的轴力，并画出轴力图。

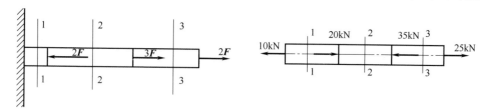

题图 3-1

2. 如题图 3-2 所示，等截面直杆的截面为 50mm×50mm 的正方形，求直杆各截面上的应力。

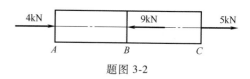

题图 3-2

3. 有一根灰铸铁圆管作受力杆，如题图 3-3 所示。已知材料的许用应力为 $[\sigma]=200\text{MPa}$，轴向压力 $F=1000\text{kN}$，管的外径 $D=130\text{mm}$，内径 $d=100\text{mm}$，试校核其强度。

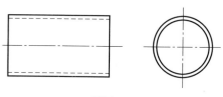

题图 3-3

4. 如题图 3-4 所示，在 B 点处受载荷 G 的作用，杆 AB、BC 分别是木杆和钢杆，木杆 AB 的横截面 $A_1=1\times10^4\text{mm}^2$，许用应力 $[\sigma_1]=7\text{MPa}$；钢杆 BC 的横截面 $A_2=600\text{mm}^2$，许用应力 $[\sigma_2]=160\text{MPa}$。求支架的许可载荷。

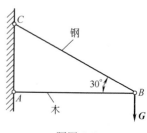

题图 3-4

5. 如题图 3-5 所示，一刚性梁 *ACB* 由圆钢 *CD* 在 *C* 点悬挂连接，*B* 端作用有集中载荷 *F* = 25kN。已知 *CD* 杆的直径 *d* = 20mm，许用应力 [*σ*] = 160MPa，试校核 *CD* 杆的强度是否满足要求。

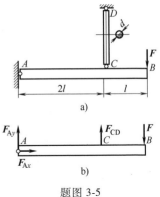

题图 3-5

6. 如题图 3-6 所示，构架上悬挂的物体 *G* = 60kN，木制支柱 *AB* 的横截面为正方形，边长为 0.2m，材料的许用应力 [*σ*] = 8MPa，木制支柱的强度是否够用？如果在同等条件下，支柱的横截面面积最小可取多少？边长应为多少？

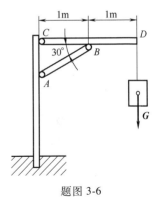

题图 3-6

阶段练习题二

一、填空题

1. 剪切的受力特点是杆件受到一对外力，其大小相等、方向相反、作用线互相_____且相距_____很近。

2. 剪切的变形特点是位于两力间的截面沿外力方向发生_____。

3. 构件的局部表面受到较大的压力，使杆件可能产生塑性变形，这种现象称为_____。

4. 挤压应力与压缩应力不同，前者是分布于两构件_____上的压强，而后者是分布在构件内部截面单位面积上的内力。

5. 剪切的实用计算中，一般假设剪应力在剪切面上是_____分布的。

6. 铆钉联接了两块钢板，强度计算时，挤压面面积是半圆柱面的面积；剪切面面积是铆钉杆的____面积。

二、判断题 （认为正确的，在空号内打√，反之打×）

1. 在用铆钉联接板件受横向力时，铆钉杆上同时受到剪切和挤压的作用，只是铆钉杆上剪切和挤压的受力部位和强度计算方法不同。 （　）

2. 若在构件上作用有两个大小相等、方向相反、相互平行的外力，则此构件一定产生剪切变形。 （　）

3. 两板件用一受剪切的螺栓联接，在进行剪切强度校核时，只针对螺栓校核就完全可以了。 （　）

4. 在构件上有多个面积相同的剪切面，当材料一定时，若校核该构件的剪切强度，则只对剪力较大的剪切面进行校核即可。 （　）

5. 进行挤压实用计算时，所取的挤压面面积是挤压接触面的正投影面积。 （　）

6. 钢板用螺栓联接后，在螺栓和钢板相互接触的侧面将发生局部承压现象，这种现象称挤压。当挤压力过大时，可能引起螺栓压扁或钢板孔缘压溃，从而导致联接松动而失效。 （　）

三、选择题 （将正确答案的字母序号填入括号内）

1. 连接件用铆钉联接受横向力作用进行强度校核时，剪切面和挤压面分别_____于外力方向。 （　）

　A. 垂直、平行　　　　B. 平行、垂直　　　　C. 垂直　　　　D. 平行

2. 连接件用铆钉联接受横向力作用进行强度校核时，剪切面和挤压面分别按_____计算。 （　）

　A. 圆杆直径面积、半圆柱面　　　　　B. 圆杆直径面积、半圆柱面的正投影面

　C. 圆杆直径面积　　　　　　　　　　D. 半圆柱面的正投影面

3. 连接件用铆钉联接受横向力作用进行强度校核时，按剪切强度计算，若铆钉与联接件的材料不同，强度校核时应选择_____进行校核。 （　）

　A. 铆钉　　　　B. 联接件　　　　C. 两者较弱者　　　D. 任意一件

4. 连接件用铆钉联接受横向力作用进行强度校核，确定铆钉直径时，应按进行_____。 （　）

　A. 对铆钉进行挤压强度校核确定铆钉直径

　B. 对铆钉进行剪切强度校核确定铆钉直径

　C. 任意一种方法均可

　D. 分别进行挤压、剪切强度校核，选择两者直径较大者

5. 为保证构件安全工作，其最大工作应力必须小于或等于材料的_____。 （　）

　A. 正应力　　　　B. 剪应力　　　　C. 极限应力　　　　D. 许用应力

四、计算题

1. 矩形截面的榫接结构如题图 3-7 所示，已知 $P = 120kN$，$b = 80mm$，$L = 30mm$，$\delta = 25mm$。试分析其受力并分别计算构件上剪应力和挤压应力。

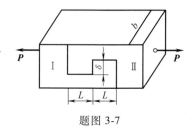

题图 3-7

2. 如题图 3-8 所示，轴的直径 $d = 85\text{mm}$，键的尺寸 $b = 22\text{mm}$，$h = 14\text{mm}$。键的许用切应力 $[\tau] = 50\text{MPa}$，许用挤压应力 $[\sigma_{jy}] = 100\text{MPa}$。若由轴通过键所传递的转矩为 $3.5\text{kN} \cdot \text{m}$，求键的长度 l。

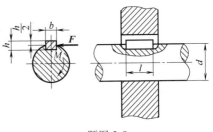

题图 3-8

3. 题图 3-9 所示为两块钢板通过铆钉联接，受横向轴向力 F 作用。已知 $F = 60\text{kN}$，钢板厚度 $t = 12\text{mm}$，铆钉的直径 $d = 18\text{mm}$，铆钉的许用剪应力 $[\tau] = 100\text{MPa}$，许用挤压应力 $[\sigma_{jy}] = 300\text{MPa}$，试校核铆钉的强度。

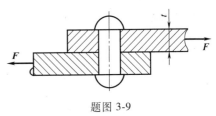

题图 3-9

4. 螺钉联接如题图 3-10 所示，已知螺钉直径 $d = 24\text{mm}$，钢板厚度 $\delta = 10\text{mm}$，宽度 $b = 75\text{mm}$，螺钉的许用剪应力 $[\tau] = 85\text{MPa}$，连接处的许用挤压应力 $[\sigma_{jy}] = 180\text{MPa}$，钢板的许用拉应力 $[\sigma] = 120\text{MPa}$，若载荷 $P = 30\text{kN}$，试校核此联接的剪切强度与挤压强度，以及钢板的拉伸强度。

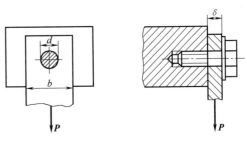

题图 3-10

阶段练习题三

一、填空题

1. 杆件扭转变形的受力特点是在与杆件轴线_____的平面内受到若干个_____的作用。

2. 杆件扭转变形的变形特点是杆件的各横截面绕杆轴线发生相对_____，杆件轴线始终保持_____。

3. 工程上常将以扭转变形为主的杆件称为_____。

4. 为形象表示各截面扭矩的大小和正负画出扭矩随截面位置变化的图像称为_____。

5. 圆轴扭转时横截面上产生的切应力的大小与该点到圆心的距离 ρ 成_____，方向与过该点的半径_____。圆心处切应力为_____，在圆轴表面上各点的切应力_____，

6. 扭转角是轴横截面间相对转过的角度，用_____来表示，单位为_____。工程实践中实际采用单位长度相对扭转量来表示变形程度，称为单位_____，用来_____表示，单位是_____。

7. 圆轴能正常工作的条件是圆轴内的最大工作切应力_____材料的许用切应力。

8. 应用圆轴扭转的强度条件可以进行_____、_____、_____三类问题的计算。

二、判断题（认为正确的，在空号内打√，反之打×）

1. 杆件扭转变形特点是：杆件的各横截面绕杆轴线发生相对转动，杆件轴线出现弯曲。
（　　）

2. 对扭矩正负的规定是：按右手螺旋法则，四指顺着扭矩的转向握住轴线，则大拇指的指向离开截面时为正，反之为负。
（　　）

3. 圆轴扭转时截面上只存在切应力。（　　）

4. 圆轴扭转时，横截面上切应力的大小沿半径呈线性分布，方向与半径垂直。（　　）

5. 圆轴的最大扭转切应力必发生在扭矩最大的截面上。（　　）

6. 由不同材料制成的两圆轴，若轴长 l、轴径 d 及作用的转矩均相同，则其最大切应力必相同。
（　　）

7. 由不同材料制成的两圆轴，若轴长 l、轴径 d 及作用的转矩均相同，则其相对扭转角必相同。
（　　）

8. 圆轴承受扭矩，在强度相等的条件下，空心轴比实心轴效果好，其减轻重量、节约材料的效果是非常明显的。
（　　）

三、选择题（将正确答案的字母序号填入括号内）

1. 在_____受力情况下，圆轴发生扭转变形。（　　）

A. 外力合力沿圆轴轴线方向　　　　B. 外力偶作用在垂直轴线的平面内

C. 外力偶作用在纵向对称面内　　　D. 外力合力作用在纵向对称面内

2. 根据扭转的变形特点，可以认为圆轴扭转时形状与素线为_____。（　　）

A. 形状尺寸不变，直线仍为直线　　B. 形状尺寸改变，直线仍为直线

C. 形状尺寸不变，直线不保持直线　D. 形状尺寸改变，直线不保持直线

3. 空心圆轴扭转时，横截面上切应力分布如_____图所示。（　　）

A.　　　　　　　B.　　　　　　　C.　　　　　　　D.

4. 空心圆轴外径为 D，内径为 d，在计算最大剪应力时需要抗扭截面系数 W_p，以下正确的是_____。   (   )

A. $\dfrac{\pi D^3}{16}$ B. $\dfrac{\pi d^3}{16}$ C. $\dfrac{\pi}{16}(D-d)$ D. $\dfrac{\pi D^3}{16}(1-\alpha^4)$

5. 圆轴扭转的变形特征为_____。   (   )

A. 横截面沿半径方向伸长   B. 横截面绕轴线偏转

C. 横截面绕中性轴旋转   D. 横截面沿半径方向缩短

6. 下列论述中正确的是_____。   (   )

A. 最大切应力出现在轴线上

B. 圆轴承受扭转时优先选用实心轴

C. 传动轴的转速越高，对其横截面的扭矩越大

D. 受扭杆件的扭矩，仅与杆件所受的外力偶有关，而与杆件的材料及横截面的形状、大小无关

7. 碳钢制成圆截面轴，如果 $\theta \geq [\theta]$，为保证此轴的扭转刚度，采用措施_____最有效。   (   )

A. 改用合金钢   B. 增加表面粗糙度

C. 增加直径   D. 减少轴长

8. 单位长度扭转角与_____无关。   (   )

A. 杆的长度   B. 扭矩

C. 材料性质   D. 截面几何性质

9. 材料不同的两根承受扭转的圆轴，其直径和长度均相同，在相同扭矩的作用下，它们的最大切应力之间和扭转角之间的关系是_____。   (   )

A. 最大切应力相等，扭转角相等   B. 最大切应力相等，扭转角不等

C. 最大切应力不等，扭转角相等   D. 最大切应力不等，扭转角不等

10. 在同一减速器中，设高速轴的直径为 d_1、低速轴的直径为 d_2，两轴材料相同时，两轴的直径之间的关系应当是_____。   (   )

A. $d_1 > d_2$ B. $d_1 = d_2$ C. $d_1 < d_2$ D. 无所谓

四、计算题

1. 如题图 3-11 所示，传动轴转速 $n = 260 \text{r/min}$，轮 B 输入功率 $P_B = 7 \text{kN}$，轮 A、C、D 的输出功率 $P_A = 3 \text{kN}$，$P_C = 2.5 \text{kN}$，$P_D = 1.5 \text{kN}$。试绘制该轴的扭矩图。

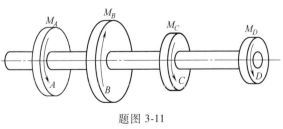

题图 3-11

2. 题图 3-12 所示为一传动轴，已知 $M_A = 1.8\text{N} \cdot \text{m}$，$M_B = 5\text{N} \cdot \text{m}$，$M_C = 1.7\text{N} \cdot \text{m}$，$M_D = 1.5\text{N} \cdot \text{m}$，各段轴的直径分别为 $D_{AB} = 50\text{mm}$，$D_{BC} = 75\text{mm}$，$D_{CD} = 50\text{mm}$。试绘出扭矩图并求 1-1、2-2、3-3 截面上的最大剪应力。

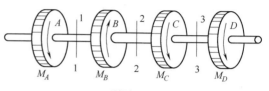

题图 3-12

3. 套筒安全联轴器如题图 3-12 所示，当传递的扭矩 T 达到预定的数值时，销钉被剪断，从而避免机器中其他零件损坏。已知销钉的剪切强度极限 $\tau_b = 300\text{MPa}$，轴的直径 $d = 40\text{mm}$，销钉的直径 $d_p = 6\text{mm}$，试问当转矩 T 达到何值时，销钉被剪断？

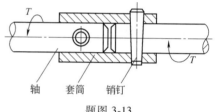

轴　套筒　销钉

题图 3-13

4. 用凸缘联轴器联接两轴，如题图 3-14 所示，两个半联轴器由四个 M12 铰制孔用螺栓联接，螺栓光杆部分的直径 $d_1 = 12\text{mm}$，螺栓中心所在圆的直径 $D = 110\text{mm}$。螺栓的许用应力 $[\tau] = 60\text{MPa}$，试按螺栓的剪切强度确定联轴器允许传递的转矩 T 的大小。

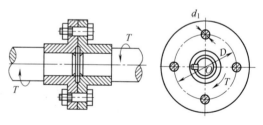

题图 3-14

5. 一钢制传动轴，受到扭矩 $T = 4000\text{Nm}$ 的作用。如已知轴的许用剪应力 $[\tau] = 40\text{MPa}$，许用单位长度扭转角 $[\theta] = 0.25(°/\text{m})$，切变模量 $G = 8 \times 10^4 \text{MPa}$，试确定该传动轴的直径 d。

阶段练习题四

一、填空题

1. 弯曲变形的主要特点是在杆件轴线平面内受垂直于轴线方向的_____作用或承受_____作用，使杆件的轴线由直线变成曲线。

2. 简支梁是梁的一端为_____铰链支座，另一端为_____铰链支座。

3. 若梁上所有外力都作用在梁的纵向对称平面内，梁变形后的轴线变成位于纵向对称平面内的一条平面曲线，这种弯曲称为_____。

4. 梁平面弯曲时横截面上与截面相切的内力分量称为_____，用 F_Q 表示；作用在纵向对称平面内的力偶矩称为_____，用 M 表示。

5. 根据梁的变形情况，对剪力正负号规定如下：以某一截面为界，左右两段梁_____的相对错动时，该截面上的剪力为正，反之为负。

6. 根据梁的变形情况，对弯矩的正负号规定如下：使某段梁弯曲呈_____状时，该横截面上的弯矩为正，反之为负。

7. 梁的剪力随截面位置变化的图像称为_____。

8. 梁的弯矩随截面位置变化的图像称为_____。

9. 矩形截面梁，在发生弯曲变形时凹边的纵向纤维层缩短，凸边的纵向纤维伸长，但有一层既不伸长也不缩短的纵向纤维层，称为_____。

10. 中性层与横截面的交线称为_____。

11. 利用梁的正应力强度条件，可解决梁的_____、_____、_____三类强度设计问题。

12. 梁任一截面的形心沿 y 轴方向的线位移，称为该截面的_____，用 y 表示。

13. 梁任一截面相当于原来位置所转过的角度，称为该截面的_____，用 θ 表示。

14. 为提高梁的承载能力，降低梁的弯矩，可采取将集中载荷改为_____，

15. 梁承受弯矩时，最经济合理的截面应该是_____或_____截面，最差的截面是_____截面。

二、判断题（认为正确的，在空号内打√，反之打×）

1. 凡是以弯曲变形为主的杆件称为梁。　　　　　　　　　　　　　　　（　　）

2. 外伸梁是一端固定另一端外伸的简支梁。　　　　　　　　　　　　　（　　）

3. 一般机器内部用的轴多采用悬臂梁结构。　　　　　　　　　　　　　（　　）

4. 梁平面弯曲时，同时出现剪力和弯矩，两个量作用在同一平面。　　　（　　）

5. 弯矩最大的地方，一定是轴的危险截面。　　　　　　　　　　　　　（　　）

6. 检查所绘剪力图时，凡集中力作用处，剪力图发生突变，突变值等于集中力的大小，突变的方向与集中力的指向相同。　　　　　　　　　　　　　　　　　（　　）

7. 若梁的某一段有分布载荷作用，则该段梁的弯矩图必为一斜直线。　　（　　）

8. 简支梁弯曲时截面上存在中性层。　　　　　　　　　　　　　　　　（　　）

9. 在中性轴两侧，一侧为压应力，一侧为拉应力，与中性轴等距离的各点的正应力相

等，离中性轴最远点的正应力最大。( )

10. 截面为长方形（长边为 a，短边为 b）的梁，在承受弯矩时，截面的长边（a）横放为好。( )

11. 梁受外力作用后，轴线由直线变成一条连续而光滑的曲线，称为挠曲线。( )

12. 梁的挠度表征了梁横截面形心的位移量。( )

13. 提高梁弯曲强度最有效的措施是增大横截面面积。( )

14. 改变简支梁的支座点的位置对梁的弯矩大小没有影响。( )

15. 采用高强度钢可提高材料的屈服强度而达到提高梁弯曲强度的目的，但并不会提高梁的弯曲刚度。( )

三、选择题（将正确答案的字母序号填入括号内）

1. 梁在集中力作用的截面处，其内力图为_____。( )

A. 剪力图有突变，弯矩图光滑连续　　　B. 剪力图有突变，弯矩图有转折

C. 弯矩图有突变，剪力图光滑连续　　　D. 弯矩图有突变，剪力图有转折

2. 梁在某一段内作用有向上的均布载荷作用时，在该段内，弯矩图是一条_____。( )

A. 上凸曲线　　　　　　　　　　　　B. 下凸曲线

C. 有拐点的曲线　　　　　　　　　　D. 倾斜曲线

3. 梁在集中力偶作用的截面处，其内力图为_____。( )

A. 剪力图有突变，弯矩图光滑连续　　　B. 剪力图有突变，弯矩图有转折

C. 矩图有突变，剪力图光滑连续　　　　D. 弯矩图有突变，剪力图有转折

4. 纯弯曲是_____。( )

A. 载荷与约束力均作用在梁的纵向对称面内的弯曲

B. 剪力为常数的平面弯曲

C. 只有弯矩而无剪力的平面弯曲

D. 既有弯矩又有剪力的平面弯曲

5. 关于中性轴位置，有以下几种论述，_____是正确的。( )

A. 中性轴不一定在截面内，但如果在截面内它一定通过形心

B. 中性轴只能在截面内并且必须通过截面形心

C. 中性轴只能在截面内，但不一定通过截面形心

D. 中性轴不一定在截面内，而且也不一定通过截面形心

6. 圆截面梁，当直径增大一倍时，其抗弯能力变为原来的_____。( )

A. 8 倍　　　　　　　B. 16 倍　　　　　　　C. 32 倍

7. 等强度梁各截面上_____等值相等。( )

A. 最大正应力　　　　　　　　　　　B. 弯矩

C. 面积　　　　　　　　　　　　　　D. 抗弯截面系数

8. 题图 3-15 所示简支梁承受一对大小相等、方向相反的力偶，其数值为 M_0。试分析判断四种挠度曲线正确的是_____。( )

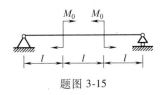

题图 3-15

    A.   B.   C.   D.

9. 如题图 3-16 所示，长度是宽度两倍（$h=2b$）的矩形截面梁，承受垂直方向的载荷，若仅将竖放截面改为平放截面，其他条件都不变，则梁的强度_____。（   ）

    A. 提高到原来的 2 倍   B. 提高到原来的 4 倍

    C. 降低到原来的 1/2 倍   D. 降低到原来的 1/4 倍

10. 同弯矩 M_z 的三根直梁，其截面组成方式如题图 3-17a、b、c 所示。图 3-17a 中的截面为一整体；图 3-17b 中的截面由两矩形截面并列而成（未粘接）；图 3-17c 中的截面由两矩形截面上下叠合而成（未粘接）。三根梁中的最大正应力分别为 σ_{maxa}、σ_{maxb}、σ_{maxc}。关于三者之间的关系有四种答案，试判断正确的是_____。（   ）

    A. $\sigma_{maxa} < \sigma_{maxb} < \sigma_{maxc}$ B. $\sigma_{maxa} = \sigma_{maxb} < \sigma_{maxc}$

    C. $\sigma_{maxa} < \sigma_{maxb} = \sigma_{maxc}$ D. $\sigma_{maxa} = \sigma_{maxb} = \sigma_{maxc}$

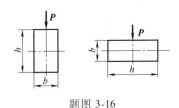

题图 3-16

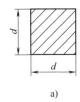

                     a)   b)   c)

题图 3-17

四、计算题

1. 梁 AB 和 BC 在 B 处用铰链连接，A、C 两端固定，两梁的弯曲刚度均为 EI，受力及各部分尺寸均示于题图 3-18 中。$F_P = 40kN$，$q = 20kN/m$。试画出梁的剪力图和弯矩图。

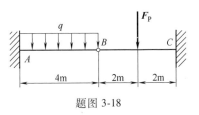

题图 3-18

2. 试求题图 3-19 所示梁的约束力，并画出剪力图和弯矩图。

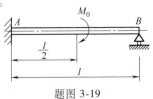

题图 3-19

3. 矩形截面简支梁受载如题图 3-20 所示。试分别求出梁竖放和平放时产生的最大正应力。

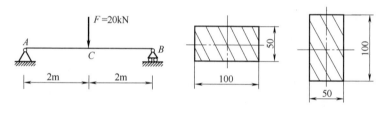

题图 3-20

4. 矩形截面梁如题图 3-21 所示,已知 $P = 2\text{kN}$,横截面的高宽比 $h/b = 3$,材料为松木,其许用应力 $[\sigma] = 120\text{MPa}$,试选择截面尺寸。

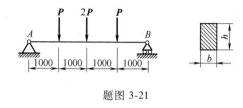

题图 3-21

5. 题图 3-22 所示为均布载荷作用的外伸钢梁,已知 $q = 12\text{kN/m}$,材料的许用应力 $[\sigma] = 160\text{MPa}$,试选择此梁的工字钢型号。

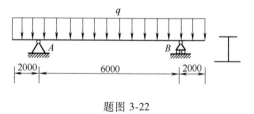

题图 3-22

6. 铸铁梁的载荷如题图 3-23 所示,已知 $q = 12\text{kN/m}$,$P = 15\text{kN}$,$I_z = 2045 \times 10^4 \text{mm}^4$,许用拉应力 $[\sigma_1] = 120\text{MPa}$,许用压应力 $[\sigma_{jy}] = 120\text{MPa}$,试按正应力强度条件校核该梁的强度。

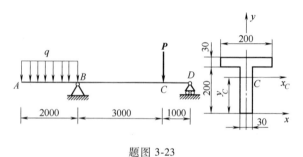

题图 3-23

7. 钢梁 AB 如题图 3-24 所示,其截面为 32a 号工字钢,若 $q = 5\text{kN/m}$,许用拉应力 $[\sigma] = 60\text{MPa}$,试求许用载荷的大小。

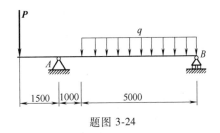

题图 3-24

8. 轧钢机的轧辊如题图 3-25 所示，轧辊轴直径 $D = 300\text{mm}$，跨长 $L = 1000\text{mm}$，$l = 450\text{mm}$，$b = 100\text{mm}$，轧辊材料的弯曲许用应力 $[\sigma] = 100\text{MPa}$，求轧辊能承受的最大允许轧制力。

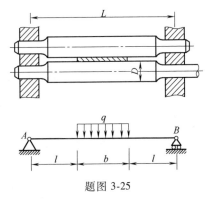

题图 3-25

9. 试用叠加法求如题图 3-26 所示各梁的变形，EI_z 为已知。

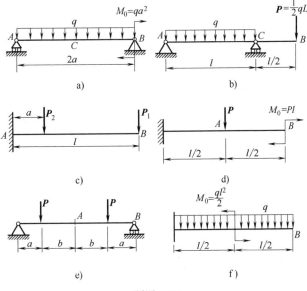

题图 3-26

阶段练习题五

一、填空题

1. 杆件引起的失效形式大体上可分为两类：一类表现为_____断裂；另一类表现为_____屈服。

2. 机械工程中的杆件多用塑性材料制成，故常用_____、_____强度理论来解决实际工程中的设计问题。

3. 外力 F 的作用线与圆轴的轴线垂直时，使圆轴产生_____变形，力偶矩 M 使圆轴产生_____变形。

4. 除了静载荷和动载荷外，工程实践中还有随时间做周期变化的载荷，这种载荷称为_____。

5. 随时间做周期性变化的应力就是_____。

6. 金属杆件经过一段时间交变应力的作用后发生的断裂现象称为_____。

7. 为减缓应力集中，可以在直径较大的部分轴上开_____或_____，以达到减缓应力集中的目的。

8. 提高杆件质量或对杆件表面进行_____处理，可以提高杆件的强度。

二、判断题（认为正确的，在空号内打√，反之打×）

1. 强度理论是关于引起材料破坏的决定性因素的假说。 （　　）
2. 第四强度理论适用于塑性材料的强度计算。 （　　）
3. 第一强度理论只用于脆性材料的强度计算。 （　　）
4. 低碳钢材料的轴在弯扭组合作用下，应选用第一强度理论做强度校核。 （　　）
5. 为减缓应力集中，在截面尺寸突变处尽可能采用半径较大的过渡圆角。 （　　）

三、计算题

1. 摇臂起重机如题图 3-27 所示。横梁 AB 上所受的载荷 $P = 20$kN，长度 $l = 3$m，$a = 0.8$m，角度 $\alpha = 30°$。横梁用工字钢制成，许用应力 $[\sigma] = 140$MPa，试选择工字钢的型号。

提示：先根据弯曲强度选择工字钢型号，再校核组合变形的强度。

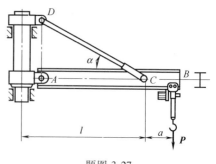

题图 3-27

2. 由电动机并通过联轴器驱动的传动轴上装有一个斜齿圆柱齿轮，如题图 3-28 所示。传动轴上所受的圆周力 $F_t = 1.6$kN，径向力 $F_r = 0.94$kN，轴向力 $F_a = 0.3216$kN，斜齿轮的分度圆直径 $d_f = 102$mm，跨度 $l = 140$mm，轴的直径 $d = 32$mm，许用应力 $[\sigma] = 50$MPa，试按第三强度理论校核轴的强度（略去轴向力 F_a 对轴压缩的影响）。

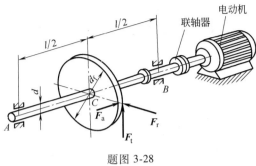

题图 3-28

第4章　平面机构运动简图与自由度

一、填空题

1. 机构中使两个构件_____并能保持一定相对运动的_____联接，称为运动副。
2. 两构件通过_____接触所构成的运动副称为高副。
3. 两构件通过_____接触所构成的运动副称为低副。
4. 两构件间只能产生相对_____的运动副称为转动副。
5. 两构件间只能产生相对_____的运动副称为移动副。
6. 用规定符号和简单线条，按一定比例绘制的表示机构中各构件之间的相对运动及运动特征的图形称为机构_____。
7. 做平面运动的自由构件有_____个自由度。
8. 对构件独立运动的限制称为_____。
9. 平面低副引入_____约束，平面高副引入_____约束。
10. 运动副中由两个以上构件在同一轴线上构成多个转动副的铰链，称为_____。
11. 机构中不影响整个机构运动的局部的独立运动，称为_____。
12. 局部自由度虽然不影响整个机构的运动，但可以使接触处的_____摩擦变为_____摩擦，减小摩擦阻力和磨损。
13. 运动副中不起独立限制作用的重复约束，称为_____。
14. 虚约束对机构的运动虽不起作用，但可以_____机构的刚度、_____机构的受力、_____运动的可靠性。
15. 机构具有确定运动的条件是机构的自由度_____且_____原动件的数目。

二、判断题（认为正确的，在括号内打√；反之打×）

1. 转动副限制了构件的转动自由度。　　　　　　　　　　　　　　　　（　　　）
2. 只表示机构的组成及运动情况，而不严格按照比例绘制的简图，称为机构示意图。

　　　　　　　　　　　　　　　　　　　　　　　　　　　　　　　　（　　　）
3. 固定构件（机架）是机构不可缺少的组成部分。　　　　　　　　　　（　　　）
4. 平面机构自由度计算公式 $F=3n-2P_L-P_H$ 中的 n 是组成机构的总构件数。（　　　）
5. 在同一个机构中，计算自由度时机架只有一个。　　　　　　　　　　（　　　）
6. 局部自由度在机构运动中没有任何作用，故在机构中不要出现局部自由度。（　　　）
7. 由于在计算机构自由度时要将虚约束去掉，故设计机构时应避免出现虚约束。

　　　　　　　　　　　　　　　　　　　　　　　　　　　　　　　　（　　　）
8. 两个构件组成多个移动副，无论什么情况都一定是虚约束。　　　　　（　　　）
9. 机构的运动不确定，就是指机构没有相对运动。　　　　　　　　　　（　　　）
10. 机构具有确定运动的条件是机构的自由度大于零。　　　　　　　　（　　　）

三、选择题（将正确答案的字母序号填入括号内）

1. 在自行车前轮的下列几处联接中，_____的联接属于运动副。　　　（　　　）

A. 前叉与轴　　　　　　B. 轴与车轮　　　　　　C. 辐条与钢圈

2. 两个构件组成转动副以后，约束情况是_____。　　　　　　（　　）

   A. 约束两个移动，剩余一个转动

   B. 约束一个移动、一个转动，剩余一个移动

   C. 约束三个运动

3. 两个构件组成移动副以后，约束情况是_____。　　　　　　（　　）

   A. 约束两个移动，剩余一个转动

   B. 约束一个移动、一个转动，剩余一个移动

   C. 约束三个运动

4. 两个构件组成高副以后，约束情况是_____。　　　　　　　（　　）

   A. 约束两个移动，剩余一个转动

   B. 约束一个移动，剩余一个转动、一个移动

   C. 约束三个运动

5. 自由度的计算公式 $F = 3n - 2P_L - P_H$ 中的 n 是_____。　　（　　）

   A. 总构件数　　　　　B. 总构件数加一　　　　C. 总构件数减一

6. 当组成复合铰链的总构件数为 k 时，该处所包含的转动副数目应为_____。（　　）

   A. k　　　　　　　　B. $k+1$　　　　　　　　C. $k-1$

7. 机构中引入局部自由度后，可使机构_____。　　　　　　　　（　　）

   A. 不能运动　　　　　B. 改变摩擦性质　　　　C. 对运动无所谓

8. 计算机构自由度时，对于虚约束应该如何处理？　　　　　　　　（　　）

   A. 除去不算　　　　　B. 考虑在内　　　　　　C. 除去与否都行

9. 一般门与门框之间有两至三个铰链联接，这应理解为_____。　（　　）

   A. 复合铰链　　　　　B. 局部自由度　　　　　C. 虚约束

10. 当机构中原动件数目大于零且_____机构自由度数目时，该机构具有确定的运动。

   　　　　　　　　　　　　　　　　　　　　　　　　　　　　（　　）

   A. 小于　　　　　　　B. 大于　　　　　　　　C. 等于

四、名词解释与简答题

1. 解释"运动副"的含义及其分类。

2. 写出平面机构的自由度计算公式，并解释每个符号的含义。

3. 什么是复合铰链？自由度计算时应如何处理？

4. 什么是局部自由度？在机构中有什么作用？自由度计算时应如何处理？

5. 什么是虚约束？在机构中有什么作用？自由度计算时应如何处理？

6. 平面机构具有确定运动的条件是什么？

五、分析计算题

计算题图 4-1 所示各机构的自由度，并说明复合铰链、局部自由度和虚约束的位置。

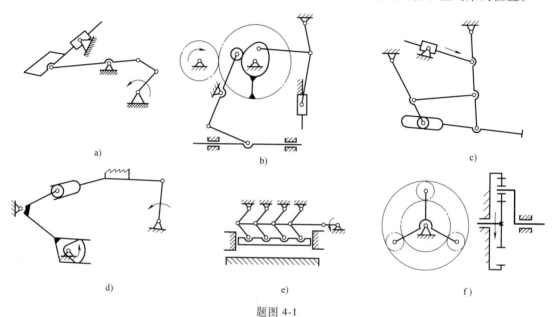

a) 　　　　　　　　b) 　　　　　　　c)

d) 　　　　　　　　e) 　　　　　　　f)

题图 4-1

a）推土机的推土机构　b）冲压机构　c）高炉出铁口堵塞机构　d）缝纫机的送布机构

e）压力机的工作机构　f）行星轮系机构

第 5 章　平面连杆机构

一、填空题

1. 平面连杆机构是由一些刚性构件用_____副和_____副相互连接而组成的机构。平面连杆机构中的运动副均是_____副，故也称平面连杆机构为_____机构。

2. 当平面四杆机构中的四个构件均以转动副连接时，该机构称为_____。

3. 在铰链四杆机构中，与机架用转动副相连接的构件称为_____，不与机架直接连接的构件称为_____。能做整周连续回转的连架杆称为_____，只能做往复摆动的连架杆称为_____。

4. 铰链四杆机构有三种基本形式，即_____机构、_____机构和_____机构。

5. 在铰链四杆机构中，若主动件做整周转动，另一个构件做_____，则该机构称为曲柄摇杆机构。

6. 在铰链四杆机构中，若主动件做整周转动，另一个构件也做_____，则该机构称为双曲柄机构。

7. 在铰链四杆机构中，若主动件做往复摆动，另一个构件也做_____，则该机构称为双摇杆机构。

8. 组成曲柄摇杆机构的条件是：最短杆与最长杆的长度之和_____或_____其余两杆长度之和；最短杆的邻杆为_____，则最短杆为_____。

9. 曲柄摇杆机构可以改变_____形式，可将曲柄的_____变为摇杆的_____，也可将摇杆的_____变为曲柄的_____。

10. 在满足 $l_{max}+l_{min} \leqslant l'+l''$ 条件的铰链四杆机构中，如果将_____作为机架，则与机架相连的两杆都可以做_____运动，即得到双曲柄机构。

11. 两曲柄长度不相等的双曲柄机构是普通双曲柄机构，这种机构的运动特点是：当主动曲柄做_____转动时，从动曲柄做周期性的_____转动。

12. 双曲柄机构中，若相对的两杆长度分别相等，则该机构称为_____机构。

13. 平行双曲柄机构中，根据主动曲柄与从动曲柄转动方向是否相同，可以分为_____四边形机构和_____平行双曲柄机构。

14. 平行双曲柄机构中，两个曲柄的_____相同，_____相等。

15. 在_____机构中，若最短杆与最长杆的长度之和_____其余两杆的长度之和，不论取哪个杆为_____，只能得到双摇杆机构。

16. 在满足 $l_{max}+l_{min} \leqslant l'+l''$ 条件的铰链四杆机构中，如果将最短杆的_____作为机架，则与机架相连的两杆只能做_____，即得到双摇杆机构。

17. 双摇杆机构中，两个连架杆的运动形式没有发生变化，都在做_____。

18. 曲柄滑块机构是将曲柄摇杆机构中的摇杆变为_____而来的。

19. 在曲柄滑块机构中，若以曲柄为主动件，则可以把曲柄的_____运动形式转换成滑块的_____运动形式。

20. 在曲柄滑块机构中，还可以把滑块的移动运动形式转换成曲柄的转动运动形式，这时，应取_____为主动件。

21. 将曲柄滑块机构中的_____固定为机架后，可得到导杆机构。

22. 导杆机构根据机架和曲柄两杆长度的关系不同，可得到两种不同的机构：机架长度_____曲柄长度时为转动导杆机构，机架长度_____曲柄长度时为摆动导杆机构。

23. 在转动导杆机构中，主动件做_____转动时，从动件做_____转动。

24. 在摆动导杆机构中，主动件做_____运动时，从动件做_____运动。

25. 在摆动导杆机构中，机构运动时，只能取与滑块相连的连架杆为_____，且运动不可逆。

26. 曲柄摇杆机构出现急回特性时，曲柄是_____件，摇杆是_____件，也就是把_____运动转换为_____运动。

27. 压力角是从动件上某点受到的主动力方向与该点的_____所夹的锐角。

28. 曲柄摇杆机构出现"死点"位置时，曲柄是_____件，摇杆是_____件，也就是把_____运动转换为_____运动。

29. 当摇杆为主动件时，曲柄摇杆机构的"死点"发生在曲柄与_____共线的位置。

30. 家用缝纫机的踏板机构是曲柄摇杆机构，踏板为主动件，机构存在死点位置，实际使用时是利用运动的_____来渡过死点位置的。

二、判断题（认为正确的，在括号内打√；反之打×）

1. 在曲柄长度不等的双曲柄机构中，主动曲柄做等速转动，从动曲柄做变速转动。
（　　）

2. 曲柄摇杆机构与双曲柄机构的区别在于前者的最短杆为曲柄，后者的最短杆为机架。
（　　）

3. 把铰链四杆机构的最短杆作为固定机架，就一定得到双曲柄机构。（　　）

4. 普通双曲柄机构，用原机架相对的构件作为机架后，一定成为双摇杆机构。（　　）

5. 双摇杆机构，用原机架相对的构件作为机架后，一定成为双曲柄机构 。（　　）

6. 一个铰链四杆机构，通过机架变换，一定可以得到曲柄摇杆机构、双曲柄机构以及双摇杆机构。
（　　）

7. 在曲柄滑块机构中曲柄一定是主动构件。（　　）

8. 曲柄滑块机构能把主动件的等速回转运动转变成从动件的往复直线运动。（　　）

9. 曲柄摇杆机构中，摇杆的极限位置出现在曲柄与机架共线处。（　　）

10. 曲柄摇杆机构运动时，无论何构件为主动件，一定有急回特性。（　　）

11. 曲柄摇杆机构中，当曲柄为主动件时，曲柄和连杆两次共线时所夹的锐角称为极位夹角 θ。
（　　）

12. 曲柄摇杆机构中，当曲柄为主动件时，只要机构的极位夹角 $\theta > 0°$，机构则必然有急回特性。
（　　）

13. 铰链四杆机构中，传动角越大，机构的传力性能越好。（　　）

14. 压力角越大，有效动力就越大，机构动力传递性越好，效率越高。（　　）

34

15. 曲柄摇杆机构中，当摇杆为主动件时，曲柄和连杆共线时，机构出现死点位置。

（　　）

三、选择题（将正确答案的字母序号填入括号内）

1. 在铰链四杆机构中，下列说法正确的是_____。　　　　　　　（　　）

   A. 与机架相连的杆称为连架杆

   B. 做整周转动的杆称为连杆

   C. 与两个连架杆连接的杆称为摇杆

2. 能够把整周转动变成往复摆动的铰链四杆机构是_____机构。　　（　　）

   A. 双曲柄　　　　　　　B. 双摇杆　　　　　　　C. 曲柄摇杆

3. 家用缝纫机的踏板机构属于_____。　　　　　　　　　　　　（　　）

   A. 曲柄摇杆机构　　　　B. 双曲柄机构　　　　　C. 双摇杆机构

4. 飞机起落架应用的是_____。　　　　　　　　　　　　　　　（　　）

   A. 曲柄摇杆机构　　　　B. 双曲柄机构　　　　　C. 双摇杆机构

5. 公共汽车的车门启闭机构是_____。　　　　　　　　　　　　（　　）

   A. 曲柄摇杆机构　　　　B. 平行双曲柄机构　　　C. 反向平行双曲柄机构

6. 能把转动变成往复直线运动，也可以把往复直线运动变成转动的机构是_____。

（　　）

   A. 曲柄摇杆机构　　　　B. 双曲柄机构　　　　　C. 曲柄滑块机构

7. 如题图 5-1 所示的汽车转向架中，$ABCD$ 为等腰梯形，该机构是_____。　（　　）

   A. 双摇杆机构　　　　　B. 双曲柄机构　　　　　C. 曲柄摇杆机构

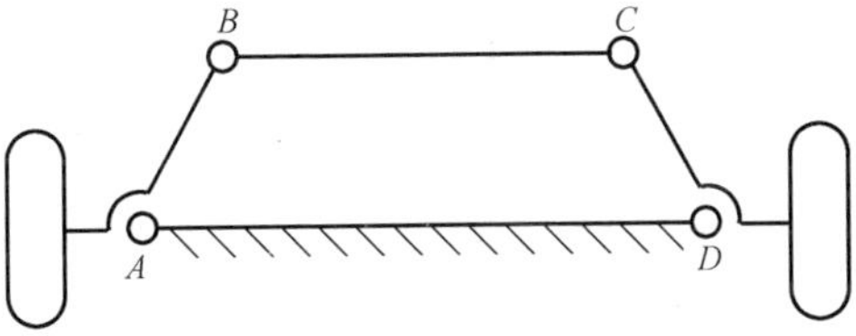

题图 5-1

8. 平面四杆机构中，如果最短杆与最长杆的长度之和小于或等于其余两杆长度之和，最短杆为机架，则这个机构称为_____。　　　　　　　　　　　　　　　（　　）

   A. 曲柄摇杆机构　　　　B. 双曲柄机构　　　　　C. 双摇杆机构

9. 杆长不等的铰链四杆机构，若以最短杆为机架，该机构是_____。　　　（　　）

   A. 双曲柄机构　　　　　B. 双摇杆机构　　　　　C. 双曲柄机构或双摇杆机构

10. 铰链四杆机构 $ABCD$ 各杆的长度分别为 $l_{AB}=40\text{mm}$，$l_{BC}=90\text{mm}$，$l_{CD}=55\text{mm}$，$l_{AD}=100\text{mm}$。若取 AB 杆为机架，则该机构为_____机构。　　　　　　　　（　　）

   A. 双摇杆机构　　　　　B. 双曲柄机构　　　　　C. 曲柄摇杆机构

11. 能把等速回转运动转变成回转方向相同的变速运动的机构是_____。　　（　　）

   A. 曲柄摇杆机构　　　　B. 普通双曲柄机构　　　C. 曲柄滑块机构

12. 已知对心曲柄滑块机构的曲柄长 $l_{AB}=200\text{mm}$，该机构的行程 S 是_____。　（　　）

   A. $S=200\text{mm}$　　　　B. $S=400\text{mm}$　　　　C. $200\text{mm}<S<400\text{mm}$

13. 下列铰链四杆机构中，能实现急回运动的是_____机构。　　　（　　）

　　A. 双摇杆机构　　　B. 曲柄摇杆机构　　　C. 双曲柄机构

14. 曲柄摇杆机构中，摇杆的极限位置出现在_____位置。　　　（　　）

　　A. 曲柄与连杆共线　　B. 曲柄与摇杆共线　　C. 曲柄与机架共线

15. 在曲柄摇杆机构中，只有当_____为主动件时，机构运动才可能出现急回特性。

　　　　　　　　　　　　　　　　　　　　　　　　　　　　（　　）

　　A. 曲柄　　　　　　　B. 连杆　　　　　　　C. 摇杆

16. 在以曲柄为主动件的曲柄摇杆机构中，最小传动角出现在_____的位置。（　　）

　　A. 曲柄与连杆共线　　B. 曲柄与摇杆共线　　C. 曲柄与机架共线

17. 在以曲柄为主动件的曲柄滑块机构中，最小传动角出现在_____的位置。（　　）

　　A. 曲柄与连杆共线　　B. 曲柄与滑块导路垂直

　　C. 曲柄与滑块导路平行

18. 在以摇杆为主动件的曲柄摇杆机构中，死点出现在_____位置。　　（　　）

　　A. 曲柄与连杆共线　　B. 曲柄与摇杆共线　　C. 曲柄与机架共线

19. 曲柄滑块机构有死点位置存在时，其主动件是_____。　　　　（　　）

　　A. 曲柄　　　　　　　B. 滑块　　　　　　　C. 曲柄与滑块均可

20. 工程实际中常利用_____的惯性来通过平面连杆机构的"死点"位置。（　　）

　　A. 主动件　　　　　　B. 从动件　　　　　　C. 连接件

四、名词解释与简答题

1. 解释"铰链四杆机构"的含义及其三种类型。

2. 简述铰链四杆机构的曲柄存在条件与机构类型的判别。

3. 解释"极位夹角"的含义。

4. 解释"急回特性"的含义。

5. 解释"死点"的含义。

五、分析计算题

1. 根据题图 5-2 中各图注明的尺寸（单位：mm），判断各个平面四杆机构的类型。

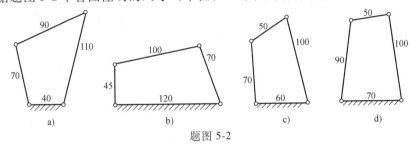

题图 5-2

2. 已知：如题图 5-3 所示各四杆机构（尺寸单位：mm），其中 1 为主动件，3 为从动件。

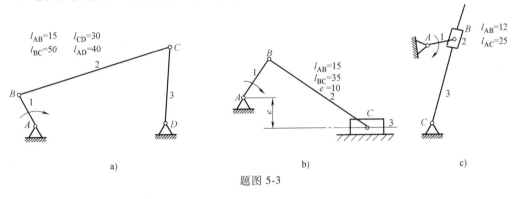

题图 5-3

1）作各机构中从动件的极限位置，并量出从动件的行程 S 或摆角 Ψ。

2）计算各机构的行程速比系数 K。

3）作出各机构出现最小传动角 γ_{min}（或最大压力角 α_{max}）时的位置图，并量出其大小。

3. 若设定上题的各四杆机构中，构件 3 为主动件，构件 1 为从动件，试作各机构的死点位置。

六、分析设计题

1*. 题图 5-4 所示为用四杆机构控制的加热炉炉门启闭机构。根据工作要求，加热时炉门应紧密关闭，放取工件时炉门应处于水平位置，炉门上两铰链的中心距 $l_{BC}=200\text{mm}$，与机架连接的铰链 A 和 D 安置在 yy 轴线上，相关位置和尺寸如题图 5-4 所示，试设计此机构。

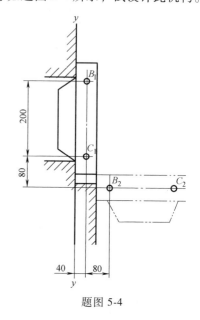

题图 5-4

2^{*}. 已知一偏置曲柄滑块机构，滑块的行程 $S=120\text{mm}$，偏距 $e=10\text{mm}$，机构行程速比系数 $K=1.4$。试设计该机构。

3^{*}. 已知一摆动导杆机构，机架长度为 300mm，机构行程速比系数 $K=2$。试设计该机构。

4. 观察生活中平面机构的应用实例，如各类型的公共汽车车门、折叠椅、自卸车、垃圾车等，分析其工作原理，并画出对应的机构运动简图。

第6章　凸轮机构及其他常用机构

阶段练习题一

一、填空题

1. 凸轮是一个具有_____或_____的构件，在机构运动时通常为_____件，并做_____或_____。

2. 凸轮机构从动件的端部形式有_____从动件、_____从动件与_____从动件。

3. 按其从动件运动形式，凸轮分为_____从动件凸轮和_____从动件凸轮两种。

4. 以凸轮轮廓线上的_____为半径所作的圆，称为基圆。

5. 凸轮机构从动件的运动规律是由_____来实现的。

6. 如果把从动件的_____量与凸轮的_____之间的关系用曲线表示，则此曲线就称为从动件的位移线图。

7. 从动件从最低位置升到最高位置的过程称为_____，从动件上升的距离称为_____，推动从动件实现这一过程相对应的凸轮转角称为_____。

8. 从动件从最高位置回到最低位置的过程称为_____，推动从动件实现这一过程相对应的凸轮转角称为_____。

9. 当凸轮做等速转动时，从动件在上升或下降过程中的速度不变的运动规律，称为_____运动规律。

10. 等速运动规律中，从动件运动的始末两端有很大的惯性力，此时造成的冲击称为_____。

11. 将从动件运动的整个行程分为两段，前半段做_____运动，后半段做_____运动，这种运动规律称为等加速等减速运动规律。

12. 在盘形凸轮轮廓设计中，假设给整个机构叠加一个"$-\omega$"的转速的设计思路，称为设计盘形凸轮轮廓的_____原理。

13. 为保证滚子从动件的凸轮机构运动不失真，设计时应保证滚子半径 $r_T \leqslant \rho_{\min}$，一般取 $r_T \leqslant$_____$\rho_{\min}$。

14. 凸轮机构从动件的_____方向与其_____方向之间所夹的锐角，称为压力角。

15. 在凸轮机构中，当随着压力角 α 的增大，有效分力减小，有害分力增大到一定数值后，会出现无论给从动件施加多大的力，都无法驱动从动件运动的现象，这种现象称为_____。

16. 为保证凸轮机构有良好的传力性能，避免自锁现象，推程运动中，一般取：直动从动件许用压力角 [α] =_____°，摆动从动件许用压力角 [α] =_____°。

17. 从传力角度看，三种端部形式从动件中，传力性能最好的是_____从动件凸轮机构。

39

18. 若凸轮与轴做成一个整体的凸轮轴，凸轮轮毂的半径（r_h）与凸轮轴的半径（r）的关系应为 $r_h = ($ $) r$。

19. 凸轮机构的主要失效形式是_____和_____。

20. 一般普通的凸轮选用_____和_____制造，淬硬到_____。

二、判断题（认为正确的，在括号内打√；反之打×）

1. 因为凸轮机构是高副机构，所以和连杆机构相比，更适用于重载场合。（   ）

2. 凸轮机构结构简单、紧凑，工作可靠，可用于受力任意大小的场合。（   ）

3. 凸轮机构可以精确实现任意复杂的运动规律，因此在控制机构中得到了广泛的应用。
（   ）

4. 凸轮机构中，尖端从动件可用于受力较大的高速机构中。（   ）

5. 滚子从动件具有滚动摩擦、阻力小的运动特性，故在机械中应用广泛。（   ）

6. 等速运动规律可用于高速、重载的场合。（   ）

7. 凸轮机构工作时，从动件的等加速等减速运动规律，是指从动件上升时做等加速运动，下降时做等减速运动。（   ）

8. 等加速等减速运动规律多用于中速、轻载的场合。（   ）

9. 滚子从动件中的滚子半径可以任意选取。（   ）

10. 凸轮轮廓曲线上各点的压力角是不变的。（   ）

三、选择题（将正确答案的字母序号填入括号内）

1. 凸轮机构中，主动件通常做_____。（   ）
   A. 等速转动或移动　B. 变速转动　　　C. 变速移动

2. 凸轮机构中只适用于受力不大且低速场合的是_____从动件。（   ）
   A. 尖端　　　　B. 滚子　　　　C. 平底

3. 凸轮机构中耐磨损又可承受较大载荷的是_____从动件。（   ）
   A. 尖端　　　　B. 滚子　　　　C. 平底

4. 凸轮机构中可用于高速，但不能用于凸轮轮廓有内凹场合的是_____从动件。（   ）
   A. 尖端　　　　B. 滚子　　　　C. 平底

5. _____从动件对于较复杂的凸轮轮廓曲线，能准确地获得所需要的运动规律。
（   ）
   A. 尖端　　　　　B. 滚子　　　　C. 平底

6. 凸轮机构按_____运动时，会产生刚性冲击。（   ）
   A. 等速运动规律
   B. 等加速等减速运动规律
   C. 简谐运动规律

7. 从动件做等加速等减速运动的凸轮机构，一般适用于_____、轻载的场合。（   ）
   A. 低速　　　　　B. 中速　　　　C. 高速

8. 为避免从动件产生严重的"运动失真"，选择滚子半径时，滚子半径 r_T 与凸轮理论轮廓上的最小曲率半径 ρ_{min} 的关系应是_____。（   ）
   A. $\rho_{min} > r_T$　　　B. $\rho_{min} = r_T$　　　C. $\rho_{min} < r_T$

9. 压力角是指凸轮轮廓曲线上某点的_____之间所夹的锐角。（   ）

A. 切线与从动件运动方向

B. 凸轮转向与从动件运动方向

C. 受力方向与从动件运动方向

10. 为保证从动件的工作顺利，凸轮轮廓曲线推程段的压力角应取_____为好。（　　）

A. 大些　　　　　　B. 小些　　　　　　C. 90°

11. 凸轮机构的最大压力角 α_{max} 超过许用值，应采用_____措施来减小 α_{max}。

（　　）

A. 减小基圆半径　　B. 加大基圆半径

12. 为保证凸轮机构有良好的传力性能，避免产生自锁现象，直动从动件盘形凸轮，在推程运动中，一般取许用压力角 $[\alpha]=$_____。（　　）

A. 30°　　　　　　B. 45°　　　　　　C. 80°

13. 凸轮材料要求较高时，材料可选用_____。（　　）

A. 45 钢　　　　　　B. 40Cr　　　　　　C. 20Cr

四、名词解释与简答题

1. 解释"运动规律"的含义。

2. 简述"反转法"原理。

3. 解释凸轮机构"压力角"的含义。

4. 解释"自锁"的含义。

5. 凸轮机构的最大压力角 α_{max} 超过许用值时，应采取什么措施？

五、设计计算题

设计一对心直动滚子从动件盘形凸轮机构。已知凸轮以等角速度 ω 顺时针转动，基圆半径 $r_b = 40mm$，滚子半径 $r_T = 10mm$ 从动件运动规律如下：$\delta_0 = 150°$，$\delta_s = 30°$，$\delta'_0 = 120°$，$\delta'_s = 60°$，从动件在推程中以简谐运动规律上升，行程 $h = 30mm$；回程以等加速等减速运动规律返回原处。试绘出从动件位移线图及凸轮轮廓。

阶段练习题二

一、填空题

1. 间歇运动机构就是当主动件做_____时，从动件做周期性的_____运动的机构。

2. 棘轮机构是由_____、_____、_____和_____四部分组成。

3. 棘轮机构的主动件是_____，从动件是_____，机架起固定和支承作用。

4. 棘轮机构工作时，为防止棘轮_____，棘轮机构必须装有止回棘爪。

5. 快动棘轮机构，它的主动件是_____棘爪，它们交替推动棘轮转动，这种机构的间歇停留时间_____。

6. 棘轮机构摇杆摆角大小的改变，可以利用改变曲柄_____的方法来实现。

7. 一般家用自行车后轮上的"飞轮"实际上是个内棘轮机构，用于自行车上主要是利用了内棘轮的_____特性。

8. 槽轮机构由_____的拨盘、具有_____的槽轮和_____组成。

9. 不论外啮合还是内啮合的槽轮机构，_____总是主动件，_____总是从动件。

10. 槽轮机构的主动件是_____，它以等速做_____转动，具有_____槽的槽轮是从动件，做_____运动。

11. 双圆柱销外啮合槽轮机构中，当拨盘转一周时，槽轮转过_____个槽口。

12. 外啮合槽轮机构槽轮的转向与拨盘的转向_____，内啮合槽轮机构槽轮的转向与拨盘的转向_____。

13. 不完全齿轮机构中，主动轮做_____转动，从动轮做_____转动。

14. 外啮合不完全齿轮机构的两个齿轮的转向_____，内啮合不完全齿轮机构的两个齿轮的转向_____。

15. 螺纹旋向可分为_____和_____两种，一般常用的是_____。

16. 螺纹旋向的判别方法是：将螺杆直竖，右旋螺纹的螺旋线应是_____。

17. 相邻两牙上的对应牙侧与中径线相交两点间的轴向距离称为_____。

18. 同一螺线上，相邻两牙体相同牙侧与中径线相交两点间的轴向距离称为_____。

19. 一般联接螺纹用_____螺纹，螺旋传动中多用_____螺纹等。

20. 螺旋机构能将螺杆的_____运动转变为螺母的_____运动。

二、判断题（认为正确的，在括号内打√，反之打×）

1. 棘轮机构可以把摇杆的往复摆动变成棘轮的间歇性转动。 （　　）
2. 单向间歇运动的棘轮机构，必须要有止退棘爪。 （　　）
3. 快动式棘轮机构在摇杆往复摆动过程中都能驱使棘轮沿同一方向转动。 （　　）
4. 槽轮机构可以把整周的连续转动转变为间歇转动。 （　　）
5. 槽轮机构中，槽轮是主动件。 （　　）
6. 不完全齿轮机构可以把主动轮的连续转动转变为从动轮的间歇转动。 （　　）
7. 双线螺纹的导程是其螺距的两倍。 （　　）
8. 一般联接用螺纹选择自锁性能好的三角形螺纹。 （　　）
9. 差动螺旋机构中两螺旋副旋向相同，螺母的位移可以达到很小，故该机构可以作为微调机构。 （　　）
10. 快动夹具的双螺旋机构中，两处螺旋副的螺纹旋向相同，以快速夹紧或放开工件。 （　　）

三、选择题（将正确答案的字母序号填入括号内）

1. 在间歇运动机构中，可以把摆动变为转动的机构是_____。 （　　）
   A. 棘轮机构　　　　　　B. 槽轮机构　　　　　　C. 不完全齿轮机构

2. 在间歇运动机构中，从动件的转角大小可以调节的机构是_____。 （　　）
   A. 棘轮机构　　　　　　B. 槽轮机构　　　　　　C. 不完全齿轮机构

3. 在间歇运动机构中，要求主动件和从动件都做旋转运动且传递的力大的机构是_____。 （　　）
   A. 棘轮机构　　　　　　B. 槽轮机构　　　　　　C. 不完全齿轮机构

4. 牛头刨床工作台的进给机构，一般选用_____。 （　　）
   A. 棘轮机构　　　　　　B. 槽轮机构　　　　　　C. 不完全齿轮机构

5. 棘轮机构的主动件是做_____。 （　　）
   A. 往复摆动运动　　　　B. 等速旋转运动　　　　C. 直线往复运动

6. 自行车飞轮采用的是一种典型的超越机构，_____可实现超越运动。 （　　）
   A. 外啮合棘轮机构　　　B. 内啮合棘轮机构　　　C. 槽轮机构

7. 槽轮机构的主动件是做_____。 （　　）
   A. 往复摆动运动　　　　B. 往复直线运动　　　　C. 等速旋转运动

8. 槽轮的槽形是_____。 （　　）
   A. 轴向槽　　　　　　　B. 径向槽　　　　　　　C. 弧形槽

9. 在双圆柱销四槽轮机构中，当拨盘转一周时，槽轮转过_____。 （　　）
   A. 90°　　　　　　　　　B. 45°　　　　　　　　　C. 180°

10. 在双圆柱销外槽轮机构中，拨盘转一周，槽轮反向转动_____次。 （　　）
    A. 1　　　　　　　　　　B. 2　　　　　　　　　　C. 3

43

11. 按国家标准规定，_____是螺纹的公称直径。 （　　）

    A. 大径   B. 中径   C. 小径

12. 工程实践中，一般螺纹联接用_____。 （　　）

    A. 三角形螺纹   B. 矩形螺纹   C. 锯齿形螺纹

13. 工程实践中，一般螺旋传动最常用_____。 （　　）

    A. 三角形螺纹   B. 矩形螺纹   C. 锯齿形螺纹

14. 差动螺旋机构中两螺旋副旋向是_____。 （　　）

    A. 相同   B. 相反

15. 数控机床等精度要求高的设备中，多要求采用_____。 （　　）

    A. 滑动螺旋传动   B. 滚动螺旋传动

四、名称解释与简答题

1. 棘轮机构的转角调节有几种方法，简述其工作过程。

2. 简述棘轮机构的超越特性。

3. 简述槽轮机构的组成与应用。

4. 什么是不完全齿轮，其机构应用在什么场合？

5. 什么是螺距？什么是导程？两者之间的联系与区别是什么？

第 7 章　齿轮机构及传动

阶段练习题一

一、填空题

1. 齿轮传动是利用主动轮与从动轮之间轮齿的_____来传递运动和动力的。

2. 按照两齿轮轴线的相对位置，齿轮传动可以分为两轴线_____齿轮传动、两轴线_____齿轮传动和两轴线_____齿轮传动三种。

3. 按齿轮轮齿的齿向，齿轮可分为_____、_____、_____和_____四种。

4. 按齿轮的外体形状，齿轮可分为_____齿轮、_____齿轮两种。

5. 在机械传动中，为保证齿轮传动平稳，考虑轮齿的加工、测量和强度等方面的原因，齿轮的齿廓曲线通常选用_____。

6. 当一对渐开线齿轮制成安装后，因为各种参数已定，安装中心距稍有改变不影响传动比，这种性质称为渐开线齿轮传动中心距的_____。

7. 齿轮的分度圆上_____和_____相等。

8. 分度圆与齿顶圆之间的径向距离称为_____，用_____表示。

9. 分度圆与齿根圆之间的径向距离称为_____，用_____表示。

10. 直齿圆柱齿轮的基本参数有_____、_____、_____、_____与_____五个。

11. 模数 m 的单位为 mm，是齿轮的重要参数。_____越大，则_____越大。

12. 对于渐开线齿轮，通常所说的压力角是指_____上的压力角，一般用_____表示，其值为_____。

13. 渐开线标准圆柱直齿轮的正确啮合条件是_____、_____。

14. 对于标准齿轮采用标准中心距安装，齿数 $z>$_____时，其重合度恒大于 1。

15. 单个齿轮有_____、_____、_____、_____四个圆和_____角。

16. 一对齿轮啮合后，增加了_____圆和_____角。

17. 从加工原理看，切削法加工齿轮齿形的方法主要有_____、_____两种。

18. 展成法加工齿轮，切出的齿轮在分度圆上齿厚与齿槽宽相等，该齿轮称为_____齿轮。

19. 展成法加工齿轮时，若刀具相对切削标准齿轮时移动一定径向距离，加工出来的齿轮称为_____齿轮。

20. 展成法加工齿轮时，若刀具由轮坯中心外移，x 取正值，加工出的齿轮称为_____齿轮。

二、判断题（认为正确的，在括号内打√；反之打×）

1. 齿轮传动的传动比是从动齿轮齿数与主动齿轮齿数之比。 （　　）

2. 一对渐开线齿轮正常啮合时，无论啮合点在何处，其压力传递的方向始终不变，故齿轮传动平稳。 （　　）

3. 渐开线标准齿轮的标准模数和标准压力角都在分度圆上。 （　　）

4. 直齿圆柱齿轮上，可以直接测量直径的有齿顶圆和齿根圆。 （　　）

5. 两个压力角相同，而模数和齿数均不相同的正常齿标准直齿圆柱齿轮，其中轮齿大的齿轮模数较大。 （　　）

6. 标准渐开线直齿圆柱齿轮上，基圆直径一定比齿根圆直径小。 （　　）

7. 按标准中心距安装的一对标准直齿圆柱齿轮，其齿数和较多时，传动平稳性较好。 （　　）

8. 模数和压力角相同但齿数不同的两个齿轮，展成法加工时可以使用同一把齿轮刀具进行加工。 （　　）

9. 展成法齿轮加工中是否产生根切，主要取决于齿轮齿数。 （　　）

10. 圆柱齿轮精度等级，主要根据其承受载荷的大小确定。 （　　）

三、选择题（将正确答案的字母序号填入括号内）

1. 齿轮传动的优点是_____。 （　　）
   A. 成本高　　　　　　B. 传动效率高　　　　C. 不宜于远距离传动

2. 当齿轮安装中心距稍有变化时，_____保持原值不变的性质称为可分性。 （　　）
   A. 压力角　　　　　　B. 传动比　　　　　　C. 啮合角

3. 两个压力角相同，而模数和齿数均不相同的标准正常齿直齿圆柱齿轮，比较它们的模数大小，应看_____尺寸。 （　　）
   A. 齿顶圆直径　　　　B. 齿高　　　　　　　C. 齿根圆直径

4. 齿轮上_____是具有标准模数和标准压力角的圆。 （　　）
   A. 齿顶圆　　　　　　B. 分度圆　　　　　　C. 基圆

5. 齿轮端面上，相邻两齿同侧齿廓之间在分度圆上的弧长称为_____。 （　　）
   A. 齿距　　　　　　　B. 齿厚　　　　　　　C. 齿槽宽

6. 齿轮端面上，两条反向渐开线之间所夹的实体部分在分度圆上的弧长称为_____。 （　　）
   A. 齿距　　　　　　　B. 齿厚　　　　　　　C. 齿槽宽

7. 对于标准齿轮，正常齿齿顶高系数 h_a^* 等于_____。 （　　）
   A. 0.25　　　　　　　B. 0.8　　　　　　　C. 1

8. 内齿轮的齿顶圆_____分度圆，齿根圆_____分度圆。 （　　）
   A. 等于　等于　　　　B. 小于　大于　　　　C. 大于　小于

9. 一对渐开线圆柱齿轮传动要正确啮合，一定相等的是_____。 （　　）
   A. 直径　　　　　　　B. 齿数　　　　　　　C. 模数

10. 欲保证一对直齿圆柱齿轮连续传动，其重合度 ε 应满足_____的条件。 （　　）
    A. $\varepsilon = 0$　　　　　B. $1 > \varepsilon > 0$　　　　C. $\varepsilon \geq 1$

四、名词解释与简答题

1. 什么是渐开线齿轮传动中心距的可分性？这一特性在工程实践中有什么实用价值？

2. 解释"模数"的含义，并说明其单位。

3. 加工齿轮时，仿形法的加工原理是什么？应用于什么场合？

4. 加工齿轮时，展成法的加工原理是什么？应用于什么场合？

5. 简述"根切"现象。

五、综合题

1. C6150 车床主轴箱内有一对标准直齿圆柱齿轮，其模数 $m = 3\text{mm}$，齿数 $z_1 = 21$，$z_2 = 66$，压力角 $\alpha = 20°$，正常齿制。试计算两齿轮的主要几何尺寸。

2. 上题中若支承两齿轮的箱体轴承孔中心距恰好等于标准中心距。试确定两轮的节圆直径、啮合角；并作图确定实际啮合线 B_1B_2 的长度，计算该对齿轮传动的重合度为多少？

阶段练习题二

一、填空题

1. 齿轮轮齿的常见失效形式有_____、_____、_____、_____和_____五种。

2. 齿面在接触应力长时间的反复作用下，表层出现裂纹后不断挤压，导致齿面金属小微粒剥落，形成麻点，这种现象称为_____。

3. 齿轮材料常用的是_____和_____，其次是_____和_____。

4. 在设计齿轮时，为使大、小齿轮的寿命接近，常使小齿轮齿面硬度比大齿轮齿面硬度值高出_____HBW。

5. 考虑到齿轮的安装误差，通常小齿轮齿宽 b_1 比大齿轮齿宽 b_2 宽_____mm。

6. 斜齿轮上与齿线垂直的平面称为_____，与轴线垂直的平面称为_____。设计时，取_____参数为标准值。

7. 斜齿圆柱齿轮传动的正确啮合条件是_____、_____和_____。

8. 当齿轮的齿槽底到键槽顶的距离 δ _____ m_t，或齿轮直径与相配轴直径_____的钢制齿轮，可将齿轮和轴做成一体的齿轮轴，

9. 一对新齿轮安装好后，在空载及逐步加载的方式下，运转若干小时，然后清洗箱体，更换新油，才能使用，这个过程称为_____。

10. 齿轮传动中，应按规定的方式_____、_____、_____地添加润滑油。

二、判断题（认为正确的，在括号内打√；反之打×）

1. 适当提高齿面硬度可以防止点蚀、磨损的发生。（   ）

2. 一对齿轮采用不同材料配对或采用同种材料不同硬度制造齿轮可防止胶合发生。

（   ）

3. 某齿轮传动发生断齿，判定是设计原因，如齿轮材料和制造工艺合适不变，最有效的办法是增大模数。（   ）

4. 圆柱齿轮传动中，齿根弯曲应力的大小与材料及热处理工艺无关，但弯曲疲劳强度的高低却与材料及热处理工艺有关。（   ）

5. 齿面接触疲劳强度计算是以节点处的接触应力为计算依据，为的是防止发生齿面点蚀。（   ）

6. 一对直齿圆柱齿轮传动，当两轮材料与热处理方法相同时，两轮的齿根弯曲疲劳强度一定相同。（   ）

7. 斜齿圆柱齿轮传动的性能和承载能力都比直齿圆柱齿轮传动的强，因此被广泛用于高速、重载传动中。（   ）

8. 斜齿圆柱齿轮的标准模数和标准压力角都在法面上。（   ）

9. 斜齿轮不产生根切的最少齿数小于17。（   ）

10. 齿轮是否做成单个齿轮或齿轮轴取决于齿槽底到键槽顶的距离。（   ）

三、选择题（将正确答案的字母序号填入括号内）

1. 闭式软齿面齿轮传动，主要的失效形式是_____。（   ）

   A. 轮齿折断   B. 齿面点蚀   C. 齿面磨损

2. 中等载荷、低速、开式传动齿轮，一般易发生_____失效形式。（   ）

   A. 齿面疲劳点蚀   B. 齿面磨损   C. 齿面胶合

3. 为防止轮齿出现弯曲疲劳折断，应采取的措施是_____。（   ）

   A. 提高齿面硬度   B. 用不同材料制造齿轮   C. 采用低黏度的润滑油

4. 为防止齿轮出现齿面点蚀，应采取的措施是_____。（   ）

   A. 增大齿轮直径   B. 用不同材料制造齿轮   C. 采用低黏度的润滑油

5. 为防止齿轮出现齿面胶合，应采取的措施是_____。（   ）

A. 提高齿面硬度　　　　　　B. 用不同材料制造齿轮　　　C. 采用低黏度的润滑油

6. 在选择齿轮材料时，一般情况下，大小齿轮材料的选择原则是_____。（　　）

　　A. 两个齿轮一样　　　　　B. 大齿轮比小齿轮的好　　　C. 小齿轮比大齿轮的好

7. 载重汽车变速器中传动小齿轮可承受较大冲击载荷，且尺寸受到限制，宜选用_____材料。（　　）

　　A. 20CrMnTi　　　　　　B. 45 钢　　　　　　　　　C. HT200

8. 一对圆柱齿轮传动，当两齿轮的材料与热处理方法选定，传动比不变时，在主要提高齿面接触疲劳强度，不降低齿根弯曲疲劳强度的条件下，应采用_____方法来调整参数。（　　）

　　A. 增大模数　　　　　　　B. 增大两轮齿数　　　　　　C. 增大齿数并减小模数

9. 一对圆柱齿轮传动，当两齿轮的材料与热处理方法选定，传动比不变时，在主要提高齿根弯曲疲劳强度，基本上不增加结构尺寸的条件下，应采用_____方法来调整参数。（　　）

　　A. 增大模数并减少齿数　　B. 增大模数　　　　　　　　C. 增加齿数

10. 一对外啮合斜齿圆柱齿轮传动，两轮除模数、压力角必须分别相等外，螺旋角应满足的条件_____。（　　）

　　A. $\beta_1 = \beta_2$　　　　　　B. $\beta_1 + \beta_2 = 90°$　　　　　C. $\beta_1 = -\beta_2$

11. 一对外啮合斜齿圆柱齿轮传动，当主动轮转向改变时，作用在两轮上的_____的方向随之改变。（　　）

　　A. F_t、F_r 和 F_x　　　　B. F_t　　　　　　　　　C. F_t 和 F_x

12. 斜齿圆柱齿轮在平面传动中，两轮轴线之间相对位置为_____。（　　）

　　A. 平行　　　　　　　　　B. 相交　　　　　　　　　　C. 交错

13. 斜齿圆柱齿轮的齿数与法面模数不变，若增大分度圆螺旋角，则分度圆直径_____。（　　）

　　A. 增大　　　　　　　　　B. 减少　　　　　　　　　　C. 不变

14. 圆柱齿轮的结构形式一般根据_____选定。（　　）

　　A. 齿顶圆直径　　　　　　B. 模数　　　　　　　　　　C. 齿厚

15. 当齿轮的齿顶圆直径 $d_a \leqslant$_____ mm 时，齿轮应做成实心式结构。（　　）

　　A. 150　　　　　　　　　B. 200　　　　　　　　　　C. 250

四、名词解释与简答题

1. 什么是轮齿折断？简述轮齿折断的形成原因与防止措施。

2. 什么是齿面点蚀？简述齿面点蚀的形成原因与防止措施。

3. 闭式软齿面齿轮传动，其主要失效形式是什么？简述设计思路。

4. 选择材料时，小齿轮和大齿轮是否应选用相同的材料？为什么？

5. 齿轮设计中，大小齿轮的齿宽是否相等？为什么？

6. 如何判断斜齿轮的旋向？

7. 什么是斜齿轮的当量齿轮？当量齿数在设计中有什么用处？

8. 齿轮与轴是否做成齿轮轴的条件是什么？齿轮结构的类型取决于什么？

五、综合题

1. 试设计单级直齿圆柱齿轮减速器中的齿轮传动。已知传递功率 $P = 7.5\text{kW}$，小齿轮转速 $n_1 = 970\text{r/min}$，大齿轮转速 $n_2 = 250\text{r/min}$；电动机驱动，工作载荷比较平稳，单向传动，小齿轮齿数已选定 $z_1 = 25$，材料选 45 钢，调质，硬度为 210HBW，大齿轮材料选 45 钢，正火，硬度为 180HBW。

2. 试设计一对开式直齿圆柱齿轮传动，已知转速 $n_1 = 970\text{r/min}$，传动比 $i = 3$，传递功率 $P = 7.5\text{kW}$，电动机驱动，双向运转，载荷中等冲击。要求结构紧凑，小齿轮材料建议采用 45 钢，表面淬火，硬度为 50HRC。

3. 某闭式标准直齿圆柱齿轮传动，中心距 $a = 150\text{mm}$，如果小齿轮材料为 40Cr，表面淬火，硬度为 52HRC，大齿轮材料为 45 钢，表面淬火，硬度为 45HRC，现有两种方案：①$z_1 = 18$，$z_2 = 42$，$m = 5\text{mm}$，$b = 80\text{mm}$；②$z_1 = 36$，$z_2 = 84$，$m = 2.5\text{mm}$，$b = 80\text{mm}$，试问：

1）哪种方案齿轮接触疲劳强度较高？

2）哪种方案齿轮弯曲疲劳强度较高？

3）哪种方案齿轮传动较平稳？

4）哪种方案齿坯质量较小？

5）若用于简易压力机，应采用哪种方案？

4. 已知直齿圆柱齿轮 1 顺时针方向转动，根据以下条件分析并在题图 7-1 中标出齿轮 2 所受的圆周力和径向力。

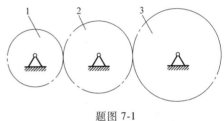

题图 7-1

1）当齿轮 1 为主动轮时。

2）当齿轮 2 为主动轮时。

5. 在题图 7-2 所示两级斜齿圆柱齿轮减速器中，高速级齿轮模数 $m_{n1} = 3\text{mm}$，主动轮为右旋，螺旋角 $\beta_1 = 15°$，低速级齿轮模数 $m_{n3} = 5\text{mm}$，$z_2 = 51$，$z_3 = 17$。

1）欲使中间轴上两斜齿轮的轴向力方向相反，低速级齿轮的螺旋角旋向应如何选择？

2）欲使中间轴上两斜齿轮的轴向力互相抵消，试求低速级齿轮的螺旋角的大小。

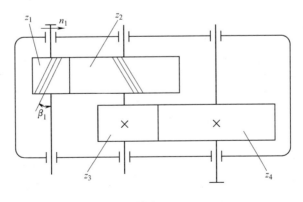

题图 7-2

第8章 其他齿轮机构及传动

一、填空题

1. 空间齿轮传动，指的是相啮合的两齿轮轴线_____的传动，两齿轮的相对运动为_____运动。

2. 锥齿轮的特点是轮齿分布在_____上，轮齿的齿形从大端到小端逐渐_____。

3. 锥齿轮的轮齿有_____、_____和_____三种类型，其中_____锥齿轮应用较广。

4. 标准直齿锥齿轮，为计算和测量方便，设计时取_____参数为标准值。

5. 标准直齿锥齿轮的正确啮合条件是两个锥齿轮_____的_____和_____分别相等，两锥齿轮_____也相等。

6. 直齿锥齿轮轴向力的方向，沿各自轴线方向由各自轮齿_____指向_____。

7. 直齿锥齿轮强度计算时，复合齿形系数 Y_{FS} 应按_____齿数从相应图中查取。

8. 蜗杆传动用于传递两_____的运动和动力。

9. 根据蜗杆形状的不同，蜗杆传动可分为_____传动、_____传动和_____传动。

10. 蜗杆传动规定_____上的参数为标准值。

11. 阿基米德圆柱蜗杆传动的正确啮合条件是_____、_____、_____。

12. 蜗杆传动中，如果传动要求自锁，则一般取 $\gamma <$_____。

13. 蜗杆传动最常见的失效形式是_____和_____，一般总发生在_____轮齿上。

14. 蜗杆和蜗轮的材料不仅要有足够的_____，还应有良好的_____、_____和_____。

15. 蜗杆传动中，为提高传动效率，多采用_____蜗杆，如果要求自锁，则一般采用_____蜗杆。

二、判断题（认为正确的，在括号内打√，反之打×）

1. 对锥齿轮传动进行强度计算时，复合齿形系数应按其当量齿数选取。（　　）

2. 蜗杆传动连续、平稳，因此适合传递大功率的场合。（　　）

3. 蜗杆传动的传动比 $i_{12} = \dfrac{n_1}{n_2} = \dfrac{z_2}{z_1} = \dfrac{d_2}{d_1}$。（　　）

4. 蜗杆传动的自锁性是指只能由蜗杆带动蜗轮转动，反之则不能运动。（　　）

5. 蜗杆传动中，在蜗杆传动出现自锁时，效率低于 0.5。（　　）

6. 蜗杆头数 z_1 越多，则其分度圆柱导程角 γ 就越大。（　　）

7. 蜗杆传动最主要的失效形式是轮齿折断。（　　）

8. 蜗杆传动时，蜗轮的回转方向只与蜗杆轮齿的旋向有关，与蜗杆的回转方向无关。

（　　）

9. 生产实践中蜗杆最常用的材料是碳素钢或合金钢，蜗轮多用青铜。 （　　）

10. 因为蜗轮直径要比蜗杆大，所以蜗杆传动的失效多发生在蜗杆的轮齿上。 （　　）

11. 蜗杆传动强度计算时一般只需对蜗轮轮齿进行齿面接触疲劳强度计算。 （　　）

12. 为增加散热面积，可在箱体上铸出或焊上散热片。 （　　）

三、选择题（将正确答案的字母序号填入括号内）

1. 用于两轴平行的传动是_____。 （　　）
  A. 圆柱齿轮传动　　　　　　　B. 锥齿轮传动　　　　　　　C. 蜗杆传动

2. 用于轴线相交的传动是_____。 （　　）
  A. 圆柱齿轮传动　　　　　　　B. 锥齿轮传动　　　　　　　C. 蜗杆传动

3. 用于空间两垂直交错轴间的传动是_____。 （　　）
  A. 圆柱齿轮传动　　　　　　　B. 锥齿轮传动　　　　　　　C. 蜗杆传动

4. 蜗杆传动中，把通过蜗杆轴线而与蜗轮轴线_____的平面称为中间平面。 （　　）
  A. 垂直　　　　　　　　　　　B. 平行　　　　　　　　　　C. 重合

5. 按规定，蜗杆传动中间平面的参数为标准值，即_____为标准值。 （　　）
  A. 蜗杆的轴向参数和蜗轮的端面参数
  B. 蜗轮的轴向参数和蜗杆的端面参数
  C. 蜗杆和蜗轮的端面参数

6. 在蜗杆传动中，当需要自锁时，应使蜗杆导程角_____当量摩擦角。 （　　）
  A. 小于　　　　　　　　　　　B. 大于　　　　　　　　　　C. 等于

7. 在其他条件都相同的情况下，蜗杆头数增多，则_____。 （　　）
  A. 传动效率降低　　　　　B. 传动效率提高　　　　　C. 对传动效率没有影响

8. 蜗杆传动的主要失效形式是_____。 （　　）
  A. 胶合　　　　　　　　　　　B. 点蚀　　　　　　　　　　C. 轮齿折断

9. 对于高速重载的蜗杆传动，蜗杆宜选用_____，蜗轮的材料应选用_____。
 （　　）
  A. 20Cr 或 20CrMnTi　　　锡青铜
  B. 20Cr 或 20CrMnTi　　　无锡青铜
  C. 两者一样

10. 当蜗杆的刚度不够时，应采用_____方法来提高其刚度。 （　　）
  A. 蜗杆材料改用优质合金钢
  B. 增加蜗杆的直径系数 q 和模数 m
  C. 增大 z_1

四、名称解释与简答题

1. 直齿锥齿轮的受力方向应如何判断？

2. 蜗杆传动的特点是什么？

3. 蜗杆传动的正确啮合条件是什么？

4. 什么是蜗杆传动的自锁？自锁在工程实践中的作用是什么？

5. 如何判断蜗杆传动中蜗轮的转向？

6. 蜗杆传动中，蜗杆与蜗轮的失效形式、材料选择各有什么不同？

7. 蜗杆传动为什么要进行热平衡计算？提高蜗杆传动散热能力的措施有哪些？

五、分析计算题

1. 试设计某闭式正交直齿锥齿轮传动，小齿轮为主动轮，传递功率 $P_1 = 5.5\text{kW}$，转速 $n_1 = 960\text{r/min}$，$i = 2.8$。原动机为电动机，载荷有中等冲击，小齿轮悬臂布置，长期单向运转。（可参考齿轮机构及传动一章相关内容）

2. 一标准阿基米德圆柱蜗杆传动，已知模数 $m = 6.3\text{mm}$，蜗杆头数 $z_1 = 2$，传动比 $i = 20$，蜗杆分度圆直径 $d_1 = 63\text{mm}$，试计算该传动的主要几何尺寸。

3. 试设计单级闭式蜗杆传动。已知：蜗杆传递功率 $P = 7.5\text{kW}$，转速 $n_1 = 720\text{r/min}$，传动比 $i = 21$，连续单向运动，载荷平稳。

第 9 章 轮 系

一、填空题

1. 定轴轮系是指组成轮系的各齿轮的几何轴线的位置都是_____的。

2. 定轴轮系的传动比大小等于各对齿轮传动中_____齿数连乘积与_____齿数连乘积之比。

3. 一对圆柱齿轮传动，外啮合时主、从动轮转向_____，内啮合时主、从动轮转向_____。

4. 定轴轮系中从动轮的转向可用_____的方法来确定；当轮系中各齿轮轴线都_____时，还可在传动比计算公式中用 $(-1)^m$ 来确定从动轮的转向。

5. 平行轴定轴轮系中，若 $(-1)^m$ 中的 m 为偶数，则轮系的末轮与首轮的转动方向_____；m 为奇数时，轮系的末轮与首轮的转动方向_____。

6. 一对锥齿轮传动，用画箭头的方法表示主、从动轮转向时，箭头_____或_____。

7. 蜗杆传动，蜗杆右旋用右手判断，四指弯曲方向代表蜗杆转向，大拇指的_____代表蜗轮在啮合处的速度方向。

8. 轮系中有锥齿轮、蜗杆蜗轮传动时，输出轴的转向只能采用_____方法来确定。

9. 在轮系中不影响_____大小，仅起传递运动和改变_____作用的齿轮称为惰轮或过桥齿轮。

10. 定轴轮系末轮和螺杆同轴时，已知主动轮的转速 $n_1 = 1500 \text{r/min}$、轮系传动比 $i = 50$、单线螺杆的螺距为 1mm，则螺母移动速度为_____ mm/min。

11. 定轴轮系末端是齿轮齿条传动，已知齿轮的模数 $m = 4 \text{mm}$，齿数 $z = 25$，齿轮的转速 $n_{齿轮} = 10 \text{r/min}$，则齿条的移动速度为_____ mm/min。

12. 轮系中既有自转又有公转的齿轮，称为_____。

13. 行星轮系传动比计算时，采用"_____"，即给原轮系加一个_____后，将行星轮系转变为假想的定轴轮系。

14. 减速器的结构_____、机械_____较高、传递运动_____可靠、使用维护方便、寿命长，并且已经_____化。

15. 不同类型的减速器，其基本结构组成都相似，主要由 _____、_____ 及_____组成。

二、判断题（认为正确的，在括号内打√；反之打×）

1. 在轮系中，输出轴与输入轴的角速度（或转速）之比称为轮系的传动比。 （ ）

2. 轮系传动既可以用于相距较远的两轴间的传动，又可获得较大的传动比。 （ ）

3. 轮系可以实现变速和变向的要求。 （ ）

4. 传动比计算公式中用 $(-1)^m$ 来确定从动轮转向的方法不适用于有锥齿轮和蜗杆蜗轮组成的轮系。 （ ）

5. 定轴轮系传动比的大小，等于该轮系的所有从动齿轮齿数连乘积与所有主动齿轮齿

数连乘积之比。 （　　）

　　6. 轮系中加入惰轮既会改变总传动比的大小，又会改变从动轮的旋转方向。（　　）

　　7. 平行轴定轴轮系传动比计算公式中的（–1）的指数 m 表示轮系中相啮合的圆柱齿轮的对数 。 （　　）

　　8. 轮系中的某一个中间齿轮，既可以是前级齿轮副的从动轮，又可以是后一级传动的主动轮。 （　　）

　　9. 行星轮系可以直接计算其传动比。 （　　）

　　10. 混合轮系可以直接计算其传动比。 （　　）

三、选择题（将正确答案的字母序号填入括号内）

　　1. 若主动轴转速为 1200r/min，现要求在高效率下使传动轴获得 12r/min 的转速，应采用_____传动。 （　　）

　　A. 单头蜗杆　　　　　　　　B. 一对齿轮　　　　　　　　C. 轮系

　　2. 轮系中，_____转速之比称为轮系的传动比。 （　　）

　　A. 末轮与首轮　　　　　　　B. 末轮与中间轮　　　　　　C. 首轮与末轮

　　3. 传递平行轴运动的轮系，若外啮合齿轮为偶数对时，首末两轮转向_____。（　　）

　　A. 相同　　　　　　　　　　B. 相反　　　　　　　　　　C. 不确定

　　4. 传递平行轴运动的轮系，若外啮合齿轮为奇数对时，首末两轮转向_____。（　　）

　　A. 相同　　　　　　　　　　B. 相反　　　　　　　　　　C. 不确定

　　5. 轮系中采用惰轮可以使齿轮传动_____。 （　　）

　　A. 变速　　　　　　　　　　B. 变向　　　　　　　　　　C. 改变传动比

　　6. 如题图 9-1 所示的三星轮换向机构传动中，1 为主动轮，4 为从动轮，在题图 8-1 所示位置_____。 （　　）

　　A. 有 1 个惰轮，主、从动轮转向相同

　　B. 有 1 个惰轮，主、从动轮转向相反

　　C. 有 2 个惰轮，主、从动轮转向相同

　　7. 题图 9-2 所示为滑移齿轮变速机构，设定 I 轴为输入轴，分析输出轴 V 的转速有_____。 （　　）

　　A. 18 种　　　　　　　　　　B. 16 种　　　　　　　　　　C. 12 种

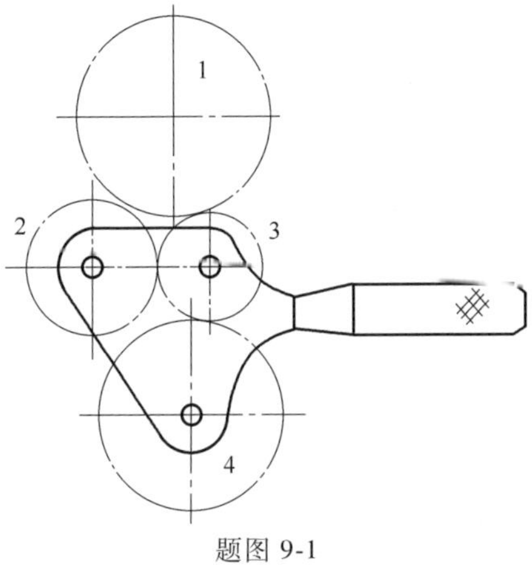

题图 9-1

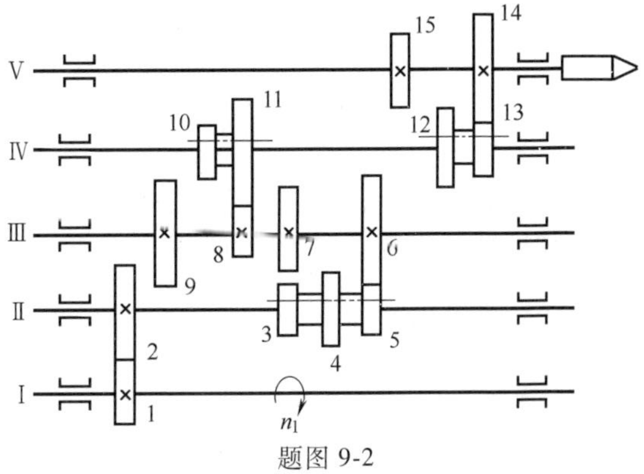

题图 9-2

8. 定轴轮系的末端是齿轮齿条传动，已知齿轮模数 $m=3\text{mm}$，齿数 $z=20$，末端齿轮的转速 $n_{齿轮}=15\text{r/min}$，则齿条的运动速度为_____。 （ ）

    A. 2800mm/min   B. 2826mm/min   C. 3000mm/min

9. 行星轮系中，齿轮几何轴线固定不动的齿轮，称为_____。 （ ）

    A. 太阳轮   B. 行星轮   C. 行星架

10. 行星轮系中，太阳轮的数目不超过_____的行星轮系称为简单行星轮系。 （ ）

    A. 一个   B. 两个   C. 三个

四、名称解释与简答题

1. 解释"定轴轮系"的含义。

2. 如何计算定轴轮系的传动比？

3. 什么是惰轮？惰轮在轮系传动中有什么作用？

4. 简述外啮合圆柱齿轮、内啮合圆柱齿轮、直齿锥齿轮和蜗杆蜗轮传动的转动方向判断的方法和过程。

5. 如何计算行星轮系的传动比？

6. 如何计算混合轮系的传动比？

五、分析计算题

1. 如题图 9-3 所示的蜗杆传动中,已知蜗杆均为单头左旋,蜗轮齿数 $z_2 = 24$,$z_4 = 36$。试求传动比 i_{14} 及蜗轮 4 的转向。

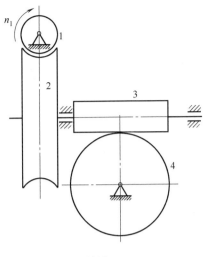

题图 9-3

2. 如题图 9-4 所示的轮系中,已知各齿轮齿数为 $z_1 = 20$,$z_2 = 40$,$z_3 = 15$,$z_4 = 60$,$z_5 = 18$,$z_6 = 18$,$z_7 = 2$(左旋),$z_8 = 40$,$z_9 = 20$,齿轮 9 的模数 $m = 4mm$,齿轮 1 的转速 $n_1 = 100r/min$,转向如题图 9-4 所示。试求齿条 10 的移动速度 v_{10},并确定其移动方向。

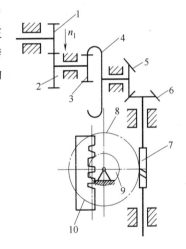

题图 9-4

3. 如题图 9-5 所示,已知 $z_1 = 60$,$z_2 = 20$,$z_{2'} = 25$,$z_3 = 15$;$n_1 = 50r/min$,$n_3 = 200r/min$。①若齿轮 1 和齿轮 3 转向如题图 9-5a 所示,试求 n_H 的大小和方向;②若齿轮 1 和齿轮 3 转向如题图 9-5b 所示,试求 n_H 的大小和方向。

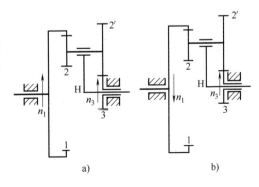

a)   b)

题图 9-5

4. 如题图 9-6 所示的机构中，已知 $z_1 = 60$，$z_2 = 40$，$z_{2'} = z_3 = 20$，若 $n_1 = n_3 = 120\text{r/min}$，并设 n_1 和 n_3 的转向相反。试求 n_H 的大小及转向。

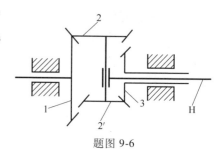

题图 9-6

5. 题图 9-7 所示为电动自定心卡盘传动轮系，已知各轮齿数 $z_1 = 6$，$z_2 = z_4 = 25$，$z_3 = 57$，$z_5 = 56$，试确定传动比 i_{15}。

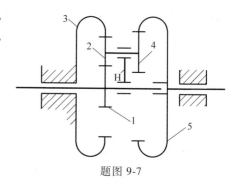

题图 9-7

6. 如题图 9-8 所示的轮系中，已知各轮的齿数 $z_1 = z_3 = z_5 = z_6 = z_7 = 20$，$z_2 = z_4 = 40$，$z_8 = 60$，当齿轮 1 的转速 $n_1 = 800\text{r/min}$ 时（方向如题图 9-8 所示），试求行星架 H 的转速 n_H。

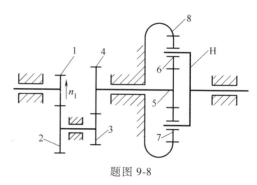

题图 9-8

第 10 章　带传动和链传动

一、填空题

1. 带传动一般由_____、_____和_____组成。

2. 根据工作原理的不同，带传动可分为_____带传动和_____带传动两大类。

3. 啮合式带传动除保持摩擦带传动的优点外，还具有传递_____大，传动比_____等优点。

4. V带结构主要由_____、_____、_____和_____四部分组成，其中_____可分为_____结构和_____结构两种。

5. 普通V带是标准件，按其横截面尺寸由小到大可分为_____七种型号。

6. 普通V带的标记是由_____、_____和_____三部分组成，V带的标记通常都压印在带的_____。

7. 带传动使用的根数不宜过多，一般取_____根为宜，最多不能超过_____根。

8. V带轮的常用结构有_____、_____、_____和_____四种。

9. V带轮常用的材料有_____、_____、_____、_____等，其中_____应用最广。

10. 带传动工作时，当传递的有效圆周力超过带与带轮之间产生的摩擦力的极限值时，带将在带轮上发生滑动，这种现象称之为_____。

11. V带传动过载时，传动带会在_____带轮上_____，可以防止_____的损坏，起_____作用。

12. 带传动的最大有效圆周力随摩擦因数 μ 的增大而_____，随包角 α 的增大而_____。

13. 带传动工作时，带的横截面上受到_____、_____和_____三种应力的共同作用。

14. 带传动工作时，由于带的弹性变形而引起带在轮面上滑动的现象，称为_____。

15. 带传动工作时，带速一般应控制在_____ m/s 之间。

16. 带传动工作时，为保证正常工作，通常要求 $\alpha \geqslant$ _____。

17. 常见的带传动的张紧方式有_____、_____、_____和_____等几种。

18. 与带传动相比，链传动能保证准确的_____，传动效率_____。

19. 链传动由_____、_____和_____及机架组成，是依靠链条与链轮轮齿啮合传递运动和动力的，所以链传动是一种以链条为中间_____的啮合传动。

20. 链传动按用途不同，链可以分为_____、_____、_____三类。

21. 滚子链由_____、_____、_____、_____和_____五部分组成。

22. 滚子链中，套筒与销轴、滚子与套筒之间的配合为_____。

23. 链传动中，链条的主要参数是_____，它是链条上相邻两销轴_____的距离。

24. 链传动中，链条的链节数一般取_____数，而链轮齿数则取_____数。

25. 链节接头主要有_____、_____和_____三种形式，其中_____尽量不用。

26. 链轮材料应保证有足够的_____和良好的_____，一般根据_____的高低选择不同材料。

27. 为保证链传动正常工作，小链轮的最少齿数要求_____，大链轮齿数要求_____。

28. 为保证链传动正常工作，一般可初选中心距 $a_0 =$ (_____) p。

29. 链传动工作时，一般要求紧边_____，松边_____。

30. 链传动中，有良好的润滑时，可以_____，延长_____，常用的润滑方式有_____润滑、_____润滑、_____润滑、_____润滑和_____润滑等。

二、判断题（认为正确的，在括号内打√；反之打×）

1. V 带的横截面为梯形，下面是工作面。 (　　)

2. 绳芯结构 V 带的柔韧性好，适用于转速较高的场合。 (　　)

3. 为使带的两个侧面和带轮的轮槽面良好接触，带轮的轮槽楔角应小于 V 带横截面的楔角。 (　　)

4. V 带的基准长度是指在规定的张紧力下，位于带轮基准直径上的周线长度。 (　　)

5. V 带根数越多，受力越不均匀，故选用时一般 V 带不应超过 8~10 根。 (　　)

6. 为了保证 V 带传动具有一定的传动能力，小带轮的包角通常要求大于或等于120°。 (　　)

7. 带传动中，打滑首先发生在小带轮上。 (　　)

8. 带传动不能保证传动比准确不变的原因是易发生打滑现象。 (　　)

9. 带传动工作时 V 带受三种应力作用，最大应力出现在大带轮上。 (　　)

10. 为降低成本，V 带传动通常可将新、旧带混合使用。 (　　)

11. 链传动也可起到过载保护作用。 (　　)

12. 与带传动相比，链传动能保证准确的平均传动比，传动效率较大。 (　　)

13. 链传动工作时，紧边在上，松边在下。 (　　)

14. 滚子链上，相邻两销轴中心的距离 p 称为节距，是链条的主要参数。 (　　)

15. 与带传动相比，链传动适宜在低速、重载以及工作环境恶劣的场合中工作。 (　　)

三、选择题（将正确答案的字母序号填入括号内）

1. 要求两轴中心距较大，且在低速、重载荷、高温等不良环境下工作，应选用_____传动。 (　　)

　　A. 带传动　　　　　　B. 链传动　　　　　　C. 轮系

2. 传动比很大，要求平稳并能实现变速、变向的传动，应选用_____传动。 (　　)

　　A. 带传动　　　　　　B. 链传动　　　　　　C. 轮系

3. 与带传动相比较，链传动的主要优点是_____。 (　　)

　　A. 工作平稳，无噪声　　B. 能保证准确的平均传动比　　C. 摩擦损失小，效率高

4. 带传动主要是依靠_____来传递运动和动力的。 (　　)

　　A. 带和两轮之间的正压力

　　B. 带和两轮接触面之间的摩擦力

C. 带的初拉力

5. 在一般工程机械传动中，应用最广的带传动是_____。 （　　）
   A. 平带传动　　　　　　　B. 普通 V 带传动　　　　　C. 同步带传动

6. _____传动具有传动比准确的特点。 （　　）
   A. 平带　　　　　　　　　B. 普通 V 带　　　　　　　C. 啮合式带

7. 普通 V 带的横截面的形状为_____。 （　　）
   A. 圆形　　　　　　　　　B. 等腰梯形　　　　　　　C. 矩形

8. 在相同的条件下，普通 V 带横截面尺寸_____，其传递的功率也_____。 （　　）
   A. 越小　越大　　　　　　B. 越大　越小　　　　　　C. 越大　越大

9. 普通 V 带传动中，V 带轮的轮槽角 φ 是_____。 （　　）
   A. 小于 40°　　　　　　　B. 等于 40°　　　　　　　C. 大于 40°

10. V 带轮轮槽角应小于带楔角的目的是_____。 （　　）
    A. 增加带的寿命
    B. 便于 V 带安装
    C. 可以使带与带轮间产生较大的摩擦力

11. 带传动中 V 带是以_____作为公称长度的。 （　　）
    A. 内周长度　　　　　　　B. 外周长度　　　　　　　C. 基准长度

12. 带轮在选用材料时，_____应用最广。 （　　）
    A. 钢　　　　　　　　　　B. 灰铸铁　　　　　　　　C. 铝合金

13. 带传动的打滑现象首先发生在_____上。 （　　）
    A. 大带轮　　　　　　　　B. 小带轮　　　　　　　　C. 大、小带轮同时出现

14. 若 V 带传动的传动比为 5，从动轮直径是 500mm，则主动轮直径是_____ mm。（　　）
    A. 100　　　　　　　　　B. 250　　　　　　　　　C. 500

15. 带传动的中心距过大，会导致_____。 （　　）
    A. 带的工作噪声增大　　　B. 带的寿命缩短　　　　　C. 带在工作时出现颤动

16. 中等中心距的普通 V 带的张紧程度是以用大拇指能按下_____ mm 为宜。 （　　）
    A. 5　　　　　　　　　　B. 10　　　　　　　　　　C. 15

17. 链传动属于_____传动。 （　　）
    A. 具有中间柔性体的啮合传动
    B. 具有中间挠性体的啮合传动
    C. 具有中间弹性体的啮合传动

18. 套筒滚子链的链板一般制成 "8" 字形，其目的是_____。 （　　）
    A. 使链板美观
    B. 使各截面强度按近相等，减轻重量
    C. 使链板减少摩擦

19. 滚子链传动中，链条节数最好取_____，链轮的齿数最好取_____。 （　　）
    A. 整数　整数　　　　　　B. 奇数　偶数　　　　　　C. 偶数　奇数

20. 多排链的排数不宜过多，其主要原因是因为排数过多会造成_____。 （　　）
    A. 给安装带来麻烦　　　　B. 各排链受力不均　　　　C. 链的质量过大

四、名称解释与简答题

1. 解释 V 带传动的组成与应用。

2. V 带的结构由哪几部分组成？其中起抗拉作用的有几种结构，简述每种结构的应用场合。

3. 什么是打滑？打滑在 V 带传动中有什么作用？

4. 带传动的最大圆周力与哪些因素有关？各因素会产生什么影响？

5. 什么是带传动的弹性滑动？有什么危害？能否避免？

6. 带传动的设计准则是什么？

7. 带传动中，张紧装置的作用是什么？

8. 简述链传动的组成与应用。

9. 链节数与链轮齿数的取值范围是什么？为什么要设定取值范围？

10. 简述为什么链传动中紧边必须在上面。

11. 简述链传动润滑的作用？

五、分析计算题

设计某锯木机用普通 V 带传动。已知电动机额定功率 $P = 3.5kW$，转速 $n_1 = 1420r/min$，传动比 $i = 2.6$，每天工作 16h。

第11章 联 接

一、填空题

1. 工程实践中，零件间的不可动联接可以分为_____联接和_____联接两类，一般机械装配中应用的是_____联接。

2. 螺纹联接由_____和_____的配合组成。

3. 常用的螺纹牙型有_____、_____、梯形和锯齿形等，其中_____螺纹主要用于联接，其余则多用于传动。

4. 螺纹联接有_____联接、_____联接、_____联接和_____联接四种主要类型。

5. 预紧可以增强联接的_____、_____和_____，防止受载后被联接件间出现_____或发生_____。

6. 拧紧螺栓时，若不能严格控制拧紧力矩，对于重要联接不宜采用直径小于_____mm的螺栓。

7. 工程实践中，在较大冲击、振动的高速机械上应采用_____防松装置。

8. 工程实践中，在轴上对轴承进行轴向固定应采用_____防松装置。

9. 当螺栓联接在受轴向载荷的同时还受到较大的横向载荷时，为联接安全，还可采用_____、_____、_____等零件来分担横向载荷。

10. 联接中为避免螺栓受弯曲应力，螺栓与螺母的支承面通常应加工为平面，常用的结构有_____和_____。

11. 销联接主要用于固定零件之间的_____，还可用于一般零件之间的_____，以传递不大的载荷，还可作为安全装置中的_____。

二、判断题（认为正确的，在括号内打√；反之打×）

1. M24×1.5表示公称直径为24mm、螺距为1.5mm的粗牙普通螺纹。 （ ）

2. 公称直径相同的粗牙普通螺纹的强度高于细牙普通螺纹。 （ ）

3. 工程实践中螺纹联接一般采用自锁性好的三角粗牙螺纹。 （ ）

4. 双头螺柱联接适用于被联接件之一太厚而不便于加工通孔并需经常拆装的场合。

（ ）

5. 螺钉联接适用于被联接件之一太厚而不便于加工通孔且不需经常拆装的场合。

（ ）

6. 常用的三角螺纹一般都具有自锁性，因此，拧紧后不用考虑螺纹联接的防松问题。

（ ）

7. 对顶螺母和弹簧垫圈都属于机械防松。 （ ）

8. 销联接主要用于固定零件之间的相对位置，有时还可做防止过载的安全销。 （ ）

9. 圆柱销与圆锥销都是标准件。 （ ）

10. 圆柱销与圆锥销都是依靠过盈配合固定在孔中。 （ ）

三、选择题（将正确答案的字母序号填入括号内）

1. 对于联接用螺纹，主要要求是联接可靠，自锁性能好，故常选用_____。 （　　）
   A. 升角小，单线三角螺纹　　B. 升角大，双线三角螺纹　　C. 升角小，梯形螺纹

2. 用于薄壁零件的联接螺纹，应采用_____。 （　　）
   A. 三角形细牙螺纹　　　　　B. 矩形螺纹　　　　　　　　C. 锯齿形螺纹

3. 下列三种螺纹中，自锁性能好的是_____螺纹。 （　　）
   A. 梯形　　　　　　　　　　B. 三角形　　　　　　　　　C. 矩形

4. 当两个被联接件之一太厚，不宜制成通孔，且联接需要经常拆装时，适宜采用_____联接。 （　　）
   A. 螺栓　　　　　　　　　　B. 双头螺柱　　　　　　　　C. 螺钉

5. 当两个被联接件之一太厚，不宜制成通孔，且联接不需要经常拆装时，适宜采用_____联接。 （　　）
   A. 螺栓　　　　　　　　　　B. 双头螺柱　　　　　　　　C. 螺钉

6. 螺纹联接预紧的主要目的_____。 （　　）
   A. 增强联接的强度　　　　　B. 防止联接自行松动　　　　C. 保证联接的可靠性和密封性

7. 下列螺纹联接中，_____更适用于承受冲击、振动和变载荷。 （　　）
   A. 普通粗牙螺纹　　　　　　B. 普通细牙螺纹　　　　　　C. 梯形螺纹

8. 在螺纹联接常用的防松方法中，当承受较大冲击或振动载荷时，常采用_____放松措施。 （　　）
   A. 对顶螺母　　　　　　　　B. 弹簧垫圈　　　　　　　　C. 开口销与六角开槽螺母

9. 采用凸台或沉孔支座作螺栓或螺母的支承面，是为了_____。 （　　）
   A. 造型美观　　　　　　　　B. 避免螺栓受弯曲应力　　　C. 便于放置垫圈

10. 在同一组螺栓联接中，螺栓的材料、直径、长度均应相同，是为了_____。 （　　）
    A. 造型美观　　　　　　　　B. 便于加工和装配　　　　　C. 受力合理

11. _____安装方便，定位精度高，可多次装拆。 （　　）
    A. 开口销　　　　　　　　　B. 圆锥销　　　　　　　　　C. 槽销

四、名词解释与简答题

1. 什么是可拆联接？什么是不可拆联接？两者的应用场合分别是什么？各举一个例子。

2. 简述双头螺柱联接与螺钉联接的相同之处和不同之处。

3. 为什么螺纹联接要预紧？预紧时应注意什么？

第 12 章　轴系部件的选择与设计

阶段练习题一

一、填空题

1. 根据轴上所受载荷不同，可将轴分为_____、_____和_____三类。

2. 只能承受弯矩而不能承受转矩的轴称为_____。

3. 只能承受转矩而不能承受弯矩的轴称为_____。

4. 既能承受弯矩又能承受转矩的轴称为_____。

5. 齿轮减速器中的轴是_____，因为在承受_____的同时还承受_____。

6. 曲轴是个专用零件，一般用于如曲柄压力机或内燃机中，主要是实现_____运动的和_____动力的。

7. 工程中使用阶梯轴，主要是方便轴上零件_____和便于零件_____的，一般机械中常用。

8. 空心轴可以减轻_____、增加_____，在车床上还可以利用轴的空心来输送_____或便于_____待加工的棒料。

9. 轴的材料主要采用_____和_____。

10. 碳素钢比合金钢价廉，对应力集中的_____，并可通过_____提高疲劳强度和耐磨性，故应用较广泛。

11. 按工作表面摩擦性质不同，轴承可分为_____和_____两大类。

12. 按所受载荷方向的不同，轴承又可分为承受径向载荷的_____和承受轴向载荷的_____。

13. 滚动轴承由_____、_____、_____和_____四部分组成。

14. 轴承中滚动体的形状有_____、_____、_____、_____、_____等多种。

15. 按滚动体形状，滚动轴承可分为_____和_____两大类。

16. 接触角是滚动轴承的一个重要参数，用 α 表示。接触角_____，轴承承受轴向载荷的能力也_____。

17. 按接触角分，公称接触角 $\alpha = 0$ 的轴承称为_____，如深沟球轴承、圆柱滚子轴承。

18. 按接触角分，公称接触角 $0° < \alpha \leq 45°$ 的轴承称为_____，如角接触球轴承、圆锥滚子轴承。

19. 按接触角分，公称接触角 $\alpha = 90°$ 的轴承称为_____，如推力球轴承。

20. 滚动轴承由_____代号、_____代号和_____代号构成。其中_____代号是滚动轴承的基础，由_____代号、_____代号和_____代三部分组成。

21. 圆锥滚子轴承的特点是外圈是_____的，内圈与保持架、滚动体为一整体，内、外圈可以_____，轴向和径向间隙容易调整。

22. 51000 型推力球轴承的特点是由上、下两个_____、中间带_____的滚动体三部分组成。

23. 推力球轴承只能承受_____，不能承受_____，不宜在_____下工作。

24. 深沟球轴承的特点是主要承受_____，也能承受一定的_____，极限转速_____，适用于刚性较大的轴。

25. 角接触球轴承的特点是可承受单向_____和_____，通常应成对使用，适用于刚性较大、跨距较小的轴。

26. 圆柱滚子轴承的特点是内圈与保持架、滚动体为_____，内、外圈可以_____，装拆方便，适用于刚性较大、对中良好的轴。

27. 尺寸系列代号由轴承的_____系列代号和_____系列代号组合而成。

28. 宽（高）度系列代号表示内、外径_____的轴承，根据不同的工作条件做成_____的宽（高）度，用基本代号右起第四位数字表示。

29. 直径系列代号表示内径_____的轴承，根据承受负荷大小不同，采用大小不同的滚动体，做成_____的轴承外径和宽度，用基本代号右起第三位数字表示。

30. 内径代号表示轴承_____的大小，用基本代号右起第一、第二位数字表示。

31. 说明下列滚动轴承的代号所表示的轴承类型、尺寸系列和内径分别是：

6203：_____。

30204：_____。

52314：_____。

N213：_____。

32. 球轴承与同尺寸和同精度的滚子轴承相比，适用于_____或_____要求较高的场合。

33. 滚子轴承比同尺寸的球轴承的承载能力大，适用于_____及有一定_____的场合。

34. 在_____较大和_____较高的装置中，应采用角接触球轴承。

35. 当轴承同时受较大的_____和_____且需要对轴向位置进行_____时，宜采用圆锥滚子轴承。

二、判断题（认为正确的，在括号内打√；反之打×）

1. 心轴用来支承回转零件，只受弯矩作用而不传递动力，心轴可以是转动的，也可以是固定不动的。 （　　）

2. 一般后驱汽车从变速箱到后桥的传递转矩和动力的轴是传动轴。 （　　）

3. 转轴主要用于传递动力，只受扭转作用而不受弯曲作用。 （　　）

4. 车床主轴多采用空心轴，主要是便于放置待加工的棒料。 （　　）

5. 一般普通机械中常用的转轴应选用合金钢制造。 （　　）

6. 一般中、小型普通用途的电动机，可选用深沟球轴承。 （　　）

7. 圆锥滚子轴承因内、外圈可以分离，轴向和径向间隙容易调整，故多用于汽车的前后轴以及机床主轴的支承等。　　　　　　　　　　　　　　　　（　　）

8. 角接触球轴承因有一个接触角，可承受单向轴向载荷和径向载荷，故多用于斜齿轮减速器和蜗杆减速器中轴的支承等。　　　　　　　　　　　　　　（　　）

9. 滚针轴承一般用于对轴承外径有严格要求的场合。　　　　　　　　　（　　）

10. 轴承代号中，宽度系列代号表示不同宽度系列值的轴承的内径、外径相同，但轴承的宽度可不同。　　　　　　　　　　　　　　　　　　　　　　　　（　　）

11. 轴承代号中，直径系列代号表示不同直径系列值的轴承的内径相同，但轴承的外径和宽度可不同。　　　　　　　　　　　　　　　　　　　　　　　　（　　）

12. 滚子轴承适用于高速或旋转精度要求较高的场合。　　　　　　　　　（　　）

13. 考虑经济性，球轴承比滚子轴承价格便宜。　　　　　　　　　　　　（　　）

三、选择题（将正确答案的字母序号填入括号内）

1. 只考虑加工方便，不要求零件定位的轴应做成＿＿＿＿＿＿＿。　　　　（　　）
　　A. 光轴　　　　　　　　　B. 阶梯轴　　　　　　　　C. 空心轴

2. 要求轴上零件定位准确，又便于零件装拆的轴应做成＿＿＿＿＿＿＿。（　　）
　　A. 光轴　　　　　　　　　B. 阶梯轴　　　　　　　　C. 空心轴

3. 某转轴在高温、高速和重载条件下工作，宜选用＿＿＿＿＿＿＿材料。（　　）
　　A. 球墨铸铁　　　　　　　B. 45 钢调质　　　　　　C. 35SiMn

4. 一般机械中在正常工作条件下工作的轴，宜选用＿＿＿＿＿＿＿材料。（　　）
　　A. 球墨铸铁　　　　　　　B. 45 钢调质　　　　　　C. 35SiMn

5. 制造结构形状复杂的轴，如曲轴、凸轮轴等，宜选用＿＿＿＿＿＿＿材料。（　　）
　　A. 球墨铸铁　　　　　　　B. 45 钢调质　　　　　　C. 35SiMn

6. 在下列材料中，不宜制作轴的材料是＿＿＿＿＿＿＿。　　　　　　　（　　）
　　A. 45　　　　　　　　　　B. HT150　　　　　　　　C. 40Cr

7. 工程设备中重要的轴应当采用＿＿＿＿＿＿＿。　　　　　　　　　　（　　）
　　A. 轧制圆钢　　　　　　　B. 锻造坯件　　　　　　C. 铸件

8. 直齿圆柱齿轮减速器，当载荷平稳、转速较高时，应选用＿＿＿＿＿＿＿。（　　）
　　A. 深沟球轴承　　　　　　B. 角接触球轴承　　　　C. 推力球轴承

9. 下列滚动轴承中，＿＿＿＿＿＿＿轴承所能承受的轴向载荷最大。　（　　）
　　A. 深沟球轴承　　　　　　B. 角接触球轴承　　　　C. 推力球轴承

10. 下列滚动轴承中，＿＿＿＿＿＿＿轴承的极限转速最高。　　　　　（　　）
　　A. 深沟球轴承　　　　　　B. 角接触球轴承　　　　C. 推力球轴承

11. 在同时承受轴向载荷和径向载荷的情况下，应选用＿＿＿＿＿＿＿。（　　）
　　A. 深沟球轴承　　　　　　B. 角接触球轴承　　　　C. 推力球轴承

12. 同时承受轴向载荷和径向载荷又要求轴承内、外圈可以分离时，应选用＿＿＿＿＿。
（　　）
　　A. 深沟球轴承　　　　　　B. 角接触球轴承　　　　C. 圆锥滚子轴承

13. 滚动轴承的宽度系列，表达了不同宽度系列的轴承，区别在于＿＿＿＿＿＿＿。（　　）
　　A. 外径相同而内径不同　　B. 内径相同而外径不同　C. 内外径均相同，轴承宽度不同

14. 滚动轴承的直径系列，表达了不同直径系列的轴承，区别在于_____。（　　　）

　　A. 外径相同而内径不同　　　　　　　　　　B. 内径相同而外径不同

　　C. 内外径均相同，滚动体大小不同

15. 角接触球轴承，公称接触角 $\alpha = 25°$ 时轴承的代号标注是_____。（　　　）

　　A. 7210B　　　　　　　B. 7210 AC　　　　　　C. 7005 C

16. 深沟球轴承，宽度系列为窄系列（代号为 0，一般可省略），直径系列为中系列，内径 $d = 80\text{mm}$ 的轴承代号是_____。（　　　）

　　A. 6316　　　　　　　B. 6380　　　　　　　C. 71316

17. 在正常使用条件下，滚动轴承的主要失效形式是_____。（　　　）

　　A. 工作表面疲劳点蚀　　　　B. 滚动体碎裂　　　　C. 滚道磨损

18. 为了便于拆卸轴承，轴承定位的轴肩高度应_____滚动轴承内圈的高度。（　　　）

　　A. 大于　　　　　　　　B. 等于　　　　　　　　C. 小于

四、名词解释与简答题

1. 轴的常用材料是什么？分类介绍轴的材料选择。

2. 简述碳素钢和合金钢作为轴材料时各自的优势与不足。

3. 简述滚动轴承与滑动轴承的特点及应用场合。

4. 滚动轴承的基本代号由几部分组成？各部分的具体含义及内容是什么？

5. 选用滚动轴承时，主要应考虑哪些因素？

阶段练习题二

一、填空题

1. 轴上用来安装工作零件的部位称为_____，被轴承支承的部位称为_____。

2. 轴的结构设计时，确定轴的各部位结构要有利于减小_____以提高_____。

3. 键联接主要用来实现轴与轴上零件之间的_____，并传递_____和_____。

4. 键联接有_____联接和_____联接之分。

5. 松键分为_____和_____联接两种。

6. 普通平键按键的端部形状不同可分为_____、_____和_____三种型式。

7. 采用 A 型和 C 型普通平键时，轴上键槽一般用_____铣刀切制出。

8. 松键联接中键的_____是工作面。

9. 在平键联接中，当轮毂需要在轴上沿轴向有小距离移动时可采用_____平键。

10. 半圆键工作面是键的_____，可在轴上键槽中绕槽底圆弧_____，适用于锥形轴与轮毂的联接。

11. 紧键联接可分为_____和_____两种。

12. 紧键联接中键的_____是工作面。

13. 普通 A 型和 B 型平键一般安装在轴的_____部位，楔键一般安装在轴的_____位置。

14. 普通平键静联接的主要失效是工作面的_____，动联接的主要失效形式是工作面的_____。

15. 如键的强度不够，需在同一轴段采用两个键，两个键时应相距_____布置，强度计算时按_____个键计算。

16. 花键的特点是_____能力高，轴和毂_____均匀，对中性_____，导向性_____。

17. 花键联接多用于_____和_____要求较高的场合。

18. 轴上零件周向固定的作用和目的是为了防止零件与轴之间出现_____，常用的方法有_____联接、_____联接和_____联接等。

19. 轴上零件轴向固定的作用和目的是为了防止零件在轴上_____，以承受_____。

20. 轴向定位和固定利用轴本身部分结构的方法有_____、_____、_____等。

21. 轴向定位和固定采用附件的方法有_____、_____、_____、_____、_____等。

22. 若轴段上有键槽时，应把算得的直径增大，单键则轴径增大_____%，双键则轴径增大_____%，然后圆整到标准直径。

23. 为保证轴上零件轴向定位的可靠，与齿轮、联轴器等相配合部分的轴段的长度一般应比毂的长度短_____ mm。

24. 轴在弯矩作用下会产生弯曲变形，其变形量用_____和_____来度量。

25. 轴在转矩作用下会产生扭转变形，其变形量用_____来度量。

二、判断题（认为正确的，在括号内打√；反之打×）

1. 键联接主要用于对轴上零件实现周向固定并传递运动或转矩。（　　）

2. 平键联接的对中性好、结构简单、装拆方便，故应用最广。（　　）

3. A 型键因为不会产生轴向移动，所以应用最为广泛。（　　）

4. 平键中，导向键联接适用于轮教滑移距离不大的场合，滑键联接适用于轮毂滑移距离较大的场合。（　　）

5. 楔键联接的对中性差，仅适用于要求不高、载荷平稳、速度较低的场合。（　　）

6. 切向键对轴削弱较大，故只适用于速度较小、对中性要求不高且较大轴径的重型机械中。（　　）

7. 平键联接设计时，平键的尺寸（$b \times h$）是根据轴的直径来从相应的标准中选取的。（　　）

8. 由于花键联接较平键联接的承教能力高，因此花键联接主要用于载荷较大和对定心精度要求较高的场合。（　　）

9. 花键多齿承载，承载能力高，且齿浅，对轴的强度削弱小。（　　）

10. 用轴肩、轴环、挡圈、圆螺母及套筒等结构或零件可对轴上零件做周向固定。（　　）

11. 用套筒、螺母或轴嘴挡圈做轴上零件轴向定位时，应使安装零件的轴段长度大于相面轮毂的宽度。（　　）

12. 同一轴上各键槽、退刀槽、圆角半径。倒角、中心孔等，重复出现时，尺寸应尽量相间。（　　）

13. 为了使滚动轴承内圈轴向定位可靠，抽肩高度应大于轴承内圈高度。（　　）

14. 各轴段的直径只要根据计算出的尺寸决定就行。（　　）

15. 一般减速器的转轴多采用两端单向固定的方式固定。（　　）

16. 蜗轮减速器的蜗杆轴多采用一端固定一端游动的固定方式。（　　）

17. 对于人字齿轮减速器的主动轴多采用两端游动的固定方式。（　　）

18. 滚动轴承的外圈与箱体孔的配合采用基孔制。（　　）

三、选择题（将正确答案的字母序号填入括号内）

1. 轴端倒角是为了_____。（　　）

　　A. 便于加工　　　　　　B. 减少应力集中　　　　　　C. 装配方便

2. 为使轴上零件能紧靠轴肩定位面，轴肩根部的圆弧半径应该_____零件轮廓孔的倒角或圆角半径。（　　）

　　A. 大于　　　　　　　　B. 小于　　　　　　　　C. 等于

3. 在键联接中，对中性好的是_____。（　　）

　　A. 普通平键　　　　　　B. 楔键　　　　　　　　C. 切向键

4. 普通平键联接的工作特点是_____。（　　）

　　A. 键的两侧面是工作面　　B. 键的上下两表面是工作面

5. 楔键联接的工作特点是_____。　　　　　　　　　　　（　　）

　　A. 键的两侧面是工作面　　B. 键的上下两表面是工作面

6. 平键联接主要用于传递_____场合。　　　　　　　　（　　）

　　A. 轴向力　　　　　　　　B. 横向力　　　　　　　　C. 转矩

7. _____常用于轴上零件轴线方向移动量不大的场合。　　（　　）

　　A. 普通平键　　　　　　　B. 导向键　　　　　　　　C. 切向键

8. 一般在键联接的安装中，键的长度和安装部位的轮毂长度的关系是_____。

　　　　　　　　　　　　　　　　　　　　　　　　　　　　　（　　）

　　A. 两者相等　　　　　　　B. 键短 5~10mm　　　　　C. 键长 5~10mm

9. 在键联接中，楔键_____轴向力。　　　　　　　　　（　　）

　　A. 只能承受单方向　　　　B. 能承受双方向　　　　　C. 不能承受

10. 只能承受圆周方向的力，不能承受轴向力的联接是_____。（　　）

　　A. 平键联接　　　　　　　B. 楔键联接　　　　　　　C. 切向键联接

11. _____花键形状简单、加工方便，应用较为广泛。　　（　　）

　　A. 矩形　　　　　　　　　B. 渐开线

12. 为便于拆卸滚动轴承，与其定位的轴肩高度应_____滚动轴承内圈厚度。

　　　　　　　　　　　　　　　　　　　　　　　　　　　　　（　　）

　　A. 大于　　　　　　　　　B. 小于　　　　　　　　　C. 等于

13. 适当增加轴肩或轴环处圆角半径的目的在于_____。　（　　）

　　A. 降低应力集中，提高轴的疲劳强度　　　　　B. 便于轴的加工

　　C. 便于实现轴向定位

14. 按钮转强度估算转轴轴径时，计算出的直径是指_____。（　　）

　　A. 装轴承处的直径　　　B. 轴的最小直径　　　C. 轴上危险截面处的直径

15. 对轴进行强度校核时，应选定危险截面，通常危险截面为_____。（　　）

　　A. 受集中载荷最大的截面　　　　　　　　B. 截面积最小的截面

　　C. 受载大，截面小，应力集中的截面

16. 轴的刚度不够，造成轴较大的变形后，会出现_____现象。（　　）

　　A. 齿轮传动比变化　　　B. 影响轴的转速　　　C. 加大轴承磨损

四、名词解释与简答题

1. 进行轴的结构设计时，应满足哪些要求？

2. 阶梯轴由几部分组成，各部分的作用是什么？

3. 简述普通平键联接的设计过程，若强度不够应采取什么措施？

4. 简述普通平键联接与花键联接的特点和应用场合。

5. 如何实现轴上零件的轴向定位？介绍两种以上。

6. 什么是砂轮越程槽？什么是螺纹退刀槽？简述两者的应用场合。

7. 简述各轴段直径设计的原则和注意事项。

8. 简述各轴段长度确定的原则和注意事项。

9. 简述滚动轴承为什么要预紧？

10. 安装与拆卸轴承时应注意什么？

五、分析设计题

1. 分析题图 12-1 所示轴的结构，找出结构不合理的地方，并说明为什么不合理。

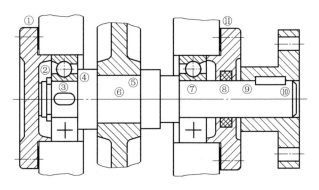

题图 12-1

2. 试设计题图 12-2 所示的单级直齿圆柱齿轮减速器的低速轴。已知低速轴的转速 $n = 100\text{r/min}$，传递功率 $P = 3\text{kW}$，轴上齿轮参数 $z = 60$，$m = 3\text{mm}$，齿宽 $b = 70\text{mm}$。

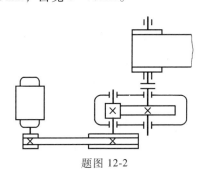

题图 12-2

阶段练习题三

一、填空题

1. 滑动轴承按承受载荷方向不同可分为_____滑动轴承和_____滑动轴承两类。

2. 油沟一般开在_____，通常轴向油沟长度为轴瓦宽度的_____%。

3. 为了节约贵重金属和改善轴瓦接触表面的摩擦状况，提高轴承的承载能力，常在轴瓦内表面浇注一层轴承合金作减摩材料，这层材料通常称为_____。

4. 轴承材料应具有足够的_____和良好的_____、_____和_____，以及易于加工等性能。

5. 轴承材料有_____、_____和_____材料几类。

6. 粉末冶金材料是以粉末状的_____或_____为基本材料与_____混合，经压制和烧结制成的多孔性材料。

7. 根据摩擦产生的部位可分为＿＿＿＿＿＿与＿＿＿＿＿＿，根据位移情况的不同可分为＿＿＿＿＿＿与＿＿＿＿＿＿，根据工作零件的运动形式可分为＿＿＿＿＿＿与＿＿＿＿＿＿。

8. 根据摩擦表面间存在润滑剂的情况，滑动摩擦又可分为＿＿＿＿＿＿摩擦、＿＿＿＿＿＿摩擦、＿＿＿＿＿＿摩擦及＿＿＿＿＿＿摩擦。

9. 边界摩擦是指接触表面吸附着一层很薄的＿＿＿＿＿＿的摩擦现象，介于＿＿＿＿＿＿摩擦与＿＿＿＿＿＿摩擦两种状态之间。

10. 工业生产实际中最常用的润滑剂有＿＿＿＿＿＿、＿＿＿＿＿＿，此外，还有＿＿＿＿＿＿润滑剂、＿＿＿＿＿＿润滑剂。

11. 衡量润滑油性能的一个重要指标是＿＿＿＿＿＿，其值可用＿＿＿＿＿＿黏度、＿＿＿＿＿＿黏度、＿＿＿＿＿＿黏度三项指标来表示。

12. 润滑脂是在润滑油中加入＿＿＿＿＿＿而形成的脂状润滑剂，俗称黄油或干油。

13. 标志润滑脂内阻力的大小和流动性的强弱的指标称为润滑脂的＿＿＿＿＿＿，标志润滑脂耐高温能力的指标称为润滑脂的＿＿＿＿＿＿。

14. 润滑方式根据供油方式可分为＿＿＿＿＿＿和＿＿＿＿＿＿。

15. 间歇润滑只适用于＿＿＿＿＿＿、＿＿＿＿＿＿和＿＿＿＿＿＿的轴承，比较重要的轴承均应采用＿＿＿＿＿＿方式。

16. 密封的作用是为了防止＿＿＿＿＿＿、＿＿＿＿＿＿及＿＿＿＿＿＿侵入机器，阻止润滑剂或工作介质的＿＿＿＿＿＿，有效地利用润滑剂。

17. 根据被密封构件的运动形式可分为＿＿＿＿＿＿和＿＿＿＿＿＿。两个相对静止的构件之间结合面的密封称为＿＿＿＿＿＿，两个具有相对运动的构件结合面之间的密封称为＿＿＿＿＿＿。

18. 根据其相对运动的形式不同，动密封又可分为＿＿＿＿＿＿和＿＿＿＿＿＿，旋转密封又分为＿＿＿＿＿＿密封和＿＿＿＿＿＿密封两类。

19. 接触式密封是靠密封元件与结合面的＿＿＿＿＿＿产生接触＿＿＿＿＿＿而起密封作用的，故此种密封方式不宜用于高速。

20. 非接触式密封方式是密封部位转动零件与固定零件之间不＿＿＿＿＿＿，留有＿＿＿＿＿＿，因此对轴的转速没有太大的限制。

二、判断题（认为正确的，在括号内打√；反之打×）

1. 与滚动轴承相比，滑动轴承承载能力高，抗振性好，噪声低。　　　　　　（　　）

2. 止推滑动轴承能承受径向载荷。　　　　　　（　　）

3. 对开式径向滑动轴承磨损后，可以适当调整垫片或对轴瓦分合面采用刮削等方法，以使轴颈与轴瓦间保持要求的间隙。　　　　　　（　　）

4. 在齿轮减速器中，一般是利用浸在润滑油中的齿轮，靠转动时飞溅起来的油甩到箱壁，并由分箱面上的沟槽将油导入来润滑轴承，这种方法称为飞溅润滑。　　　　　　（　　）

5. 密封的目的是阻止润滑剂从轴承中流失，也为了防止外界灰尘、水分等侵入轴承。
　　　　　　（　　）

6. 普通用脂润滑齿轮减速器的外伸轴在轴承端盖处的密封多选用毡圈密封。　（　　）

三、选择题（将正确答案的字母序号填入括号内）

1. 整体式滑动轴承的主要特点是＿＿＿＿＿＿。　　　　　　（　　）

A. 结构简单，制造成本低　　B. 装拆方便　　　　　　　　C. 应用范围广

2. 对开式滑动轴承的主要特点是_____。　　　　　　　　　　　　　　（　　）

A. 结构简单，制造成本低　　B. 装拆方便　　　　　　　　C. 应用范围广

3. 在轴瓦内表面开油沟的不正确的做法是_____。　　　　　　　　（　　）

A. 油沟与油孔相通　　　　　B. 油沟长度取轴瓦轴向长度的 80%

C. 油沟开在轴瓦承受载荷的位置

4. 高速、重载情况下使用的轴承，应选用_____材料。　　　　　（　　）

A. 锡锑轴承合金　　　　　　B. 锡青铜　　　　　　　　　C. 铸铁

5. 粉末冶金材料烧制成多孔性材料制成的含油轴承，适用于_____。（　　）

A. 工业机械　　　　　　　　B. 食品机械　　　　　　　　C. 建筑机械

6. 在_____情况下，润滑油应选用较高的黏度。　　　　　　　　　（　　）

A. 重载　　　　　　　　　　B. 工作温度高　　　　　　　C. 高速

7. 用于重要、高速、重载机械中的滚动轴承的润滑方法，宜采用_____。（　　）

A. 滴油润滑　　　　　　　　B. 喷油润滑　　　　　　　　C. 浸油润滑

8. 中等转速的齿轮箱体中齿轮与轴承的润滑方法，宜采用_____。　（　　）

A. 滴油润滑　　　　　　　　B. 喷油润滑　　　　　　　　C. 浸油润滑

9. 既可用于脂润滑也可用于油润滑，且当密封处的圆周速度 $v<7\mathrm{m/s}$ 时，宜选用
_____。　　　　　　　　　　　　　　　　　　　　　　　　　　　（　　）

A. 毡圈密封　　　　　　　　B. 唇形密封圈密封　　　　　C. 非接触式密封

四、名词解释与简答题

1. 滑动轴承的应用场合是什么？

2. 简述轴瓦上开设油沟的作用和应注意的事项。

3. 简述轴承材料应满足的要求。

4. 润滑油的选择原则是什么？

5. 齿轮减速器般用哪种润滑方式？为什么？

6. 密封的目的是什么？齿轮减速器上常用哪几种密封方式？

第 13 章　联轴器、离合器及制动器

一、填空题

1. 联轴器与离合器的共同作用是_____两轴，使之一起转动并传递转矩或运动，两者的区别是要使两轴分离或接合，联轴器必须_____才能实现，而离合器则在_____中即可实现。

2. 联轴器由于制造、安装误差及受载变形等一系列原因，两轴的轴线会产生相对位移，其形式包括_____位移、_____位移、_____位移和_____位移。

3. 固定式刚性联轴器有_____联轴器、_____联轴器和_____联轴器；非金属弹性元件联轴器有_____联轴器、_____联轴器和_____联轴器。

4. 套筒联轴器是将套筒与被联接两轴的轴端分别用_____或_____固定联成一体组成的。

5. 凸缘联轴器由两个_____通过_____组成，多用于转速较低、载荷平稳、两轴线对中性较好的场合。

6. 万向联轴器由两个_____分别与中间的_____以铰链相连，万向联轴器两轴间的夹角可达 45°。

7. 梅花形弹性联轴器由两个带_____半联轴器和_____组成，依靠半联轴器和弹性元件的_____，承受径向挤压应力来传递转矩。

8. 弹性套柱销联轴器由两个_____及_____组成，具有缓冲和吸振的作用。

9. 弹性套柱销联轴器结构简单，价格便宜，安装方便，适用于_____较高、有_____、经常_____以及起动_____的场合。

10. 按离合器的工作原理，离合器可分为_____离合器和_____离合器两类。

11. 按离合器控制方法不同，离合器可分为_____和_____两类。

12. 摩擦式离合器可分为_____、_____和_____三类。

13. 多盘式离合器的优点是径向_____而承载_____，联接平稳，因此适用的载荷范围大，应用较广。

14. 制动器一般是利用_____来降低物体的_____或停止其_____的。

15. 内胀蹄式制动器的结构是两个_____分别通过两个_____与机架铰接，_____表面装有摩擦片，_____与需制动的轴固联。

二、判断题（认为正确的，在括号内打√；反之打×）

1. 固定式刚性联轴器与含弹性元件的联轴器的区别在于能否补偿两轴的相对位移。

（　　）

2. 对低速、刚性大、对中性好的短轴，一般选用固定式刚性联轴器。（　　）

3. 套筒联轴器主要适用于径向安装尺寸受限并要求严格对中的场合。（　　）

4. 若两轴刚性较好，且安装时能精确对中，可选用刚性凸缘联轴器。（　　）

5. 万向联轴器适用于轴线有交角或距离较大的场合。（　　）

6. 工作中有冲击、振动，两轴不能严格对中时，宜选用弹性联轴器。　　　　　（　　）

7. 弹性柱销联轴器允许两轴有较大的角度位移。　　　　　　　　　　　　　（　　）

8. 对于多盘式摩擦离合器，当压紧力和摩擦片直径一定时，摩擦片越多，传递转矩的能力越大。　　　　　　　　　　　　　　　　　　　　　　　　　　　　　　　（　　）

9. 制动器是靠摩擦来制动运动的装置。　　　　　　　　　　　　　　　　　（　　）

10. 载重汽车上用制动器常采用内胀蹄式制动器。　　　　　　　　　　　　（　　）

三、选择题（将正确答案的字母序号填入括号内）

1. 联轴器和离合器都具有的作用是_____。　　　　　　　　　　　　（　　）
    A. 传递运动和转矩　　　　　B. 防止机器发生过载　　　C. 缓冲吸振

2. 载荷变化不大，转速较低，两轴较难对中，宜选用的联轴器为_____。　（　　）
    A. 固定式刚性联轴器　　　B. 可移式刚性联轴器　　　C. 弹性联轴器

3. 当载荷具有冲击、振动，且轴的转速较高、刚性较小时，一般选用_____。（　　）
    A. 固定式刚性联轴器　　　B. 可移式刚性联轴器　　　C. 弹性联轴器

4. 滑块联轴器主要适用于_____。　　　　　　　　　　　　　　　　（　　）
    A. 转速不高、有剧烈的冲击载荷、两轴又有较大相对径向位移的联接的场合
    B. 转速不高、没有剧烈的冲击载荷、两轴有较大相对径向位移的联接的场合
    C. 转速较高，载荷平稳且两轴严格对中的场合

5. 生产实践中，一般电动机与减速器的高速级的联接常选用_____。　　（　　）
    A. 凸缘联轴器　　　　　B. 滑块联轴器　　　　　C. 弹性套柱销联轴器

6. 下述离合器中接合最不平稳的是_____。　　　　　　　　　　　　（　　）
    A. 牙嵌式离合器　　　　B. 单盘式摩擦离合器　　　C. 多盘式摩擦离合器

7. 一般货运汽车上使用的是_____。　　　　　　　　　　　　　　　（　　）
    A. 牙嵌式离合器　　　　B. 单盘式摩擦离合器　　　C. 多盘式摩擦离合器

8. 下述离合器中能保证被联接轴同步转动的是_____。　　　　　　　（　　）
    A. 牙嵌式离合器　　　　B. 单盘式摩擦离合器　　　C. 多盘式摩擦离合器

9. 牙嵌式离合器适合于_____场合。　　　　　　　　　　　　　　　（　　）
    A. 只能在很低转速或停机时接合
    B. 任何转速下都能接合
    C. 高速转动时接合

10. 制动器的功用是_____。　　　　　　　　　　　　　　　　　　（　　）
    A. 将轴与轴联成一体使其一起运转
    B. 用来降低机械运动速度或使机械停止运转
    C. 用来实现过载保护

四、名词解释与简答题

1. 简述联轴器与离合器的功用、区别及应用场合。

2. 简述刚性联轴器和含弹性元件联轴器的主要区别及应用场合。

3. 简述梅花形弹性联轴器、弹性套柱销联轴器、弹性柱销联轴器三者之间的主要区别及各自的应用场合。

4. 简述凸缘联轴器与弹性套柱销联轴器两者之间的主要区别及应用场合。

5. 简述牙嵌式离合器与摩擦式离合器的优缺点。

6. 外抱块式制动器分为常开式和常闭式两种，简述两者的主要区别及应用场合。

7. 简述内胀蹄式制动器的工作原理及应用场合。

五、分析计算题

离心式泵与电动机用凸缘联轴器相联。已知电动机功率 $P = 22\text{kW}$，转速 $n = 1470\text{r/min}$，轴的外伸端直径 $d_1 = 48\text{mm}$，泵轴的外伸端直径 $d_2 = 42\text{mm}$。试选择联轴器型号。